混凝土结构耐久性时间相似理论及其应用

余志武　刘　鹏　著

科学出版社

北　京

内 容 简 介

本书揭示环境作用和混凝土内部微环境响应之间的映射，确定混凝土结构室内模拟环境试验参数取值理论依据，提出基于混凝土内部微环境响应相似的混凝土结构耐久性室内模拟环境试验方法，推导出双重环境下混凝土结构耐久性时间相似准则，并基于现场第三方参照物推定了双重环境下混凝土结构耐久性时间相似率。此外，本书还介绍了有关开展室内模拟环境试验方法和耐久性时间相似性理论在混凝土结构工程耐久性等级评定与使用寿命预测方面的工程应用。

本书可供高等院校土木工程专业的师生，以及从事相关专业的科研、设计、施工和监理人员学习和参考。

图书在版编目(CIP)数据

混凝土结构耐久性时间相似理论及其应用 / 余志武，刘鹏著. —北京：科学出版社，2021.4

ISBN 978-7-03-067553-8

Ⅰ. ①混…　Ⅱ. ①余…　②刘…　Ⅲ. ①混凝土结构-耐用性-研究
Ⅳ. ①TU37

中国版本图书馆 CIP 数据核字（2020）第 260323 号

责任编辑：任加林 / 责任校对：马英菊
责任印制：吕春珉 / 封面设计：东方人华平面设计部

科 学 出 版 社 出版
北京东黄城根北街 16 号
邮政编码：100717
http://www.sciencep.com

北京中科印刷有限公司 印刷
科学出版社发行　各地新华书店经销
*
2021 年 4 月第　一　版　开本：787×1092　1/16
2021 年 4 月第一次印刷　印张：21
字数：483 000

定价：196.00 元

（如有印装质量问题，我社负责调换〈中科〉）
销售部电话 010-62136230　编辑部电话 010-62139281（BA08）

前 言

混凝土结构广泛应用于工业与民用建筑、桥梁、隧道、港口及水利等工程中。然而，服役过程中混凝土结构长期遭受外部环境侵蚀作用导致其耐久性逐渐劣化。混凝土结构耐久性的影响因素繁多且作用机理复杂，如何精准地评估混凝土结构耐久性是当前土木工程领域研究的焦点之一。室内模拟环境试验方法具有结果真实、相关性强和加速率可控等优点，是开展混凝土结构耐久性研究的有效途径。试验过程中，通常面临的困惑是：室内模拟环境试验一年的混凝土结构耐久性劣化程度相当于自然环境中的多少年。这就是自然环境和室内模拟环境试验条件下混凝土结构耐久性时间相似性问题。目前，国内外在混凝土结构耐久性时间相似理论、相似准则和相似关系等方面尚未进行深入研究，相关研究的系统性和理论依据不足。同时，有关自然环境和室内模拟环境试验条件下混凝土结构耐久性时间相似理论方面的研究较少。因此，开展混凝土结构耐久性时间相似理论研究可为混凝土结构耐久性时间相似率推定提供科学依据，并满足混凝土结构耐久性精准评估的迫切需求，具有重要的工程现实意义。

本书从自然环境因素作用和混凝土内部微环境因素响应角度，系统地讨论混凝土结构耐久性劣化机理、混凝土结构耐久性室内模拟环境试验方法及其耐久性时间相似理论，并开展典型侵蚀环境中混凝土结构耐久性时间相似理论的工程应用。全书可分为四个部分。

1）第一部分是第 1 章，主要阐述混凝土结构耐久性时间相似理论的内涵、研究现状与发展，以及本书基本思路与主要研究内容。

2）第二部分包括第 2 章和第 3 章。第 2 章介绍自然环境因素作用和混凝土结构耐久性环境区划，建立分段式的自然环境温度和湿度作用谱。第 3 章研究混凝土表层的组成和微观结构等特征，明确混凝土内部微环境的提出对混凝土耐久性研究的意义；揭示混凝土内部微环境因素响应的周期波动、相位迟滞和峰值衰减机理；创建分段式的混凝土内部微环境因素响应谱模型；此外，本章还深入探讨混凝土内部水平和垂直方向上的水分传输及其分布特征。

3）第三部分由第 4 章、第 5 章和第 6 章组成，主要研究环境因素（温度、湿度、侵蚀介质、循环周期等）对一般大气、氯盐和硫酸盐环境中混凝土结构耐久性劣化机理与退化特征的影响，提出基于混凝土内部微环境响应相似的混凝土结构耐久性室内模拟环境试验方法；通过推导混凝土结构耐久性劣化时间相似准则，构筑混凝土结构耐久性时间相似关系，并提出侵蚀环境中的混凝土结构工程耐久性评估方法。

4）第四部分为第 7 章，介绍混凝土结构耐久性时间相似理论的工程应用。以一般大气、氯盐和硫酸盐环境中的混凝土结构工程为例，推定自然环境和室内模拟环境试验中的混凝土结构耐久性时间相似率，并开展典型环境中的混凝土结构工程耐久性等级评定和使用寿命预测。

本书可为一般大气、氯盐和硫酸盐环境中的混凝土结构耐久性研究提供室内模拟环境试验方法，并为自然环境和室内模拟环境试验中的混凝土结构耐久性时间相似率推定提供算法，从而解决“室内模拟环境试验一年的混凝土结构耐久性劣化程度相当于自然环境中多少年的混凝土结构耐久性劣化程度”这一科学难题。此外，本书还可为典型侵蚀环境中的混凝土结构耐久性等级评定和使用寿命预测提供求解途径。

本书研究工作得到国家自然科学基金高速铁路基础研究联合基金重点支持项目“高速铁路无砟轨道-桥梁结构体系经时行为研究”（项目编号：U1434204）与“高速铁路III型板式无砟轨道-桥梁结构体系服役性能智能评定与预测理论研究”（项目编号：U1934217）、国家自然科学基金面上项目“干湿交替环境下混凝土硫酸盐侵蚀机理与耐久性评估”（项目编号：51778632）、国家自然科学基金青年基金项目“自然与人工模拟环境中环境-荷载耦合作用下混凝土结构氯盐侵蚀相似性研究”（项目编号：51408614）、原铁道部科技研究开发计划重大项目“高速铁路工程结构环境相似性及环境区划等基础问题研究”（项目编号：2010G018-E-2）、原铁道部科技研究开发计划重点项目“自然与人工模拟环境中混凝土结构硫酸盐侵蚀相似性研究”（项目编号：2014G010-A）和中国中铁股份有限公司科技研究开发计划项目“高速铁路无砟轨道-桥梁结构体系服役性能智能评定和性能提升关键技术研究”（项目编号：2020-重大专项-02）的支持。在长期的共同研究过程中，团队的陈颖、万毅、肖沐惕、贺鹏飞、郑志辉、卢广丰、李思扬、胡锦波等同学付出了辛勤努力并做出贡献。在本书出版之际，对他们的创造性劳动和辛勤付出表示由衷感谢。

鉴于混凝土结构耐久性问题复杂，所涉及专业和学科难题较多，在混凝土结构耐久性相关方面的认识尚有待进一步探索。由于作者水平有限，书中难免有不妥之处，谨请广大读者批评指正。

作　者

2020 年 12 月

目　录

第1章　绪　　论

混凝土结构是基础设施工程建设中常见结构类型之一。自然环境中服役的混凝土结构常遭受外部介质侵蚀和自然环境因素作用，导致混凝土结构耐久性退化、可靠度降低和服役寿命缩短[1]。如何精准地评估混凝土结构耐久性和预测使用寿命是该研究领域的焦点。工程技术人员面临的第一个困惑：对于不同服役环境采用相同的设计和建造方法，混凝土结构的设计使用年限是否能满足真实服役年限需要？换言之，混凝土结构使用多少年后将需要维修、加固或拆除？工程技术人员面临的第二个困惑：国内外在混凝土材料和混凝土结构耐久性方面开展大量实验室试验，如何构建自然环境和实验室试验中的混凝土结构耐久性劣化之间的时间相关关系，即室内模拟环境试验一年的混凝土结构耐久性劣化程度相当于自然环境中多少年的混凝土结构耐久性劣化程度？

若要回答上述两个疑难问题，则需要解决两个关键科学技术难题：一个是混凝土结构耐久性室内模拟环境试验方法，另一个是自然环境和室内模拟环境试验中的混凝土结构耐久性时间相似关系。然而，当前国内外在试验制度、参数取值范围及理论依据等方面尚未达成共识，现有试验参数取值和试验操作方法不统一，有关混凝土结构耐久性室内模拟环境试验方法研究处于初期探索阶段，尚未提出自然环境和室内模拟环境试验中的混凝土结构耐久性相似准则与时间相似率算法。因此，现有试验方法的不合理、主观认识的局限和相似理论发展的滞后等，导致当前无法解决上述的两个关键科学技术难题。在大量研究和长期探索基础上，本书提出基于混凝土内部微环境响应相似的混凝土结构耐久性室内模拟环境试验方法，发展自然环境和室内模拟环境试验中的混凝土结构耐久性时间相似理论，以期拓展混凝土结构耐久性精准评估研究领域。

1.1　混凝土结构耐久性时间相似理论内涵

混凝土结构的服役环境或试验条件差异会导致其耐久性劣化机理、侵蚀速率和退化模式差别显著。一般来讲，服役环境或外部因素等均可被视为“作用”或“激励”而施加于混凝土结构。混凝土结构耐久性劣化是在“作用”或“激励”下其性能随时间逐渐演变的过程。如果自然环境因素与试验参数之间存在某种内在的关联，并且混凝土结构耐久性劣化机理相同，则自然环境和试验条件中的混凝土结构耐久性劣化存在确定的相关关系（即映射）。研究人员在系统研究基础上，逐渐认识到“针对特定的材料、环境及方法建立相关性是可行的”[2]。因此，本书定义混凝土结构耐久性时间相似率是在确保耐久性侵蚀机理和退化模式相同的前提条件下，自然环境中混凝土出现性能退化特征的时间与室内模拟环境试验中混凝土出现性能退化特征的时间的比。

目前，混凝土结构耐久性研究的试验方法较多。由于研究的出发点和侧重点不同，所采用的试验制度差别较大，导致试验结果的可比性较差。混凝土结构耐久性时间相似关系和混凝土结构耐久性试验方法密切相关，特定的试验制度对应确切的混凝土结构耐久性时间相似关系。本书重点从混凝土结构耐久性时间相似理论和试验方法两个方面阐述。

1.1.1　混凝土结构耐久性时间相似理论

同种环境类别（如一般大气环境、氯盐环境、硫酸盐环境等）中的混凝土结构耐久性侵蚀机理、劣化特征和退化模式等均相似，这表明混凝土结构耐久性退化现象具有显著的相似性。研究表明自然环境和特定试验条件下的混凝土结构耐久性退化也可存在较好的相似性[3]。混凝土结构耐久性劣化是其性能随时间逐渐演变的过程，一定侵蚀时间会产生相应程度的性能劣化。因此，本书所述的混凝土结构耐久性时间相似理论是研究自然环境和室内模拟环境中的混凝土结构耐久性退化程度与对应时间相似关系（或互成一定比例）的推理阐述。为了透彻地阐明混凝土结构耐久性时间相似理论的内涵，本书从相似理论、相似准则和相似关系三个方面进行阐述。

相似理论的理论基础是相似定理，主要包括相似第一定理、相似第二定理和相似第三定理[4]。相似定理的实用意义在于指导模型的设计及有关试验数据的处理和推广，并在特定情况下依据处理的数据为建立微分方程提供指示。对于一些复杂的物理现象，相似理论还能进一步帮助人们科学而简捷地建立一些经验性的指导方程[5,6]。工程上的许多经验公式，就是由此确定的。相似定理的主要内容如下。

1）相似第一定理也称相似正定理。它可表述为“对相似的现象，其相似指标等于 1”或“对相似的现象，其相似准则的数值相同”，即彼此相似的现象必定具有数值相同的特征数，即相似准数。该定理是说明相似现象的性质，也是现象相似的必然结果。相似现象的性质包括“相似现象能被文字上完全相同的方程组描述，用来表征相似现象的物理量在空间相对应的各点和时间上相对应的各瞬间各自互成一定的比例关系。各相似常数值不能任意选择，要服从某种自然规律的约束”。该定理可用来回答“在试验中，要测定哪些量”的问题，即试验必须测量出各相似准则所包含的全部量。

2）相似第二定理又称相似 π 定理。它规定描述某现象各种量之间的关系，可以表示成相似准则 $\pi_1,\pi_2,\cdots,\pi_n$ 之间的函数关系，即 $F(\pi_1,\pi_2,\cdots,\pi_n)=0$；该式也称准则关系式或 π 关系式，把式中的相似准则称为 π 项。这里所指的 n 个物理量可以理解为全部量纲（包括无量纲）的物理量的总和。相似准则的导出方法有定律分析法、方程分析法和量纲分析法。相似第二定理回答了“如何整理试验数据”的问题，即必须把试验结果整理成相似准则，进而整理成准则关系式。

3）相似第三定理又称相似逆定理。同一类物理现象的单值条件相似，由单值条件中的物理量组成的特征数对应相等时，这些现象必定相似。单值条件是将个别现象从同类现象中区分开来，即将现象群的通解（由分析代表该现象群的微分方程或方程组得到）转变为特解的具体条件。该定理回答了“怎样才能使模型内的现象与所研究的原型内的现象相似”的问题，即单值条件相似、定型准则数值相等的那些现象必定相似。

一般来讲，同种环境类别中的混凝土结构耐久性退化特征和现象相似。若要判断特定试验条件和自然环境中的混凝土结构耐久性劣化现象是否相似，则需借助相似理论对两者进行分析。因混凝土结构耐久性时间相似对应的相似准则较多，故相应的现象相似符合相似第二定律。若要定量地描述混凝土结构耐久性时间相似关系，需要构建相应的相似准则。相似准则是用来判断两种现象之间相似与否的重要依据。如果两种现象相似，则这两者的无量纲形式的方程组和单值条件应该相同，并且具有相同的无量纲形式解。同时，无量纲形式的方程组及单值条件中的所有无量纲组合数对应相等；这些无量纲组合数称为相似准则。一般来讲，相似准则的导出方法主要有定理分析法、方程分析法（如相似转换法、积分类比法）和量纲分析法（又称因次分析法，主要包括瑞利法、π 定理法）。其中，量纲分析法应用较广泛。

相似定理可解决混凝土结构耐久性时间相似的理论依据问题。若要回答室内模拟环境试验一年的混凝土结构耐久性劣化程度相当于自然环境中的多少年问题，尚需确立自然环境和室内模拟环境试验中的混凝土结构耐久性时间相似关系（或相似率算法）。一般来讲，自然环境中混凝土结构耐久性指标的时变关系可表示为

$$t_{\mathrm{nX}} = g(X) \tag{1.1}$$

式中：t_{nX} 为自然环境中试件耐久性指标劣化到某程度对应的时间；X 为试件耐久性指标，可为介质浓度或侵蚀深度等；$g(X)$ 为自然环境中试件耐久性指标劣化的时变函数。

目前，自然环境中混凝土结构耐久性指标 t_{nX} 可按两种方法确定。

1）现场暴露试验法。将试件置于自然环境中开展长期暴露试验，通过测定试件耐久性指标随时间变化特征来确定相应的时变关系。采用该法应确保试件的暴露试验环境与实际工程的服役环境相同或近似，且试验时间不应少于半年。

2）第三方参照物试验法。以已知服役龄期的实际工程为参照物（简称第三方参照物），基于工程中环境作用等效和室内模拟环境相同原则，通过分析自然环境与室内模拟环境试验中第三方参照物耐久性指标时变规律，间接确定自然环境与室内模拟环境试验中试件耐久性时变关系。第三方参照物可通过前期预留、重新制作、取芯等方式获得。

室内模拟环境中混凝土结构耐久性指标的时变关系可表示为

$$t_{\mathrm{iX}} = f(X) \tag{1.2}$$

式中：t_{iX} 为室内模拟环境中试件耐久性指标劣化到某程度对应的时间；$f(X)$ 为室内模拟环境中混凝土结构试件耐久性指标劣化的时变函数。

自然环境和室内模拟环境中混凝土结构耐久性时间相似率 λ_{X} 可表示为

$$\lambda_{\mathrm{X}} = \frac{t_{\mathrm{nX}}}{t_{\mathrm{iX}}} \tag{1.3}$$

在工程结构的设计、施工和使用过程中，通过采用试验或数值模拟等方式开展混凝土结构耐久性评估和使用寿命预测。实验室试验是开展混凝土结构耐久性研究的重要途径，国内外许多学者采用该法进行混凝土结构耐久性研究。然而，实验室条件下的混凝土结构耐久性试验方法还存在许多不足，如试验参数取值及其理论依据缺乏、试验制度多源于经验、部分研究结果可比性差等。上述问题导致实验室试验条件和自然环境中混凝土结构耐久性劣化之间不一定存在确切的相似关系，难以计算相应的耐久性时间相似率。一般来讲，一定的试验方法或制度与确切的混凝土结构耐久性时间相似关系相互对

应，即仅在特定试验条件下才能确定出双重环境中的混凝土结构耐久性时间相似关系或时间相似率。因此，适宜的模拟试验方法是构建双重环境（自然环境和实验室试验条件）下的混凝土结构耐久性时间相似关系的前提条件。

1.1.2　混凝土结构耐久性试验方法

《普通混凝土长期性能和耐久性能试验方法标准》（GB/T 50082—2009）是我国当前有关混凝土材料耐久性方面最常用的标准[7]，但该标准存在试验参数取值理论依据不足和试验制度不完善等问题。事实上，欧美国家标准中有关混凝土结构耐久性试验方法也存在类似问题，如美国 ACI 协会 ASTM C1092 标准和欧洲混凝土耐久性标准 DuraCrete 等[8]。综上可知，尽管混凝土结构耐久性试验方法较多，但试验参数及其取值多源于经验，尚未提出合理的混凝土结构耐久性试验制度，导致混凝土结构耐久性劣化机理和退化模式与现场真实情况不符。如何制订合理的混凝土结构耐久性试验制度和确定适宜的试验参数，是开展混凝土结构耐久性时间相似理论研究的前提。目前，混凝土结构耐久性试验方法主要分为真实试验法、加速试验法和模拟试验法三类，具体内容如下。

（1）真实试验法

真实试验法多采用相同或相似的环境条件（如相同的服役环境、近似的自然环境或实验室内试验等），直接模拟现场服役环境中混凝土结构耐久性的真实演化特征。传统的真实试验法主要有现场检测试验、现场暴露试验和替换构件试验等，该试验法具有数据可靠、结果真实、模拟性好、状态真实和结果代表性强等优点。真实试验法在早期混凝土结构耐久性研究中较常使用，美国 AASHTO（T259-80）和 ASTM（C1556）以及北欧 NT Build（443-94）等标准中推荐了该试验方法[9,10]。然而，真实试验法中的混凝土结构耐久性退化是一个长期的动态演变历程，面临的随机不确定性影响因素较多，往往存在试验周期长、成本高和操作步骤复杂等缺点。该试验法多适用于试验时间充裕和测试条件较好的混凝土结构耐久性研究。

（2）加速试验法

加速试验法是通过加速耐久性退化进程达到所需的劣化程度。加速试验法的优点是可快速显现某种材料发生腐蚀的倾向或呈现出特定条件下几种材料的劣化次序，但存在结果相关性差、模拟试验参数依据不足和试验加速倍数不可控等问题。加速试验法注重侵蚀加速效果，极少关注与真实混凝土耐久性劣化机理的相关性。为达到加速试验进程效果，该法引入真实使用环境中不存在的因素（如电流等）。此外，该法还忽视自然环境和室内加速试验中混凝土耐久性退化机理的相关性。常用的混凝土结构耐久性加速试验方法主要有内掺法、浸泡法、高温法、高湿度法、高浓度法、通电法或电迁移法［快速氯离子迁移系数法（test method for rapid chloride ions migration coeffcient，RCM 法）、NEL（Nernst-Einstein-Lab）法和直流电量法等］、交替试验法和持荷法等[11-15]。加速试验法适用于通过短期加速混凝土结构耐久性劣化速率来达到所需的劣化程度，可能存在试验结果失真和退化机理不符合真实情况等弊端。

（3）模拟试验法

模拟试验法是采用试验设备营造特定环境条件开展混凝土结构耐久性演变模拟的

新方法。目前，模拟试验法主要有试验箱法（如盐雾箱、碳化箱、硫酸盐干湿循环试验箱）和室内模拟环境试验方法。根据混凝土结构服役环境类别，可选择出相应的模拟试验方法。试验箱法按照现有标准设定了确定的试验参数，故该法存在试验参数不可调、功能单一和试验参数取值理论依据不充分等问题。室内模拟环境试验方法是在试验箱法基础上发展起来的多功能模拟试验系统，该法是通过人工方法模拟自然环境作用效应（日光、雨淋、二氧化碳等），并采取加强某种因素或多种因素的作用来加速混凝土试件劣化的方法。该法可在实验室条件下模拟实际自然环境作用，从而研究材料、结构或设备等实验对象对所处环境产生环境效应的响应，进而获得实验对象在各种环境条件下的劣化特性。室内模拟环境试验方法兼具真实试验法和加速试验法的长处，具有结果真实、相关性好和加速率可控等优点，是当前混凝土结构耐久性研究的新兴试验方法。国内外学者在混凝土结构耐久性室内模拟环境试验方面开展了初步探索，许多科研院所装备了混凝土结构耐久性室内模拟环境试验系统。然而，因研究思路和出发点不同，室内模拟环境试验制度、参数取值及其依据（如温度、湿度、溶液浓度、试验循环周期等）分歧较大，尚未出台相应的操作规范。此外，现有室内模拟环境试验参数源于经验且缺乏理论支撑，有关混凝土结构耐久性室内模拟环境试验制度方面还处于初期探索阶段。

室内模拟环境试验方法可以更好地揭示混凝土结构耐久性演变规律和特性，故本书采用室内模拟环境试验方法研究混凝土结构耐久性。若无特殊说明，本书涉及的研究成果也是基于室内模拟环境试验方法取得。

1.2 混凝土结构耐久性时间相似理论研究现状与发展

早在1686年牛顿在其著作中提到了相似学说[16]。法国Bertrand在1848年首次明确相似现象的基本性质，即关于相似不变量存在的定理。混凝土结构耐久性时间相似理论是基于相似原理发展起来的。相似原理是关于现象相似的学说，它为确立原型与模型之间的相似提供了理论依据[17,18]。现象的相似是指表述该现象的所有量，在空间中相对应的各点及在时间上相对应的各瞬间各自互成一定比例关系。

目前，相似理论广泛应用于仿真模拟、建筑结构、交通工程和工业合成等各个领域[19-22]。例如，Nakamura等[23]采用相似理论模拟液体实际冲击动量特征，试验结果表明采用模拟方法可以真实反映实际液体的动力特性。Layton等[24]采用相似理论研究流体近似重叠模型，研究结果表明采用相似理论可较好模拟实际情况。Marques等[25]利用相似理论研究大气层流体特性，指出采用相似理论可以对获取的气候资料进行统计模拟天气变化特性。杨朝晖[26]将局部相似理论应用在数学猜想中并进行证明，给出局部相似系统和优局部相似系统概念。国内外专家很早就开始尝试将相似理论应用于结构设计方面，如刘灵勇等[27]利用相似理论、方程分析法和量纲分析法对该系杆拱桥进行相似分析，并建立钢箱拱桥试验模型。刘铁雄等[28]根据模型结构设计的相似理论开展静力模型试验。黄慧[29]采用因次分析法确定直管中的摩擦阻力因素、对流传热系数和传质膜系数之间的关联式。钱波等[30]根据相似理论和正交实验，采用同一水平多次试验的均值法研究混凝土最佳配合比及各因素用量。陈志刚等[31]构建三角形并利用其相似度来定义点特征的匹配度，提出一种新的具有比例与旋转不变特性的点特征松弛匹配算法。

国内外在混凝土结构耐久性时间相似理论方面也开展初步探索，其发展历程大致可划分两个阶段。第一阶段主要是20世纪90年代之前，相关研究成果多基于现场经验和主观认识取得，主要研究思路是通过测定混凝土材料劣化速率来推导服役环境中混凝土结构使用寿命。阿列克谢耶夫[32]和Clear[33]等早期研究者开展的相关研究多侧重混凝土耐久性机理和规律分析，极少涉及模拟试验和真实使用环境中的混凝土耐久性相关性研究。同时，有关试验制度参数（如温度、湿度、介质浓度等）取值的理论依据不足，研究成果的适用性、合理性和可比性较差。第二阶段是20世纪90年代后，国内外学者尝试采用室内模拟环境系统和盐雾箱模拟混凝土材料及其结构耐久性劣化[34-40]。在众多研究成果中，较为经典的代表性研究成果有金伟良等提出的多重环境时间相似理论（multiple environmental time similarity theory，METS）[5]、Yu等[3]提出的基于混凝土内部微环境响应相似的室内模拟环境试验方法和混凝土结构耐久性时间相似理论（concrete structure durability time similarity theory，CSDTST）。上述理论的主旨思想是选取与研究对象具有相同或相似环境的参照物，通过对参照物进行现场检测试验以及对相应的模型进行加速试验研究，建立参照物在现场与室内加速环境中性能劣化的时间相似关系。同时，利用上述确立的相似关系与试验结果得到研究对象在现场环境中劣化参数的时变规律，进而开展混凝土结构耐久性评估和使用寿命预测。

金伟良团队研究了现场环境与室内模拟环境中混凝土氯盐侵蚀，建立了现场和试验环境中混凝土氯离子扩散系数与表面氯离子浓度的相似率关系式[14,35]。袁迎曙课题组采用相似理论研究了现场第三方参考物与室内模拟实验条件下混凝土内部氯离子扩散系数和表面氯离子浓度等之间的相似关系[41]。姬永升等[42]通过混凝土加速碳化试验预测实际环境条件下的混凝土的碳化速度，推导混凝土碳化过程的相似准则。文雨松等[43]考虑混凝土桥梁的锈蚀、碳化和疲劳，探讨梁疲劳相似特性和变化相似曲线，建立与有设计资料的混凝土桥梁使用寿命之间的相似函数。日本学者岸谷孝一[44]基于快速碳化试验和自然暴露试验结果，提出混凝土碳化深度的预测模型。李铁锋等[45]针对广州地铁隧道混凝土面临较高浓度CO_2侵蚀问题，应用相似理论预测了隧道混凝土使用寿命。牛荻涛等[46]基于碳化理论模型、工程实测结果和气象调查资料，建立以混凝土立方体强度标准值为主要参数的考虑环境影响（温湿度）和CO_2浓度的碳化深度与混凝土龄期的预测模型。鲁彩凤[47]通过建立与混凝土微环境相关的碳化深度、氯盐侵蚀速率及钢筋锈蚀速率耐久性退化模型，开展自然环境下粉煤灰混凝土结构耐久性使用寿命预测。刘鹏[48]开展了人工模拟和自然环境下混凝土氯盐侵蚀相似性的研究，构建出混凝土氯盐侵蚀相似准则，提出基于混凝土内部微环境响应相似的混凝土耐久性室内模拟环境试验方法，进一步发展了混凝土结构耐久性时间相似理论。陈颖[49]基于相似理论探讨自然与室内模拟环境中混凝土硫酸盐侵蚀相似关系。耿欧等[50]指出目前人工气候加速退化试验中的试验方法、试验手段、加速因素不同，使得研究成果在工程中的推广应用具有较大的局限性。

综上所述，国内外采用相似理论开展大量的混凝土结构工程试验研究，并取得代表性的研究成果。然而，现有预测模型多基于模型与原型之间相似问题的探讨，研究成果也是关于模型尺寸及其性能指标能否合理反映原型问题。尽管有些学者在混凝土耐久性劣化相似率方面进行了初步探索研究，但取得的成果多基于加速试验前提而获得，模拟结果能否真实反映实际情况和加速率尚待商榷。同时，是因为既有研究多注重模拟混凝土使用环境条件和侵蚀机理，忽视了模拟试验和真实使用环境下混凝土耐久性劣化相关性，导致已有的室内模拟环境试验方法及其耐久性时间相似率算法等仍存在不足。有关混凝土结构耐久性时间相似理论研究面临的主要问题如下。

1）缺乏合理的混凝土结构耐久性室内模拟环境试验制度和试验方法，现有试验参数取值理论依据不足且操作方法不一，导致自然环境和室内模拟环境试验中的混凝土结构耐久性劣化相关性差。

2）自然环境和室内模拟环境试验中的混凝土结构耐久性时间相似准则与相似关系尚待深入探讨。

1.3 本书基本思路与主要研究内容

1.3.1 基本思路

本书主要针对当前最常见的一般大气环境、氯盐环境和硫酸盐环境中的混凝土结构耐久性展开探讨。定义混凝土内部微环境为混凝土保护层范围内的小区域空间及其中的温度、湿度、pH 值等因素的总和。传统研究均假设混凝土内部微环境因素等同于外部环境因素，即认为外部环境中的温度、湿度和侵蚀介质浓度等与混凝土内部相同。然而，通过长期研究发现混凝土内部微环境与外部自然环境之间存在显著差异，并且两环境间还存在特定的内在关联。若将工程结构服役工况中的自然环境因素视为“作用”或“激励”，则混凝土在内部局域微环境中的变化就可以看作是相应的“响应”。如果通过调节室内模拟环境试验参数使得混凝土内部产生相同或相似的“响应”，则室内模拟环境和自然环境之间就存在确定的相关关系（映射）。若能量化相应的映射和相似关系，则可通过设定室内模拟环境试验参数再现混凝土结构耐久性劣化全过程。简言之，混凝土内部微观环境响应能充分体现自然环境和室内模拟环境的作用效应，它是自然环境和室内模拟环境之间相互转化的基准与联系的桥梁。因此，基于混凝土内部微环境响应相似理念提出的混凝土结构耐久性室内模拟环境试验方法的理论依据充分[51]。图 1.1 为混凝土结构耐久性室内模拟环境试验制度的构思路线。

上述方法解决了混凝土结构耐久性室内模拟环境试验方法、制度参数取值范围及理论依据等问题。若要精准评估混凝土结构耐久性和预测使用寿命，还需解决双重环境下混凝土结构耐久性时间相似关系和算法难题。

服役环境差异可导致混凝土结构耐久性劣化速率不同，故室内模拟环境试验中混凝土结构耐久性劣化时间也会产生差别。如何构建自然环境和室内模拟环境试验中的混凝土结构耐久性时间相似关系是当前该研究领域焦点。本书通过下述步骤确定出自然环境和室内模拟环境试验中的混凝土结构耐久性时间相似关系：首先，根据研究对象的服役环境选取服役环境相同或相似的具有一定服役年限的混凝土结构（定义为第三方参照物），并调查收集相关的混凝土材料性能指标和水文气象环境等资料。其次，利用室内模拟环境试验对象和第三方参照物试件开展耐久性研究，并定期测定混凝土耐久性能指标参数的时变规律。最后，建立自然环境和室内模拟环境试验中第三方参照物试件的耐久性时间相似关系。因研究对象与第三方参照物之间在环境上具有相似性（即环境相似），通过对研究对象与第三方参照物的现场实测试验及其对应混凝土试件的室内模拟环境试验进行对比、分析，可确立现场环境与室内模拟环境中混凝土结构耐久性时间相似关系。利用上述相似关系，可以通过探讨室内加速模拟试验模拟现场环境中研究对象的耐久性指标时变规律，进而确定双重环境下研究对象耐久性指标劣化的时间相似率。图 1.2 为混凝土结构耐久性时间相似关系的基本原理。

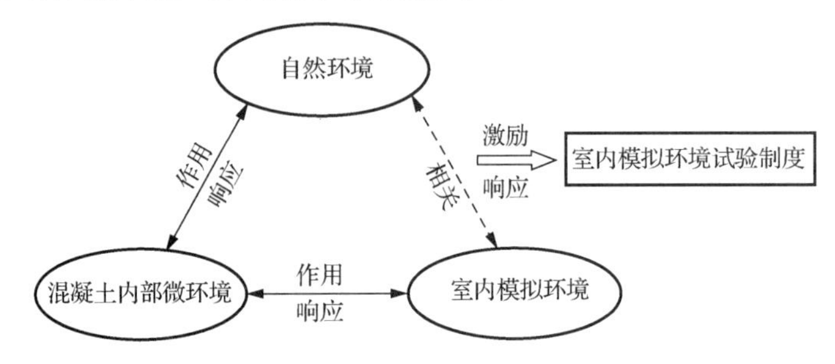

图 1.1 混凝土结构耐久性室内模拟环境试验制度的构思路线

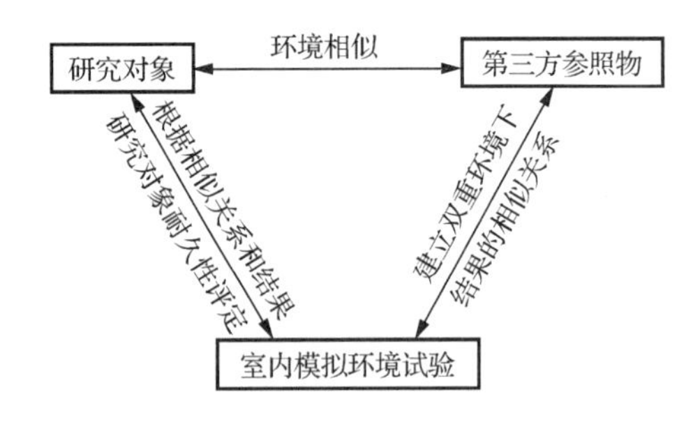

图 1.2 混凝土结构耐久性时间相似关系的基本原理

在上述讨论的基础上，本书基于混凝土内部微环境响应相似提出了混凝土结构耐久性室内模拟环境试验方法。通过引入服役现场中的第三方参照物，依据相似原理提出了自然环境和室内模拟环境试验中的混凝土结构耐久性劣化相似率算法，构建自然环境和室内模拟环境试验中的混凝土结构耐久性时间相似关系，进而开展了混凝土结构耐久性评估和使用寿命预测。

1.3.2 主要研究内容

全书各章节的主要研究内容简要介绍如下。

第 1 章为绪论，主要阐述混凝土结构耐久性时间相似理论的意义和面临的技术难题，总结归纳传统混凝土结构耐久性试验方法的不足，提出基于混凝土内部微环境响应相似的混凝土结构耐久性室内模拟环境试验方法的制订思路，阐述双重环境下混凝土结构耐久性时间相似关系及其基本原理。

第2章为自然环境作用，介绍各类自然环境因素分布和混凝土结构耐久性环境区划。分析自然环境温度和湿度的随机性变化特征，提出分段式的自然环境温度和湿度作用谱，实现自然环境因素随时间变化的定量描述。同时，采用水汽密度函数量化自然环境湿度的变化规律，为不同地区和季节下环境湿度对比提供定量分析方法。此外，本章还基于气象资料绘制自然环境温度和湿度作用谱。

第3章为混凝土内部微环境响应，开展混凝土表层组成、微观结构、物相种类和组分含量及其分布等研究，揭示混凝土传热机理和表层对流换热规律，分析不同条件（有无遮挡和太阳照射等）下混凝土内部温度和湿度响应特性，建立自然环境因素作用和混凝土内微环境因素响应之间的映射，并构筑出混凝土内部温度和湿度响应谱。此外，还揭示混凝土表层在水平和竖向上的水分传输机理与变化规律，开展混凝土内部水分及其分布场数值模拟和试验测试。

第4～6章分别为一般大气环境、氯盐环境和硫酸盐环境中的混凝土结构耐久性时间相似关系研究。开展环境因素对混凝土耐久性侵蚀速率和程度等影响研究，为混凝土结构室内模拟环境试验参数设定及其取值提供理论依据。结合理论分析和试验测试，提出混凝土结构耐久性室内模拟环境试验方法，建立混凝土结构耐久性劣化侵蚀模型，推导双重环境下混凝土结构耐久性时间相似准则和相似关系。基于室内模拟环境试验和现场第三方参照物实测结果，推定双重环境下混凝土结构耐久性时间相似率。

第7章为工程应用，针对一般大气、氯盐和硫酸盐侵蚀环境，开展室内模拟环境试验方法和耐久性时间相似性理论在混凝土结构工程耐久性等级评定与使用寿命预测方面的工程应用。

参 考 文 献

[1] 牛荻涛．混凝土结构耐久性与寿命预测[M]．北京：科学出版社，2003.

[2] 叶美琪，王晶晶，李鲲，等．厦门海域紫外光照强度的加速试验模型及紫外辐射加速因子[C]．材料腐蚀与控制学术研讨会，青岛，2008：398-406.

[3] Yu Z W，Chen Y，Liu P，et al．Accelerated simulation of chloride ingress into concrete under drying-wetting alternation condition chloride environment[J]．Construction and Building Materials，2015，93：205-213.

[4] 徐挺．相似方法及其应用[M]．北京：机械工业出版社，1995.

[5] 金伟良，金立兵，李志远．多重环境时间相似理论及其应用[M]．北京：科学出版社，2020.

[6] 付江涛．冻土地区单桩基础的荷载传递函数和极限承载力研究[D]．兰州：兰州交通大学，2012.

[7] 中华人民共和国住房和城乡建设部．普通混凝土长期性能和耐久性能试验方法标准：GB/T 50082—2009[S]．北京：中国建筑工业出版社，2010.

[8] BE 95-1347 DuraCrete: Rapid chloride migration method (RCM), compliance testing for probabilistic design purposes[S]. The European Union-Brite EuRam III,1999.

[9] American Association of State Highway and Transportation Officials（AASHTO）．Standard method of test for resistance of concrete to chloride ion penetration：T259-80[S]．Washington D C：AASHTO，1904.

[10] American Society of Testing Materials．Standard test method for determining the apparent chloride diffusion coefficient of

cementitious mixtures by bulk diffusion：ASTM C1556-2004[S]. West Conshohocken：ASTM International，2004.

[11] American Society of Testing Materials. Standard test method for electrical indication of concrete ability to resist chloride ion Penetration：ASTM C1202[S]. West Conshohocken：ASTM International，1994.

[12] 中交四航工程研究院有限公司. 水运工程结构防腐蚀施工规范：JTS/T 209—2020[S]. 北京：人民交通出版社，2020.

[13] 孟振亚，刘加平，刘建忠，等. 氯离子浓度对混凝土电通量试验中测试指标的影响[J]. 混凝土，2008（12）：27-29，34.

[14] 张奕. 氯离子在混凝土中的输运机理研究[D]. 杭州：浙江大学，2008.

[15] Rapid chloride migration method（RCM）. Compliance testing for probabilistic design purposes[R]. The European Union-Brite EuRam III BE95-1347/R8，IBAC RWTH Aachen，1999.

[16] 基尔皮契夫. 相似理论[M]. 北京：科学出版社，1955.

[17] 徐庚保，曾莲芝. 数字仿真基础科学[J]. 计算机仿真，2009，26（10）：1-4.

[18] 刘丙杰，胡昌华. 模糊定性仿真的相似原理及其改进[J]. 系统仿真学报，2006，18（4）：856-859.

[19] 董明. 基于三角形相似原理的指纹识别[D]. 大连：大连理工大学，2005.

[20] 魏化中，王友，张嘉琳. 相似原理在喷雾干燥塔改型设计中的应用[J]. 通用机械，2006（8）：76-78.

[21] 满蛟. 运用相似原理研究铸铁表面渗铬层形成机理[D]. 乌鲁木齐：新疆大学，2006.

[22] Myrhaug D，Slaattelid O H. Bottom shear stresses and velocity profiles in stratified tidal planetary boundary layer flow from similarity theory[J]. Journal of Marine Systems，1998，14（1-2）：167-180.

[23] Nakamura R，Mahrt L. Similarity theory for local and spatially averaged momentum fluxes[J]. Agricultural and Forest Meteorology，2001，108（4）：265-279.

[24] Layton W，Neda M. A similarity theory of approximate deconvolution models of turbulence[J]. Journal of Mathematical Analysis and Applications，2007，333（1）：416-429.

[25] Marques F E P，Sa L D A，Karam H A，et al. Atmospheric surface layer characteristics of turbulence above the Pantanal wetland regarding the similarity theory[J]. Agricultural and Forest Meteorology，2008，148（6）：883-892.

[26] 杨朝晖. 局部相似原理在数学猜想及证明中的应用[J]. 河南科学，2010，28（2）：154-158.

[27] 刘灵勇，陈强. CFRP 吊系杆钢箱拱桥试验模型的设计[J]. 森林工程，2010，26（2）：58-61.

[28] 刘铁雄，曹华先，彭振斌. 相似原理在桩基模拟试验中的应用[J]. 广东土木与建筑，2005（2）：3-5.

[29] 黄慧. 相似原理及因次分析法[J]. 丹东师专学报，2000（3）：49-50.

[30] 钱波，左玉强，王伟，等. 基于混凝土强度的相似正交配合比试验研究[J]. 石河子大学学报，2008，26（3）：355-358.

[31] 陈志刚，宋胜锋，李陆冀，等. 基于相似原理的点特征松弛匹配算法[J]. 火力与指挥控制，2006，31（1）：49-51.

[32] 阿列克谢耶夫. 钢筋混凝土结构中钢筋腐蚀与保护[M]. 黄可信，吴兴祖，蒋仁敏，等编译. 北京：中国建筑工业出版社，1983.

[33] Clear K C. Time-to-corrosion of reinforcing steel in concrete slabs volume 3：Performance after 830 daily salt applications[A]. Washington D C：Federal Highway Administration，1976.

[34] Yuan Y S. Ji Y S，Shah S P. Comparison of two accelerated corrosion techniques for concrete structures[J]. ACI Materials Journal，2007，104（3）：344-347.

[35] 卢振永. 氯盐腐蚀环境的人工模拟试验方法[D]. 杭州：浙江大学，2007.

[36] 卫军，王腾，董荣珍，等. 干湿循环条件下氯离子对钢筋混凝土材料的影响研究[J]. 混凝土，2010（2）：4-7.

[37] 刘军，邢锋，董必钦. 模拟大气氯离子对混凝土作用的研究方法[J]. 混凝土，2008（11）：7-8,24.

[38] Konin A，Francois R，Arliguie G. Penetration of chloride in relation to the microcracking state into reinforced ordinary and high strength concrete[J]. Material and Structures，1998，31（5）：310-316.

[39] Castro P I，Veleva L，Balancan M. Corrosion of reinforced concrete in a tropical marine environment and in accelerated tests[J]. Construction and Building Materials，1997，11（2）：75-81.

[40] Swamy R N，Tanikawa S. An external surface coating to protect concrete and steel from aggressive environments[J]. Materials and Structures，1993，26（8）：465-478.
[41] 姬永升. 自然与人工气候环境下钢筋混凝土退化过程的相关性研究[D]. 徐州：中国矿业大学，2007.
[42] 姬永升，赵光思，樊振生. 混凝土碳化过程的相似性研究[J]. 淮海工学院学报，2002，11（3）：60-63.
[43] 文雨松，周智辉. 不明混凝土桥梁疲劳问题的变化相似解[J]. 铁道学报，2002，24（2）：89-92.
[44] 岸谷孝一. 铁筋コンクリートの耐久性[M]. 东京：鹿岛建設技術研究所出版部，1963.
[45] 李铁锋，黄文新，殷素红，等. 广州地铁混凝土的碳化试验研究及抗碳化耐久寿命预测[J]. 混凝土，2008（1）：23-26.
[46] 牛荻涛，董振平，浦聿修. 预测混凝土碳化深度的随机模型[J]. 工业建筑，1999，29（9）：41-45.
[47] 鲁彩凤. 自然气候环境下粉煤灰混凝土耐久性预计方法[D]. 徐州：中国矿业大学，2012.
[48] 刘鹏. 人工模拟和自然氯盐环境下混凝土氯盐侵蚀相似性研究[D]. 长沙：中南大学，2013.
[49] 陈颖. 自然和人工模拟环境中混凝土硫酸盐侵蚀相似性研究[D]. 长沙：中南大学，2018.
[50] 耿欧，袁迎曙，李果. 钢筋混凝土耐久性人工气候加速退化试验的相关性研究[J]. 混凝土，2004（1）：29-31.
[51] 中国工程建设标准化协会. 混凝土结构耐久性室内模拟环境试验方法标准：T/CECS 762—2020[S]. 北京：中国建筑工业出版社，2020.

第2章　自然环境因素作用及温度和湿度作用谱

2.1　概　　述

自然环境是混凝土结构服役的场所，具有明显的地域性、季节性和随机性等特征。自然环境因素及其作用直接决定混凝土结构耐久性劣化速率和程度，进而影响混凝土结构耐久性和服役寿命。因此，开展自然环境因素及其作用研究可为深入探讨混凝土结构耐久性机理和演化规律等奠定基础。

自然环境因素主要有温度、湿度、光照、风、降水（雨、雪、露水与冰雹等）、气压、云雾、雷电、大气成分（二氧化碳与硫化物等）、离子成分（氯盐与硫酸盐）等。根据自然环境因素对混凝土耐久性影响效果和作用效应差异，可将自然环境因素划分为影响混凝土耐久性的主要环境影响因素和次要环境影响因素。一般来讲，主要环境影响因素包括温度、湿度和侵蚀介质（氯盐、硫酸盐、二氧化碳）等。深入开展自然环境因素特征及其变化规律研究，有助于揭示自然环境对混凝土结构耐久性侵蚀机理和作用模式等的影响规律，有利于阐释自然环境因素作用与混凝土内部微环境响应间的相关性，从而为确定模拟试验制度、试验参数及其模拟方式等提供理论依据。因此，系统深入地探讨自然环境因素及其作用规律对开展混凝土结构耐久性研究具有重要的意义。

2.2　自然环境因素作用

各地区的地域差异导致自然环境因素不同，相应的自然环境因素作用对混凝土结构耐久性机理影响也会产生显著差异。为了更好地揭示自然环境因素及其作用效应，本节对其开展深入探讨。

2.2.1　自然环境的主要环境因素统计分析

1. 温度数据统计分析

温度（或气温）是主要的自然环境因素之一。地表接收太阳辐射所获的热量通过辐射、对流和传导等形式传导给大气，故环境气温与日照状况密切相关。受地球自转和公转的影响，各地的日均气温和年均气温均呈现为正（余）弦变化波形。因为自然环境中的气温瞬时发生变化，适宜的温度表达形式对于量化自然环境因素作用具有重要的科学意义。我国地域广袤、经纬度跨度大、环境类型多样，环境气温分布具有显著的地域性和时空差异性。作者采用数理统计理论开展相应的气温分布特性研究，并汇总整理了全国 200 个区站 1955～2015 年的年平均气温，见附表 A。我国年平均气温基本呈现南高北低的规律。南方地区的年平均气温较高，而西部、北部和东北等地区的年平均气温均略低。这是因为我国南方处于低纬度地区，每年接受太阳辐射能量较多。

2. 相对湿度数据统计分析

自然环境的相对湿度具有较强的季节性和地域性，并且不同时刻、地区和垂直高度上的环境相对湿度差异明显。自然环境相对湿度可影响混凝土内部湿度和水分分布，进而对混凝土结构内部的侵蚀介质传输和耐久性劣化影响显著。因此，开展自然环境相对湿度分布特征研究有利于揭示自然环境相对湿度对混凝土耐久性演化的影响规律。作者统计分析了我国 200 个区站 1955～2015 年的年平均相对湿度（见附表 A）。我国年平均相对湿度分布呈现南高北低和东高西低的变化趋势。我国的季风气候显著、雨热同期、气候类型复杂多样，导致我国南部地区和东部地区年降水量较多，空气中所含水汽的量较高。南方地区的年平均相对湿度较高，南部地区和东北地区的年平均相对湿度远远高于西部地区。

3. 二氧化碳浓度统计分析

二氧化碳（CO_2）是大气组分之一，可与混凝土中的氢氧化钙［$Ca(OH)_2$］反应使混凝土 pH 值降低，导致混凝土结构中的钢筋锈蚀。根据我国各地区空气中二氧化碳浓度资料，初步判定我国各地区二氧化碳浓度范围约为 0.03%～0.04%体积分数。一般来讲，城市、生活区和工业区等的空气中二氧化碳浓度略高。

4. 氯盐浓度统计分析

自然环境中的氯离子可侵入混凝土内部诱发钢筋脱钝和锈蚀，导致混凝土结构耐久性退化严重。我国的氯盐环境类别主要分为海洋环境、盐湖地区和盐碱地环境等。另外，工业排放的废液、废气和废固物等也可能使局部地区的混凝土构筑物遭受高浓度氯盐侵蚀。海水中所含盐类的 90%约为氯化钠，世界各地海水基本成分几乎一样（内海成分可能差异较大）。表 2.1 为全世界 77 个海水样品中盐类成分和含量，表 2.2 为我国海水中盐度情况[1]。

表 2.1 全世界 77 个海水样品中盐类成分和含量

盐类成分	$NaCl$	$MgCl_2$	Na_2SO_4	$CaCl_2$	KCl	$NaHCO_3$	KBr	H_2BO_3	$SrCl_2$	NaF
含量/（g/kg）	23.476	4.981	3.917	1.102	0.664	0.192	0.096	0.026	0.024	0.003

表 2.2 我国海水中盐度情况

海域		盐度/%	
		冬季	夏季
渤海	外海	3.4	2.5～3.0
	沿岸	2.6	

续表

海域		盐度/%	
		冬季	夏季
东海	长江口	<2.0	<0.5
	远岸	3.3～3.4	
黄海	北部	3.1～3.2	3.0～3.2
	南部	3.15～3.25	
南海	远岸	3.3～3.4	3.0～3.3
	沿岸	3.0～3.2	

我国的盐湖主要分布在新疆、青海、内蒙古和西藏等省、自治区。盐湖中卤水的矿化度比较高，基本处于饱和或过饱和状态，相应的矿化度为海水的5.89～9.31倍。一般情况下，盐湖中的氯离子含量是海水的4.86～10.75倍。我国西部广袤的盐泽土中也含有大量的氯离子，《岩土工程勘察规范（2009年版）》（GB 50021—2001）中根据土壤盐中的含盐量将其划分为弱盐渍土、中盐泽土、强盐渍土和超盐渍土。其中，弱盐渍土中氯及亚氯盐平均含盐量约为0.3%～1.0%（质量分数），中盐渍土中氯及亚氯盐平均含盐量约为1%～5%（质量分数），强盐渍土中氯及亚氯盐平均含盐量约为5%～8%（质量分数），超盐渍土中氯及亚氯盐平均含盐量大于8%（质量分数）。

5. 硫酸盐浓度统计分析

我国硫酸盐分布地域辽阔，大量的海港、滨海港湾、内陆盐湖、盐泽土和盐碱地等均为硫酸盐环境[2]，且各种硫酸盐地域分布差异较大，相应的硫酸盐环境分布可划分为以下五种。

1）海岸线：海水及其海岸滩涂等。

2）滨海盐渍土：长江以北的江苏、山东、河北、天津等滨海平原。

3）沿海城市：深圳、珠海、上海、天津等。

4）高污染重工业地区：主要有西南酸雨区、华中酸雨区和华东沿海酸雨区三大酸雨区域。

5）西北部地区：新疆盐湖区有102个，青海盐湖区有33个，内蒙古盐湖区有370多个，西藏盐湖区有220多个。

2.2.2 耐久性环境区划

混凝土结构耐久性设计需要考虑大区域的服役环境类别和结构局部部位所处环境等差异的影响。自然环境和结构局部部位所处环境共同构成了服役混凝土结构的环境作用空间[3]。如何开展环境区域分解以服务于混凝土结构耐久性设计是当前工程设计中常面临的难题。耐久性环境区划在综合考虑结构形式、重要性、结构使用条件和经济效益等因素的基础上，以环境因素（包括温度、相对湿度、侵蚀介质种类及浓度等）对混凝土结构耐久性的影响程度为主要标准，把全国环境划分为不同危险程度的区域且以图形方式表征出来，并给出各区域混凝土耐久性材料指标取值和构造措施[4,5]。通过区分我国不同地区气候和地理条件的差异，明确各区域混凝土结构耐久性的基本要求，为混凝土结构耐久性设计提供理论指导。目前，金伟良、牛荻涛和卢朝辉等团队对此开展大量研究工作[6-9]，我国正逐步确立混凝土结构耐久性的环境区划标准和环境区划分布图。

1. 环境区划原则

一般来讲，土木工程领域的混凝土结构耐久性环境区划应遵循以下原则[10]。

1）耐久性环境区划是针对影响混凝土结构的环境条件进行分区。区划工作要从环境作用效应和混凝土结构抵抗侵蚀能力两者关系作为出发点，区划指标应能充分反映混凝土结构耐久性失效的过程和机理，区划结果应能充分体现出混凝土结构劣化所处实际自然环境条件的时空差异。

2）混凝土结构耐久性环境区划只考虑耐久性失效最为广泛的几种主要失效机理，其他特殊环境条件下的失效另加以说明。

3）以混凝土结构预测使用寿命作为耐久性环境区划的最终指标，实现对环境因素在不同地域上的定量划分。

4）仅考虑混凝土结构不同耐久性侵蚀机理的研究平行进行，不考虑多侵蚀因素耦合作用的情况。

根据各区域环境的混凝土结构寿命预测值进行环境区划，并绘制出相应的环境区划图，具体技术路线如图 2.1 所示。

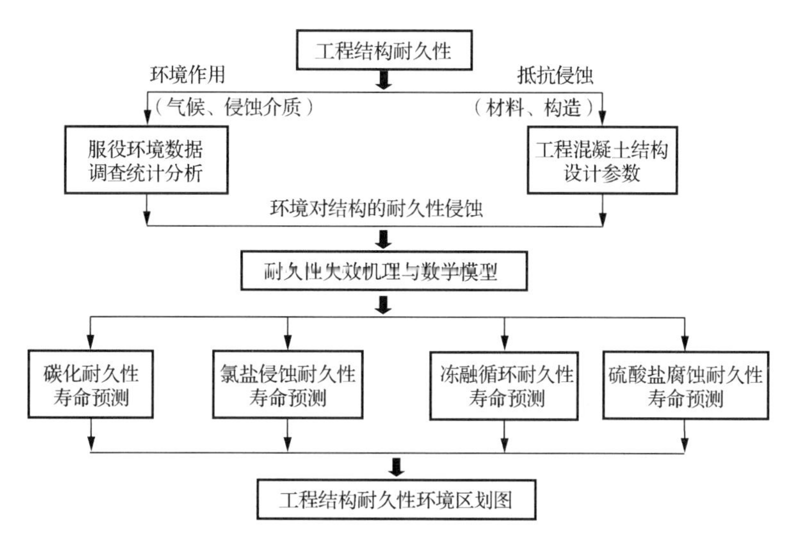

图 2.1　混凝土结构耐久性环境区划技术路线

2. 典型的环境区划

（1）碳化耐久性环境区划

在选定混凝土标准参数条件下，作者针对全国 200 个特征城市进行了混凝土结构碳化耐久性寿命预测。结合《混凝土结构耐久性设计与施工指南》（CCES 01—2004）中对于结构环境类别划分的规定和要求[11]，确定出基准环境中混凝土碳化破坏的环境作用效应区划，并将混凝土结构的碳化区域划分为 5 个区域等级。表 2.3 为各级混凝土结构碳化耐久性区划的环境特征与作用程度。

表 2.3　各级混凝土结构碳化耐久性区划的环境特征与作用程度

碳化区划等级*	碳化耐久年限预测值/a	环境特征与作用程度
1	160～223	年平均温度在 0～5 ℃，年平均相对湿度在 55%～70%；主要位于东北和青海部分地区。由于温度较低，碳化速率很慢
2	126～162	可分为两类特征地区：①年平均温度在 3～5 ℃，年平均相对湿度在 40%～60%；②年平均气温在 15～18 ℃，年平均相对湿度在 70%～80%。两类地区由于温度偏低或相对湿度较大，碳化速率较为缓慢
3	100～126	年平均温度在 5～22 ℃，年平均相对湿度在 40%～80%，覆盖范围较广，主要分布在华北、华中、西北、华东和西南大部分地区。混凝土碳化速率较快，并且效果显著
4	81～100	可分为两类特征地区：①年平均温度在 10～17 ℃，年平均相对湿度在 40%～60%，主要位于华北和西北部分地区；②年平均温度在 20 ℃左右，年平均相对湿度在 75%以上，主要位于华南湿热地区。年平均温度与相对湿度均加速混凝土碳化，并且碳化速率快
5	66～81	在 4 级区域内分布且范围较小

* 侵蚀严重程度逐级递增。

（2）氯盐侵蚀耐久性环境区划

我国氯盐环境主要分布在沿海、盐湖、盐碱等地区，氯盐侵蚀环境中混凝土结构环境耐久性区划等级见表 2.4。

表 2.4　氯盐侵蚀环境中混凝土结构环境耐久性区划等级

氯盐环境区划等级	氯盐耐久年限预测值/a	环境区域
1		无氯盐环境、离海岸距离超过 1.5 km 可以忽略氯盐侵蚀地区
2	>100	渤海和黄海北部大气区，黄海南部、东海和南海离岸 0.1～1.5 km 的大气区
3	50～100	南方炎热地区近海大气区、除冰盐溅射环境、轻度盐泽土环境、渤海湾和黄海北部水下区
4	30～50	渤海湾和黄海北部干湿交替区直接接触除冰盐环境、中度盐泽土环境
5	10～30	南方炎热地区的水下区黄海南部干湿交替区、盐湖大气区、重度盐泽土环境
6	0～10	南方炎热地区沿海干湿交替区、盐湖干湿交替区

（3）硫酸盐耐久性环境区划

我国的硫酸盐环境主要包括海岸线、滨海盐渍土、高污染重工业地区和西北部盐湖及其盐泽土等。参考《既有混凝土结构耐久性评定标准》（GB/T 51355—2019）[12]，本书将硫酸盐侵蚀环境划分为不同的耐久性等级，见表 2.5。

表 2.5　硫酸盐侵蚀环境耐久性区划等级

硫酸盐侵蚀环境耐久性区划等级		1	2	3	4	5
温热地区	$[SO_4^{2-}]_w$	<200	200～1000	1000～4000	4000～10000	6000～15000
	$[SO_4^{2-}]_s$	<300	300～1500	1500～6000	>10000	>15000
寒冷潮湿地区	$[SO_4^{2-}]_w$	<200	200～750	750～3000	3000～7500	>7500
	$[SO_4^{2-}]_s$	<300	300～1125	1125～4500	4500～11250	>11250
寒冷干旱地区	$[SO_4^{2-}]_w$	<200	200～500	500～2000	2000～5000	>5000
	$[SO_4^{2-}]_s$	<300	300～750	750～3000	3000～7500	>7500

注：1. $[SO_4^{2-}]_w$ 为水中硫酸根离子浓度（mg/L），$[SO_4^{2-}]_s$ 为土中水溶性硫酸根离子浓度（mg/kg）。

2. 温热地区指 1 月份平均温度大于 0 ℃、年降雨量大于 800 mm 的地区，寒冷潮湿地区指 1 月份平均温度小于 0 ℃、年降雨量为 400～800 mm 的地区，寒冷干旱地区指 1 月份平均温度小于 0 ℃、年降雨量小于 400 mm 的地区。

2.3　自然环境温度和湿度作用谱

基于上述研究可知，温度和相对湿度是各类侵蚀环境中共有的自然环境因素，两者均具有极强的随机性。揭示自然环境温度和相对湿度变化规律，量化自然环境温度和湿度对混凝土结构耐久性的环境作用效应，可为室内模拟环境试验的温度和湿度参数设定提供理论依据。本节重点对自然环境温度和相对湿度的变化规律进行探讨。

2.3.1　自然环境温度作用谱

在众多自然环境因素中，温度是混凝土结构耐久性的重要影响因素之一。国内外对此已开展大量研究工作，如 Luikov[13]基于 Fourier 定律研究混凝土内的温度及温度场分布规律，建立混凝土内部温度和水汽传输模型。Qin 等[14]采用动态模式评估建筑材料瞬态热和水汽传输行为，利用 Laplace 变换和传递函数法（transfer function method，TFM）建立相应的温度和水汽分布模型。蒋建华等[15]采用有限极差法建立自然环境温度变化模型。尽管上述模型可大致描述温度和湿度的变化规律，但在温度模型的计算结果精度、假设条件和解析解求解方法等方面仍存在不足。如何精确地表征自然环境因素作用及其作用谱是当前该研究领域的难点。

地球存在自转和公转现象，地面接收太阳辐射能量随时间变化可采用余弦（或正弦）函数形式表达[16]。地面将获得的能量通过辐射、对流和传导等形式传输至大气中，故自然环境温度也可采用余弦（或正弦）函数形式描述。一般来讲，自然温度变化较适宜采用余弦函数表示，即

$$T_t = T_p + T_c\cos(\omega_e t - \varphi) \tag{2.1}$$

式中：T_t 为 t 时刻的温度值，℃；T_p 为温度波的平均值，℃；T_c 为温度变化幅值，℃；ω_e 为自转角频率，rad/s（$\omega_e = 2\pi / T_{a0}$，T_{a0} 为自然环境温度波动周期，h）；t 为相应时间，

h；φ 为相位角，rad。

传统研究多采用单一余弦（或正弦）函数形式表征一天内的自然环境温度变化。然而，太阳公转现象导致不同季节每日的日照时间存在差异，故采用单一余弦（或正弦）函数形式表征自然环境温度变化的误差较大。若考虑地球公转对自然环境温度变化周期 T_{a0} 的影响，则采用分段形式函数更能合理地表征自然环境温度变化规律。将日温度变化曲线分为升温曲线和降温曲线，提出相应的自然环境温度作用谱模型，即

$$T_t=\begin{cases}T_p+T_c\cos\left(\dfrac{\pi}{T_a}t-\dfrac{T_a+T_{min}}{T_a}\pi\right) & \rightarrow 升温\quad (T_{min}\sim T_{min}+T_a)\\ T_p+T_c\cos\left(\dfrac{\pi}{24-T_a}t-\dfrac{T_a+T_{min}}{24-T_a}\pi\right) & \rightarrow 降温\quad (T_{min}+T_a\sim T_{min}+24)\end{cases} \tag{2.2}$$

式中：T_a 取值是从最低温度时刻 T_{min} 升温至最高温度对应时间长短（可取 $T_a=14-T_{min}$），h；T_{min} 为日最低气温对应的时刻，h。

自然环境温度最低值出现的时刻为日出前后，即为相应的 T_{min}。因地球公转现象的存在，日最低气温对应的时间 T_{min} 可由相应的日白昼时间求出，即

$$T_{min}=12-\frac{y_{bz}}{2} \tag{2.3}$$

$$y_{bz}=A_T+B_T\cos(\omega_{eg}t_{da}-\varphi_d) \tag{2.4}$$

式中：y_{bz} 为日白昼时间，h；A_T 为日白昼时间的平均值，h；B_T 为幅值，h；ω_{eg} 为地球公转角频率，rad/s，$\omega_{eg}=2\pi/T_d$；T_d 为地球公转周期（可取 365），d；t_{da} 为相应的天数，d；φ_d 为公转相位角，rad。

1. 自然环境温度作用谱模型中 T_a 的确定

季节和纬度差异造成不同地方的日出时间长短不等，构建自然环境温度作用谱模型的前提是求解相应的参数 T_a。因太阳在每年 12 月 21 日～23 日直射地球南回归线附近，对应北半球白昼时间最短的日期，可选取每月第 21 日的白昼时间作为求解参数 T_a 的基准时间。图 2.2 为典型地区全年日白昼时间。由图 2.2 可知，采用余弦函数形式可以很好地拟合不同地区全年日白昼时间。通过输入参数（日期）可直接获得相应的白昼时间，进而可获得对应的周期参数 T_a。纬度间的差异主要体现为参数取值的不同：对于相近纬度（如北京和天津）地区全年日白昼时间大致相等，故其函数表达式的各参数基本一致。不同纬度地区（如北京和长沙）全年日白昼时间相差明显，相应的函数表达式中各参数差别较大。对于高纬度地区（如北京）昼夜时间长短波动较大，最长白昼时间可达到 15 h，最短白昼时间可为 9.4 h。然而，低纬度地区（如长沙）最长白昼时间为 14 h，最短白昼时间可为 10.4 h。经纬度地域差异造成各地区昼夜时间不等，导致自然环境温度波动周期 T_{a0} 不同。

上述现象可从长沙地区各月环境温度平均周期取值得以验证，见表 2.6。由表 2.6 可知，长沙地区夏季 7 月份的温度波动周期 T_a 较大（约为 8.8 h），而冬季温度波动周期

T_a 最小（约为 7.2 h）。全年温度波动周期 T_a 发生有规律的周期性波动变化，这与地球自转和公转周期密切相关。

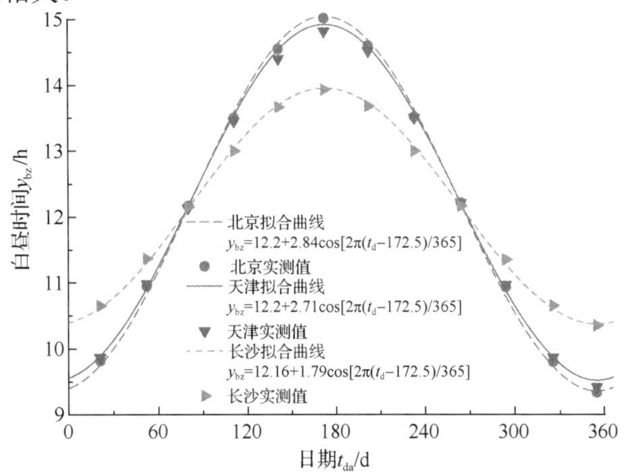

图 2.2　典型地区全年日白昼时间

表 2.6　长沙地区各月环境温度模型中的平均周期取值

月份	T_a/h	（24−T_a）/h	T_{min}/h	月份	T_a/h	（24−T_a）/h	T_{min}/h
1	7.33	16.67	6.67	7	8.84	15.16	5.16
2	7.68	16.32	6.32	8	8.50	15.50	5.50
3	8.08	15.92	5.92	9	8.08	15.92	5.92
4	8.50	15.50	5.50	10	7.68	16.32	6.32
5	8.83	15.17	5.17	11	7.33	16.67	6.67
6	8.97	15.03	5.03	12	7.18	16.82	6.82

2. 自然环境温度作用谱

图 2.3 为长沙地区采用温/湿度传感器测定 2011 年 8 月 16 日至 19 日的自然环境温度实测值及其拟合曲线，测试期间天气状况为晴朗、微风。由图 2.3 可见，自然环境温度变化呈现显著的周期性波动变化，并且相应的变化周期约为 24 h。采用余弦函数拟合测试结果，获得的温度变化曲线与实测值变化趋势基本吻合。自然环境温度随日出而逐渐升高，日最高气温出现在午后 14 时 30 分左右。自然环境温度随日落逐渐降低，并在次日凌晨 5 时 30 分出现最低气温。众所周知，太阳向地球辐射的能量在日 12 时达到最强，但地面将所吸收热量传导（辐射和对流）至大气中需要一定的时间，故自然环境出现最高气温的时刻滞后于太阳最大辐射量对应的时刻。测试期间天气变化较小，表现为相应的日自然环境温度波动规律相似且温差幅值变化不大。降温过程持续时间长于升温过程，其温度变化率略小。尽管采用余弦函数可模拟自然环境温度变化规律，但是对比测试数据和模拟曲线可发现仍存在相关性偏低、拟合曲线偏离部分实测数据等问题。这是由于地球自转使昼夜时间不等，导致升温和降温曲线波动周期不等。

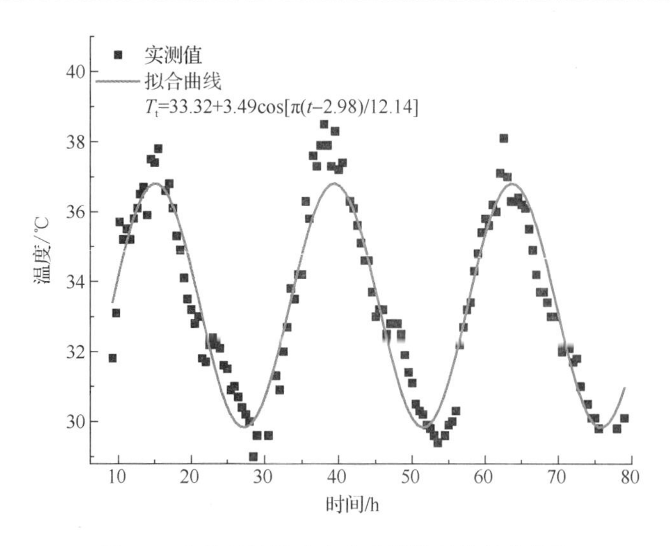

图 2.3　自然环境温度变化实测值及其拟合曲线

鉴于单一余弦函数描述自然环境温度变化存在一定局限性，在上述研究基础上作者提出分段余弦函数形式的自然环境温度模型，如式（2.2）所示。基于上述实测温度数据和理论模型，再次开展相应的自然环境温度结果拟合分析。图 2.4 为长沙地区自然环境温度变化规律拟合曲线，测试期间的日平均温度为 33.6 ℃、日温差幅值为 8.1 ℃，采用的升温阶段周期为 8.5 h。由图 2.4 可知，自然环境温度日变化曲线可在极值点处划分为升温和降温两个阶段。若对升温和降温阶段分别采用余弦函数形式进行拟合，所得的温度拟合曲线与相应阶段温度实测结果吻合较好。由于昼夜时间长短不等，导致温度波动周期昼夜不同。若采用单一余弦函数拟合所有实测数据，会造成部分数据偏离拟合曲线。至于图 2.4 中部分点仍不能与分段拟合曲线吻合，是因拟合曲线模型中所用参数是基于测试期间所测数据的平均值而非针对某一天温度值。基于自然环境温度作用谱模型和实测环境温度极值所绘制的温度变化曲线，可反映环境温度变化规律和变化特征。这表明基于日均温度及其极值温度值，采用分段余弦函数形式的自然环境温度模型可精准确定任意时刻的自然环境温度。

图 2.3 和图 2.4 的研究结果表明，基于自然环境每日的最高温度、最低温度和月均温度，采用分段余弦函数形式的自然环境温度模型可精确地确定该时间段内任意时刻的温度。图 2.5 为长沙地区 2009 年 9 月实测自然环境温度特征值及其温度作用谱。图 2.5 是基于每日温度特征参数（日最高温度、日最低温度和日均温度）和每月温度特征参数（月最高温度、月最低温度和月均温度），采用分段余弦函数形式的自然环境温度模型绘制。由图 2.5 可见，采用分段余弦函数形式的自然环境温度模型确定的拟合曲线，可充分反映日温度波动规律、周期及其波动幅值等，并能准确地给出每日相应时刻的自然环境温度。基于月均温度特征参数的拟合曲线也能反映相应期间的自然环境温度整体波动特征，但存在部分日温度变化偏离拟合曲线的情况。这可能是由于模拟曲线是基于月均温度参数，而该时间段内可能存在天气突变（大风、降水等）现象。通过上述分析可知，每日温度特征参数拟合曲线可以更好地反映每日的自然环境温度变化规律。若进行月均

自然环境温度特征研究，则基于月均自然环境温度特征参数确定的拟合曲线更能反映该时间段内的温度变化特征。自然环境温度作用谱研究为室内模拟试验的温度参数取值基准（即以月均自然环境温度为基准衡量温度的作用效应）提供了理论依据。

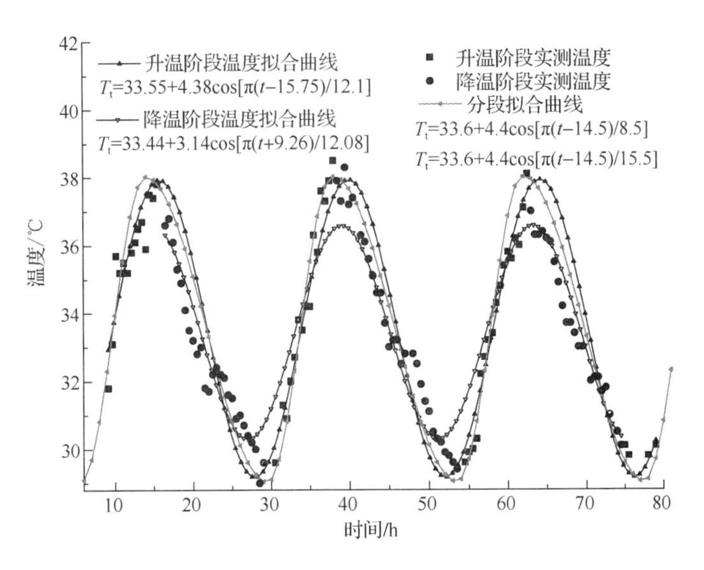

图 2.4　长沙地区自然环境温度变化规律拟合曲线

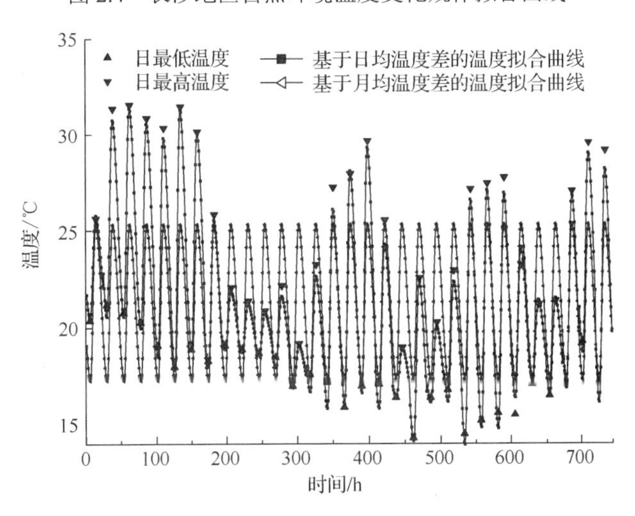

图 2.5　长沙地区 2009 年 9 月实测自然环境温度特征值及其温度作用谱

图 2.6 和图 2.7 分别为长沙 2009 年典型月份（1 月和 8 月）和全年的自然环境温度作用谱（数据均来源于中国气象科学数据共享服务网）。由图 2.6 和图 2.7 可知，采用分段余弦函数形式的自然环境温度作用谱模型可描述出典型月份和全年自然环境温度变化特征，长沙地区自然环境温度呈现夏季高温、冬季低温，全年温度波动变化显著等特征，这与自然条件下人体真实感觉相符合。

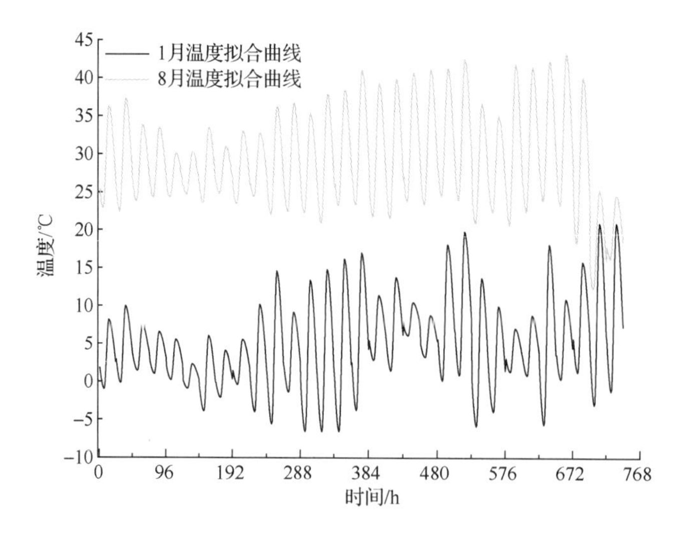

图 2.6　长沙 2009 年典型月份（1 月和 8 月）的自然环境温度作用谱

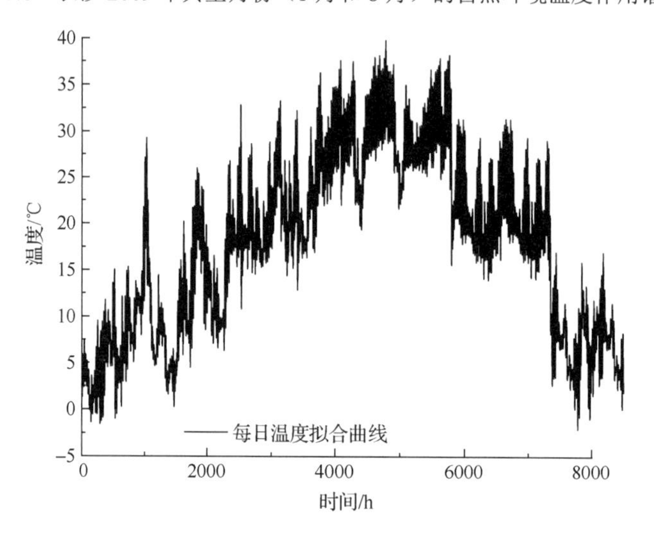

图 2.7　长沙 2009 年全年的自然环境温度作用谱

长沙地区 2011 年 8 月 16 日 9 时～19 日 9 时的自然环境温度实测值及其拟合曲线，如图 2.8 所示。利用温度理论模型、单日（24 h）温度变化的日平均气温及其温度幅值所求解的拟合曲线与实测值吻合较好。这表明分段余弦函数形式的自然环境温度作用谱模型具有较高的精度和适用性。

利用多年（2000～2010 年）长沙地区日平均温度和温度幅值等特征参数，绘制典型月份的温度变化理论拟合曲线，如图 2.9 所示。此外，采用各月平均温度和幅值对温度变化进行简化处理，如图 2.10 所示。显而易见，采用理论模型和日均温度及幅值绘制的拟合曲线可表征全年的自然环境温度变化规律。利用历年的自然环境温度数据，可为预测自然环境温度变化提供有效途径。这充分证明作者提出的分段余弦函数形式的自然环境温度作用谱模型具有很好的精确性、实用性和普适性。采用月均自然环境温度特征参数构建相应的温度谱，可降低全年各月温度表征的困难程度，也为利用月均自然环境温度开展室内模拟环境试验温度参数提供设定基准和理论依据。通过上述分析可知，基于历年气象资料可准确地确定相应地区任意时刻的自然环境温度，从而克服了传统研究过程中必须依赖现场实测结果的弊端，为简化自然环境温度研究提供新途径。

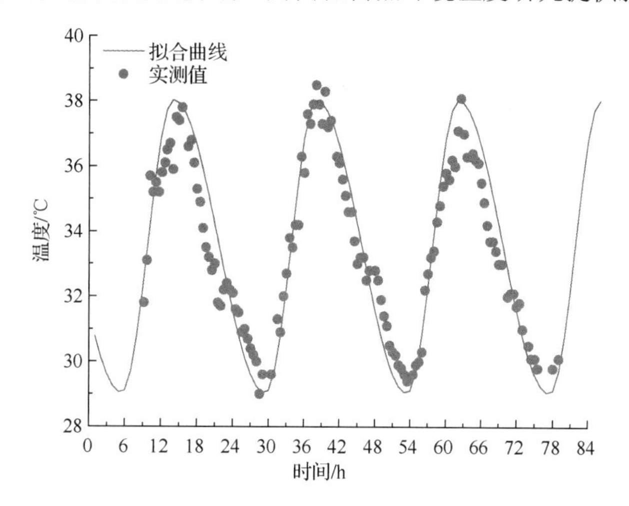

图 2.8　长沙地区 2011 年 8 月 16 日 9 时～19 日 9 时的自然环境温度实测值及其拟合曲线

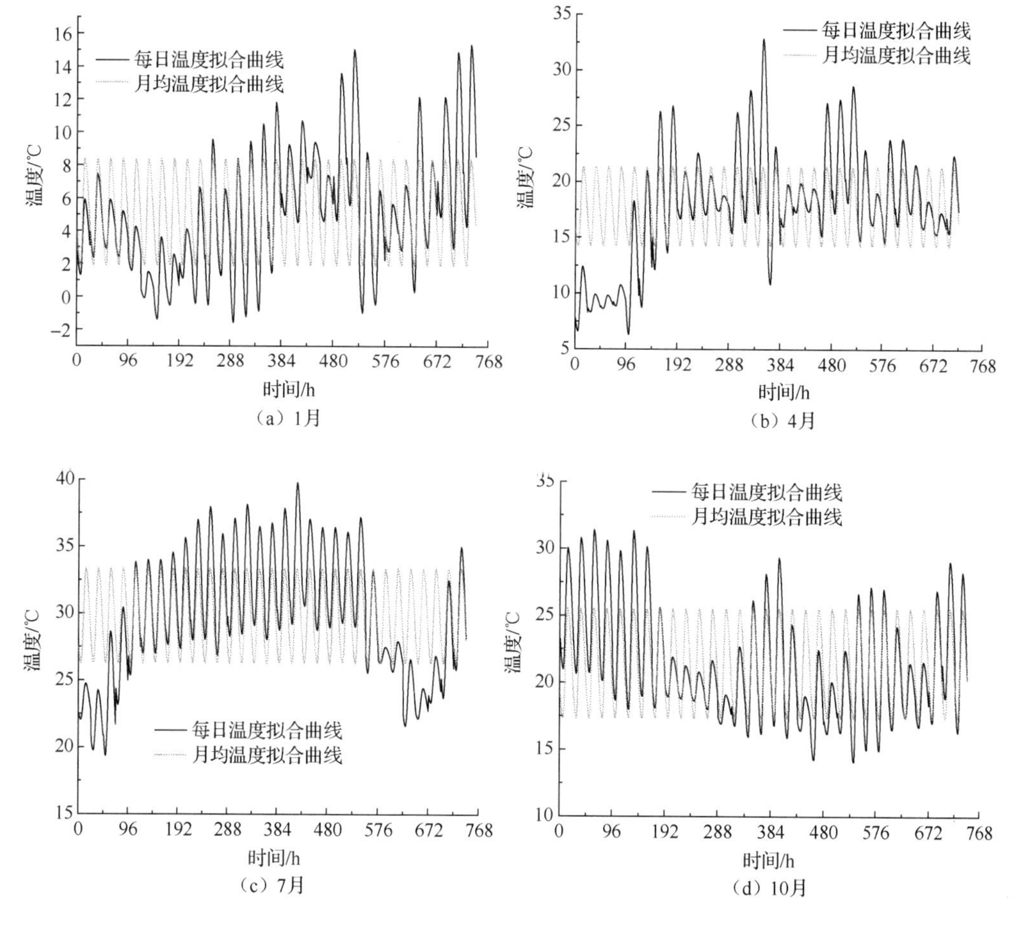

图 2.9　长沙地区典型月份的温度变化理论拟合曲线

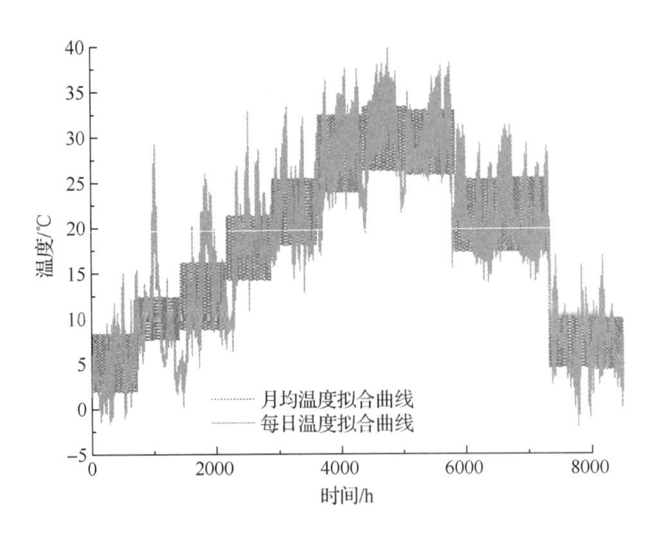

图 2.10　采用各月平均温度和幅值对温度变化进行的简化处理
（2009 年 1～12 月）

2.3.2　自然环境湿度作用谱

自然环境湿度也是影响混凝土结构耐久性的主要环境影响因素之一。为了更好地揭示自然环境湿度变化规律和特征，本节对其进行深入探讨。

1. 自然环境湿度作用谱模型

空气中水汽含量是动态变化的，湿度表达形式的差异引起自然环境湿度变化的描述效果不同。众所周知，湿度采用相对湿度和绝对湿度（水汽密度）两种表达形式。其中，相对湿度是最常用的环境湿度表达形式。水汽饱和是一种动态平衡态，即气相中水汽浓度或密度保持恒定。相对湿度是温度的函数，导致不同温度条件下的空气湿度难以对比。因此，若要开展不同地区、环境和季节等条件下的环境湿度对比，需先开展相对湿度与绝对湿度之间的相关性研究。

绝对湿度为单位体积湿空气中所含水汽的质量（常用单位 mg/L），即水汽密度。饱和湿度是指在一定温度、大气压力下，空气中所能容纳的水汽质量的最大值。相对湿度是指绝对湿度与相同温度下可达到的绝对湿度之比（常用百分数表示）。因此，绝对湿度是一个绝对量，而相对湿度是一个可直接测量的相对量。

基于上述分析可知，饱和水汽压公式的选取在整个湿度换算过程中尤为重要，常用的理论方程主要有 Goff-Grattch 饱和水汽压公式、克拉珀龙-克劳修斯方程（Clapeyron-Clausius equation）和 Wexler-Greenspan 水汽压公式等[17]。克拉珀龙-克劳修斯方程是以理论概念为基础，用来表示物质相平衡的关系式，它反映了饱和水汽压与温度、容积和过程热效应三者之间的关联，即

$$\frac{\mathrm{d}e_{\mathrm{s}}(T)}{\mathrm{d}T}=\frac{L_{\mathrm{V}}e_{\mathrm{s}}(T)}{R_{\mathrm{V}}T^{2}} \tag{2.5}$$

式中：T 为温度，K；$e_s(T)$ 为纯水平液面时的饱和水汽压，Pa；R_V 为水汽的比气体常数，101.13 kPa 和 20 ℃下为 289.5 J/(mol·K)；L_V 为相交（汽化）潜热，20 ℃时其值为 2446.3 kJ/kg。

若汽化潜热 L_V 为常数，饱和水汽压积分表达式为

$$e_s(T) = e_{s0}\exp\left[\frac{L_V}{R_V}\left(\frac{1}{T_0}-\frac{1}{T}\right)\right] \tag{2.6}$$

式中：e_{s0} 是 T_0（273.15 K）时的饱和水汽压，取 0.61 kPa。

除了按式（2.6）获取饱和水汽压外，还可采用泰登（Tetens）经验公式计算饱和水汽压[18,19]，即

$$e_s(T) = 610.78\exp\left[\frac{17.269(T-273.16)}{T-35.86}\right] \tag{2.7}$$

将饱和水汽压方程式（2.6）或式（2.7）代入水汽密度方程式（2.8），并利用相对湿度方程式（2.9）可解出空气中水汽密度（绝对湿度）表达式（2.10），即

$$\rho_V = \frac{e_s(T)}{R_V T} = \frac{\varepsilon_r e_s(T)}{R_d T} \tag{2.8}$$

$$\rho_V' = \mathrm{RH}\rho_V \tag{2.9}$$

$$\rho_V' = \mathrm{RH}\frac{\varepsilon_r e_s(T)}{R_d T} \tag{2.10}$$

式中：ρ_V 为饱和水汽密度，kg/m^3；ρ_V' 为与相对湿度 RH 对应的水汽密度，kg/m^3；R_d 为干空气的比气体常数，取值 287.05 J/（kg·K）；ε_r 水汽摩尔质量与干空气摩尔质量的比，取 0.622。

自然环境中的空气相对湿度也可用水汽分压表示，如式（2.11）所示。若将式（2.6）代入式（2.11）中，则相应的相对湿度与自然环境中温度间关系可用式（2.12）表示。

$$\mathrm{RH} = \frac{e_a}{e_s(T)} \tag{2.11}$$

$$\mathrm{RH} = \frac{e_a}{e_{s0}}\exp\left[\frac{L_V}{R_V}\left(\frac{1}{T}-\frac{1}{T_0}\right)\right] \tag{2.12}$$

式中：e_a 为水汽分压，Pa。

若无降水或特殊恶劣天气变化，则空气中水汽质量基本维持为动态平衡状态，相应的水汽分压 e_a 可视为常数。从式（2.12）可以看出，若先通过测定相应的环境温度 T 和相对湿度 RH 即可求解水汽分压 e_a；若将求解结果再次代入式（2.12）中可建立相应条件下相对湿度或水汽密度的函数。上述即为自然环境相对湿度（水汽密度）模型的构建思路。将自然环境温度表达式代入式（2.12）中可建立自然环境湿度作用谱模型。

利用测定相应温度 T 下的相对湿度 RH 求解水汽分压 e_a，即可建立特定时间段内环境中空气相对湿度模型，如式（2.13）所示。将式（2.13）代入式（2.10）可得到以绝对湿度形式表征的湿度模型，即

$$\mathrm{RH}=\frac{e_{\mathrm{a}}}{e_{\mathrm{s0}}\exp\left(\dfrac{L_{\mathrm{V}}}{R_{\mathrm{V}}T_0}\right)}\times\begin{cases}\exp\left[\dfrac{L_{\mathrm{V}}}{R_{\mathrm{V}}}\dfrac{1}{T_{\mathrm{p}}+T_{\mathrm{c}}\cos\left(\dfrac{\pi}{T_{\mathrm{a}}}t-\dfrac{T_{\mathrm{a}}+T_{\min}}{T_{\mathrm{a}}}\pi\right)}\right] & \text{升温阶段}\left[T_{\min}\sim\left(T_{\min}+T_{\mathrm{a}}\right)\right]\\ \exp\left[\dfrac{L_{\mathrm{V}}}{R_{\mathrm{V}}}\dfrac{1}{T_{\mathrm{p}}+T_{\mathrm{c}}\cos\left(\dfrac{\pi}{24-T_{\mathrm{a}}}t-\dfrac{T_{\mathrm{a}}+T_{\min}}{24-T_{\mathrm{a}}}\pi\right)}\right] & \text{降温阶段}\left[\left(T_{\min}+T_{\mathrm{a}}\right)\sim\left(T_{\min}+24\right)\right]\end{cases}\tag{2.13}$$

图 2.11 为 2000～2010 年长沙各月的平均温度和相对湿度分布。由图 2.11 可知，长沙地区全年各月温度分布呈现夏季（6 月、7 月和 8 月）温度较高、冬季（12 月、1 月和 2 月）温度较低，全年气温变化明显且温差较大的特征。然而，全年的环境相对湿度变化不显著，约为 75%。这与日常生活中感觉空气湿度明显不符，这是因为相对湿度是一个相对值（温度的函数）。

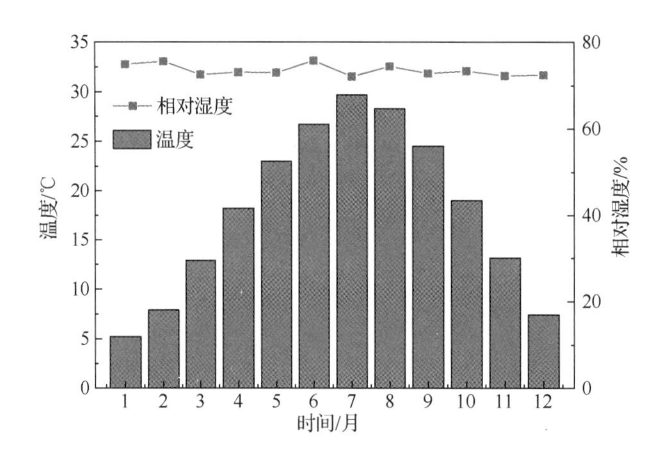

图 2.11　2000～2010 年长沙各月的平均温度和相对湿度分布

基于上述理论分析，将相对湿度换算成绝对湿度（即水汽密度），进而探讨全年自然环境湿度变化规律。图 2.12 是 2000～2010 年长沙各月的平均温度和水汽密度分布。由图 2.12 可知，长沙地区水汽密度随各月变化与温度变化规律相似，全年水汽密度变化明显，随各月呈现出有规律的波动。全年呈现夏季（6 月、7 月和 8 月）水汽密度较高、冬季（12 月、1 月和 2 月）水汽密度较低的特征。这与日常生活中感觉到的空气湿度变化吻合。上述分析充分说明，将相对湿度换算成水汽密度来描述该地区自然气候环境湿度特征更合理。

图 2.13 为长沙地区 2011 年 8 月 16～19 日的自然环境温度与相对湿度实测值和拟合曲线。试验测试期间天气晴朗、微风，图中自然环境温度和相对湿度拟合曲线均基于测试期间温度与相对湿度均值。显而易见，自然环境中空气相对湿度变化规律类似于温度变化，其异同主要表现为周期相同、峰值（波峰和波谷）出现时间和幅值相异等。自然环境相对湿度作用谱模型的拟合曲线与实测结果吻合，这表明所构建的环境相对湿度作用谱模型可描述环境湿度变化特征。日最大相对湿度值出现在凌晨温度最低时，而日最小相对湿度值出现在午后最高温度时刻。在无骤变天气情况下，环境相对湿度变化表现

出极强的周期性波动。上述研究表明，正常条件下的环境相对湿度变化规律也可采用余弦（或正弦）函数形式表征。

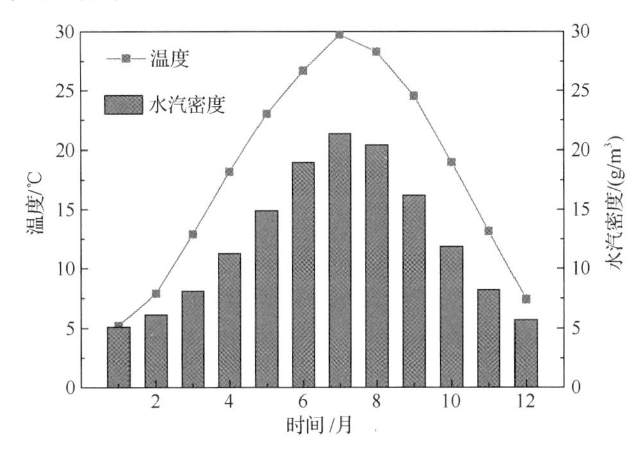

图 2.12　2000～2010 年长沙各月的平均温度和水汽密度分布

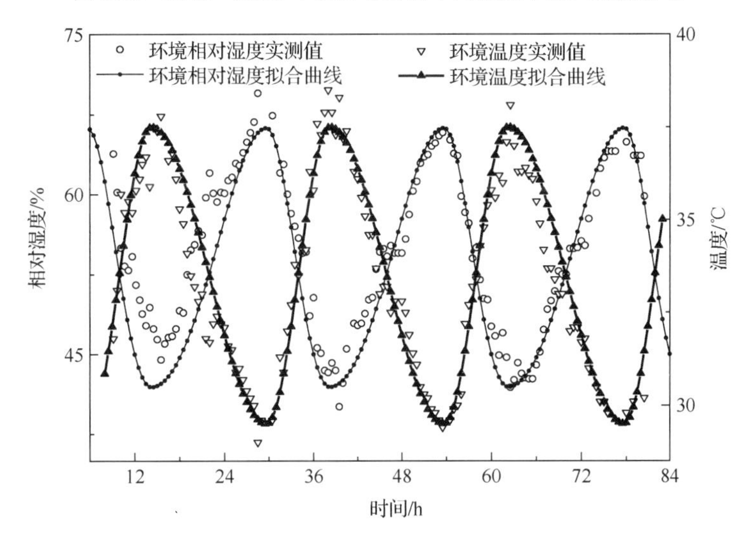

图 2.13　长沙地区 2011 年 8 月 16～19 日的自然环境温度与相对湿度实测值和拟合曲线

采用饱和水汽压方程将相对湿度转化为水汽密度，以探讨环境中空气湿度表达形式导致描述环境湿度效果的差异，图 2.14 为转化后的自然环境水汽密度和相对湿度变化曲线。由图 2.14 可知，自然环境中空气湿度采用相对湿度和水汽密度表达形式的结果显著不同。水汽密度实测值分散于其拟合曲线附近，其数值约为 20 g/m^3，并且水汽密度呈现逐日减小趋势。然而，相对湿度实测值及其拟合曲线则呈现明显地周期性波动，并且相对湿度的波幅变化较大。这表明采用水汽密度形式表征空气湿度可避免其他环境因素（如温度等）变化带来的影响，从而为不同环境和季节等条件下环境湿度定量对比提供了方法。至于环境中水汽密度及其拟合曲线呈逐渐减小趋势，可能是由于地面向空气蒸发的水汽量与空气水汽向高空逸散的水汽量不相等造成的。环境温度较高时，地面水汽蒸发速率滞后于空气向高空输送水汽速率，从而改变了准动态平衡状态，故空气中水汽密度略微减小。随着环境温度降低，又达到新的水汽平衡状态，故一定时间内又维持定值。简言之，环境中空气湿度若进行定性比较则采用相对湿度形式更直观，若进行定量比较则采用水汽密度形式来表征更合理。

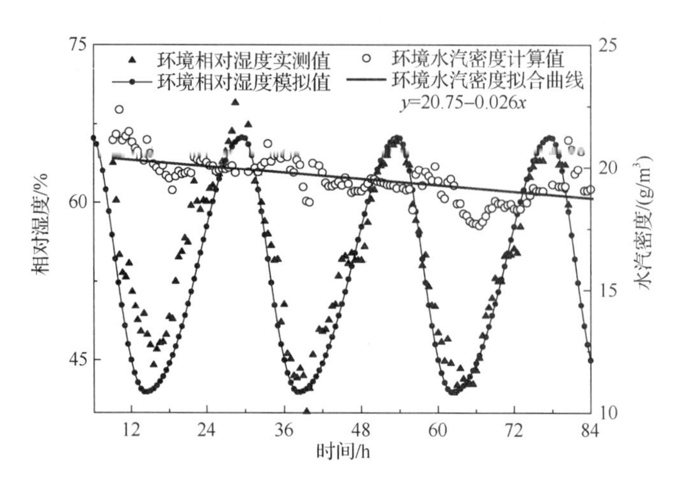

图 2.14　自然环境水汽密度与相对湿度变化曲线

图 2.15 和图 2.16 分别是 2009 年长沙地区典型月份（1 月和 8 月）的温度和相对湿度变化规律曲线，图中数据是基于历年气象资料求解出的自然环境温度、相对湿度和水汽密度。由图 2.15 和图 2.16 不难发现，长沙地区在典型月份（1 月和 8 月）晴天情况下的温度和相对湿度呈现显著地周期性波动，而水汽密度短时间内基本恒定。冬季与夏季的相对湿度波动变化不大，基本维持在 30%～90%。不同季节水汽密度相差甚远：夏季的水汽密度可达 20 g/m^3 左右，而冬季的水汽密度约为 5 g/m^3。因此，若进行不同季节和温度等条件下环境中空气湿度对比应采用水汽密度形式定量比较。因为地面水分的蒸发与空气中水分的凝结及其向高空云层水汽输送基本呈现动态平衡状态，所以空气中水汽密度基本为恒定。夏季午后空气中水汽密度略微降低，随着时间延长水汽密度又逐渐恢复。这是因为夏季高温使空气向高空云层输送水汽增加，而空气中含水量不能得到及时补充，随时间推移，空气中水汽不断得到补充而使得空气中含水量增加。

2. 有降水条件下自然环境湿度变化

降水、雨雪和大风等骤变天气状况会导致自然环境相对湿度发生显著变化。作者除研究晴朗天气下的环境湿度变化外，还探讨了降水天气条件下的环境湿度变化规律。图 2.17 为长沙地区出现降水天气（2011 年 8 月 21 日，小到中雨）对应的温度和相对湿度实测拟合曲线。由图 2.17 中不难发现，降水天气条件下的自然环境相对湿度变化剧烈，而水汽密度曲线初期略有增加且随后保持恒定。这是因为大气降水增加了空气中水汽含量。自然环境相对湿度是温度的函数（相对量），降水期间温度波动的耦合效应增大了湿度变化的随机性，故自然环境相对湿度曲线变化规律性差。与之相反，水汽密度（绝对量）表现出较佳的规律。这表明对于降水天气采用绝对量形式（水汽密度曲线）能表征自然环境湿度变化规律。从上述分析可知，降水条件下的自然温度和相对湿度变化规律性较差，相对湿度理论模型难以精准描述相应的变化特征，但采用水汽密度曲线可以表征空气湿度变化规律。

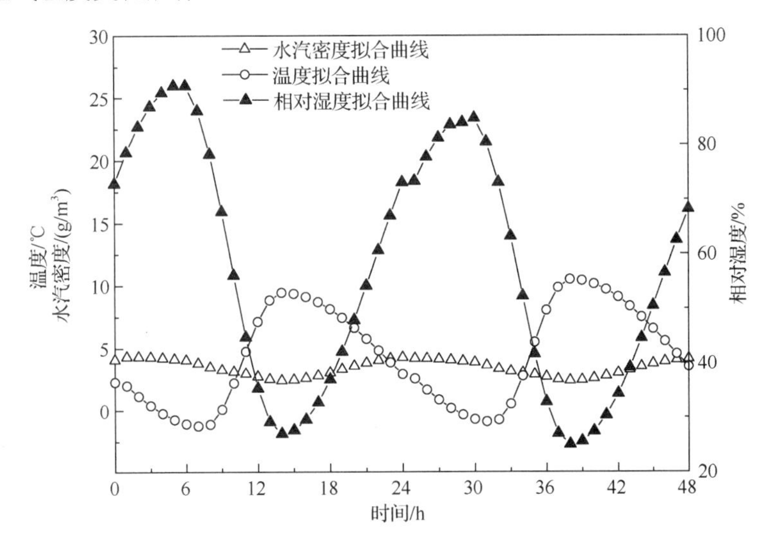

图 2.15　2009 年 1 月（13～15 日）温度和相对湿度变化规律曲线

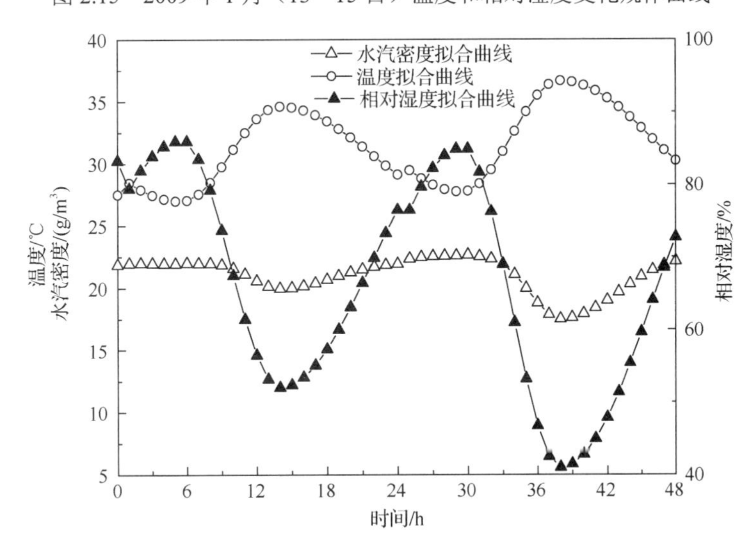

图 2.16　2009 年 8 月（14～16 日）温度和相对湿度变化规律

基于上述不同条件下的自然环境湿度变化研究，简要阐释水汽密度曲线用于表征自然环境湿度变化的实际应用情况。表 2.7 为长沙地区 2009 年 12 月气象参数，图 2.18 为长沙地区 2009 年 12 月的自然环境水汽密度和温度拟合曲线。由图 2.18 可知，若大气出现降水，则相应的自然环境水汽密度曲线将发生显著波动，如 1 日、6 日和 22 日等。这是由于降水增大了大气中的水分含量。当水汽密度曲线出现极小值时（即曲线出现峰谷），相应的天气均为晴天且日照时数较长。这是由于大气快速升温使得大气中的水汽向高空蒸发输送量低于地面蒸发产生的水汽量，破坏了自然环境湿度准平衡状态。简言之，通过分析水汽密度曲线的变化趋势可以确定相应的天气情况。

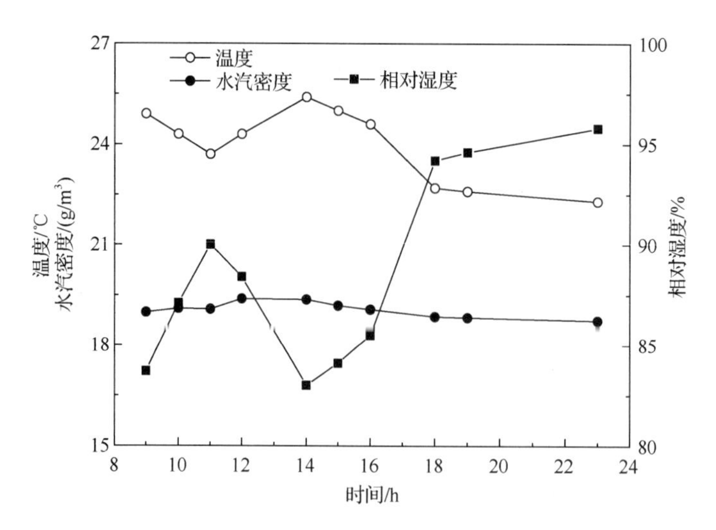

图 2.17　降水天气温度和湿度实测拟合曲线

表 2.7　长沙地区 2009 年 12 月气象参数（12 月 1 日～30 日）

日期	降水量/mm	日照时数/h	平均温度/℃	日期	降水量/mm	日照时数/h	平均温度/℃	日期	降水量/mm	日照时数/h	平均温度/℃
1	1	0	8.9	11	0.5	0	10.1	21	0	8.4	4.9
2	4	0	9.3	12	2.7	0	7.7	22	0	4.7	10.4
3	0	7.2	7.9	13	21	0	4.0	23	0.2	0	11.5
4	0	7.1	9.0	14	0.5	0	5.1	24	3.4	0	9.3
5	0	9.5	10.2	15	11.3	0	3.6	25	<0.1	4.6	10.5
6	<0.1	0	10.2	16	0.2	0	3.9	26	<0.1	0	8.3
7	14.4	0	8.5	17	0.7	5.5	5.0	27	6.4	7.2	3.8
8	24.0	0	7.3	18	0	3.2	4.2	28	0	4.3	3.0
9	<0.1	0	7.4	19	0	3.9	4.3	29	<0.1	0	6.5
10	7.9	0	8.3	20	0	7.6	4.5	30	0	8.0	6.7

注：32700 代表微量降水（气象术语中用编码 32700 表示小于 0.1 mm 的微量降水）。

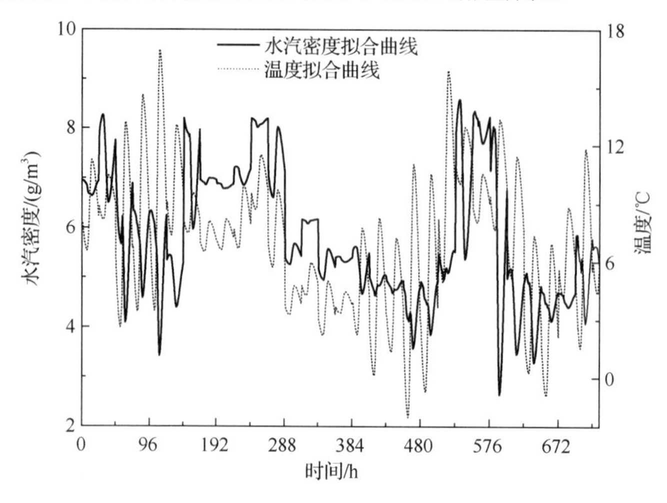

图 2.18　长沙地区 2009 年 12 月自然环境中水汽密度和温度拟合曲线

在上述分析基础上，基于长沙地区 2009 年全年的温度和湿度气象资料构筑相应的全年自然环境湿度作用谱，如图 2.19 所示。构筑过程中所用相对湿度和温度曲线均基于日温/湿度值，水汽密度为温湿度值基于饱和水汽压公式计算值。可见，自然环境相对湿度和水汽密度作用谱变化规律明显不同。基于每日相对湿度值所构筑出相对湿度作用谱呈现出波动趋势，并且全年不同季节相对湿度变化差别无规律。然而，水汽密度随季节发生规律性变化。水汽密度在冬季较低，春季和秋季随之增加，夏季最大。自然环境相对湿度作用谱和水汽密度作用谱之间的差异是由于空气中所含水汽量采用表达方式不同造成的。综上可知，不同地区和季节等条件下环境湿度的定量对比宜采用水汽密度形式。

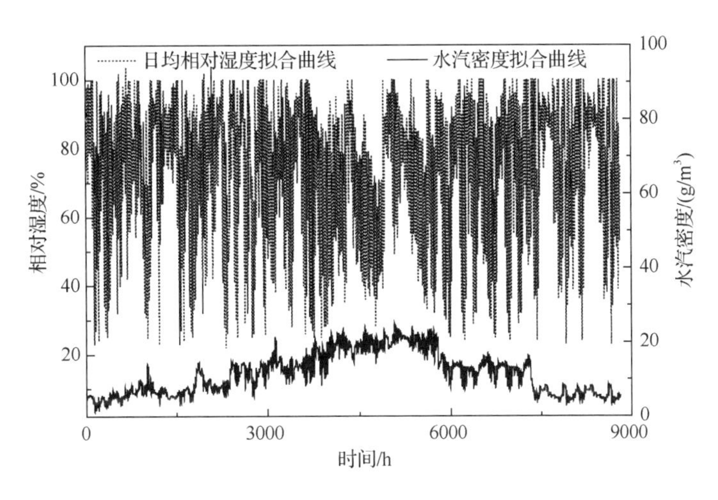

图 2.19　全年自然环境年湿度作用谱

3. 基于气象资料构筑自然环境湿度作用谱可行性

鉴于现场直接测试的环境因素数据较少或测试周期较长，为了能更好地利用已有的环境气象资料构建自然环境湿度作用谱，本节分析了利用历年气象资料确定自然环境湿度作用谱的可行性。图 2.20 为长沙地区 2009 年各月每日的平均相对湿度曲线。由图 2.20 可知，长沙地区全年日平均相对湿度主要变化范围在 70%～90%，同月份内不同时间的日平均相对湿度变化显著。相同季节亦有差别，不同季节之间差别更加显著。春季、夏季和秋季各月间日平均相对湿度差值略比冬季偏小，且各月日平均相对湿度差别也小；冬季日平均相对湿度变化最大。这是因相对湿度是温度的函数，空气中水分主要通过蒸发作用得以补充，冬季较低的温度导致凝结水分和蒸发水分之间的动态平衡难以实现，故相应环境的日平均相对湿度差值较大。

图 2.21 为长沙地区 2009 年典型月日均和月均相对湿度拟合曲线。由图 2.21 可见，长沙地区全年各月相对湿度波动较大，并且采用每日与每月平均相对湿度和幅值确立的相对湿度曲线有显著差别。当采用日均相对湿度和幅值时，确立的相对湿度拟合曲线可以充分反映短时间内相对湿度的变化规律。当采用月均相对湿度和幅值时，所建立的相

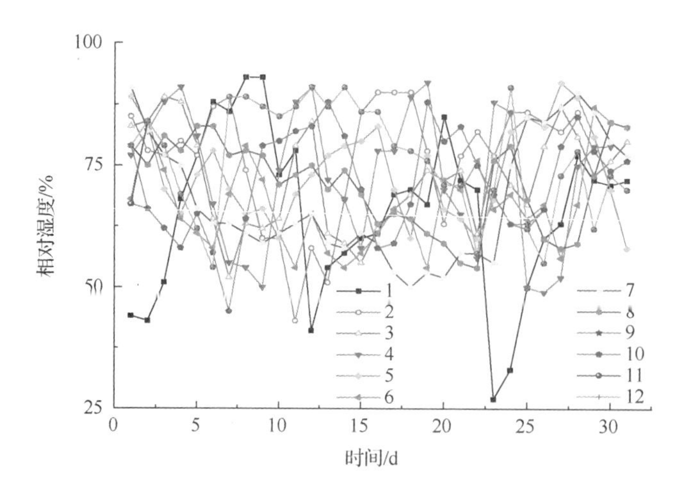

图 2.20　各月每日的平均相对湿度曲线（2009 年 1～12 月）

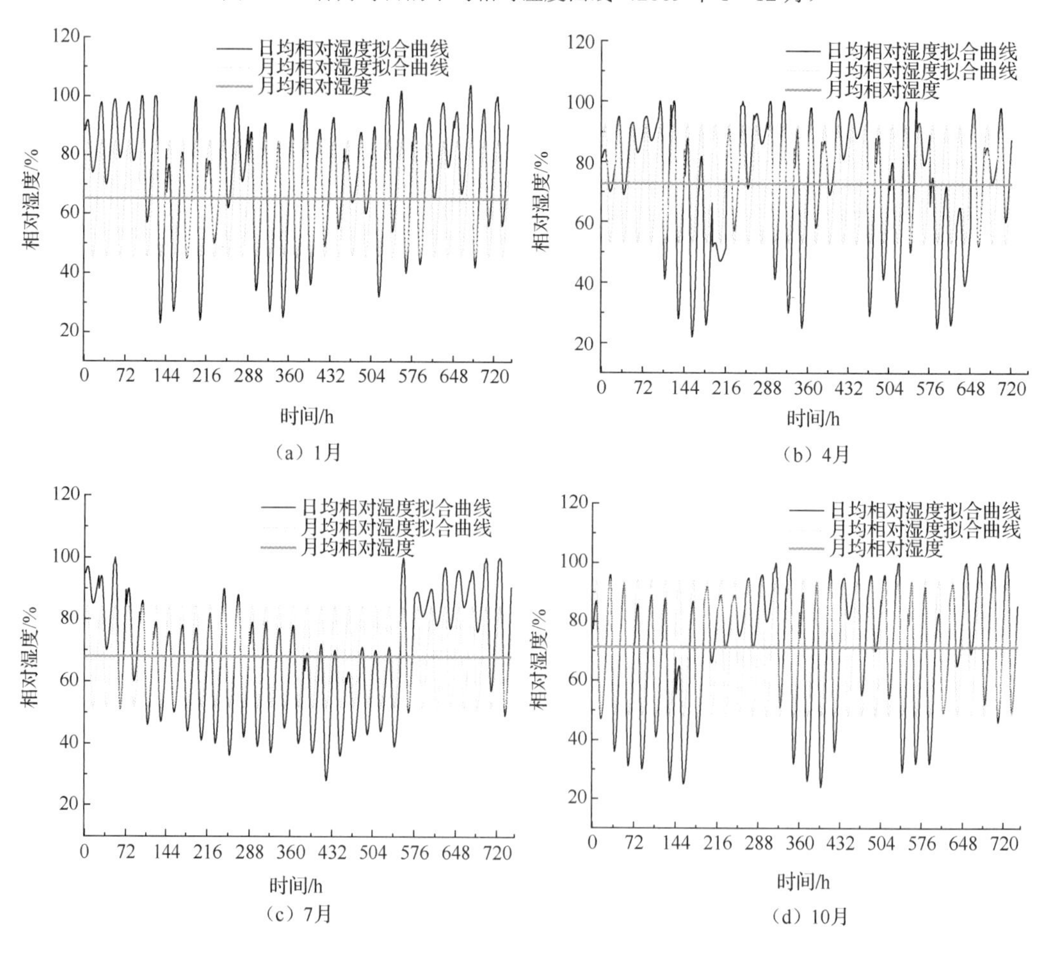

图 2.21　典型月日均和月均相对湿度拟合曲线

对湿度拟合曲线是以平均相对湿度为中心线进行波动，体现的是均值波动程度。这说明采用月均温度参数建立相应的理论模型可简化全年各月温度变化规律。这也为采用不同地区的历年气象资料开展室内模拟环境试验湿度参数设定提供了简化途径和取值理论依据。用以描述相应月份平均相对湿度的基准线约为 70%，这表明长沙地区各月均相对湿度之间差别不大，导致各月相对湿度间不能进行定量比较。

对比了采用日均与月均相对湿度绘制全年湿度作用谱的差异，图 2.22 为基于长沙地区 2009 年气象资料绘制的全年湿度变化曲线。采用相对湿度理论模型绘制的拟合曲线可描述自然环境全年的相对湿度变化规律。对比基于日均与月均相对湿度绘制的年湿度曲线可知，基于日均相对湿度绘制的湿度曲线波动范围及程度较大，而基于月均相对湿度绘制的全年湿度曲线波动范围略小。对于相对湿度出现接近 100%的情况可能是因出现降水或天气聚变导致空气中水分趋于饱和。

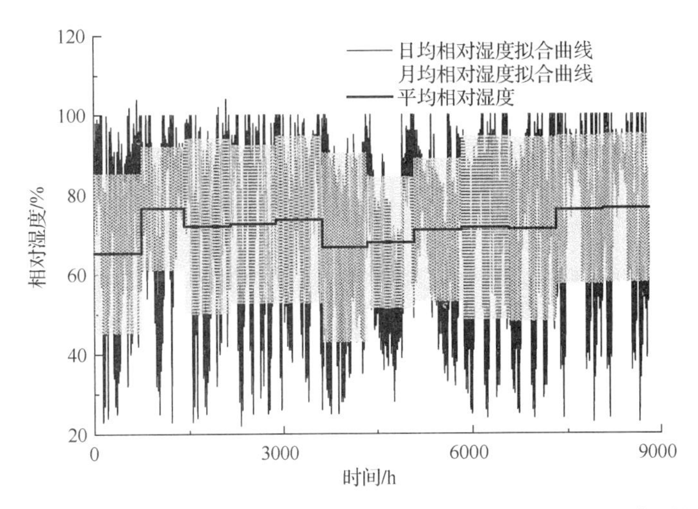

图 2.22　日均和月均相对湿度理论模型拟合曲线（2009 年 1～12 月相对湿度）

将环境相对湿度转化为绝对湿度（即水汽密度），定量比较各月环境水汽湿度差异，图 2.23 为长沙地区 2009 年典型月份的水汽密度曲线。可以看出，长沙地区全年各月水汽密度差别显著。夏季环境的月均水汽密度高达 20 g/m^3，冬季月均水汽密度低于 10 g/m^3。从长时间尺度来看，各月水汽密度呈现波动，这可能与大气降水等因素有关。若采用月均水汽密度曲线描述空气水汽含量变化，可基本简化相应月份水汽密度范围。

图 2.24 为长沙地区 2009 年日均水汽密度理论曲线，更直观地揭示全年环境水汽密度变化规律。显而易见，采用日均水汽密度理论曲线可以描述全年大气湿度变化规律。水汽密度在夏季较大，春秋次之，冬季较小。这与采用相对湿度描述的大气含水汽量明显不同。夏季的环境相对湿度较小，而其他季节环境相对湿度约为 75%。这就造成全年大气中水汽含量各月难以定量比较。相对湿度是温度的函数，表征的是水汽含量的相对值，而水汽密度表征水汽含量绝对量。鉴于上述探讨可知，利用历年已有气象资料构筑自然环境湿度作用谱是可行的。

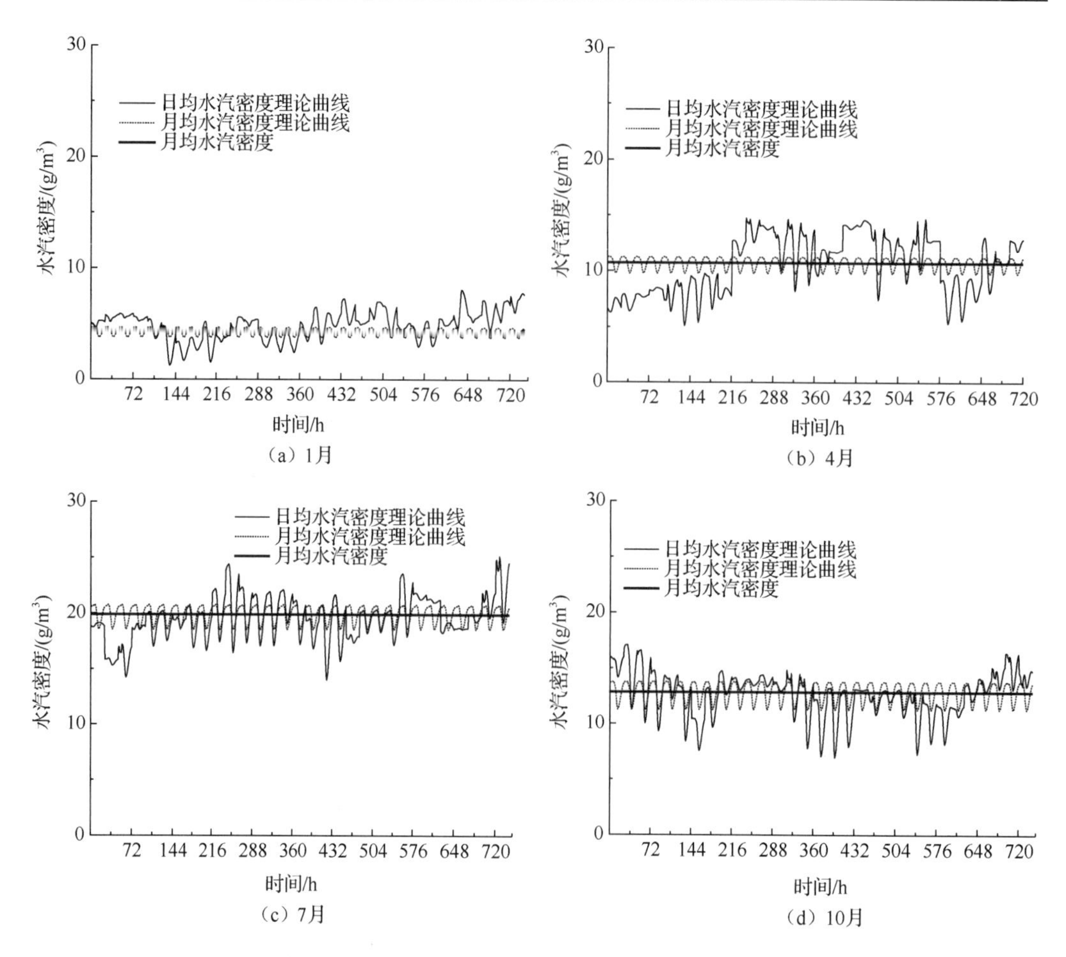

图 2.23　长沙地区 2009 年典型月份的水汽密度曲线

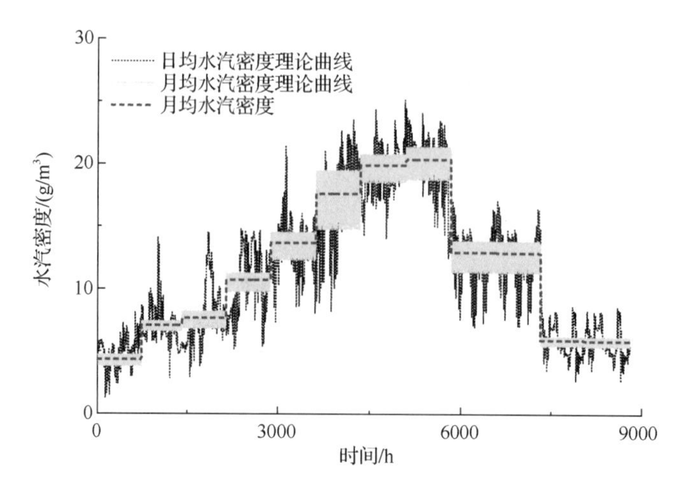

图 2.24　长沙地区 2009 年日均水汽密度理论曲线

2.4　小　　结

本章统计分析了影响混凝土结构耐久性的自然环境主要因素地域分布，阐述了混凝土结构耐久性环境区划；探讨了不同湿度表达形式在量化环境湿度方面的差异，构筑出分段式的自然环境温度和湿度作用谱模型，研究成果为室内模拟试验温度和湿度取值提供理论依据。其主要内容如下。

1）分析了温度、相对湿度、二氧化碳、氯盐和硫酸盐等自然环境因素的地域分布特征，总结归纳了现有混凝土结构耐久性环境区划成果。

2）基于自然环境温度和湿度周期性波动变化，建立了分段式的自然环境温度和湿度作用谱模型；探讨了自然环境湿度采用相对湿度和水汽密度表达形式间的关联，自然环境湿度采用水汽密度更能定量表征不同条件下环境湿度变化。

3）以长沙地区为例，绘制了基于瞬变值、日均值、月均值所构筑的自然环境温度和湿度曲线。研究结果表明可采用日或月平均温湿度来表征环境一定时期内（每日或每月）的环境温度和湿度变化特性，提出随机的环境温湿度参量向确定的温湿度参量转变的方法。此外，研究还得出可采用温湿度均值为基准进行试验温湿度参数设定的结论，从而为室内模拟环境试验的温度和湿度参数提供取值基准和理论依据。

参 考 文 献

[1] 徐国葆．我国沿海大气中盐雾含量与分布[J]．环境技术，1994（3）：1-7.

[2] 钟海明．荷载-干湿循环作用下混凝土抗硫酸盐侵蚀性能研究[D]．广州：广州大学，2012.

[3] 武海荣．混凝土结构耐久性环境区划与耐久性设计方法[D]．杭州：浙江大学，2012.

[4] 金伟良，武海荣，吕清放，等．混凝土结构耐久性环境区划标准[M]．杭州：浙江大学出版社，2020.

[5] 宋峰．基于混凝土结构耐久性能的环境区划研究[D]．杭州：浙江大学，2010.

[6] 吴蔚琳．碳化环境混凝土结构耐久性分项系数设计法和区划研究[D]．长沙：中南大学，2015.

[7] 刘海，姚继涛，牛荻涛，等．混凝土结构碳化耐久性的分项系数设计法[J]．建筑结构学报，2008，29（S1）：42-46.

[8] 王艳．混凝土结构耐久性环境区划研究[D]．西安：西安建筑科技大学，2007.

[9] 罗大明．深圳市混凝土结构耐久性环境区划研究[D]．西安：西安建筑科技大学，2011.

[10] 吕清芳．混凝土结构耐久性环境区划标准的基础研究[D]．杭州：浙江大学，2007.

[11] 中国工程院土木水利建筑学部工程结构安全性与耐久性研究咨询项目组．混凝土结构耐久性设计与施工指南：CCES 01—2004（2005 年修订版）[S]．北京：中国建筑工业出版社，2005.

[12] 中华人民共和国住房和城乡建设部．既有混凝土结构耐久性评定标准：GB/T 51355—2019[S]．北京：中国建筑工业出版社，2019.

[13] Luikov A V．Heat and mass transfer in capillary-porous bodies[M]．Oxford：Pergamon Press，1966.

[14] Qin M H，Belarbi R，Aït-Mokhtar A，et al．An analytical method to calculate the coupled heat and moisture transfer in building materials[J]．International Communications in Heat and Mass Transfer，2006，33（1）：39-48.

[15] 蒋建华，袁迎曙，张习美．自然气候环境的温度作用谱和混凝土内温度响应预计[J]．中南大学学报，2010，41（5）：290-297.

[16] 朱伯芳．大体积混凝土温度应力与温度控制[M]．北京：中国电力出版社，1999.

[17] 王正烈，周亚平．物理化学[M]．北京：高等教育出版社，2001.

[18] 黄美元．云和降水物理[M]．北京：科学出版社，1999.

[19] 周西华，梁茵，王小毛，等．饱和水蒸气分压经验公式的比较[J]．辽宁工程技术大学学报，2007，26（3）：331-333.

第3章　混凝土内部微环境响应

3.1　概　　述

通过第2章介绍可知，自然环境因素主要有温度、湿度、光照、风、降水、气压、云雾、大气成分（二氧化碳、氧气）和侵蚀介质（氯盐、硫酸盐）等。混凝土结构服役的自然环境不同于混凝土内部，两者之间既有区别又有联系。为了更好地探究两者之间的内在关联与差异，本书定义混凝土内部微环境是指混凝土结构内部一定深度范围内的空间及其相应的温度、相对湿度、pH 值和物质浓度等。正常服役状态下，混凝土结构耐久性劣化是由混凝土内部微环境因素主导作用下混凝土结构性能退化的结果，而自然环境因素是引起混凝土耐久性劣化的外部诱因。然而，既有混凝土耐久性研究成果多将自然环境因素直接等效或等同为混凝土内部微环境因素，导致既有研究结果难以准确地评估混凝土结构耐久性。

自然环境因素的瞬变性和随机性较强，故自然环境及其作用下的混凝土内部微环境具有非稳态热质传输特性。与自然环境相比，混凝土组分、微观结构、与外部环境间界面等差异会引起热质传输机理与系数、比热容和蓄热等不同，导致混凝土内部微环境变化产生峰值衰减和相位滞后等现象。然而，有关混凝土内部微环境因素响应变化规律及其与自然环境因素作用间的相关性研究尚不深入。在众多的自然环境因素中，温度和湿度对混凝土结构耐久性影响最普遍，本章主要对两者进行深入探讨。若将自然环境因素对混凝土的影响作为一种“作用”或“激励”考虑，即将自然环境的温度和湿度的随机变化转换为一种确定模式——温/湿度作用谱，则在自然环境因素作用谱激励下可获得混凝土内部微环境因素响应谱。因此，混凝土内部微环境和自然环境间应存在确定的相关关系（或映射）。若能通过设定室内模拟环境试验制度及其参数再现混凝土内微环境产生的相同或相似响应，则可重现自然环境与室内模拟环境之间的对应关系。本章通过分析自然环境和混凝土内部微观环境之间的变化及关联，构筑自然环境因素作用和混凝土内部微观环境因素响应之间的映射。研究成果可为确定室内模拟环境试验温度、湿度、循环周期和干湿时间比等参数取值提供理论依据。

混凝土内部微环境主要受混凝土的组成、微观结构及其含水率等因素影响。因此，本章将从混凝土表层组成和微观结构特征、混凝土内温度、湿度响应及响应谱、混凝土内部水分传输及分布等方面进行深入探讨。

3.2　混凝土表层组成和微观结构特性

硬化混凝土是由粗集料、细集料、孔洞、水泥水化产物和水等组成的多相非均质复合材料。混凝土浇筑成型过程中气泡上浮、浆体分层离析、水分蒸发、重力作用和边界尺寸效应等，导致混凝土表层与内部本体之间在物质组成、微观结构和性能等方面存在较大差异[1]。部分研究[2]表明混凝土表层 0～0.1 mm 范围为净浆基质、0.1～5.0 mm 为砂浆基质，并且混凝土表层的水胶比和孔隙率大[3]。一般来讲，由于混凝土表层浆体的粗集料与细集料含量较少、水泥与孔洞含量较多，混凝土表层对混凝土力学性能和耐久性等影响显著[4-8]。国内外学者在混凝土组成、微观结构和性能等方面已开展了大量研究工作[1,9-12]。研究表明，混凝土表层组成、物质含量及分布等对混凝土耐久性影响极为显著[13]。混凝土的组分多样、微观结构复杂、含量及分布随机性较强，深入揭示混凝土表层组成和微观结构等可为混凝土保护层厚度及其耐久性设计提供指导，具有重要的工程实际意义。

Mandelbrot 在 1975 年提出分形（fractal）概念，分形是对没有特征长度但是具有一定意义下的自相似图形和结构的总称[14]。表征分形性质的定量参数为分形维数，可以用分形几何来描述其几何特性的物体（或介质）就称为分形物体（或分形介质）[15]。混凝土的微观结构、组分分布和损伤裂纹等均具有分形特性。目前，关于混凝土内损伤及裂缝分形研究较多[16]，部分研究采用分形几何理论探讨混凝土材料组成、混凝土表面粗糙度、骨料形状、损伤、裂缝和微观孔隙结构等[17-21]。然而，有关混凝土表层内粗集料、浆体和孔洞含量等方面的分形研究较少。基于分形理论推导混凝土内粗集料级配的分形维数模型，结合剖面磨削法确定混凝土内粗集料体积分形维数和粗集料级配的分形维数，可为侵蚀环境中混凝土结构混凝土保护层设计和耐久性防护提供指导。

3.2.1　混凝土表层内粗集料级配的分形维数

分形维数是关于集合复杂度和不规则特征的量度参数，基于分形理论的图像分维值可作为图像特征的指标之一。不同物体的分形维数存在差异，并且不同分维值对应的图像物理意义有别。目前，分形维主要有 Hausdorff 维、自相似维、盒子维、容量维、填充维、Lyapunov 维和相关维等。常用分形维数计算方法主要有圆规法、明科斯基方法、变换方法、盒子计算方法、周长-面积法、裂缝岛屿法和分形布朗模型法等[22,23]。其中，盒子计算方法因具有简单、快速和精确等优点，是各学科领域应用最广的一种分形维数计算方法。分形理论可用来描述混凝土材料不规则的三维形貌特征[24]。若研究对象确定，可采用分形几何公式来描述分形特性，即

$$A_{g}(\delta_{d})=A_{0}\left(\frac{\delta_{d}}{\delta_{max}}\right)^{E_{e}-D_{fw}} \tag{3.1}$$

式中：E_e 为倍数，当 E_e=0 时，A_g 和 δ_d 对应于点数（线段个数，如 Cantor 集）；E_e 取 1 时，A_g 和 δ_d 对应于长度；E_e 取 2 时，A_g 和 δ_d 对应于面积和长度；E_e 取 3 时，A_g 和 δ_d 对

应于体积和长度。A_0为图形是整形时A_g的数值。δ_{max}为最大码尺长度。D_{fw}为分维值。

假设混凝土粗集料的粒径分布表示为

$$F(x_s)=\frac{N(x_s)}{N_0} \tag{3.2}$$

式中：$F(x_s)$为粒径分布函数；$N(x_s)$为不大于粒径x_s的粗集料总数；N_0为系统的粗集料总数；x_s为粒径，可用筛孔径表示。

结合式（3.1）和式（3.2）可求解级配粗集料尺寸分布的分形，即

$$F(x_s)=\left(\frac{x_s}{x_{max}}\right)^{D_{fw}} \tag{3.3}$$

若定义粗集料质量分布服从某类分布函数，并表示为

$$P(x_s)=\frac{M(x_s)}{M_0} \tag{3.4}$$

式中：$M(x_s)$为不大于粒径x_s的粗集料总质量；M_0为系统的粗集料总质量；$P(x_s)$为粗集料筛分中的通过率。

若定义粗集料体积形状因子k_v，则粗集料体积可表示为

$$V=k_v x_s^3 \tag{3.5}$$

结合边界条件［即$P(x_{max})=1$和$P(x_{min})=0$］，则混凝土粗集料级配的分形维数可表示为

$$P(x_s)=\frac{x_s^{3-D_{fw}}-x_{min}^{3-D_{fw}}}{x_{max}^{3-D_{fw}}-x_{min}^{3-D_{fw}}} \tag{3.6}$$

单个粗集料是三维空间中的有限体积（为三维尺度），而非分形。然而，不同粒径粗集料混合后不能完全填满所占据的三维空间（即有空隙存在），故这种空间填充能力的不足就形成体积分形。基于式（3.1），则有级配的粗集料分形体积可表示为

$$V_a=V_0\left(\frac{x_s}{x_{max}}\right)^{3-D_v} \tag{3.7}$$

式中：V_a为级配粗集料分形体积；V_0为整形体积；D_v为粗集料体积分形维数。

假设粗集料总质量为M_0、通过率为P_t、粗集料密度为ρ_{coar}，则实体体积可表示为

$$dV_0=\frac{M_0}{\rho_{coar}}dP_t \tag{3.8}$$

联立式（3.6）、式（3.7）和式（3.8），并在区间［x_{min}，x_{max}］上积分，则级配粗集料的分形体积V_a可表示为式（3.9），相应的空隙率可表示为式（3.10）。

$$V_a=\frac{3-D_{fw}}{6-D_{fw}-D_v}\cdot\frac{M_0}{\rho_{coar}}\cdot\frac{x_{max}^{6-D_{fw}-D_v}-x_{min}^{6-D_{fw}-D_v}}{x_{max}^{3-D_{fw}}-x_{min}^{3-D_{fw}}}\cdot x_{max}^{D_v-3} \tag{3.9}$$

$$V_{oid}=\frac{\dfrac{M_0}{\rho_{coar}}-V}{\dfrac{M_0}{\rho_{coar}}}=1-\frac{3-D_{fw}}{6-D_{fw}-D_v}\cdot\frac{x_{max}^{6-D_{fw}-D_v}-x_{min}^{6-D_{fw}-D_v}}{x_{max}^{3-D_{fw}}-x_{min}^{3-D_{fw}}}\cdot x_{max}^{D_v-3} \tag{3.10}$$

事实上，混凝土级配粗集料的空隙率 V_{oid} 可采用实测方式获得，即

$$V_{oid} = 1 - \frac{\rho_{coar}}{\rho'} \tag{3.11}$$

式中：ρ' 为级配粗集料的密度；ρ_{coar} 为粗集料密度。

若联立式（3.10）和式（3.11），则可通过拟合求解出混凝土内粗集料分布的分形维数。

混凝土作为典型的多相、多孔和非均质材料，通过 X 射线计算机体层摄影（X-ray computed tomography，XCT）扫描技术和三维重构法相结合可有效表征混凝土内组分含量分布和孔隙及孔洞等分布特征。用于 XCT 分析的混凝土立方体常规测试样尺寸为 20 mm×20 mm×20 mm，沿混凝土表层向内部逐层扫描间距为 0.02 mm。图 3.1 为 C20 混凝土距表层不同深度的断面图谱。若无特殊说明，以下所述的混凝土内组分含量为面积（或体积）百分比。由图 3.1 可知，混凝土试件的 XCT 图谱表明距 C20 混凝土表层不同深度处组成主要为灰色浆体、白色粗集料和黑色孔洞等，各组分含量及尺寸随距混凝土表面深度发生显著变化。混凝土表层组分主要为浆体和孔洞，并且孔洞形状为大圆孔，如图 3.1（a）所示。这是由于浇筑成型时混凝土表层界面尺寸效应导致浆体富集、搅拌引入的空气泡上浮和多余水分蒸发作用等。随着距混凝土表面深度增加，浆体中孔洞数量减少、尺寸逐渐变小，浆体微观结构致密度增大，如图 3.1（b）和图 3.1（c）所示。随着距混凝土表面深度进一步增加，混凝土表层内孔洞含量和尺寸均减小，并且可观察到较少的粗集料侧边或角部，如图 3.1（c）和图 3.1（d）所示。距混凝土表层更深处的粗集料含量增多且尺寸较大，并且浆体中所含孔洞尺寸和数量近似，如图 3.1（e）和图 3.1（f）所示。此外，从图 3.1 还可以看出浆体中分散着许多灰白色颗粒状物质，根据混凝土原材料组成可初步判定为细集料（砂）。这表明混凝土表层 0～0.1 mm 范围内几乎为水泥浆，混凝土表层 0.1～0.4 mm 范围近乎为砂浆，而混凝土表层深度 0～0.4 mm 以内出现粗集料[2]。

（a） 0.1 mm　（b） 0.2 mm　（c） 0.4 mm
（d） 0.6 mm　（e） 5 mm　（f） 7 mm

图 3.1　距 C20 混凝土表层不同深度处的断面图谱

图 3.2 和图 3.3 分别为距不同强度等级混凝土（C30、C40）表层不同深度的断面图谱。可以看出，混凝土表层组成、含量与分布等随距混凝土表面深度变化基本相似，但距混凝土表层相同深度处的浆体中所含孔洞数量减少、尺寸减小、浆体微观结构更致密。高强度等级混凝土表层微观结构越致密，孔洞数量越少，尺寸越小。这是因高强度等级混凝土的水灰比低，拌和水分蒸发留下孔洞数量少且尺寸较小。同时，高强度等级混凝土所含胶凝材料较多，生成较多的水化产物可显著提高微观结构致密。通过上述分析可知，采用 XCT 技术可以较好地表征混凝土表层的组分、含量及分布特征。

（a） 0.1 mm　（b） 0.2 mm　（c） 0.4 mm
（d） 0.6 mm　（e） 5 mm　（f） 7 mm

图 3.2　距 C30 混凝土表层不同深度处的断面图谱

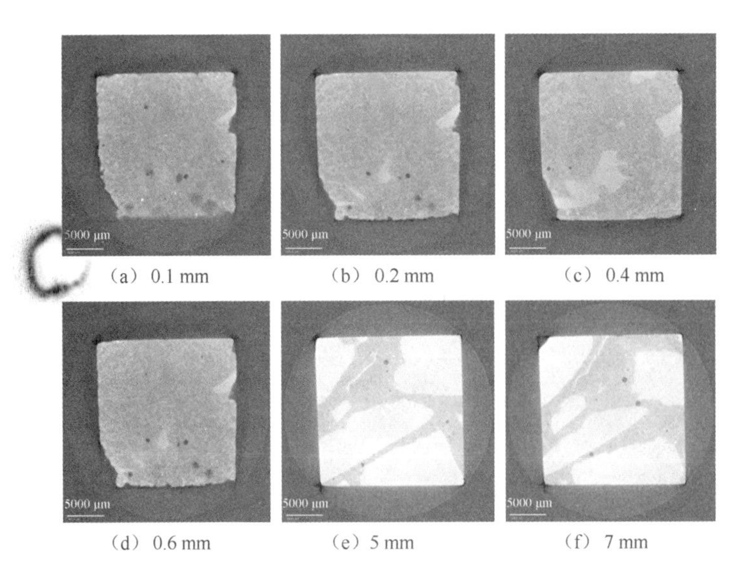

（a） 0.1 mm　（b） 0.2 mm　（c） 0.4 mm
（d） 0.6 mm　（e） 5 mm　（f） 7 mm

图 3.3　距 C40 混凝土表层不同深度处的断面图谱

对混凝土测试样的 XCT 数据开展了三维重构处理，以便直观地了解混凝土表层组分含量及分布变化。选用重构步长为 2 mm，试样内三维重构孔洞的最小直径约为 0.169 mm（受限于 XCT 测试分辨率）。图 3.4 为基于 XCT 测试结果的不同强度等级混凝土表层粗集料和孔洞三维重构图谱。混凝土表层粗集料含量较少且孔洞含量较多，粗集料含量随距混凝土表面深度增加而增大。混凝土内孔洞含量随混凝土强度等级增加而减少。混凝土表层孔洞较多是因混凝土浇筑过程中，混凝土表层浆体分层、气泡上浮和重力作用及边界尺寸效应等造成的。因混凝土拌和水用量和引入气泡较多，低强度等级混凝土的表层存在较多孔洞，并且混凝土表层存在部分联通孔洞，如图 3.4（a）和（b）所示。然而，C30 和 C40 混凝土表层孔洞以独立球形为主，如图 3.4（d）和（f）所示。混凝土内孔洞数量和形状及连通性不同导致混凝土渗透性能存在差异，故低强度等级混凝土抗渗性能一般较差。部分混凝土粗集料之间浆体中含有少量的大孔洞。这是因为在粗集料之间浆体是拌制混凝土引入空气的排出通道，气泡上浮过程中胶凝材料硬化。综上所述，混凝土强度等级和距混凝土表层深度对混凝土表层的影响主要表现在组分种类、含量分布、孔洞尺寸和形状及连通性等方面。

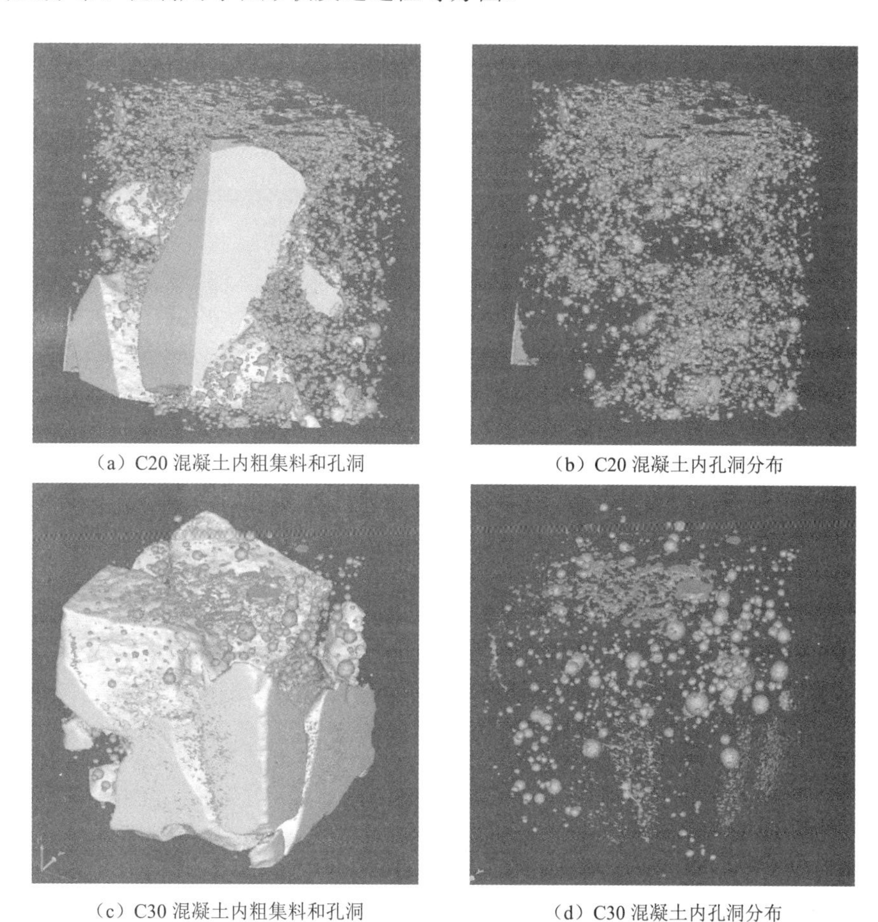

（a）C20 混凝土内粗集料和孔洞　（b）C20 混凝土内孔洞分布

（c）C30 混凝土内粗集料和孔洞　（d）C30 混凝土内孔洞分布

图 3.4　不同强度等级混凝土表层粗集料和孔洞的三维重构图谱

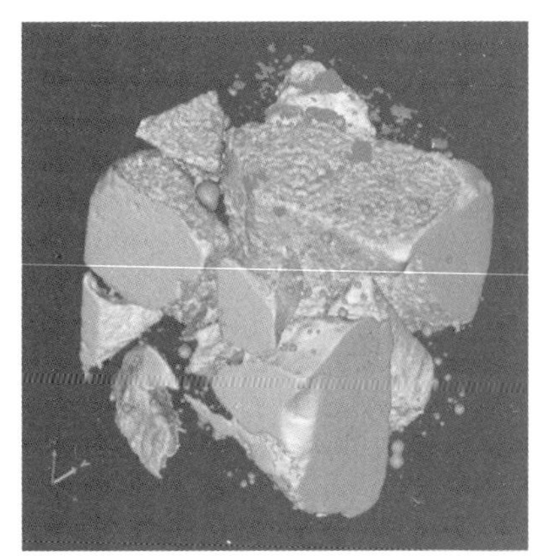

(e) C40 混凝土内粗集料和孔洞

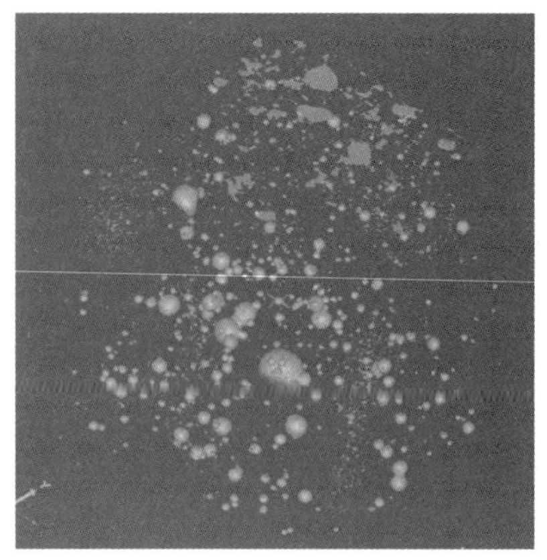
(f) C40 混凝土内孔洞分布

图 3.4（续）

若定义浆体中孔洞体积与浆体体积之比为孔浆比，基于上述 XCT 三维重构图谱中浆体和孔洞体积，可确定不同强度等级混凝土浆体中孔洞含量随混凝土表层深度分布曲线，如图 3.5 所示。混凝土表层孔浆比随距表层深度增加而减小并趋于定值，两者的关系可采用指数函数表示，即

$$y_c = y_0 + A_1 \exp\left(-\frac{z_d}{t_1}\right) \tag{3.12}$$

式中：y_c 为混凝土表层孔浆比；z_d 为距混凝土表层深度；A_1、t_1 和 y_0 为拟合参数。

由图 3.5 还可看出，当距混凝土表层深度超过 4 mm 时，混凝土表层孔浆比约为 0.005～0.050。C30 混凝土表层孔浆比随距混凝土表面深度增加先增大再减小，孔浆比取值范围约为 0.020～0.050。C40 混凝土表层的孔浆比基本为定值，约为 0.005～0.010。混凝土表层孔浆比随混凝土强度等级减小而增大，这是因为低强度等级混凝土水灰比较大，混凝土表层可蒸发水分和拌制引入空气的量较多。C30 和 C40 混凝土表层某一深度

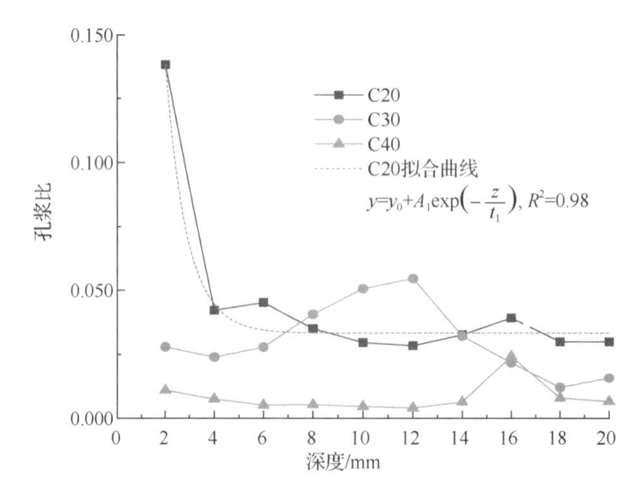

图 3.5　不同强度等级混凝土表层孔浆比随距混凝土表面深度变化曲线

范围内孔浆比显著变化，这与该区域中试样存在孔洞富集有关。混凝土表层孔浆比随距混凝土表面深度增加而降低，在特定区域范围内可能出现孔浆比突变，这可能与混凝土浆体和粗集料分布有关。

图 3.6 为混凝土表层内孔浆比随混凝土水灰比和距混凝土表面深度变化。图 3.6 中表明混凝土表层孔浆比随水灰比减小而降低，随距混凝土表面深度增加而降低。因拌和引入空气在浆体硬化前无法排出形成孔洞，在混凝土表层一定区域范围内混凝土表层孔浆比增大。混凝土表层孔浆比分布存在一定随机性，这可能是由混凝土试样尺寸较小、试样中浆体和粗集料含量随机变化造成的。

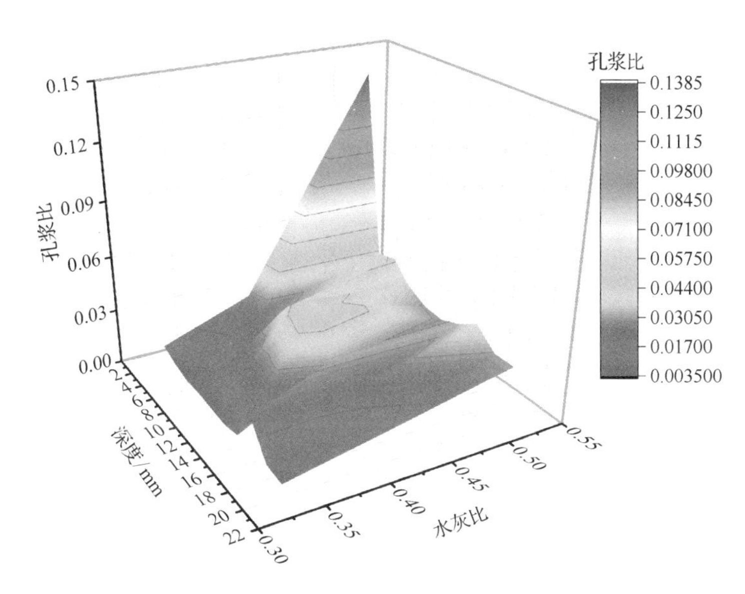

图 3.6　混凝土表层孔浆比随混凝土水灰比和距混凝土表层深度变化

上述推论也可以从混凝土表层内的粗集料和浆体含量分布曲线得以验证，如图 3.7 所示。不难发现，混凝土表层粗集料含量随距混凝土表面深度增加而增大，但浆体含量随距混凝土表面深度增加而减少，高强度等级混凝土粗集料含量分布随距表层深度变化更显著。C20 混凝土粗集料在 12～14 mm 内含量较低，这表明该测试样该深处范围内的浆体量较多，如图 3.7（b）所示。因为混凝土试样尺寸较小（20 mm×20 mm×20 mm），混凝土组分含量分布随机性，导致测试结果难以表现真实分布情况。因此，为了更好地揭示混凝土表层组分含量与分布特征，应选用较大尺寸混凝土试样。

若将 C30 混凝土表层一半（2.5 mm）区域全部视为砂浆，并将混凝土内部等效为粗集料均匀分布，可计算出混凝土内部粗集料分形体积维数。图 3.8 为混凝土中粗集料级配曲线。由图 3.8 可见，混凝土内部粗集料分布具有良好的级配分形特征，试验结果与拟合曲线间吻合较好且拟合度较高，拟合出混凝土内粗集料级配分形维数约为 2.68，拟合度为 0.99。这也表明混凝土内粗集料级配分形维数模型可较好地表征混凝土内粗集料分布特征。若将混凝土内粗集料视为均匀分散于混凝土试样中，并且将粗集料周边包裹的浆体被视为均相孔隙体系，可求得混凝土内部等效孔洞率约为 0.576，求解出混凝土内粗集料的体积分形维数约为 1.35。该值与传统欧式几何认为混凝土内粗集料体积维数是三维的结果明显不同。这是因为单体粗集料随机分散于混凝土中不能完全填充整个体系空间，从而使得粗集料具有分形特性。通过上述 XCT 法和剖面磨削法测试可知，XCT 法可再现混凝土粗集料、孔洞和浆体分布特征，而剖面磨削法可结合分形理论表征混凝土内粗集料分形分布。

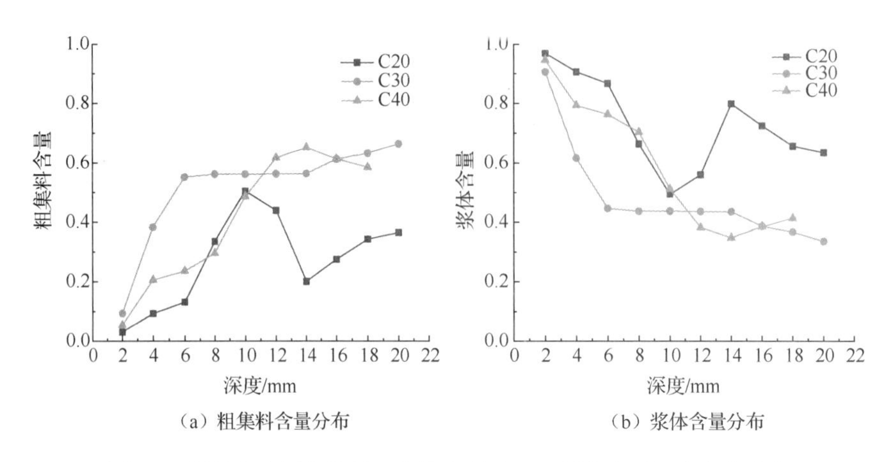

图 3.7　混凝土表层粗集料和浆体含量随距混凝土表面深度变化曲线

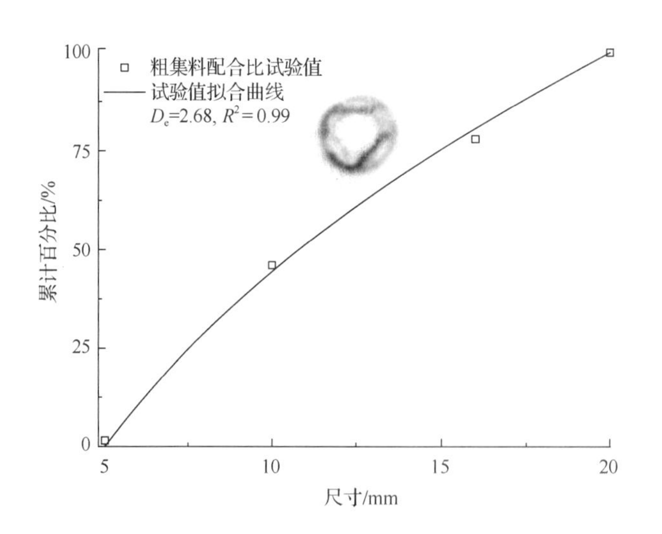

图 3.8　混凝土中粗集料级配曲线

3.2.2　混凝土表层内浆体、孔浆比和粗集料分布

混凝土浇筑成型时，浆体分层离析、气泡上浮、富浆及边界尺寸效应等导致混凝土表层内浆体量和空隙率较多而粗集料含量较少。通过上述研究可知，混凝土表层由外及内浆体含量和孔浆比随深度变化分布可采用指数函数表示，如式（3.12）所示。粗集料作为混凝土重要组分之一，假设混凝土表层内粗集料含量分布可表示为

$$y_a = F(z_d) \tag{3.13}$$

式中：y_a为混凝土内不同深度处的粗集料含量；z_d为距混凝土表层深度。

剖面磨削法可用于研究混凝土内不同深度处组分含量分布变化。该法是将混凝土试样进行横向剖面切割，以确定混凝土内粗集料分布特征和适宜的磨削面积尺寸范围。图 3.9 为 C30 混凝土横截面剖面图。显而易见，混凝土内表层一定深度范围内粗集料含量较少且最表层几乎全为浆体。随着距离混凝土表面深度增加，混凝土内粗集料含量逐渐增多。同时，因为混凝土浇筑拌和过程中各类组分随机分布，混凝土内粗集料和浆体含量在某些区域分布不均。混凝土 XCT 分析取样具有随机性，若测试取样包含大量浆体或粗集料，XCT 分析会导致在某区域测试的浆体或粗集料含量值发生突变，即混凝土某深度处混凝土浆体或粗集料含量发生波动。混凝土浇筑过程中，浆体富集与分层、空气泡上浮、重力作用和尺寸边界效应等导致混凝土表层组分及含量与混凝土内部特征存在显著差异。粗集料分散在混凝土浆体中很少存在接触现象，相邻粗集料间被硬化浆体填充，部分粗集料间浆体量存在差异。这表明混凝土内部组分及含量分布具有一定随机性。为保证混凝土组分含量及分布观察结果合理性，可初步判定混凝土磨削面直线距离宜大于粗集料最大尺寸的 4 倍。因混凝土制备采用粗集料尺寸为 5～20 mm，故磨削测试孔直径尺寸值约取 80 mm。

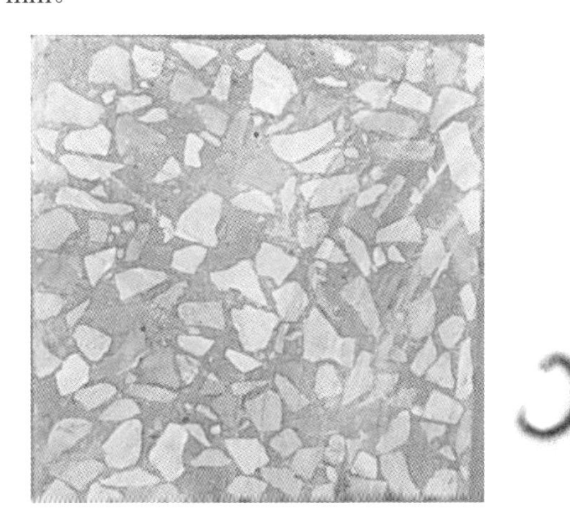

图 3.9　C30 混凝土横截面剖面图

为了便于更清晰地揭示混凝土内组分（如粗集料或浆体）随深度分布规律，采用逐层磨削方式研究混凝土表层内不同深度处粗集料和浆体含量分布。图 3.10 为 C30 混凝土表层不同深度处组分含量分布剖面图。由图 3.10 可见，混凝土表层不同深度处粗集料和浆体含量分布存在显著差异。混凝土最表层区域内（即 2 mm）组分主要为浆体，极少部分区域观察到粗集料侧面或棱角，如图 3.10（a）所示。随着距混凝土表面深度增加，混凝土内粗集料剖面含量所占试样剖面百分比逐渐增大，如图 3.10（b）所示。若测点距混凝土表层超过某深度后，混凝土表层粗集料含量趋于定值，该结果与 XCT 测试结果吻合。对比混凝土试样的 XCT 法和剖面磨削法测试结果可以看出，剖面磨削法确定混凝土表层粗集料和浆体含量分布更合理，而 XCT 法更适宜于研究混凝土表层孔洞种类、尺寸、形状、含量及连通性。因此，XCT 法和剖面磨削法均可用以研究混凝土表层组分含量及分布特征，测试结果差异主要受测试样尺寸影响，应根据试样研究对象和测试内容选定相应的测试方法。

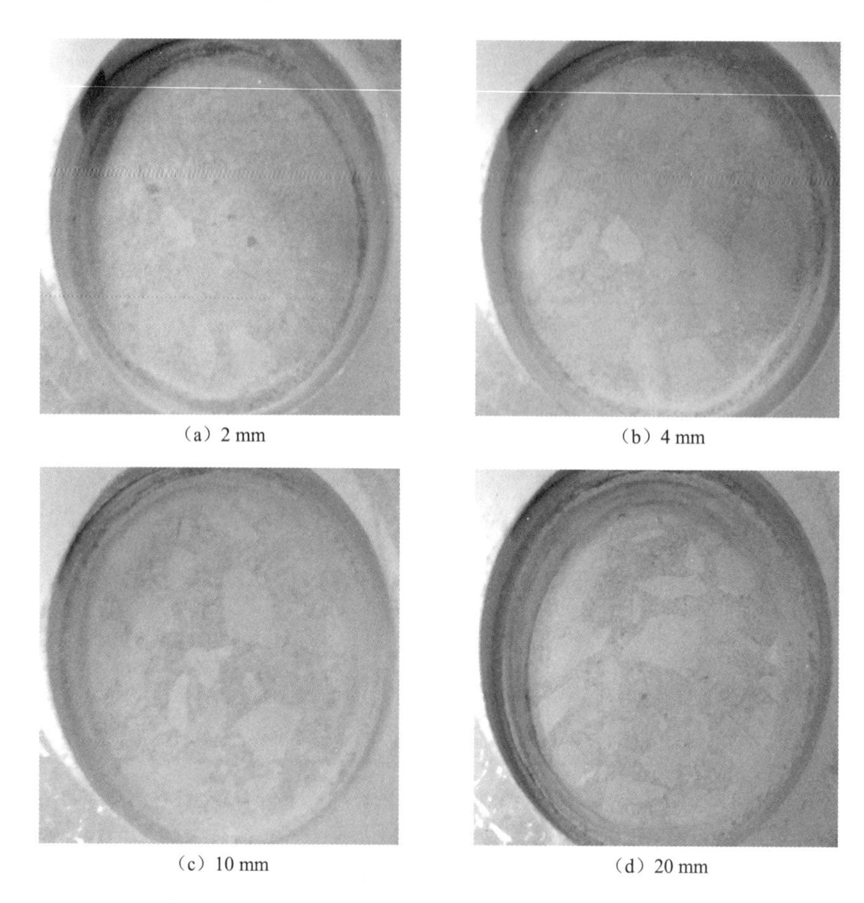

图 3.10　C30 混凝土表层不同深度处组分含量分布剖面图

通过上述的剖面磨削法可直观地观察混凝土表层内粗集料分布特征。若要定量描述混凝土表层内粗集料分布，需要借助盒计法来确定混凝土内不同深度处粗集料剖面所占磨削孔剖面面积百分比。图 3.11 为混凝土内不同深度处粗集料剖面面积百分比分布曲线。由图 3.11 可知，混凝土内不同深度处粗集料含量随距混凝土表面深度增加而增大且趋于定值，两者之间变化规律可采用指数函数描述，即

$$y_{\mathrm{a}} = a + b\exp\left(-\frac{z_{\mathrm{d}}}{c}\right) \tag{3.14}$$

式中：y_{a} 为混凝土内不同深度处的粗集料含量；z_{d} 为距混凝土表层深度；a、b 和 c 为拟合参数。

图 3.11 中粗集料剖面面积百分比曲线变化是因为混凝土浇筑过程中混凝土表层浆体分层、富集、浮浆和边界尺寸效应等。式（3.14）和式（3.12）表达形式相同，这是因为混凝土内浆体和粗集料的含量之和为定值（即 1）。在距混凝土表层 5 mm 范围内混

凝土内粗集料含量变化最显著，距混凝土表层超过 8 mm 后混凝土内粗集料含量趋于常数，约为 33%。这是由混凝土表层的浆体边界效应弱化使粗集料随机分散在浆体中造成的。

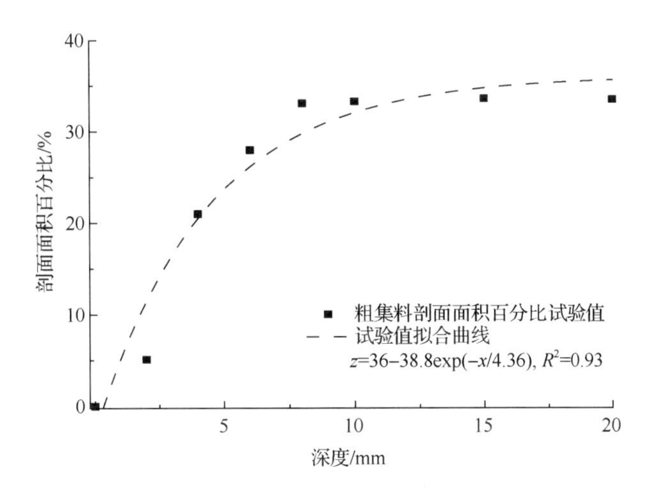

图 3.11　混凝土内不同深度处粗集料剖面面积百分比分布曲线

3.3　混凝土内温度响应及响应谱

温度是影响混凝土耐久性的关键因素之一。自然环境中混凝土结构承受的温度作用效应指混凝土内部微观环境温度而非自然环境温度[25]。研究表明两者间存在显著差异，但仍存在确切的内在联系。若将自然环境温度对混凝土性能影响视为一种“作用”考虑，即将自然环境温度变化转换为温度作用谱，则混凝土内部微环境会产生相应的温度响应谱。自然环境作用下的混凝土内部传热涉及多因素交互耦合[26,27]，具有很强的随机性。建立自然环境温度作用和混凝土内部微环境温度响应之间的相关关系（映射），对揭示混凝土结构的劣化历程和损伤规律具有重要意义[28]，也可为室内模拟环境试验温度参数设定提供理论依据。

3.3.1　自然环境下混凝土内部微环境温度响应及响应谱

1. 混凝土内部微环境温度响应谱模型

非稳态物质导热过程可用 Fourier 导热方程式（3.15）表示[29,30]。若热扩散系数受温度等因素变化影响较小（可将其视为常数），则导热方程可采用式（3.16）表示。

$$\frac{\partial \theta(x,t)}{\partial t}=\frac{\partial}{\partial x}\left(\alpha_{\mathrm{k}}\frac{\partial \theta(x,t)}{\partial x}\right) \tag{3.15}$$

$$\frac{\partial \theta(x,t)}{\partial t}=\alpha_{\mathrm{k}}\frac{\partial^{2} \theta(x,t)}{\partial x^{2}} \tag{3.16}$$

式中：$\theta(x,t)$ 为 t 时刻深度为 x 的混凝土内温度，℃；t 为时间，s；x 为测试点距混凝土深度，m；α_{k} 混凝土热扩散系数，m^2/s。

假定混凝土表面的温度（自然环境温度）是一个已知的时间函数 $\theta(t)$，其周期为 $2\pi/\omega_{\mathrm{r}}$。假设 $\theta(x,t)$ 代表在时刻 t 混凝土内深度 x 的温度，其傅里叶级数展开的复数形式，即

$$\theta(t)=\sum_{n=-\infty}^{+\infty}a_n \mathrm{e}^{\mathrm{j}n\omega_{\mathrm{r}}t} \tag{3.17}$$

$$\theta(x,t)=\sum_{n=-\infty}^{+\infty}b_n(x)\mathrm{e}^{\mathrm{j}n\omega_{\mathrm{r}}t} \tag{3.18}$$

傅里叶系数 $b_n(x)$ 与深度 x 有关。假设混凝土外表层温度 $b_n(0)=a_n$，若内部一定深度处温度波动可以忽略［即 $\lim\limits_{x\to\infty}\theta(x,t)=C$］，则混凝土内的温度波动方程可由式（3.16）和式（3.18）求得，即

$$\frac{\partial^2 b_n(x)}{\partial x^2}=\frac{\mathrm{j}n\omega_{\mathrm{r}}}{\alpha_{\mathrm{k}}}b_n(x) \tag{3.19}$$

假设式（3.19）的试探解为幂指数形式

$$b_n(x)=a_n\exp Sx \tag{3.20}$$

将式（3.20）代入式（3.19），可得

$$S^2=\frac{\mathrm{j}n\omega_{\mathrm{r}}}{\alpha_{\mathrm{k}}} \tag{3.21}$$

即

$$S=\pm\sqrt{\frac{n\omega_{\mathrm{r}}}{\alpha_{\mathrm{k}}}}\exp\left(\frac{\pi}{4}\mathrm{j}\right) \tag{3.22}$$

因此，式（3.20）可表示为

$$b_n(x)=\begin{cases}a_n\exp\left[-\sqrt{\dfrac{n\omega_{\mathrm{r}}}{2\alpha_{\mathrm{k}}}}(1+\mathrm{j})x\right] & (n\geqslant 0)\\ a_n\exp\left[-\sqrt{\dfrac{|n|\,\omega_{\mathrm{r}}}{2\alpha_{\mathrm{k}}}}(1-\mathrm{j})x\right] & (n<0)\end{cases} \tag{3.23}$$

大量实测资料和研究成果表明，自然环境温度变化可认为是一个简谐波，并可用余弦（正弦）函数表示[31]，即

$$\theta_{\mathrm{t}}=\theta_{\mathrm{a}}+\theta_0\cos(\omega_{\mathrm{e}}t-\varphi) \tag{3.24}$$

式中：θ_{t} 为 t 时刻的环境温度，℃；θ_{a} 为环境温度波的平均值，℃；θ_0 为环境温度变化幅值，℃；ω_{e} 为自转角频率，rad/s（$\omega_{\mathrm{e}}=2\pi/T_{\mathrm{a}0}$，$T_{\mathrm{a}0}$ 为自然环境温度波动周期，h）；t 为时间，h；φ 为相位角，rad。

若令 $\tau=t-\varphi/\omega_{\mathrm{e}}$，则式（3.24）可转化为

$$\theta_{\tau}=\theta_{\mathrm{a}}+\theta_0\cos(\omega_{\mathrm{e}}\tau) \tag{3.25}$$

式（3.25）对应的傅里叶级数复数形式的系数分别为

$$a_n = \begin{cases} \theta_{\mathrm{a}} & (n=0) \\ \theta_0 / 2 & (n=1,-1) \\ 0 & (n \neq 0,1,-1) \end{cases} \tag{3.26}$$

则由式（3.23）得相应的系数为

$$b_n = \begin{cases} \theta_{\mathrm{a}} & (n=0) \\ \dfrac{\theta_0}{2}\exp\left(-x\sqrt{\dfrac{\omega_{\mathrm{e}}}{2\alpha_{\mathrm{k}}}} - \mathrm{j}x\sqrt{\dfrac{\omega_{\mathrm{e}}}{2\alpha_{\mathrm{k}}}}x\right) & (n=1) \\ \dfrac{\theta_0}{2}\exp\left(-x\sqrt{\dfrac{\omega_{\mathrm{e}}}{2\alpha_{\mathrm{k}}}} + \mathrm{j}x\sqrt{\dfrac{\omega_{\mathrm{e}}}{2\alpha_{\mathrm{k}}}}x\right) & (n=-1) \\ 0 & (n \neq 0,1,-1) \end{cases} \tag{3.27}$$

将式（3.18）代入式（3.27）并利用欧拉方程进行整理，可得

$$\begin{aligned} \theta(x,\tau) &= \theta_{\mathrm{a}} + \frac{\theta_0}{2}\exp\left(-x\sqrt{\frac{\omega_{\mathrm{e}}}{2\alpha_{\mathrm{k}}}}\right)\left[\exp\left(\mathrm{j}\omega\tau - \mathrm{j}x\sqrt{\frac{\omega_{\mathrm{e}}}{2\alpha_{\mathrm{k}}}}\right) + \exp\left(-\mathrm{j}\omega\tau - \mathrm{j}x\sqrt{\frac{\omega_{\mathrm{e}}}{2\alpha_{\mathrm{k}}}}\right)\right] \\ &= \theta_{\mathrm{a}} + \theta_0\exp\left(-x\sqrt{\frac{\omega_{\mathrm{e}}}{2\alpha_{\mathrm{k}}}}\right)\cos\left(\omega_{\mathrm{e}}\tau - x\sqrt{\frac{\omega_{\mathrm{e}}}{2\alpha_{\mathrm{k}}}}\right) \end{aligned} \tag{3.28}$$

将 $\tau = t - \varphi/\omega_{\mathrm{e}}$ 代入式（3.28）中，可得

$$\theta(x,t) = \theta_{\mathrm{a}} + \theta_0\exp\left(-x\sqrt{\frac{\omega_{\mathrm{e}}}{2\alpha_{\mathrm{k}}}}\right)\cos\left(\omega_{\mathrm{e}}t - \varphi - x\sqrt{\frac{\omega_{\mathrm{e}}}{2\alpha_{\mathrm{k}}}}\right) \tag{3.29}$$

式（3.29）即为一维混凝土内部微环境温度响应模型。当外界环境温度波动方程非严格符合余弦函数时，通过转化并对其展开为傅里叶级数，即

$$\theta_{\mathrm{t}} = \theta_{\mathrm{a}} + \sum_{n=0}^{N_{\mathrm{w}}}\theta_n\cos(\omega_{\mathrm{e}}t - \varphi_n) \tag{3.30}$$

式中：n 为谐波阶数；N_{w} 为谐波总数；θ_n 为 n 次谐波的幅值；φ_n 为 n 次谐波的相位角。

由于傅里叶变换的线性可加性，一维混凝土温度响应模型方程可表示为

$$\theta(x,t) = \theta_{\mathrm{a}} + \sum_{n=0}^{N_{\mathrm{w}}}\theta_n\exp\left(-x\sqrt{\frac{n\omega_{\mathrm{e}}}{2\alpha_{\mathrm{k}}}}\right)\cos\left(\omega_{\mathrm{e}}t - \varphi - x\sqrt{\frac{n\omega_{\mathrm{e}}}{2\alpha_{\mathrm{k}}}}\right) \tag{3.31}$$

对比不同阶次谐波的幅值和相位角可以发现：随着谐波阶次 n 越大，幅值递减越快，相位滞后越大。这表明随着深度增加和谐波阶次增大，混凝土内部对外边影响的响应不显著。在稳定导热情况下，可仅考虑一次谐波表征形式，即式（3.24）和式（3.29）。以下讨论中若无特别说明，自然环境温度和一维混凝土内部微环境温度响应变化方程均为上述两式。

考虑到地球自转和公转等影响，并融合自然环境温度作用谱模型，构筑自然环境温

度作用下的分段形式混凝土内微环境响应谱，即

$$\theta_{\mathrm{t}}=\begin{cases}\theta_{\mathrm{a}}+\theta_0\exp\left(-x\sqrt{\dfrac{\pi}{2\alpha_{\mathrm{k}}T_{\mathrm{a}}}}\right)\cos\left(\dfrac{\pi}{T_{\mathrm{a}}}t-\dfrac{T_{\mathrm{a}}+T_{\min}}{T_{\mathrm{a}}}\pi-x\sqrt{\dfrac{\pi}{2\alpha_{\mathrm{k}}T_{\mathrm{a}}}}\right) & (\text{从}T_{\min}\text{升温到}T_{\min}+T_{\mathrm{a}})\\ \theta_{\mathrm{a}}+\theta_0\exp\left[-x\sqrt{\dfrac{\pi}{2\alpha_{\mathrm{k}}(24-T_{\mathrm{a}})}}\right]\cos\left(\dfrac{\pi}{24-T_{\mathrm{a}}}t-\dfrac{T_{\mathrm{a}}+T_{\min}}{24-T_{\mathrm{a}}}\pi-x\sqrt{\dfrac{\pi}{2\alpha_{\mathrm{k}}(24-T_{\mathrm{a}})}}\right) & (\text{从}T_{\min}+T_{\mathrm{a}}\text{降温到}T_{\min}+24)\end{cases}\tag{3.32}$$

式中：T_{a} 取值是从最低温度 $T_{\min}$ 升温至最高温度对应时间（可取 $T_{\mathrm{a}}=14-T_{\min}$），h；$T_{\min}$ 为日最低气温对应的时刻，h；其余符号意义同式（3.24）。实测混凝土导热系数为 2.0 W/（m·K），混凝土密度为 2300 kg/m^3，混凝土比热容为 920 J/（kg·K），以 24 h 为一个循环周期。

对比自然环境温度和混凝土内部微环境温度响应变化表达式可知，对于一维混凝土内部微环境温度响应的幅值衰减和滞后相位可分别表示为

$$\frac{\theta_x}{\theta_0}=\exp\left(-x\sqrt{\frac{\omega_{\mathrm{e}}}{2\alpha_{\mathrm{k}}}}\right)\tag{3.33}$$

$$\Delta\varphi_x=-x\sqrt{\frac{\omega_{\mathrm{e}}}{2\alpha_{\mathrm{k}}}}\tag{3.34}$$

式中：θ_x 为混凝土内深度 x 处的一维温度响应的幅值；$\Delta\varphi_x$ 表示混凝土内深度 x 处的温度响应滞后于边界面处温度荷载的相位差。

分析式（3.33）和式（3.34）可知，混凝土内部微环境温度响应幅值衰减与深度 x 呈指数关系，相位（即时间）滞后与深度 x 呈线性关系。此外，两者均与介质的热扩散系数和温度荷载的循环周期密切相关。当滞后时间为一个波动周期 T_{a} 时，相应的传热深度 x 即为温度波的波长，则波速 v_{bs} 为

$$v_{\mathrm{bs}}=2\sqrt{\pi\alpha_{\mathrm{k}}/T_{\mathrm{a}}}\tag{3.35}$$

可见，混凝土内部微环境温度传播波速 v_{bs} 只与波动周期 T_{a} 和材料的热扩散系数 α_{k} 有关，而与时间 t 等参数无关。

通过分析一维混凝土内部微环境温度响应模型的幅值衰减和相位（即时间）滞后可知，当混凝土热扩散系数 α_{k} 未知情况下，可利用测定混凝土内不同深度处温度幅值或相位滞后值求解 α_{k}，相应方法称为幅值法或相位法。该方法为获得不同含水率、孔隙率和深度等的混凝土热扩散系数提供了新途径。此外，这也可为校正或验证室内模拟环境试验中混凝土内温度响应模型所用的热扩散系数提供途径。假设一维混凝土内的不同深度处 x_1 和 x_2，其相应的幅值衰减和相位滞后为

$$\frac{\theta_{x_1}}{\theta_{x_2}}=\exp\left[(x_2-x_1)\sqrt{\frac{\omega_{\mathrm{e}}}{2\alpha_{\mathrm{k}}}}\right]\tag{3.36}$$

$$\Delta\varphi_{x_{12}}=(x_2-x_1)\sqrt{\frac{\omega_{\mathrm{e}}}{2\alpha_{\mathrm{k}}}}\tag{3.37}$$

因此，混凝土热扩散系数 α_{k} 表示为

$$\alpha_{\mathrm{k}}=\begin{cases}\dfrac{\omega_{\mathrm{e}}}{2}\left(\dfrac{x_2-x_1}{\ln(\theta_{x_1}/\theta_{x_2})}\right)^2\\[2ex]\dfrac{\omega_{\mathrm{e}}}{2}\left(\dfrac{x_2-x_1}{\varphi_{x_1}-\varphi_{x_2}}\right)^2\end{cases}\tag{3.38}$$

式（3.38）为幅值法求解混凝土热扩散系数表达式。若通过测定自然环境温度作用下混凝土内不同深度处温度响应参数，将获取的温度响应幅值之比的自然对数和相位对深度作图，通过获取拟合曲线斜率可求得混凝土热扩散系数。事实上，若条件不够充分时，可利用测定混凝土内同一深度处的不同时刻温度间接求解热扩散系数。这对于求解不同深度处因含水率、孔隙率和微观结构差别较大导致热扩散系数明显不同的情况极为有利，该法可称为时差法，即

$$\theta(x,t_1)-\theta(x,t_2)=-2\theta_0\mathrm{e}^{-x\sqrt{\frac{\omega_{\mathrm{e}}}{2\alpha_{\mathrm{k}}}}}\sin\left(\frac{\omega_{\mathrm{e}}t_1+\omega_{\mathrm{e}}t_2}{2}-\varphi-x\sqrt{\frac{\omega_{\mathrm{e}}}{2\alpha_{\mathrm{k}}}}\right)\sin\left(\omega_{\mathrm{e}}t_1-\omega_{\mathrm{e}}t_2\right)\tag{3.39}$$

式中：$\theta(x,t_1)$ 和 $\theta(x,t_1)$ 分别为 t_1 和 t_2 时刻混凝土内部 x 深度处微环境温度，℃。

若式（3.24）和式（3.29）分别对时间 t 求导，可得自然环境和混凝土内的温度变化率方程，见式（3.40）和式（3.41）。式（3.29）对混凝土内深度 x 求导，可得温度梯度，如式（3.42）所示。

$$\frac{\partial\theta(t)}{\partial t}=-\omega_{\mathrm{e}}\theta_0\sin(\omega_{\mathrm{e}}t-\varphi)\tag{3.40}$$

$$\frac{\partial\theta(x,t)}{\partial t}=-\omega_{\mathrm{e}}\theta_0\mathrm{e}^{-x\sqrt{\frac{\omega_{\mathrm{e}}}{2\alpha_{\mathrm{k}}}}}\sin\left(\omega_{\mathrm{e}}t-\varphi-x\sqrt{\frac{\omega_{\mathrm{e}}}{2\alpha_{\mathrm{k}}}}\right)\tag{3.41}$$

$$\frac{\partial\theta(x,t)}{\partial x}=-\theta_0\sqrt{\frac{\omega_{\mathrm{e}}}{\alpha_{\mathrm{k}}}}\mathrm{e}^{-x\sqrt{\frac{\omega_{\mathrm{e}}}{2\alpha_{\mathrm{k}}}}}\cos\left(\omega_{\mathrm{e}}t-\varphi-x\sqrt{\frac{\omega_{\mathrm{e}}}{2\alpha_{\mathrm{k}}}}+\frac{\pi}{4}\right)\tag{3.42}$$

以上分析表明温度变化率和温度梯度均是周期性函数，且随深度按几何级数减小，相位呈线性滞后；负号表示温度梯度随深度增加而逐步降低。不论在何深度处，温度梯度较温度的相位提前 π/4，而温度变化率则较温度相位提前 π/2。反映在时间上，即分别提前 $T_{\mathrm{a}}/8$ 和 $T_{\mathrm{a}}/4$。

当混凝土与空气接触时，两者间传热符合第三类边界条件。假定通过混凝土表面的热流量与混凝土表面温度和外界气温之差成正比，可表示[32,33]为

$$q_{\mathrm{r}l}=-\lambda_{\mathrm{dr}}\frac{\partial\theta}{\partial n_{\mathrm{f}}}=\beta_{\mathrm{h}}(\theta-\theta_{\mathrm{at}})\tag{3.43}$$

式中：θ 为混凝土表面温度，K；θ_{at} 为自然环境气温，K；λ_{dr} 为混凝土导热系数，W/（m·K）；β_{h} 为混凝土表面与空气间表面换热系数，W/（m^2·K）；n_{f} 为表面外法线方向；$q_{\mathrm{r}l}$ 为热流量，$\mathrm{W/m^2}$。

紧邻混凝土表面的空气层热量主要依靠传导方式进行，相应的温度梯度分布近似于线性分布，热流量表示[34]为

$$q_{\mathrm{r}l}=\frac{\lambda_{\mathrm{c}}}{\delta_{\mathrm{h}}}(\theta-\theta_{\mathrm{at}})\tag{3.44}$$

式中：λ_c 为空气的导热系数，W/（m·K）；δ_h 为空气界面层厚度，m。

从式（3.43）可知，当求得混凝土表面温度梯度、表面温度、气温和混凝土热扩散系数时，即可求出混凝土表面与空气的表面换热系数。整理式（3.43）和式（3.44），可求得边界层厚度为

$$\delta_h = \frac{\lambda_c}{\beta_h} \tag{3.45}$$

空气导热系数 λ_c 取决于空气特性，边界层厚度 δ_h 取决于混凝土表面的粗糙度、空气的黏滞系数和流速等参数。故表面换热系数 β_h 与固体本身的材料性质无关，其取决于表面的粗糙度、空气的导热系数、黏滞系数、流速和流向等。

固体的表面换热系数的传统求解方法多基于稳态条件，且多通过模拟两者间热交换平衡来拟合求解获取。上述推导模型克服了传统求解表面换热系数的不足，可获得真实的自然环境与混凝土间的表面换热系数，这为研究现场环境和室内模拟环境中混凝土表层热交换提供了途径。此外，该法也为求解表面换热系数和界面层厚度提供了方法。

针对上述理论分析，采用温湿度传感器测试 C30 混凝土内不同深度处温度响应，以验证本节所提出的混凝土内部微环境温度响应模型的合理性。同时，采用式（2.2）和式（3.32）对实测的自然环境温度及其作用下混凝土内 35 mm 处温度进行拟合分析。图 3.12 为长沙地区 2011 年 8 月 16 日～19 日自然环境作用下混凝土内部微环境温度响应处温度实测结果。由图 3.12 可知，自然环境温度的变化与混凝土内部微环境温度的响应之间存在较强的相关性，两者之间变化趋势基本一致。自然环境温度随时间周期性波动。混凝土内部微环境受外部自然环境的影响，混凝土内部微环境温度也随时间发生周期性波动，并且表现出升温和降温过程。与自然环境温度作用谱相比，混凝土内部微环境温度响应谱的波动特征略有差别，主要表现为曲线相对光滑、相位（或时间）滞后和幅值衰减等。当自然环境处于升温阶段时，混凝土内部微环境温度低于外部环境温度；然而，降温阶段两种环境温度变化规律相反。两者具有相同的波动周期，这说明混凝土自身特性不改变外界温度作用频率。因为混凝土自身的热传导系数、密度和比热容等参数与外界环境的差异使得混凝土可有效抵抗外部温度的作用，进而导致混凝土内部微环境温度的延滞和衰减，混凝土内部微环境温度变化幅值略有降低。

混凝土内部微环境温度响应谱模型式（3.32）表明，随距混凝土表层深度增加，混凝土内部温度滞后且幅值衰减变小。对自然环境作用下混凝土内部不同深度处的温度响应进行了测试，并基于混凝土内微环境温度响应谱模型式（3.32）开展了相应数值的拟合分析，图 3.13 为混凝土内不同深度处的温度响应。由图 3.13 可见，混凝土内不同深度处的温度响应规律基本一致，均随着自然环境温度发生周期性波动。基于混凝土内部微环境温度响应谱模型式（3.32）绘制的混凝土内不同深度处温度拟合曲线与实测温度值吻合较好。由于混凝土的热阻效应，随着距混凝土表层深度增加，混凝土内部微环境温度响应的滞后时间延长，相应的温度响应幅值逐渐减小。对比混凝土内不同深度处的温度实测结果和拟合曲线可知，不同拟合曲线每周期内均在高温和低温阶段存在两个交叉点。当处于高温与低温阶段交叉点之间时，混凝土表层温度大于混凝土深处温度；若处于低温与高温阶段交叉点之间时，混凝土表层温度低于混凝土深处温度。混凝土内部

测点间的距离越大则交叉点出现时刻越滞后。至于图 3.13 中拟合曲线与部分实测结果偏离的原因可能是传感器具有一定体积，所测温度是其接触混凝土一定范围内的温度。此外，混凝土表层和内部的含水率、孔隙率和微观结构等存在差异，这也是导致产生上述差异的另一原因。综上所述，所构筑的混凝土内部微环境温度响应谱模型可描述自然环境温度作用下的混凝土内微环境温度响应变化。

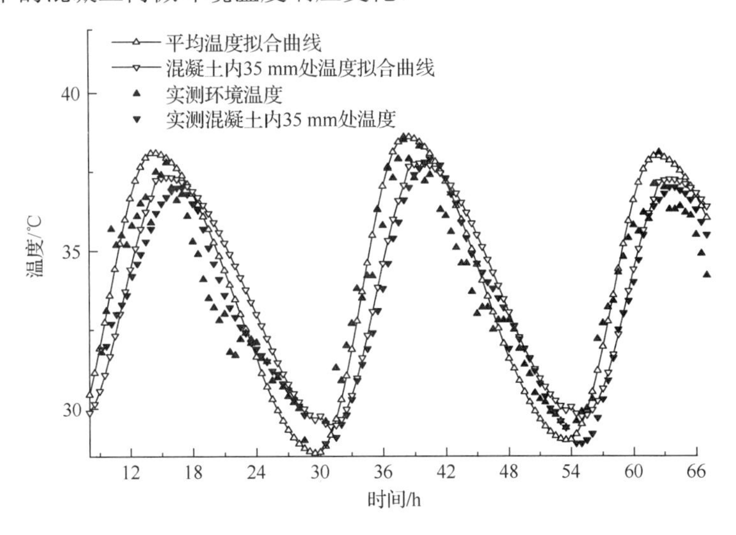

图 3.12　自然环境作用下混凝土内部微环境温度响应

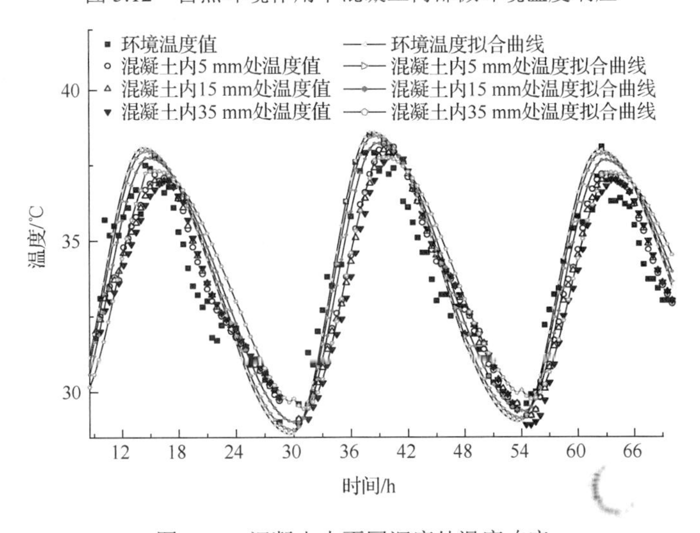

图 3.13　混凝土内不同深度处温度响应

混凝土强度等级对混凝土组成、微观结构、含水率、密度和热工参数等均有影响，图 3.14 为自然环境下的不同强度等级混凝土（C20、C30、C40 和 C50）内部 35 mm 处温度响应。由图 3.14 可知，不同强度等级混凝土对自然环境温度作用的响应规律基本相同，混凝土内部微环境温度响应拟合曲线与实测数据吻合较好。对比不同强度等级混凝土在相同深度处的温度可知，相应的差异主要体现为相位（时间）滞后和衰减程度等方面。由于不同强度等级混凝土自身的密度、导热系数、比热容和含水率等差异，混凝土强度等级对混凝土内部微环境温度响应存在影响。

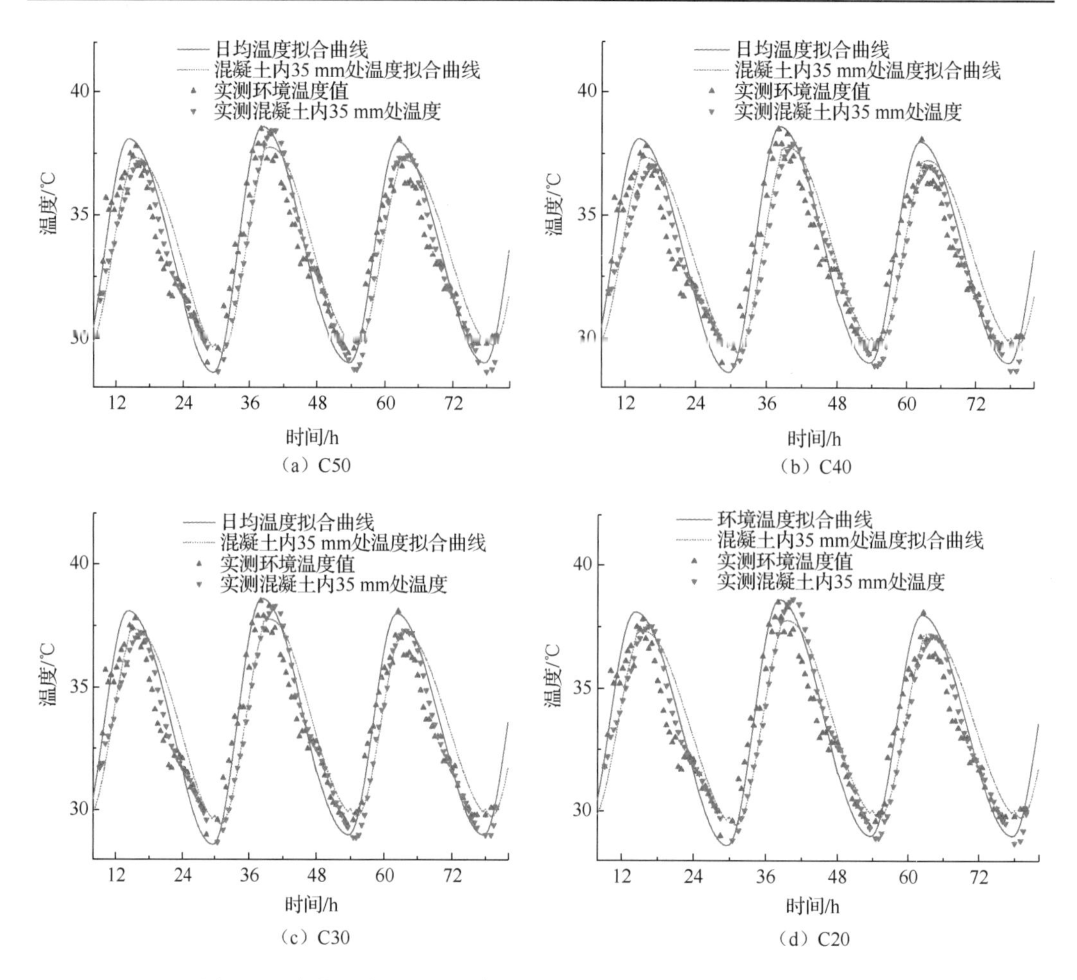

图 3.14　自然环境下不同强度等级的混凝土内部 35 mm 处温度响应

通过揭示不同强度等级混凝土内部不同深度处（5 mm、8 mm、15 mm、25 mm 和 35 mm）的温度变化规律，进而探讨相应的温度响应异同。图 3.15 为不同强度等级混凝土内部不同深度处温度响应实测值和拟合曲线。不同强度等级混凝土内部不同深度处温度响应规律基本一致，其差异主要表现为存在一定的温度滞后和峰值衰减现象。这是因为深度的增加使得其对外界温度作用的滞后和抵抗程度均增大。基于混凝土内部微环境温度响应模型绘制拟合曲线与实测值吻合较好，这表明所构建的混凝土内部微环境温度响应模型可用于不同强度等级混凝土内部不同深度处温度响应的模拟。

以上主要研究了有遮挡条件（如背影、遮挡、无太阳照射等）时混凝土内部微环境温度响应，自然环境与混凝土间热量传输方式主要为对流传导。事实上，大量的混凝土结构直接暴露在太阳照射下，混凝土结构与自然环境间的传热方式主要为辐射和对流传导。有/无遮挡条件的差异导致混凝土与自然环境间的传热机理和方式不同，故理论上混凝土内部微环境温度响应必然存在差别。图 3.16 为无遮挡条件（阳光照射）下的不同强度等级混凝土内部不同深度（5 mm、8 mm、15 mm、25 mm 和 35 mm）处的温度响应实测结果。由图 3.16 可知，遮挡条件对不同强度等级混凝土内部不同深度处的温度影响显著。有遮挡条件下，不同强度等级混凝土内部不同深度处实测值与拟合曲线吻合。然而，无遮挡条件下的不同强度等级混凝土内部实测值与拟合曲线偏离较大。这是由于遮挡条件改变了混凝土与外界环境之间热量传导机理和方式。有遮挡条件下，混凝土与自然环境间热量传输方式是混凝土表面与空气进行表面对流换热；无遮挡条件下，两者间的热量传输方式是以辐射为主。太阳照射在混凝土表面，能量通过辐射方式直接传输给混凝土，使得混凝土快速升温；混凝土将获得的部分热量以对流与辐射等形式传导给空气，但大部分热量仍被混凝土吸收以提升自身温度。无遮挡条件下，不同强度等级混凝土不同深度处响应规律基本相似，且实测混凝土内部温度可高达 50 ℃左右。综上所述，有遮挡条件对混凝土内部微环境温度影响显著。混凝土内部微环境温度响应模型式（3.32）仅适用于有遮挡条件，而无法描述无遮挡条件下混凝土内部微环境温度变化。

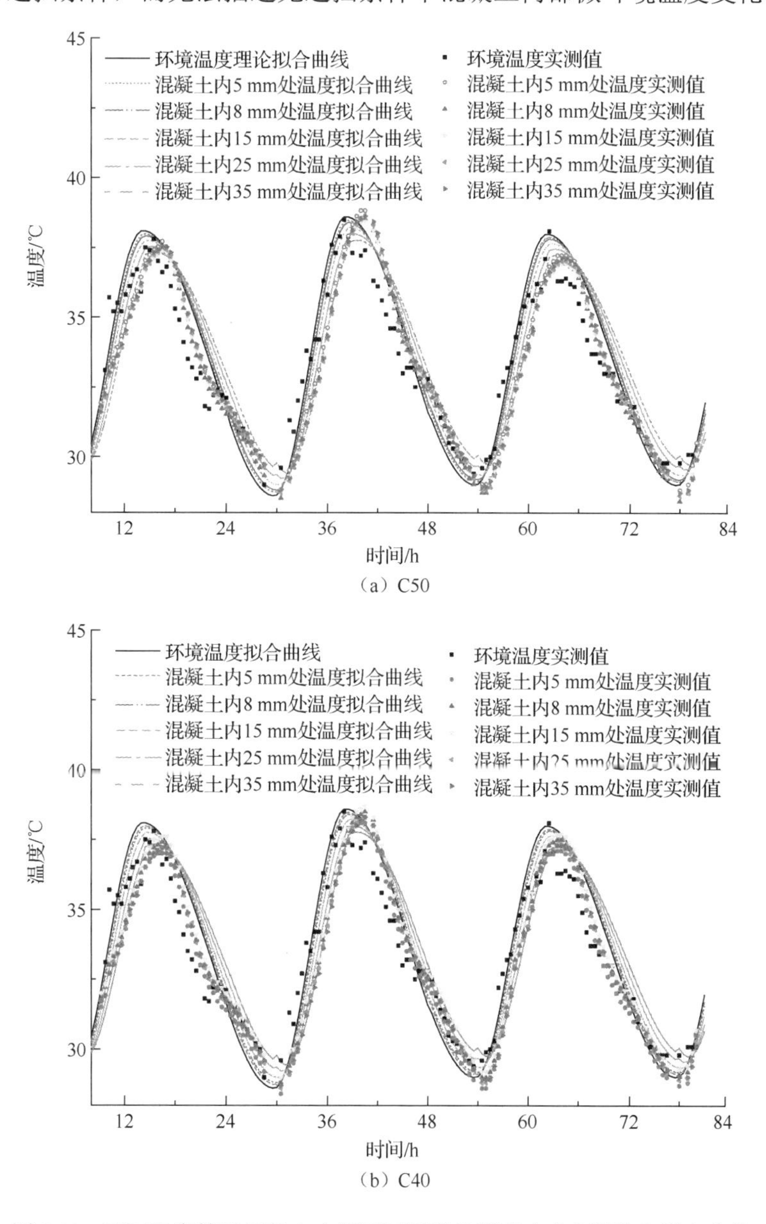

（a）C50

（b）C40

图 3.15　不同强度等级混凝土内部不同深度处温度响应实测值和拟合曲线

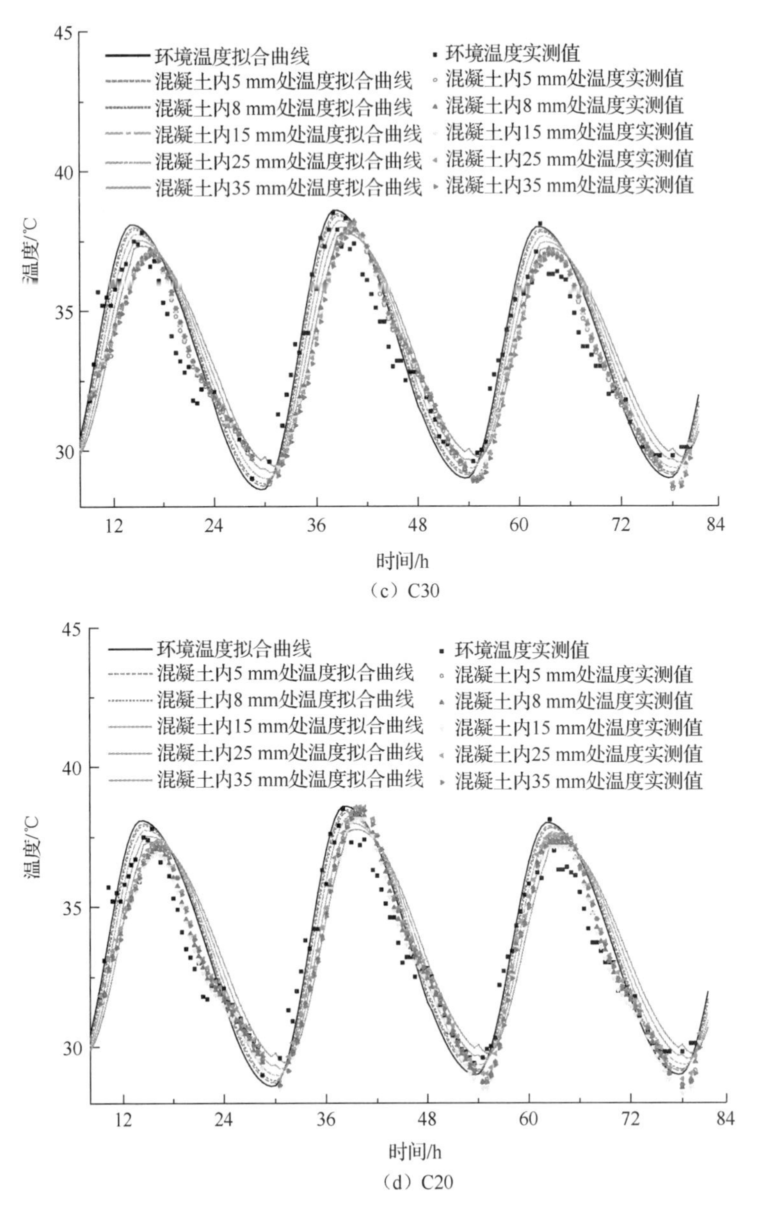

（c）C30

（d）C20

图 3.15（续）

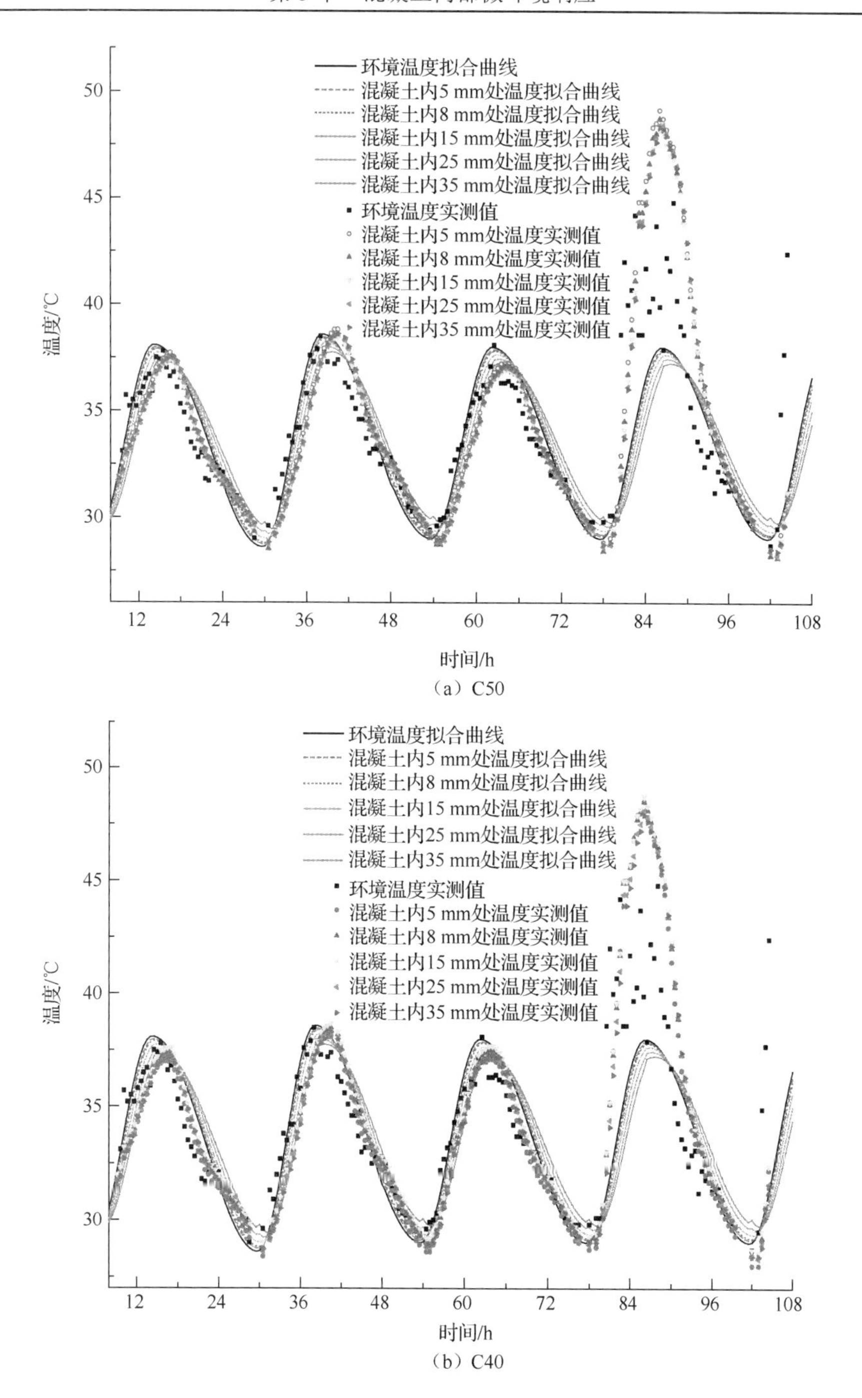

（a）C50

（b）C40

图 3.16　无遮挡条件下不同强度等级混凝土内部不同深度处温度响应

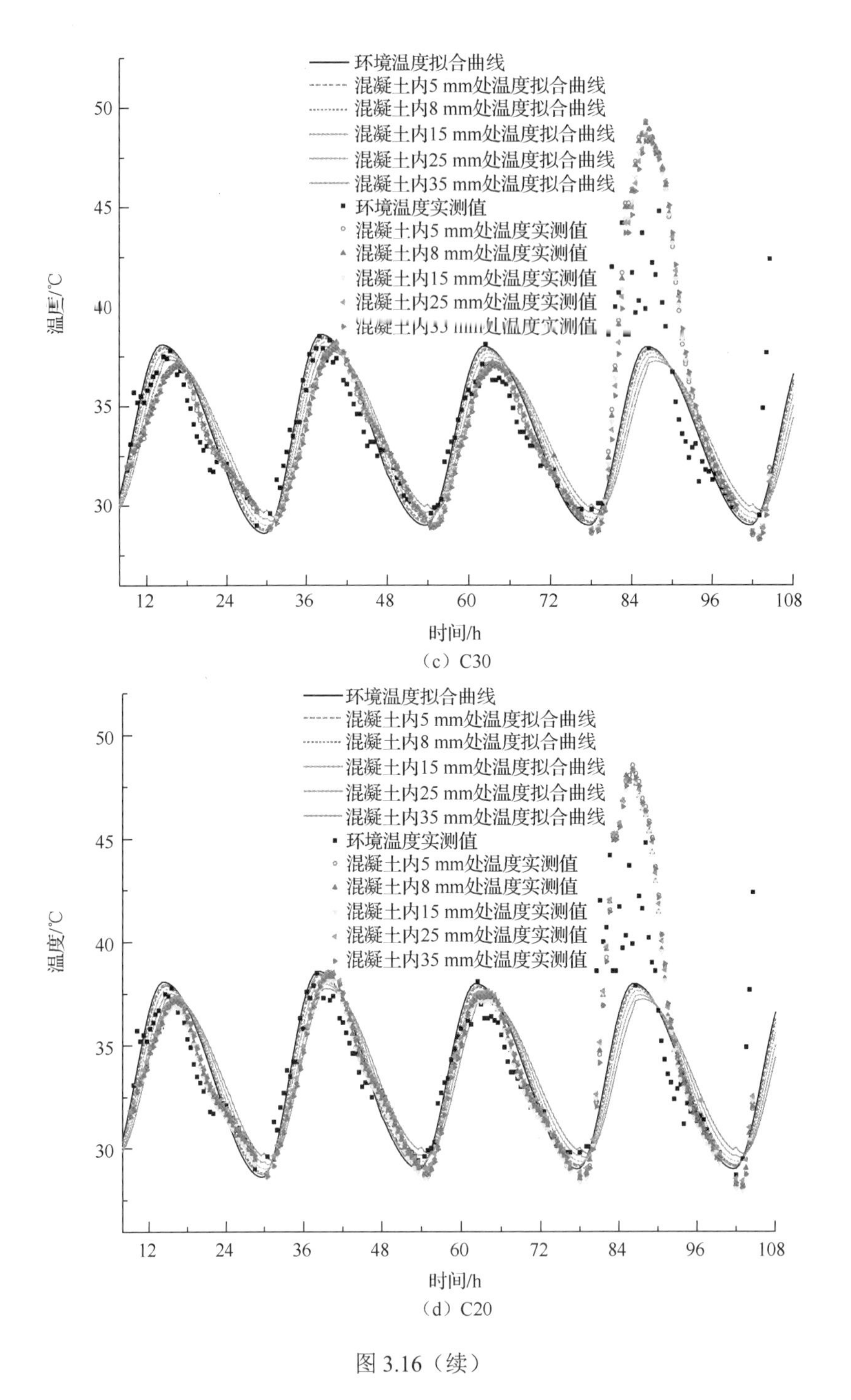

（c）C30

（d）C20

图 3.16（续）

假设全年混凝土自身特征参数变化可以忽略不计，混凝土处于有遮挡条件下。基于 2009 年长沙地区气象资料，绘制了自然环境温度作用下 C20 混凝土内部 35 mm 处的温度响应谱，如图 3.17 所示。从图 3.17 可以看出，采用日均温度和幅值绘制的混凝土 35 mm 处的温度响应谱可表征全年的混凝土内部温度响应规律。随着季节的交替变化，混凝土内部微环境温度响应、日最低温度和最高温度出现时间与自然环境温度变化曲线相关联。这也表明利用历年气候环境温度数据和理论模型可以预测不同时间的混凝土内部微环境温度响应。

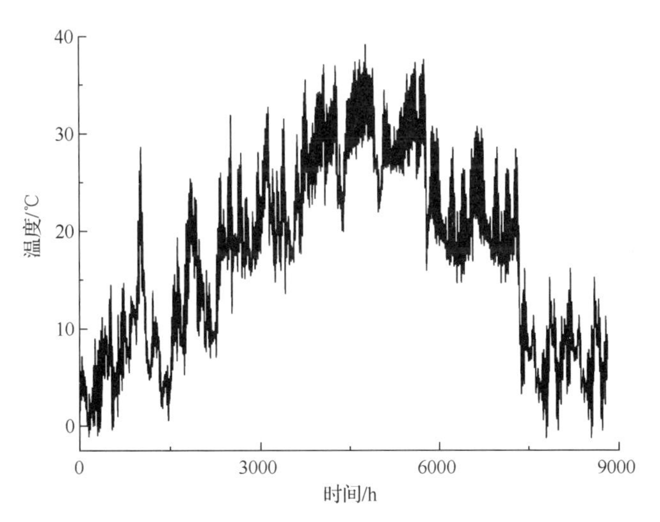

图 3.17 自然环境温度作用下 C20 混凝土内部 35 mm 处温度响应谱

2. 有遮挡条件下自然环境温度作用和混凝土内部微环境温度响应之间的相关性

有遮挡条件下的混凝土结构（如工程背阴面和被遮挡等）与自然环境之间的传热方式主要为对流换热（直接和散射辐射换热等可忽略），相应的导热方程为第三类边界条件，即假定经过混凝土表面的热流量与混凝土表面温度和外界气温之差成正比［式（3.34)]。式（3.29）对混凝土内深度 x 求导，可得混凝土内部微环境温度梯度，即

$$\frac{\partial\theta(x,t)}{\partial x}=-\theta_0\sqrt{\frac{\omega_e}{\alpha_k}}e^{-x\sqrt{\frac{\omega_e}{2\alpha_k}}}\cos\left(\omega_e t-\varphi-x\sqrt{\frac{\omega_e}{2\alpha_k}}+\frac{\pi}{4}\right) \tag{3.46}$$

联立式（3.29)、式（3.34）和式（3.46)，可求混凝土表层空气温度，即

$$\theta_{at}(t)=\theta_a+\theta_0\left[\cos(\omega_e t-\varphi)-\frac{\lambda_{cd}}{\beta_h}\sqrt{\frac{\omega_e}{\alpha_k}}\cos\left(\omega_e t-\varphi-\frac{\pi}{4}\right)\right] \tag{3.47}$$

式（3.47）即有遮挡条件下混凝土表层温度和自然环境温度间的相关性表达式。

测试了长沙地区 2011 年 8 月 16～18 日有遮挡条件下混凝土内不同深度处（35 mm 和 50 mm）的温度。同时，对 17 日的混凝土内温度响应实测结果进行拟合分析。图 3.18 为自然环境温度和混凝土内微环境温度实测温度及其拟合曲线。由图 3.18 可以看出，自然环境温度和混凝土内部微环境温度呈现有规律的周期性变化，其波动周期为 24 h，利用建立的自然环境温度作用谱和混凝土内部微环境温度响应谱模型可基本拟合实测温度变化规律。与自然环境温度作用谱相比，混凝土内部微环境温度响应谱表现为曲线相对光滑、数据离散性小、温度波动滞后和幅值衰减等。因为混凝土的热传导系数、密度及其比热容等赋予混凝土较大的热阻，产生延滞和削弱等效应。

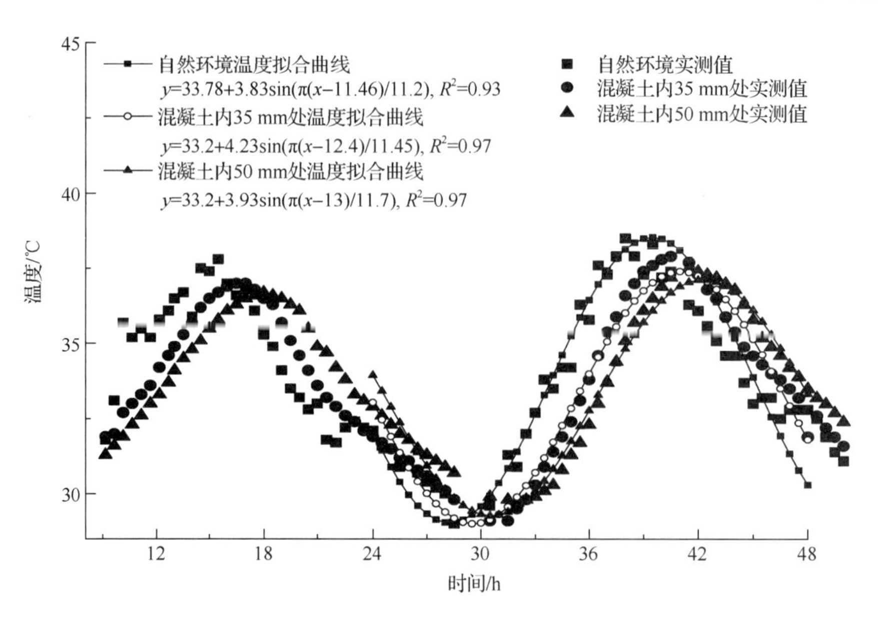

图 3.18 有遮挡条件下混凝土内部微环境温度响应实测值及拟合曲线

一般来讲，有遮挡条件下混凝土内部微环境温度响应主要受环境变化、混凝土传热系数和表面换热系数影响。利用实测混凝土内部微环境温度波动幅值，并结合式（3.32）可求出混凝土热扩散系数约为 3×10^{-3} m^2/h。利用实测数据和式（3.34）可求得实测现场混凝土表面与空气间的表面换热系数（对流换热）约为 20.5 W/（m^2·K）。若将计算参数代入混凝土内部微环境温度响应模型，可求出混凝土内部 35 mm 和 50 mm 处温度响应的相位滞后分别约为 0.44 和 0.54。该计算结果与图 3.18 中拟合曲线对应的相位差基本吻合。

基于上述实测结果和理论模型，计算相应的混凝土热工性能参数，见表 3.1。从表 3.1 看出，采用混凝土内部 35 mm 和 50 mm 处温度计算出的热扩散系数结果差别较小，而采用自然环境温度参数作为混凝土表层（0 mm 处）计算出的热扩散系数结果差别较大。采用混凝土内部热参数可以反推导出混凝土表层（0 mm 处）温度的相位滞后为 0.21，相应的幅值衰减为 4.66。这表明混凝土表层温度并非自然环境温度。

表 3.1 混凝土热工性能参数

测点编号	深度 /mm	相位滞后	幅值/℃	温度传播速度/（m/h）	热扩散系数 α_k /［10^{-3}/（m^2·h）］			备注
					相位法	幅值法	时差法	
A0	自然环境	0	4.75	—	—	—	—	—
A1	0	0.21	4.66	—	—	—	—	—
A2	35	0.44	3.70	—	8.21	11.07	—	A1-A2
A3	50	0.54	3.36	0.04	2.95	3.03	2.99	A2-A3

作者还开展了自然环境温度作用下混凝土内部温度响应的相位滞后分析，图 3.19 为相应的相位滞后拟合曲线与实测数据间的关系。由图 3.19 可知，采用自然环境和混凝

土内部微环境的热参数求解出的相位滞后存在差异。这是由于采用混凝土内部热参数计算时，主导热量传输因素是混凝土热扩散系数。然而，采用自然环境热参数计算时，主导热量传输因素是表面换热系数和混凝土热扩散系数等。因为自然环境温度并非混凝土表层温度，两者界面间的表面换热系数主导热量传输。这表明可采用混凝土内部热参数推算混凝土表层温度参数，其与自然环境温度间的差异可用于表征自然环境与混凝土表层界面间的表面换热系数。反之，若已知自然环境温度波动状况和表面换热系数，则可预测混凝土内部微环境温度波动趋势。在大风或骤变天气等情况下，混凝土表面与环境间表面换热在传热过程中起到次要作用，而混凝土导热系数是限制传热过程的关键。若忽略相应的表面换热，则可直接将自然环境温度视为混凝土表面（0 mm 处）温度，进而可预测混凝土内部微环境温度响应。若取混凝土密度为 2300 kg/m^3，其比热容为 920 J/（kg·K），将实测的混凝土密度、比热容、表面换热系数等代入式（3.45），则可求得相应的界面层厚度约 1.3 mm。该值与文献[35]中的结果吻合较好。

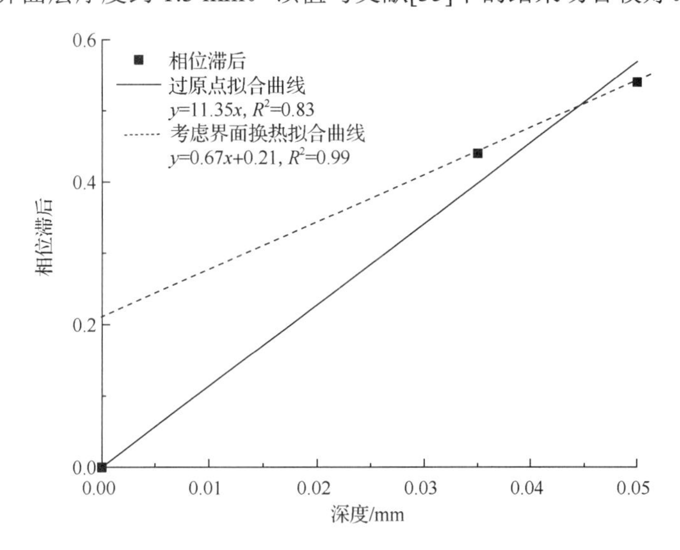

图 3.19　自然环境温度作用下混凝土内部温度响应相位滞后拟合曲线与实测数据

3. 无遮挡条件下自然环境温度作用和混凝土内部微环境温度响应之间的相关性

服役现场环境中的绝大多数混凝土结构直接暴露于太阳照射下，混凝土结构与自然环境间的热量交换形式是辐射和对流换热。本节探讨了无遮挡条件下混凝土内部微环境温度响应，以揭示无遮挡条件下混凝土内部微环境温度响应规律。在太阳辐射的作用下，混凝土与环境间考虑日照的导热边界条件可表示为

$$-\lambda_{cd}\frac{\partial\theta}{\partial n_f}=\beta_h(\theta-\theta_{at})-R_a \quad 或 \quad -\lambda_{cd}\frac{\partial\theta}{\partial n_f}=\beta_h\left[\theta-\left(\theta_{at}+\frac{R_a}{\beta_h}\right)\right] \tag{3.48}$$

$$R_a=a_bQ_a \tag{3.49}$$

式中：R_a 为太阳辐射热量被吸收部分，W/m^2；Q_a 为相应的太阳总辐射热量，W/m^2；a_b 为吸收系数或黑度系数[35]，对于混凝土可取 0.65；其余符号同上。

目前，计算太阳总辐射热量最为典型的为半正弦模型和 Collares-Pereira & Rabl 模型。其中，Collares-Pereira & Rabl 模型可表示为

$$Q(t)=Q_a(I_0/Q_0)(a_s+b_s\cos\omega_t) \tag{3.50}$$

式中：$Q(t)$为 t 时刻太阳总辐射值，MJ/（m^2·d）；Q_a为太阳日总辐射量，MJ/（m^2·d）；I_0为大气层外水平面逐时辐射量，$I_0=I_{sc}E_0\cos\delta_{wd}\cdot\cos\varphi_w\cdot(\cos\omega_t-\cos\omega_s)$，MJ/（$m^2$·d）；$Q_0$为大气层外水平面日总辐射量，$Q_0=\dfrac{24}{\pi}I_{sc}E_0\left[\cos\delta_{wd}\cdot\cos\varphi_w\cdot(\sin\omega_s-\omega_s\cos\omega_s)\right]$，MJ/（$m^2$·d）；$\omega_t$ 为太阳时角，$\omega_t=\dfrac{\pi}{12}(t-12)$；$E_0$ 为地球偏心距修正系数，$E_0=1+0.033\cos\dfrac{2\pi n_d}{365}$；$I_{sc}$为太阳常数，4.92 MJ/（$m^2$·h）；$n_d$为一年中从 1 月 1 日开始的日期序数；$a_s$和$b_s$分别为日出、日落时刻，$a_s=0.409+0.5016\times\sin(\omega_s-60^\circ)$，$b_s=0.6609+0.4767\sin(\omega_s-60^\circ)$；$\delta_{wd}$为太阳赤纬角，$\delta_{wd}=23.5\sin\left(360\times\dfrac{284+n_d}{365}\right)$；$\varphi_w$为地理纬度；$\omega_s$为日落时角，$\omega_s=\arccos(-\tan\varphi_w\times\tan\delta)$。

半正弦模型可表示为

$$Q(t)=A_Q\sin\left(\frac{t-a_s}{b_s-a_s}\pi\right) \tag{3.51}$$

式中：A_Q为日辐射小时最大值，$A_Q=\dfrac{\pi Q_a}{2(b_s-a_s)}$；$Q(t)$为 t 时刻太阳总辐射值；t 为每日时间，$a_s<t<b_s$。

当获取现场地理和太阳日总辐射量等信息后，联立式（3.29）、式（3.48）、式（3.49）和式（3.50），可建立无遮挡条件下混凝土表层温度和自然环境温度间的相关性模型，即

$$\theta_{at}(t)=\theta_a-\frac{R_a}{\beta_h}\lambda_{cd}\theta_0\sqrt{\frac{\omega_e}{\alpha_k}}+\theta_0\left(\cos(\omega_e t-\varphi)-\frac{\lambda_{cd}}{\beta_h}\sqrt{\frac{\omega_e}{\alpha_k}}\cos\left(\omega_e t-\varphi+\frac{\pi}{4}\right)\right) \tag{3.52}$$

对比式（3.47）和式（3.52）可知，两个模型间的差别仅体现在$\dfrac{R_a}{\beta_h}\lambda_{cd}\theta_0\sqrt{\dfrac{\omega_e}{\alpha_k}}$，而$\lambda_{cd}\theta_0\sqrt{\dfrac{\omega_e}{\alpha_k}}$为混凝土表层向空气的换热强度。因此，对于无遮挡条件下太阳辐射对混凝土内部微环境温度响应的影响可等效于环境温度升高R_a/β_h的对流传热效果，故可简称其为环境等效温度。若无辐射传热（即 R_a=0），则式（3.48）转化为式（3.43）。这表明利用所求解的混凝土热扩散系数α_k值［式（3.38）］、混凝土表面温度梯度［即式（3.46）］和自然环境温度［即式（3.24）］等参数，则可推导出混凝土与自然环境间实时的表面换热系数β_h。该法克服传统求解表面换热系数的不足（如多基于稳态传导、试样与现场实况误差大等），可用于求解自然环境和混凝土表面之间的实时表面换热系数。此外，若利用式（3.38）、式（3.42）、式（3.48）和式（3.49）及其测定的混凝土与自然环境温度等参数，则可反推导出太阳实时总辐射热量。这也为获取现场实时太阳总辐射热量提

供了求解方法。

作者开展了长沙地区 2011 年 8 月 19 日无遮挡条件下自然环境和混凝土内不同深度处的温度测试。长沙地区测量现场约处于北纬 28.2°，日出时间约为 6 时，日落时间约为 19 时，8 月 19 日天气晴朗少云，相应的太阳辐射最大值约为 1.73 MJ/（$m^2·h$）。本书以下重点分析有太阳辐射时间段（即 6～19 时）温度变化，图 3.20 为自然环境中无遮挡条件下混凝土内部微环境温度响应。由图 3.20 可知，被太阳直接照射的混凝土内部微环境温度响应规律明显不同于有遮挡条件下混凝土内部微环境温度响应，与后者的差异主要表现在温度响应的波动幅值增加、温度变化率大、最高温度增加及其时间提前等。混凝土内部微环境温度随太阳升起而快速增高，随日落急速降低，混凝土内部（35 mm）温度在 13 时出现极大值。自然环境温度于 14.5 时左右达到最大值，且其值随日落而缓慢降低。无太阳照射期间（19 时至次日 6 时）混凝土内部微环境温度响应规律与有遮挡条件下的响应规律相似。无遮挡条件下，混凝土获得的全部辐射能量除部分转化为混凝土内能以提高自身温度外，其余热量传导给自然环境。混凝土温度极大值是在接受太阳辐射能和自身散失能量达到平衡后出现的。若混凝土获取的辐射能量大于散失能量，则多余能量将转化为混凝土内能以提高混凝土温度。若散失能量大于混凝土通过辐射获取的能量，则混凝土温度会逐渐降低。环境温度升高主要是通过吸收地面传导热能达到的，地面向大气传导热能需要一定时间（即为相应的滞后时间）。因而，自然环境温度出现极大值滞后于无遮挡条件下混凝土出现温度极大值时刻。这种现象是由不同遮挡条件下混凝土与自然环境之间热能传输机理和方式不同造成的。

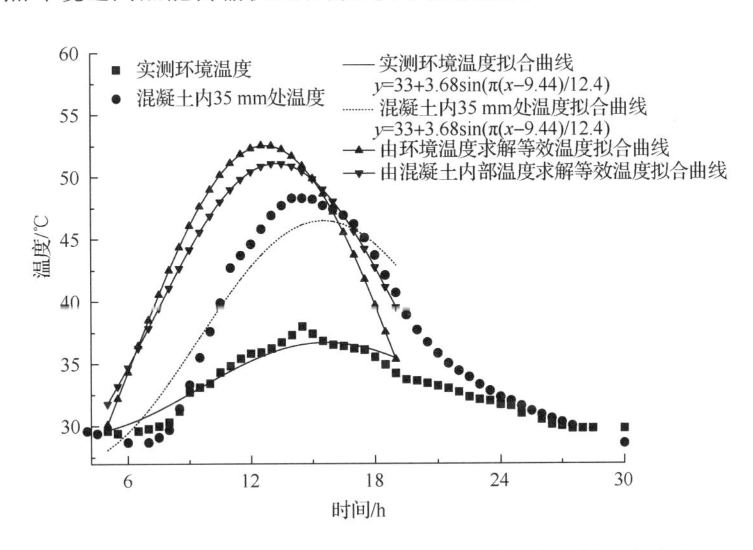

图 3.20　自然环境中无遮挡条件下混凝土内部微环境温度响应

3.3.2　室内模拟环境下混凝土内部微环境温度响应及响应谱

3.3.1 节研究表明自然环境因素变化具有较强的随机性，并且自然环境因素作用下混凝土内部微环境因素响应呈现余弦（或正弦）函数形式的波动变化。然而，室内模拟环境试验是通过设定固定模拟试验参数（如温度、升温速率、试验周期、干湿时间比和风速等）开展试验，有关室内模拟环境下混凝土内部微环境响应方面研究较少。因此，深入系统地开展室内模拟环境下混凝土内部微环境响应研究具有重要意义。温度是影响混凝土结构耐久性的重要因素，本节主要介绍关于室内模拟环境下混凝土内部微环境温度响应的探讨。

1. 室内模拟环境下混凝土内部微环境温度响应

（1）混凝土内部微环境温度响应模型

混凝土与环境之间温度变化的本质是传热学上换热边界条件下的非稳态导热问题，对于无内热源的内部温度分布可依靠导热微分方程解决。基于傅里叶导热定律和能量守恒原理，建立微元平行六面体的导热微分方程式（3.53），相应的定解条件主要包括几何条件、物理条件、初始条件和边界条件[35]。环境中混凝土结构导热方程边界条件通常为第三类边界条件，如式（3.54）所示。

$$\frac{\partial\theta}{\partial\tau}=\alpha_{\mathrm{k}}\left(\frac{\partial^2\theta}{\partial x^2}+\frac{\partial^2\theta}{\partial y^2}+\frac{\partial^2\theta}{\partial z^2}\right) \tag{3.53}$$

$$-\lambda_{\mathrm{dr}}\frac{\partial\theta}{\partial n_{\mathrm{f}}}=h_{\mathrm{r}}(\theta_{\mathrm{w}}-\theta_{\mathrm{f}}) \tag{3.54}$$

式中：θ 为混凝土温度，K；$\frac{\partial\theta}{\partial\tau}$ 为体温度变化率，K/s；α_{k} 为混凝土导温系数（也称热扩散率），$\mathrm{m^2/s}$；x、y、z 分别为混凝土内测点三维尺寸，m；λ_{dr} 为混凝土导热系数，W/（m·K）；$\frac{\partial\theta}{\partial n_{\mathrm{f}}}$ 为混凝土内温度梯度，K/m；θ_{f} 为外部温度，K；θ_{w} 为混凝土壁面温度，K；h_{r} 为边界面上的表面传热系数，W/（$\mathrm{m^2}$·K）；n_{f} 为表面的法线方向。

传热学中解的连乘定理已阐明有限多维物体的加热（或冷却）过程，可利用一维问题解的组合求解。因此，为简化起见可先推导一维非稳态导热方程的数值解，进而推导物体多维非稳态导热方程数值解。对于无限大平面混凝土，假设其厚度为 2δ，内部初始温度（均匀）为 θ_{00}，环境温度（恒定）为 θ_{∞}，环境与混凝土间的表面总传热系数 h_{r}、导热系数 λ_{cd} 和导温系数 α_{k} 均为常数，则式（3.53）的一维非稳态导热微分方程式可采用式（3.55）表示，其相应的定解条件（初始条件和边界条件）可表示为式（3.56）。

$$\frac{\partial\theta}{\partial\tau}=\alpha_{\mathrm{k}}\frac{\partial^2\theta}{\partial x^2} \tag{3.55}$$

$$\begin{cases}\tau=0,\theta(x,\tau)=\theta_{00}\\ \tau=\tau,x=0,\dfrac{\partial\theta(0,\tau)}{\partial x}=0\\ \tau=\tau,x=\delta,h_{\mathrm{r}}[\theta(\delta,\tau)-\theta_{\infty}]=-\lambda_{\mathrm{dr}}\left.\dfrac{\partial\theta(\delta,\tau)}{\partial x}\right|_{x=\delta}\end{cases} \tag{3.56}$$

微分方程式（3.55）的解可表示为两个函数的乘积形式，即分别为 τ 和 x 的函数，该法称为分离变量法，即

$$\theta=\theta(x,\tau)=\varphi(\tau)\psi(x) \tag{3.57}$$

将式（3.57）代入式（3.55）中，可得导热方程表达函数

$$\frac{\varphi'(\tau)}{\varphi(\tau)}=\alpha_{\mathrm{k}}\frac{\psi''(x)}{\psi(x)} \tag{3.58}$$

基于定解条件式（3.56）和式（3.58），若引入过余温度$\theta(x,\tau)$，可获得式（3.55）的数值解。此法称为分离变量法[36]，即

$$\frac{\theta(x,\tau)}{\theta_{y0}}=2\sum_{n=1}^{\infty}\mathrm{e}^{-(\beta_n\delta)^2\left(\frac{\alpha_{\mathrm{k}}\tau}{\delta^2}\right)}\frac{\sin(\beta_n\delta)\cos\left[(\beta_n\delta)\left(\frac{x}{\delta}\right)\right]}{\beta_n\delta+\sin(\beta_n\delta)\cos(\beta_n\delta)} \tag{3.59}$$

式中：$\theta(x,\tau)$为任意位置任意时刻的过余温度，$\theta(x,\tau)=\theta_{x,\tau}-\theta_{\infty}$；$\theta_{y0}$为初始时刻过余温度，$\theta_{y0}=\theta_0-\theta_{\infty}$；$\beta_n\delta$为超越方程$\tan(\beta_n\delta)=\dfrac{B_{\mathrm{i}}}{\beta_n\delta}$的根，也是无因次数$B_{\mathrm{i}}$的函数；$B_{\mathrm{i}}$为毕奥数（Biot number），$B_{\mathrm{i}}=\dfrac{h_{\mathrm{r}}\delta}{\lambda_{\mathrm{cd}}}$；$F_{\mathrm{y}}$称为傅里叶准则数，$F_{\mathrm{y}}=\dfrac{\alpha_{\mathrm{k}}\tau}{\delta^2}$，其物理意义表征了给定导热系统的导热性能与其贮热性能的对比关系，也是给定系统动态特征量，为无因次时间；$\dfrac{x}{\delta}$为无因次坐标。

组合体上任意点在任意时刻的无因次过余温度θ/θ_{y0}，恒等于该点在各个垂直相交的形体上对应点的无因次过余温度$(\theta/\theta_{y0})_{\mathrm{i}}$的乘积。由式（3.59）可推导混凝土试件六面体尺寸分别为$2\delta_x$、$2\delta_y$和$2\delta_z$的混凝土内部微环境温度响应模型，即

$$\frac{\theta(x,y,z,\tau)}{\theta_{y0}}=\left(\frac{\theta(x,\tau)}{\theta_{y0}}\right)_x\left(\frac{\theta(y,\tau)}{\theta_{y0}}\right)_y\left(\frac{\theta(z,\tau)}{\theta_{y0}}\right)_z \tag{3.60}$$

其中

$$\frac{\theta(x,\tau)}{\theta_{y0}}=2\sum_{n=1}^{\infty}\mathrm{e}^{-(\beta_n\delta)^2\left(\frac{\alpha_{\mathrm{k}}\tau}{\delta^2}\right)}\frac{\sin(\beta_n\delta)\cos\left[(\beta_n\delta)\left(\frac{x}{\delta}\right)\right]}{\beta_n\delta+\sin(\beta_n\delta)\cos(\beta_n\delta)}$$

$$\frac{\theta(y,\tau)}{\theta_{y0}}=2\sum_{n=1}^{\infty}\mathrm{e}^{-(\beta_n\delta)^2\left(\frac{\alpha_{\mathrm{k}}\tau}{\delta^2}\right)}\frac{\sin(\beta_n\delta)\cos\left[(\beta_n\delta)\left(\frac{y}{\delta}\right)\right]}{\beta_n\delta+\sin(\beta_n\delta)\cos(\beta_n\delta)}$$

$$\frac{\theta(z,\tau)}{\theta_{y0}}=2\sum_{n=1}^{\infty}\mathrm{e}^{-(\beta_n\delta)^2\left(\frac{\alpha_{\mathrm{k}}\tau}{\delta^2}\right)}\frac{\sin(\beta_n\delta)\cos\left[(\beta_n\delta)\left(\frac{z}{\delta}\right)\right]}{\beta_n\delta+\sin(\beta_n\delta)\cos(\beta_n\delta)}$$

式（3.59）和式（3.60）是一维和三维方向上的混凝土内部微环境温度响应模型。该模型适用于初始温度均匀的混凝土加热或冷却过程；若为单面传热，则对应物体厚度2δ。

与之相似，对于圆柱体其径向过余温度可采用式（3.61）表示。相应的圆柱体（准二维）内径向尺寸和纵向尺寸处的过余温度可表示为式（3.62）。

$$\frac{\theta(r_c,\tau)}{\theta_{y0}}=2\sum_{n=1}^{\infty}J_0\left(\beta_n\frac{r_c}{R_{bj}}\right)e^{-\beta_n^2F_0}\frac{J_1(\beta_n)}{\beta_n[J_1^2(\beta_n)+J_0^2(\beta_n)]} \tag{3.61}$$

$$\frac{\theta(r_c,z_L,\tau)}{\theta_{y0}}=\left(\frac{\theta(r_c,\tau)}{\theta_{y0}}\right)_{r_c}\left(\frac{\theta(z_L,\tau)}{\theta_{y0}}\right)_{z_L} \tag{3.62}$$

式中：R_{bj} 为圆柱体半径，m；r_c 为圆柱体径向测点位置，m；z_L 为圆柱体纵向测点位置，m；B_i 为径向毕奥数，$B_i=\frac{\alpha_k R_b}{\lambda_{cd}}$；$F_0$ 为径向傅里叶准则数，$F_0=\frac{\alpha_k\tau}{R_{bj}^2}$。$\beta$ 为方程的根值，也有无穷解，并对应式（3.61）中的 β_n，其表达式为

$$\frac{J_0(\beta)}{J_1(\beta)}=\frac{\beta}{B_i} \tag{3.63}$$

式中：$J_0(\beta)$ 和 $J_1(\beta)$ 分别为零阶和一阶贝塞尔函数，其表达式为

$$J_0(\beta)=1-\left(\frac{\beta}{2}\right)^2+\frac{1}{(2!)^2}\left(\frac{\beta}{2}\right)^4-\frac{1}{(3!)^2}\left(\frac{\beta}{2}\right)^6+\cdots \tag{3.64}$$

$$J_1(\beta)=\frac{\beta}{2}\left[1-\frac{1}{2!}\left(\frac{\beta}{2}\right)^2+\frac{1}{2!3!}\left(\frac{\beta}{2}\right)^4-\frac{1}{3!4!}\left(\frac{\beta}{2}\right)^6+\cdots\right] \tag{3.65}$$

对于实际问题的计算，取展开式的前三项可保证结果具有足够的精确度，也可根据具体情况取值。

式（3.59）和式（3.61）是对流边界条件下一维瞬态导热问题的温度解。它是一个收敛的无穷级数的和，其精确解的计算工作量大，但表达式是快速收敛的级数。以加热过程为例，当加热已扩散到物体中心处时，物体内部温度分布已摆脱初始温度分布的影响，即加热已进入第二期——正规加热阶段。对于平壁有 $F_0 \geqslant 0.3$（圆柱体为 $F_0 \geqslant 0.25$），若取级数的第一项而略去其余各项可保证计算误差不超过 1%。当 $F_0 \geqslant 0.2$ 时，工程计算中若只取级数第一项也能保证计算结果具有较高精确度。因此，三维方柱体混凝土内任意位置在任意时刻温度分布可用式（3.66）表示，而圆柱体（准二维）混凝土内部相应的温度分布可表示为式（3.67）。

$$\theta(x,y,z,\tau)=\theta_\infty+(\theta_{00}-\theta_\infty)\left(\frac{\theta(x,\tau)}{\theta_{x0}}\right)_x\left(\frac{\theta(y,\tau)}{\theta_{y0}}\right)_y\left(\frac{\theta(z,\tau)}{\theta_{z0}}\right)_z \tag{3.66}$$

$$\theta(r_c,z_L,\tau)=\theta_\infty+(\theta_{00}-\theta_\infty)\left(\frac{\theta(r_c,\tau)}{\theta_{y0}}\right)_{r_c}\left(\frac{\theta(z,\tau)}{\theta_{y0}}\right)_{z_L} \tag{3.67}$$

（2）牛顿后插值法在求解混凝土内温度微分方程解析解中的应用

式（3.57）和式（3.59）是对流边界条件下瞬态导热问题的温度解。直接应用数值解计算面临的困难在于解出 μ_n（即超越方程对应的 $\beta_n\delta$）和 β_n。以下将讨论如何利用

已有研究所得的 μ_n 和 β_n 数值表进行插值计算求解。该法宗旨是应用 μ_n 的第一个根值数值表，按照牛顿后插法解出相应的值，其相应的 μ_n 和 β_n 的数值[29,37]见表 3.2。

表 3.2　μ_n 和 β_n 的数值

B_i	μ_1	μ_2	μ_3	μ_4	B_i	β_1	β_2	β_3	β_4
0	0	3.1416	6.2832	9.4248	0	0	3.317	7.0156	10.1735
0.001	0.0316	3.1419	6.2833	9.4249	0.01	0.1412	3.8343	7.0170	10.1745
⋮	⋮	⋮	⋮	⋮	⋮	⋮	⋮	⋮	⋮
100	1.5562	4.6658	7.7764	10.8871	100	2.3809	5.4652	8.5678	11.6747
∞	1.5708	4.7124	7.854	10.9956	∞	2.4048	5.5201	8.6537	11.9309

鉴于表 3.2 中数据存在间断和偏少等问题，为保证所处理数据计算精度，采用牛顿后插值公式推导出相应数值。推导过程如下：设函数 $f(x)$在 $n+1$ 个相异点 $x_0, x_1, \cdots, x_n$ 上的函数值分别为$f(x_0), f(x_1), \cdots, f(x_n)$，或记为 $y_0, y_1, \cdots, y_n$。

一阶均差：称 $\dfrac{f(x_0)-f(x_1)}{x_0-x_1}$ 为 $f(x)$关于节点 x_0, x_1 的一阶均差，记为 $f[x_0, x_1]$。

二阶均差：一阶均差 $f[x_0, x_1]$与 $f[x_1, x_2]$的均差 $\dfrac{f[x_0,x_1]-f[x_1,x_2]}{x_0-x_2}$ 称为 $f(x)$关于节点 x_0, x_1, x_2 的二阶均差，记为 $f[x_0, x_1, x_2]$。

n 阶均差：递归地用 $n-1$ 阶均差来定义 n 阶均差，$f[x_0,x_1,\cdots,x_n]=\dfrac{f[x_0,x_1,\cdots,x_{n-1}]-f[x_1,\cdots,x_n]}{x_0-x_n}$ 称为 $f(x)$关于 $n+1$ 个节点 $x_0, x_1, \cdots, x_n$ 均差。

若利用均差表计算均差，则相应的表达式见表 3.3。

表 3.3　各级均差

x_i	$f(x_i)$	一级均差	二级均差	三级均差
x_0	$f(x_0)$	—	—	—
x_1	$f(x_1)$	$f[x_0, x_1]$	—	—
x_2	$f(x_2)$	$f[x_1, x_2]$	$f[x_0, x_1, x_2]$	—
x_3	$f(x_3)$	$f[x_2, x_3]$	$f[x_1, x_2, x_3]$	$f[x_0, x_1, x_2, x_3]$

因为 $f[x,x_0]=\dfrac{f(x)-f(x_0)}{x-x_0}$，故 $f(x)=f(x_0)+f[x,x_0](x-x_0)$，简称 0 式。

同理，相应的 1 式为

$$f[x,x_0]=f[x_0,x_1]+f[x,x_0,x_1](x-x_1)$$

一般地，相应的 n 式为

$$f[x,x_0,\cdots,x_n]=\frac{f[x,x_0,\cdots,x_{n-1}]-f[x_0,x_1,\cdots,x_n]}{x-x_n}$$

将 n 式代入（$n-1$）式, ⋯, 1 式代入 0 式，得

$$f(x)=f(x_0)+f[x_0,x_1](x-x_0)+f[x_0,x_1,x_2](x-x_0)(x-x_1)+\cdots$$
$$+f[x,x_0,x_1,\cdots,x_n](x-x_0)(x-x_1)\cdots(x-x_n) \tag{3.68}$$

最后一项因均差部分含有 x，故称为余项部分（截断误差），记作 $R_n(x)$。前面 $n+1$ 项的均差部分都不含 x，故前 $n+1$ 项是关于 x 的 n 次多项式，记作 $N_n(x)$，即牛顿后插值公式，可表示为

$$f(x)=N_n(x)+R_n(x) \tag{3.69}$$

$$N_n(x)=f(x_0)+f[x_0,x_1](x-x_0)+f[x_0,x_1,x_2](x-x_0)(x-x_1)+\cdots$$
$$+f[x_0,x_1,\cdots,x_n](x-x_0)(x-x_1)\cdots(x-x_{n-1}) \tag{3.70}$$

$$R_n(x)=f(x)-N_n(x)=\frac{f^{(n+1)}(\xi)}{(n+1)!}\omega_{n+1}(x)=f[x,x_0,x_1,\cdots,x_n]\omega_{n+1}(x) \tag{3.71}$$

设等距节点 $x_k=x_0+kh_d$，记 $y_k=f(x_k)$，（$k=0,1,\cdots,n$）。当 $x\in[x_0,x_n]$，令等距牛顿后插值公式为 $x=x_n+th_d$（$-n\leqslant t\leqslant 0$），故 $x_{n-k}=x_n-kh_d$，$x-x_{n-k}=(t+k)h_d$。牛顿后插值公式在等距插值节点下的形式，可表示为

$$N_n(x)=y_n+t\nabla y_n+\frac{1}{2!}t(t+1)\nabla^2 y_n+\cdots+\frac{1}{n!}t(t+1)\cdots(t+n-1)\nabla^n y_n \tag{3.72}$$

$$R_n(x)=\frac{f^{(n+1)}(\xi)}{(n+1)!}h_d^{n+1}t(t+1)\cdots(t+n) \tag{3.73}$$

利用式（3.66）、式（3.69）和式（3.71）可计算相应的数值，进而利用式（3.59）和式（3.60）求解混凝土内任意点在任意时刻对应的温度分布。

（3）混凝土内微环境温度响应分析

本节对室内模拟环境试验中混凝土内部微环境（一维、准二维和三维）温度响应规律进行探讨。混凝土导热系数约为 2.0 W/（m·K），密度约为 2300 kg/m^3，比热容取值 920 J/（kg·K），混凝土表面总换热系数参照文献[34]模型计算约为 22.5 W/（m^2·K）。升温过程中，混凝土初始温度为 20 ℃，室内模拟环境温度恒定为 40 ℃；降温过程中，两者温度则对换。

室内模拟环境中混凝土内部一维温度响应是混凝土内距表层深度为 35 mm 处测点的温度，理论计算数值解为展开式前三项。参照文献[38]设计的温度测试装置开展试验，并提出如下假设：设计装置满足试件一维热传导边界条件（周边导热忽略不计，仅从一维方向传导热量），混凝土内部温度和模拟环境温度为恒定值。试样内部无热源，试样表面与环境间的水汽处于平衡态或无交换，即界面发生传热而不存在传质。混凝土为均匀和各向同性，且其物理性能参数（如密度等）和热力学参数（如导热系数、混凝土表面总换热系数和比热容等）均为常数。图 3.21 为混凝土内一维温度响应规律。由图 3.21 可见，室内模拟环境中混凝土内一维温度响应模型模拟曲线与实测值变化趋势一致且两者基本吻合。这也验证了混凝土内一维温度响应模型是合理的。混凝土内一维温度响应初期变化率较快，随时间推移而逐渐减慢；超过一定时间后，混凝土内测点温度基本等同于室内模拟环境温度。这是因为主导混凝土与室内模拟环境间温度变化因素是温度梯度和热阻，试验初期两者间的温差和温度梯度较大，故初期温度响应变化速率大。随时间延长，相应的温度梯度逐渐降低，故温度响应速率趋于平缓。理论曲线与实测值间略

有差异，这可能是因为混凝土热学参数取值（如比热容和传热系数等）与实际值之间略有差别。此外，混凝土试样和传感器自身形体效应等也可能是导致产生误差的另一因素。

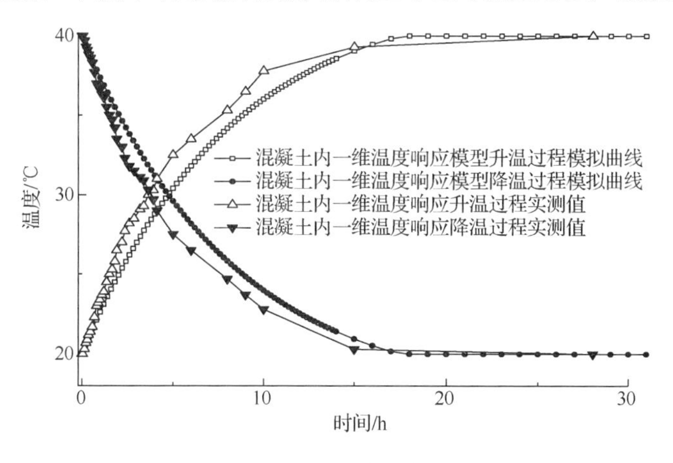

图 3.21 混凝土内一维温度响应规律

混凝土工程中含有大量的准二维构件（柱、桩和桥墩等），试验制备出尺寸为ϕ400 mm×600 mm 的圆柱体混凝土试样，采用温湿度传感器测定距圆柱顶面和侧表面均为 35 mm 处的温度。假设如下：该试件满足准二维热传导边界条件（二维方向传导热量——圆柱顶面和侧表面），混凝土内部温度和模拟环境温度为恒定值。试样内部无热源，试样表面与环境间的水汽处于平衡态或无交换，即界面发生传热而不存在传质。图 3.22 为混凝土试样内部准二维温度响应规律。可以看出，混凝土试件内部微环境温度响应模拟曲线与实测值基本吻合，两者的变化规律和趋势一致。这表明本节所提出的混凝土内部准二维温度响应模型是合理的。基于展开式前三项和前一项的混凝土内部微环境温度响应模拟曲线在温度响应初期略有差异，而其他阶段两者均相互重合。这是因展开式是时间的指数函数，其对初期时间变化更加敏感，故初期舍去部分展开式会降低结果的精度。这

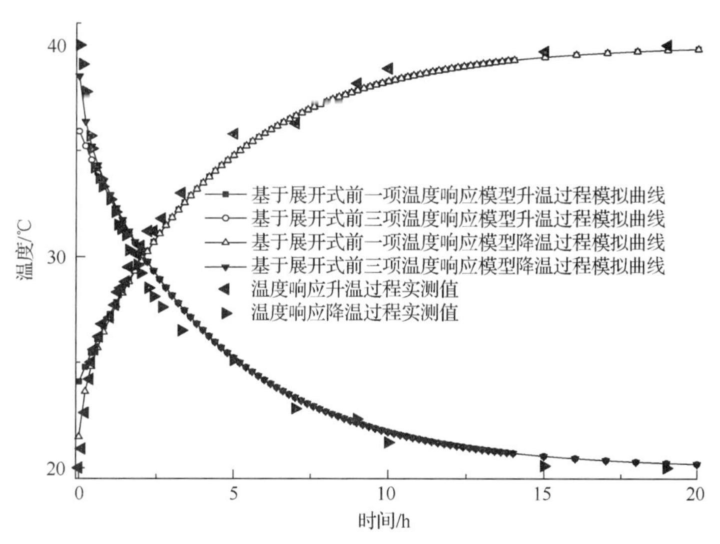

图 3.22 混凝土试样内部准二维温度响应规律

也表明对初期温度响应精度有要求的情况，需保留较多的展开式进行计算；反之，可仅取展开式前一项即可满足所需精度要求。

一般来讲，大部分混凝土结构内部温度是处于三维状态上的传热。试验制备尺寸为150 mm×150 mm×150 mm 立方体混凝土试样，采用温度传感器测定距同一顶角的相邻三个表面距离均为 35 mm 处的温度。假设该试件满足三维热传导边界条件（三维方向传导热量），混凝土内部温度和模拟环境温度可为恒定值。图 3.23 为混凝土试样三维温度响应规律。混凝土内三维温度响应模型升温过程模拟曲线与实测温度值吻合较好，温度响应变化率及其变化趋势与混凝土内一维温度响应类似。混凝土内部温度响应的初期变化率较大，随时间延长而逐渐降低，最终混凝土内温度趋同于室内模拟环境温度。与混凝土内部一维和准二维温度响应相比，混凝土内三维温度响应的自身特征主要表现为温度响应变化率增大、响应时间缩短、理论曲线与实测温度响应间更吻合等。这是因为混凝土内部三维温度响应是基于相互垂直的三维方向传热，单位时间内换热总量更多。实测结果与理论曲线吻合较佳，也间接证明混凝土内部一维与三维温度响应模型的相关性理论推导是合理的。

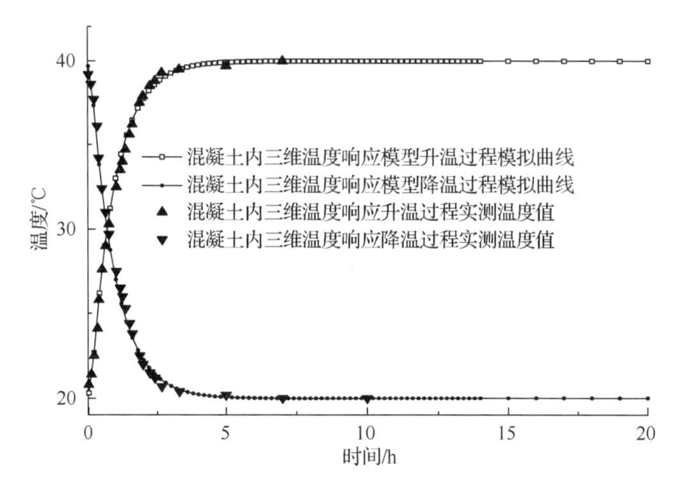

图 3.23　混凝土试样三维温度响应规律

2. 室内模拟环境下混凝土内部微环境温度响应谱

在上述室内模拟环境中混凝土内部一维、准二维和三维的温度响应研究基础上，制备尺寸为 150 mm×150 mm×150 mm 立方体混凝土试样，开展室内模拟环境中混凝土内 35 mm 处的温度测试，用以构筑室内模拟环境中混凝土内部微环境温度响应谱。室内模拟环境试验循环周期为 72 h，分为 60 ℃和 40 ℃两个阶段，降温阶段采用喷水冷却模式方式（实测水温约 26 ℃）。混凝土内微环境温度理论模拟采用混凝土内三维温度响应模型计算，升温过程的模拟计算采用界面换热模式。图 3.24 为室内模拟环境和混凝土内部微环境温度响应实测值及其理论模拟曲线。由图 3.24 可知，室内模拟环境中混凝土内部微环境温度响应呈一定的规律。混凝土内部微环境温度响应实测值与理论值变化趋势一致，但室内模拟环境温度实测值与理论模拟温度之间略有不同。在恒温阶段（0～6 h），混凝土内部微环境温度响应实测值、室内模拟环境温度值、试验理论设定温度值均相等。在降温阶段（6～42 h），混凝土内部微环境温度响应实测值与理论值吻合较好，且起始阶段温度响应变化率较大，随着时间延长两者趋于一致。在升温阶段（42～72 h），混凝土内部微环境温度响应实测值低于理论值，初期的室内模拟环境温度值也低于理论设定温度值。这是因为室内模拟环境温度值达到设定值需要一定时间。简言之，所构筑的混凝土内部微环境温度响应谱可表征室内模拟环境中混凝土内部微环境温度响应。

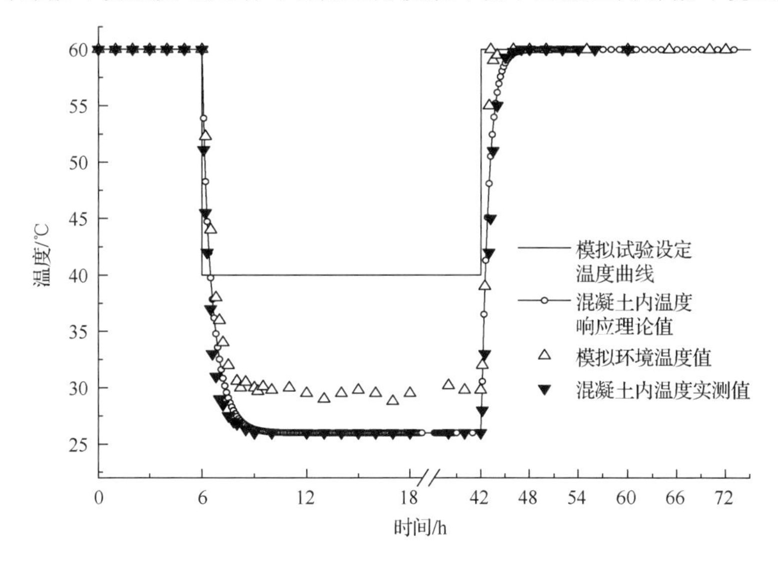

图 3.24　室内模拟环境和混凝土内部微环境温度响应实测值及其理论模拟曲线

3.4　混凝土内湿度响应及响应谱

湿度是影响混凝土耐久性的另一个常见环境因素。国内外学者在混凝土内湿度变化方面开展了大量研究，如刘光廷等[39]研究在没有温湿度控制的试验室环境条件下混凝土试件温湿度变化规律，指出边界效应使得混凝土试件最表面湿度响应非常迅速，混凝土湿度受温度梯度的影响会产生热湿耦合现象。Andrade 等[40]研究暴露于自然和室内环境下混凝土内部相对湿度变化规律，采用水汽吸附和脱附曲线描述混凝土内部微环境湿度变化特征。Ole 等[41]研究温度作用下水泥浆体内部湿度变化规律及其变形特性。自然环境湿度随降水、风速和温度等发生变化，混凝土结构内部湿度通过界面与自然环境进行交换。事实上，自然环境湿度是引起混凝土内部微环境湿度变化的诱因和作用（或激励），两者之间既有区别又有联系。为了更好地揭示湿度对混凝土结构耐久性影响，亟须开展自然环境湿度作用下混凝土内部微环境湿度响应特征研究。

3.4.1　自然环境下混凝土内部微环境湿度响应及响应谱

1. 混凝土内部微环境湿度响应谱模型

混凝土内孔隙所含的水（液态和气态形式）可使得混凝土孔隙内保持较高的湿度。

事实上，在较低的相对湿度条件下，混凝土内微细孔隙中仍存在液态水。Kelvin 方程给出了多孔材料孔隙中的相对湿度 RH 和所能饱和的最大毛细孔径 r_{m} 之间的关系，即

$$\ln \mathrm{RH}=\frac{2\gamma_{\mathrm{w}}M_{\mathrm{w}}}{RT\rho_{l}r_{\mathrm{m}}} \tag{3.74}$$

式中：γ_{w} 为液态水的表面张力，N/m；ρ_{l} 为液态水的密度，kg/m^3；M_{w} 为水的摩尔质量，kg/mol；R 为理想气体常数，推荐值为 8.314 J/（mol·K）。

基于式（3.74）可知，液态水所能饱和的最大毛细孔径随相对湿度降低而减小。孔隙中的液态水将通过蒸发作用形成水汽以实现孔隙中湿度微调整。研究表明，混凝土内部微环境湿度受温度梯度影响在短时间内不显著，混凝土内的水含量一般高于相应的孔径所容纳水分，大量液态水的存在将确保混凝土孔隙内湿度在短时间内维持恒定或微变化。此外，混凝土孔隙可被视为密闭空间且其渗透系数极低。因此，假设混凝土孔隙中的相对湿度仅为时间 t 的函数，即

$$\mathrm{RH}=K_{\mathrm{RH}}t+C_{\mathrm{RH}} \tag{3.75}$$

式中：K_{RH} 和 C_{RH} 均为短时间内对应于混凝土孔隙中相对湿度的参数。

式（3.75）即为混凝土内部微环境湿度（相对湿度形式）响应谱模型。若将该式与水汽密度表达式结合，则可建立短时间内相应温度下混凝土内湿度（水汽密度形式）响应谱模型。通过测试长沙地区 2011 年 8 月 16～19 日自然环境中的混凝土内不同深度（5 mm、15 mm 和 35 mm）处湿度变化，并基于混凝土内微环境湿度谱模型开展相应的数值拟合分析。图 3.25 为自然环境中混凝土内部不同深度处湿度响应实测值及其理论模拟曲线。可见，混凝土内不同深度处相对湿度变化规律明显不同于自然环境相对湿度，主要表现在湿度变化周期、波幅、曲线光滑性、数据离散性和基准值等方面。环境相对湿度呈现出明显的周期性波动（周期约为 24 h），并且湿度波动幅值较大。然而，混凝土内部微环境相对湿度波动不显著，混凝土内部一定深度处的相对湿度基本为定值。

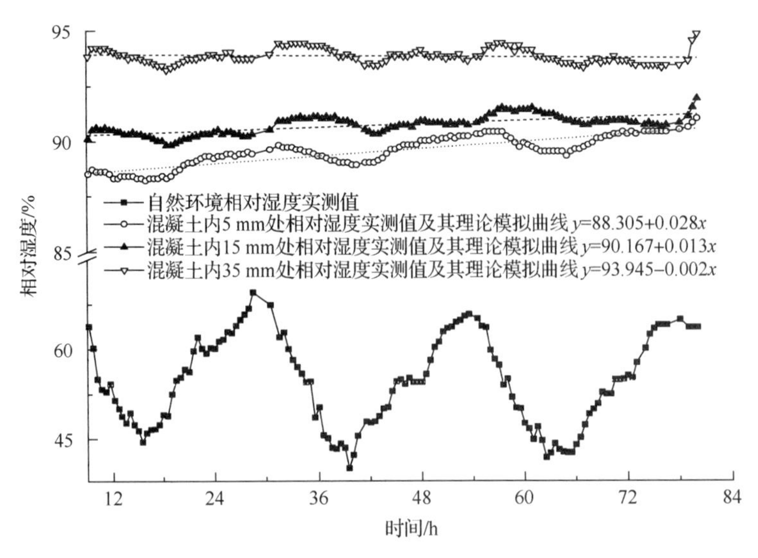

图 3.25 混凝土内部不同深度处湿度响应实测值及其理论模拟曲线

同时，混凝土内部相对湿度响应曲线相对光滑、数据离散性小和数值较大（约为 90%）。这是由混凝土致密的微观结构、较低的气体渗透系数和大量的孔隙水等造成的。温度升高会使混凝土孔隙中的空气容纳更多水汽，进而导致相应的相对湿度降低；然而，混凝土内孔隙所含液态水可转变为水汽，从而维持混凝土孔隙内的相对湿度稳定。同时，混凝土内部微环境相对湿度理论模拟曲线与实测值基本吻合。至于实测值围绕理论模拟曲线波动变化，可能是由水分相变以实现湿度准平衡状态需要一定的响应时间造成的。此外，混凝土内不同深度处相对湿度受环境影响略有差异，主要表现在距混凝土表层越深对应相对湿度越大且离散性越小。这是因混凝土透气性极差，混凝土孔隙中的水汽很难短时间内、长距离逸入空气，混凝土内部相对湿度受自然环境相对湿度影响较小。

第 2 章研究表明相对湿度是温度的函数，是用于表征空气含水率的相对量。因此，不同温度、季节和地区的相对湿度难以定量对比。为了直观地分析不同湿度形式下混凝土内部微环境湿度变化规律，结合第 2 章的水汽密度模型和混凝土内部微环境相对湿度模型，作者开展了混凝土内部微环境湿度的不同表征形式（水汽密度与相对湿度）之间的转化计算。图 3.26 为自然环境湿度作用下混凝土内部微环境湿度（水汽密度形式）变化。与相对湿度表达形式相比，采用水汽密度表达形式的混凝土内部微环境湿度随时间变化规律差异显著。同时，自然环境中的水汽密度基本为恒定值，而混凝土内不同深度处孔隙中空气水汽密度随时间呈现周期性波动，相应的水汽密度随距混凝土表层深度增加而增大。空气容纳水汽量（饱和水汽压）是温度函数，若维持混凝土内孔隙内部的相对湿度不变，则空气可容纳水汽量随温度升高而增加。混凝土内部分孔隙被液态水填充，可通过蒸发和凝结作用维持混凝土内部孔隙中湿度的准动态平衡状态。因此，混凝土内水汽密度随时间发生周期性波动。混凝土内部孔隙中的水汽密度随距混凝土表面深度增加而增大，这可能是由混凝土更深处孔隙饱水度高和湿度梯度小造成的。混凝土表层处（5 mm）的水汽密度随时间波动更显著，这表明可选取该值作为自然环境湿度作用对混凝土内部微环境湿度的影响深度。

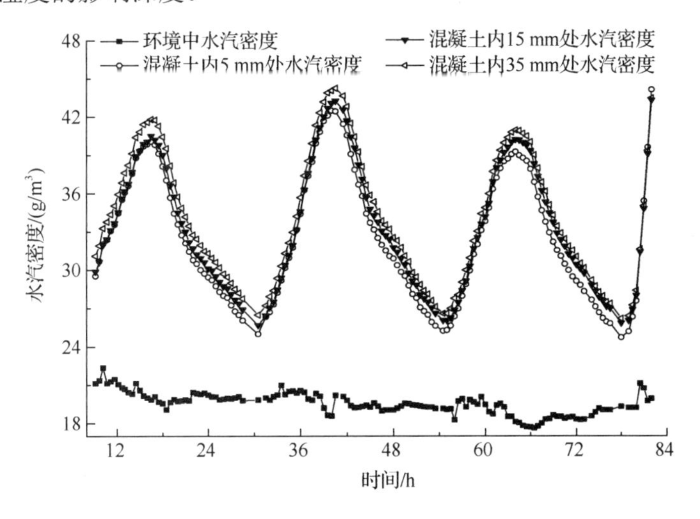

图 3.26　自然环境湿度作用下混凝土内部微环境湿度（水汽密度形式）变化

2. 混凝土强度等级对混凝土内部微环境湿度响应的影响

混凝土强度等级差异导致混凝土微观结构、物质组成及其孔结构特征等存在差别，进而影响混凝土内微环境因素响应。作者采用温湿度传感器测定不同强度等级混凝土内部不同深度处的相对湿度变化，以揭示混凝土强度等级对混凝土内微环境湿度响应影响规律。图 3.27 为有遮挡条件下自然环境中的不同强度等级混凝土内部不同深度处的相对湿度。显而易见，有遮挡条件下不同强度等级混凝土内不同深度处的相对湿度变化规律有别于自然环境相对湿度变化。自然环境的相对湿度随时间发生周期性波动，当自然环境温度达到最高值时相对湿度出现最小值，在温度最低值时出现极大值。然而，混凝土内部不同深度处的相对湿度波动较小。不同强度等级混凝土内部相对湿度变化规律相

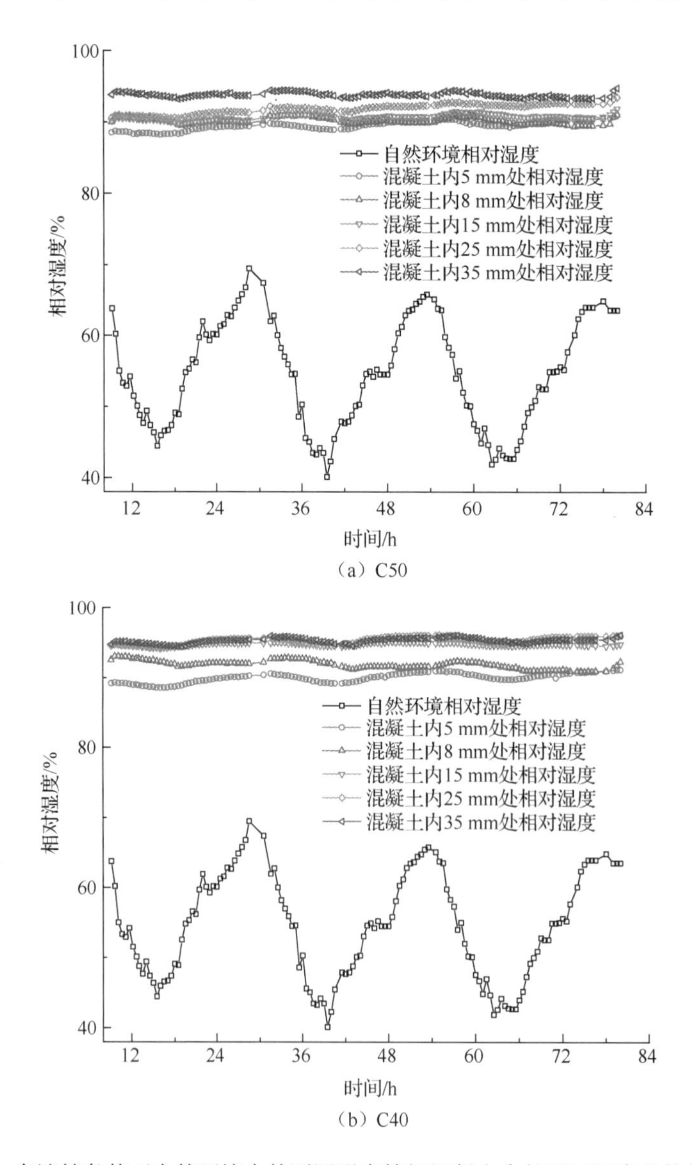

图 3.27　有遮挡条件下自然环境中的不同强度等级混凝土内部不同深度处的相对湿度

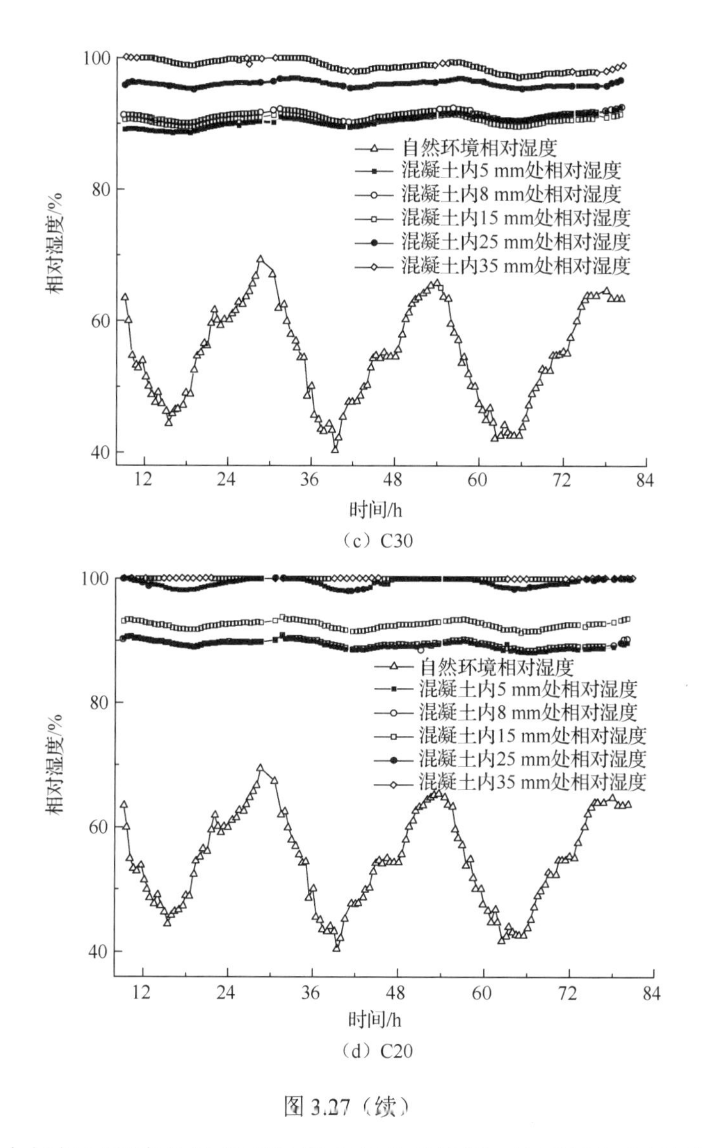

（c）C30

（d）C20

图 3.27（续）

似，但混凝土内部相同深度处的相对湿度响应略有差别，这可能是由于不同强度等级混凝土自身致密度差异导致混凝土内所含水分不同。混凝土内存在的孔隙水可通过蒸发和凝结作用维持混凝土孔隙中相对湿度的动态平衡，故自然环境湿度作用对混凝土内微环境湿度响应影响有限。不同强度等级混凝土内微环境湿度受自然环境湿度的影响深度不同，如 C20 约为 15～25 mm，C30 约为 15 mm，C40 约为 8 mm，C50 约为 5 mm。

相对湿度是表征空气含水率的相对量，不同温度、季节和地域的湿度难以对比。水汽密度（绝对湿度）是量化空气中所含水分的绝对量，可为不同时间和地域下湿度比对提供基准。因此，不同的湿度表达形式可反映不同的湿度变化特征。以下作者对不同强度等级混凝土内不同深度处湿度分析，测试了长沙地区 2011 年 8 月 16～18 日有遮挡条件下混凝土内不同深度处（5 mm、8 mm、15 mm、25 mm 和 35 mm）的温湿度，并采用水汽密度理论模型进行湿度表达形式转化计算。图 3.28 为有遮挡条件下自然环境中不同强度等级混凝土内不同深度处的水汽密度变化曲线。从图 3.28 可以看出，采用水汽密度表征形式的混凝土内湿度随时间变化规律显著。在天气无特殊变化时，自然环境中的水汽密度维持在 20 g/m^3 左右。随着时间延长，自然环境中的水汽密度值略有下降。这是由于自然环境空气中的水分是动态平衡状态，地面通过蒸发作用向空气中输送水汽，而空气中的水汽在日照作用下向高空输送水汽。在温度较高的夏季午后，地面的水汽蒸发速率滞后于空气向高空输送水汽速率，破坏了原有的空气湿度准动态平衡状态。随着空气温度的降低和时间的延长，水汽蒸发量增加，进而使得空气形成新的准动态平衡状态。简言之，因相对湿度是温度的函数，相对湿度表现为波动是环境空气水汽密度基本恒定的体现。与自然环境中空气的水汽密度曲线相比，混凝土内的水汽密度曲线发生周期性波动变化。这是由混凝土内部分孔隙水的蒸发和凝结作用造成的。对比不同强

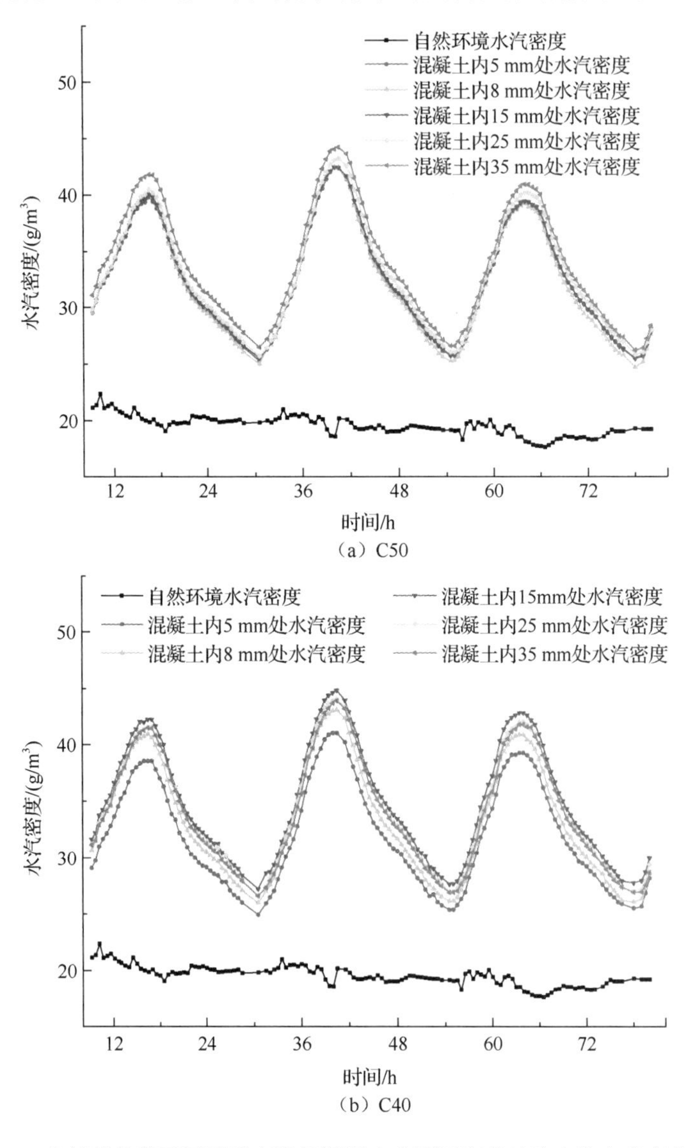

（a）C50

（b）C40

图 3.28　有遮挡条件下不同强度等级混凝土内不同深度处的水汽密度变化曲线

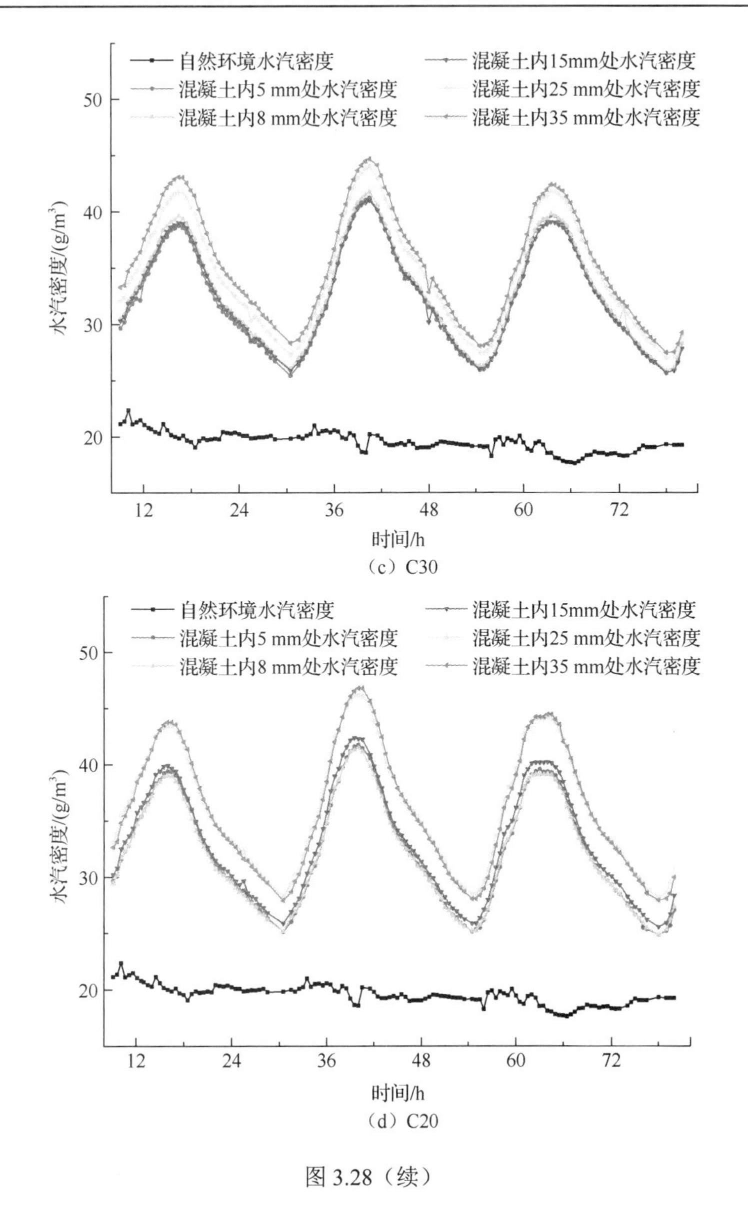

（c）C30

（d）C20

图 3.28（续）

度等级混凝土的水汽密度曲线可知，高强等级混凝土内部的水汽密度波动幅度较小。这是因为高强混凝土孔隙多为微孔和凝胶孔，所含水分质量和水分蒸发克服的附加压力较大。对比同种强度等级混凝土不同深度处的水汽密度曲线可知，距离混凝土表面越深，水汽密度越大。

3. 遮挡条件对混凝土内部微环境湿度响应的影响

遮挡条件对自然环境作用下混凝土内部微环境温度响应有显著影响。相对湿度作为另一重要的环境因素也会反映特有的变化规律。开展有/无遮挡条件下混凝土内部微环境湿度响应规律研究，对深入探究混凝土内部微环境响应特征具有重要意义。对长沙地区 2011 年 8 月 16～19 日有/无遮挡条件下不同强度等级混凝土内部不同深度处湿度进行测试，图 3.29 为相应的相对湿度变化曲线。有遮挡条件测试时间范围约对应图

3.29 中 10～78 h，而无遮挡条件测试时间范围约对应于图 3.29 中 78～96 h。由图可知，有/无遮挡条件对混凝土内部微环境相对湿度有一定程度影响，但比自然环境相对湿度变化程度小。有遮挡条件下的混凝土内部微环境相对湿度响应周期性波动略小，而无遮挡条件下混凝土内部微环境相对湿度响应波动显著。无遮挡条件下，直接暴露于阳光下测得的相对湿度波动幅度值较大且规律性差。这是由于相对湿度是温度的函数且为相对量，在空气中水汽含量基本恒定情况下，太阳温度升高使得空气所能容纳水汽的能力增大，相对湿度减小。由于低强度等的混凝土传质能力较强，低强度等级混凝土内部相对湿度变化更显著。对于同种混凝土不同深度处的相对湿度变化因混凝土自身不同而存在差异，混凝土强度越高，其内部不同深度处相对湿度变化越小，而混凝土强度越低，其内部不同深度处相对湿度变化越大。这主要是由混凝土自身的透气性和渗透性差别引起的。

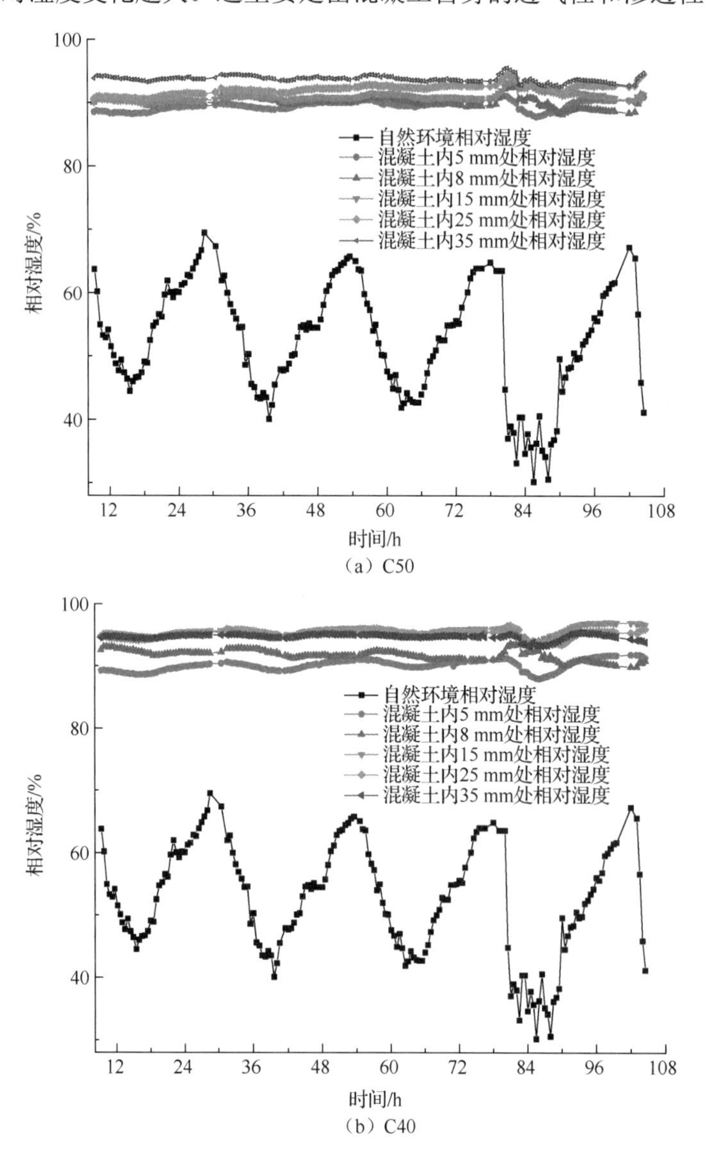

图 3.29　有/无遮挡条件下不同强度等级混凝土内部不同深度处相对湿度变化曲线

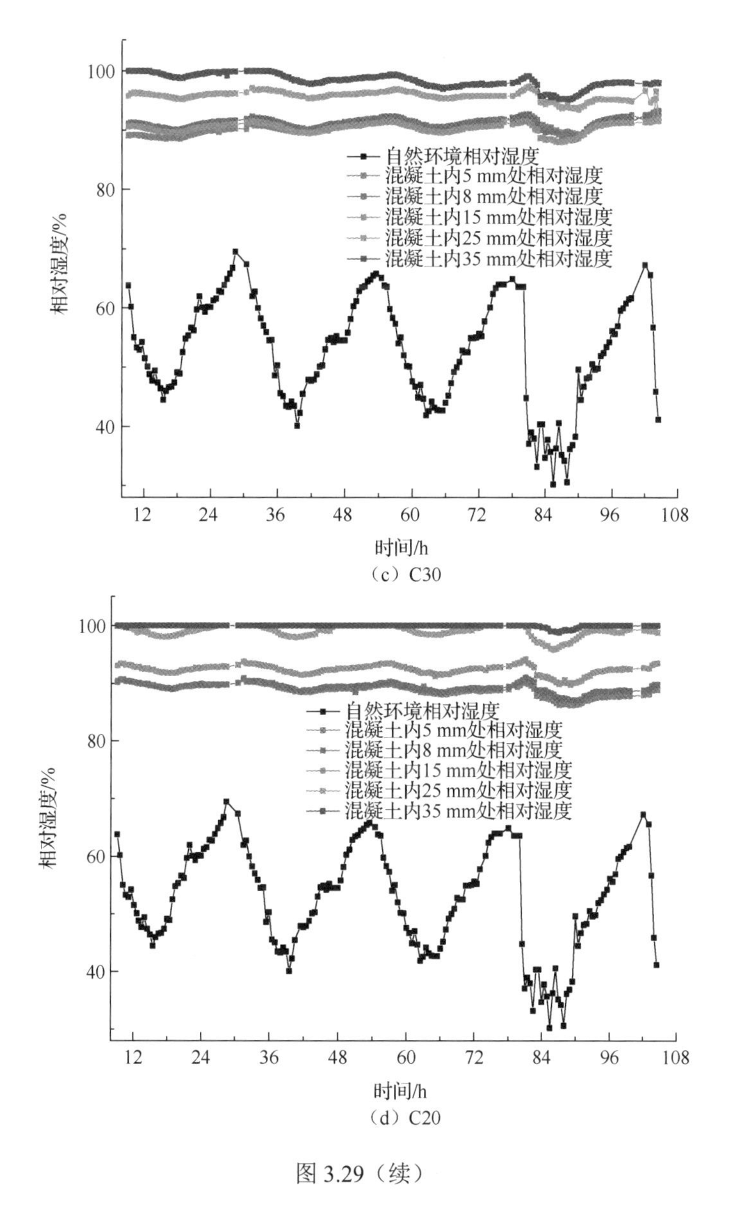

图 3.29（续）

图 3.30 为有/无遮挡条件下混凝土内部不同深度处水汽密度变化。采用水汽密度形式表征有/无遮挡条件下混凝土水汽含量变化显著。有遮挡条件下，自然环境水汽密度基本恒定，且混凝土内水汽密度也发生周期性波动变化。无遮挡条件下，混凝土内的水汽密度波动幅度增加很大，可高达 1 倍。遮挡条件差异导致混凝土与环境之间能量交换传导方式不同。不同强度等级混凝土内部相同深度处相对湿度变化规律相似但其值不同，而其相应的水汽密度变化规律则略有差别。对于同种混凝土内部微环境湿度变化规律相似，但随深度增加而相应的水汽密度差别更加显著。

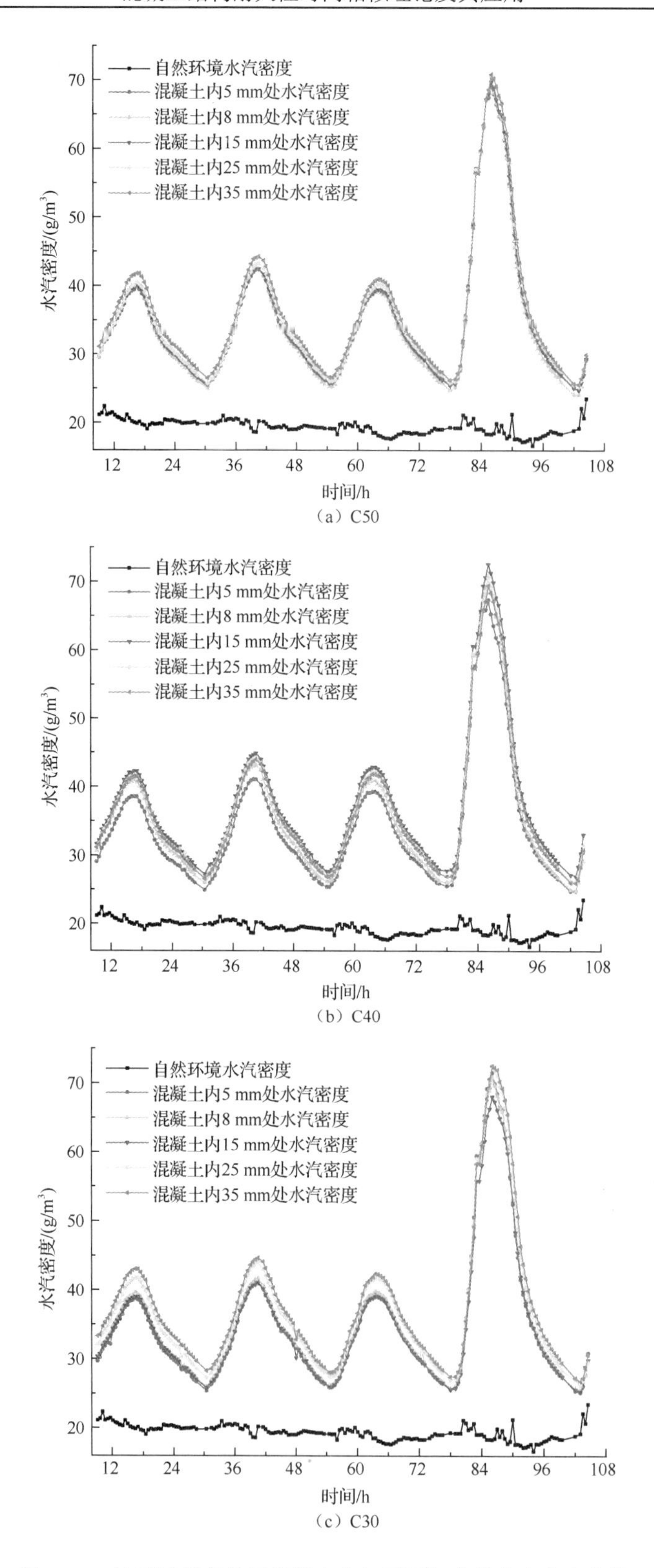

(a) C50

(b) C40

(c) C30

图 3.30　有/无遮挡条件下混凝土内部不同深度处水汽密度变化

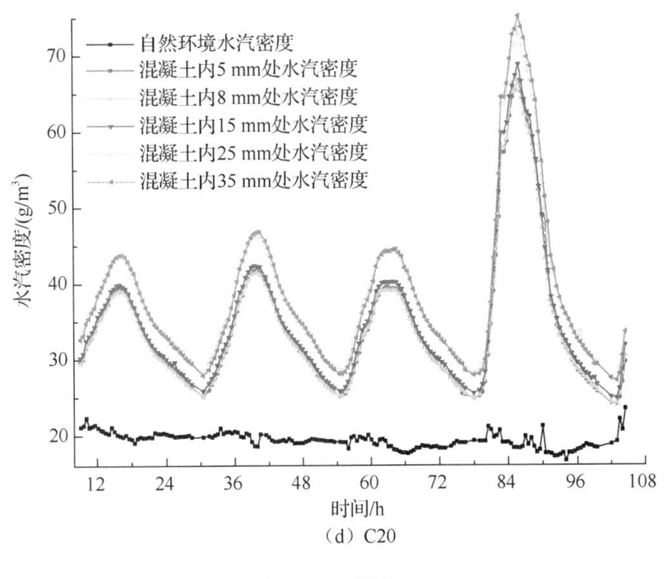

（d）C20

图 3.30（续）

3.4.2　室内模拟环境下混凝土内部微环境湿度响应

一般来讲，在室内模拟环境试验过程中，可以通过喷淋水（或水雾）和空气除湿等方式调整室内模拟环境湿度。与之相应，通过水分吸收或蒸发等方式改变混凝土试件混凝土内部湿度（或含水率）。自然环境中的相对湿度变化显著，且具有较强的随机不确定性。室内模拟环境试验喷淋水量或空气湿度基本恒定，单一试验工况（润湿或干燥）下模拟环境湿度变化较小；然而，干湿交替试验过程中模拟环境湿度变化较为剧烈。因此，室内模拟环境与自然环境下的混凝土内部湿度变化规律必然存在明显不同。深入揭示室内模拟环境下混凝土内部微环境湿度变化特征，对开展混凝土结构耐久性室内模拟试验具有重要指导意义。

1. 室内模拟环境下混凝土表层水分传输机理模型及边界条件

混凝土内部微环境湿度变化主要与混凝土表面特征、水分传输机理、含水率、模拟环境因素（湿度或风速）等有关[42]。因此，3.4.2 节将从混凝土内部水分传输机理模型、混凝土水分传输表面因子、混凝土表面孔隙面积率循环风速和混凝土内部湿度分布等方面，深入探讨混凝土内部微环境湿度变化特征。基于等效膜层厚度假设和混凝土干燥失水变化规律，提出求解混凝土表面孔隙面积率和表面因子的新途径，利用数值模拟法研究室内模拟环境中风速对表面因子和混凝土内部微环境湿度分布影响。研究成果可为室内模拟环境试验中湿度和循环风速等参数设定提供理论依据。

（1）混凝土表面的对流传质系数和等效膜层厚度

目前，有关混凝土内部水分传输研究成果多集中于混凝土内部水分传输，极少探讨混凝土表层与外部环境间水分传输及其边界条件。目前，已有的研究和规范等[43-45]多基于某种假设或直接将环境条件等效为边界条件，最终导致试验结果与理论模拟值之间差异较大。事实上，混凝土表面与空气之间的水分传输，可视为固体表面与运动流体之间的物质交换。一般情况下，运动流体与界面间的质量传递称为对流传质，根据传递机理差异可将边界分为层流内层、湍流主体和缓冲层。层流内层以分子扩散为主，其内浓度梯度很大、浓度分布曲线很陡且为直线，传质服从 Fick 定律。湍流主体为旋涡运动且涡流扩散远大于分子扩散，浓度梯度很小，浓度分布曲线平缓。缓冲层为涡流和分子扩散，浓度分布曲线介于层流内层和湍流主体两者间。流体流过壁面传质会形成速度边界层与浓度边界层，如图 3.31 所示。

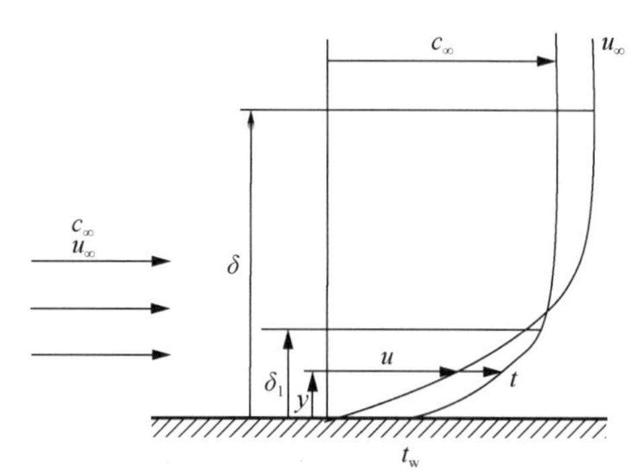

c_∞、u_∞—无穷远处流体浓度与流速；δ—层流膜厚；δ_1—测点 1 处的层流膜厚；u—边界层外流体流速；t—测试对应的时刻；t_w—板内的流体浓度；y—距板表面距离。

图 3.31　不可通透平板上的速度边界层与浓度边界层

上述理论可真实地描绘实际浓度边界层为连续、渐进分布，但相应的实用性差。目前，国内外典型的传质模型主要包括双膜理论模型、渗透理论模型和表面更新理论模型等。双膜理论模型把复杂的相际传质过程归结为两种流体停滞膜层的分子扩散，整个传质过程阻力全部集中在停滞膜层内。事实上，流体传质阻力可被等效为存在于固体表面一层具有浓度梯度的流体层内，即浓度边界层（扩散边界层或传质边界层）。该简化模型浓度边界层为浓度线性分布、传质阻力等效的层流膜。图 3.32 为相应的近壁处浓度分布和等效膜厚。1935 年 Higbie 提出渗透理论模型[46, 47]，假设所有湍流质点与气相的接触时间相等，通过引入溶质渗透时间并假设溶质是通过不稳态扩散向湍流质点中渗透，得出传质系数与分子扩散系数的平方根成正比。Danckwerts 提出表面更新理论模型来修正渗透理论模型，他认为液体表面是不断更新且可强化传质过程。

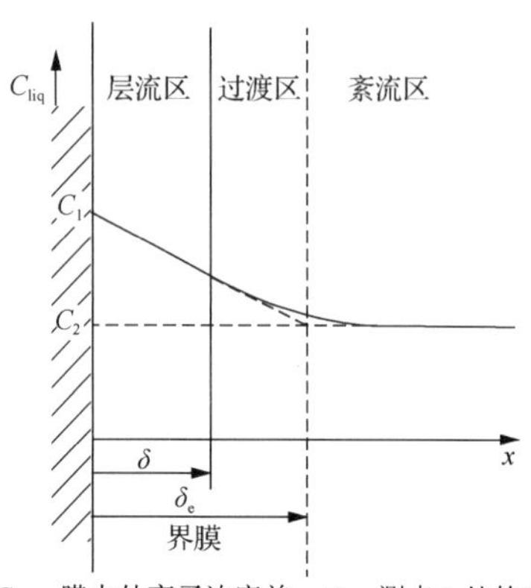

δ_e—等效层流膜厚；δ—层流膜厚；C_{liq}—膜内外离子浓度差；C_1—测点 1 处的离子浓度；C_2—测点 2 处的离子浓度。

图 3.32　近壁处浓度分布和等效膜厚

流体与固体之间的扩散通量可采用 Fick 定律描述[48]，即

$$J_{\mathrm{f}}=-D_{\mathrm{f}}\frac{\mathrm{d}C_{\mathrm{liq}}}{\mathrm{d}x} \tag{3.76}$$

式中：J_{f}为流体扩散通量，mol/（$\mathrm{m^2 \cdot s}$）；D_{f}为流体对流扩散系数，$\mathrm{m^2/s}$；$\frac{\mathrm{d}C_{\mathrm{liq}}}{\mathrm{d}x}$为流体扩散梯度，$\mathrm{mol/m^4}$。

基于膜传质模型理论的膜内传质通量，可表示为

$$N_{\mathrm{A}}=-D_{\mathrm{f}}\frac{\mathrm{d}C_{\mathrm{liq}}}{\mathrm{d}x}\approx-D_{\mathrm{f}}\frac{\Delta C_{\mathrm{liq}}}{\Delta x}=-D_{\mathrm{f}}\frac{\left(C_{0\mathrm{s}}-C_{\mathrm{ss}}\right)}{\delta_{\mathrm{e}}} \tag{3.77}$$

式中：N_{A}为膜内传质通量，mol/（$\mathrm{m^2 \cdot s}$）；δ_{e}为等效层流膜厚，m；$C_{0\mathrm{s}}$为膜外平均浓度，$\mathrm{mol/m^3}$；C_{ss}为膜表层平均浓度，$\mathrm{mol/m^3}$。

稳定状态条件下，壁面法向上浓度边界层的壁面扩散传质速率等于虚拟膜内对流传质通量，如式（3.78）所示。相应的对流传质系数k_{cx}^{0}，如式（3.79）所示。

$$N_{\mathrm{A}}=k_{\mathrm{cx}}^{0}\left(C_{\mathrm{ss}}-C_{0\mathrm{s}}\right)=-D_{\mathrm{f}}\left.\frac{\partial C_{\mathrm{liq}}}{\partial x}\right|_{x=0} \tag{3.78}$$

$$k_{\mathrm{cx}}^{0}=\frac{D_{\mathrm{f}}}{C_{0\mathrm{s}}-C_{\mathrm{ss}}}\left.\frac{\mathrm{d}C_{\mathrm{liq}}}{\mathrm{d}x}\right|_{x=0} \tag{3.79}$$

式中：k_{cx}^{0}为对流传质系数局部值，m/s；其与流体的性质、壁面的几何形状和粗糙度、流体的速度等因素有关。通常将其长度方向线平均值视为相应的均值k_{cm}^{0}，即

$$k_{\mathrm{cm}}^{0}=\frac{1}{L_{\mathrm{x}}}\int_{0}^{L_{\mathrm{x}}}k_{\mathrm{cx}}^{0}\mathrm{d}x \tag{3.80}$$

式中：L_{x}为线长度，m；k_{cm}^{0}为长度方向的线平均值，m/s。

理论推导表明线平均值与局部值间关系可表示为

$$k_{\mathrm{cm}}^{0}=2k_{\mathrm{cx}}^{0} \tag{3.81}$$

研究表明，k_{cm}^{0}表达式与流体通过固体表面状态有关[29]。若流体平行流过平板且为平流状态（$Re_{\mathrm{Lx}}<Re_{\mathrm{x,c}}$）时，则其值由式（3.82）求得。反之，若为湍流状态（$Re_{\mathrm{Lx}}>Re_{\mathrm{x,c}}$）时，则可用式（3.83）表示。常数$A_{\mathrm{cs}}$可由临界雷诺数$Re_{\mathrm{x,c}}$（常取$5\times10^5$）确定，即

$$k_{\mathrm{cm}}^{0}=0.664\frac{D_{\mathrm{f}}}{L_{\mathrm{x}}}Re_{\mathrm{L_x}}^{\frac{1}{2}}Sc^{\frac{1}{3}} \tag{3.82}$$

$$k_{\mathrm{cm}}^{0}=\frac{D_{\mathrm{f}}}{L_{\mathrm{x}}}\left(0.037Re_{\mathrm{L_x}}^{\frac{4}{5}}-A\right)Sc^{\frac{1}{3}} \tag{3.83}$$

$$A_{\mathrm{cs}}=0.037Re_{\mathrm{x,c}}^{\frac{4}{5}}-0.664Re_{\mathrm{x,c}}^{\frac{1}{2}} \tag{3.84}$$

$$Sc=\frac{v_{\mathrm{y}}}{D_{\mathrm{f}}}=\frac{\mu_{\mathrm{d}}}{\rho_{\mathrm{q}}D_{\mathrm{f}}} \tag{3.85}$$

$$Re = \frac{L_x u_0 \rho_q}{\mu_d} \tag{3.86}$$

式中：Sc 为施密特（Schmidt）数；Re 为雷诺数；L_x 为板长度，m；u_0 为边界层外流速，m/s；ρ_q 为气体密度，kg/m^3；v_y 为气体运动黏度，m^2/s；μ_d 为气体动力黏度系数，Pa·s。

通过上述分析可知，流体平行流过平板时气体膜内传质通量为

$$N_A = k_{cm}^0 (C_{ss} - C_{0s}) \tag{3.87}$$

若基于膜传质模型将等效层流膜厚内浓度视为线性变化，则相应的传质通量积分形式为

$$N_A = \frac{D_f}{\delta_e}(C_{ss} - C_{0s}) \tag{3.88}$$

分析整理式（3.87）和式（3.88），则等效层流膜厚度为

$$\delta_e = \frac{D_f}{k_{cm}^0} \tag{3.89}$$

（2）混凝土水分传输表面因子

混凝土水分传输表面因子可影响其与环境之间的水分传输，也是水分传输计算理论中的重要参数之一。环境与混凝土间水分传输边界条件受温度、湿度和风速等因素影响，各因素交互耦合使其值求解困难。建立与环境相匹配的水分传输表面因子模型是开展混凝土表层水分传输研究的关键[49-52]。通常情况下，水分传输表面因子取决于固体表面的粗糙度、流体在空气中的传质系数、黏滞系数、风速、流向及其交换形式等。然而，既有研究尚未给出较全面的公式来描述表面因子模型及其适用条件，并且部分成果间存在分歧或相互矛盾，如 Wong 等[53]研究表明混凝土和砂浆表面因子随水灰比增大而增大，且为线性关系，Akita 等[48]指出不同水灰比砂浆的表面因子值随水灰比增大而减小。因而，探讨环境与混凝土间水分传输边界条件对研究混凝土内部水分和离子等传输具有重要意义。

自然环境中混凝土内部水分传输可采用 Fick 定律来描述。若以相对湿度为驱动力，则湿度场的非线性扩散方程可表示为

$$\frac{\partial \mathrm{RH}}{\partial t} = \nabla(D(\mathrm{RH})\nabla \mathrm{RH}) \tag{3.90}$$

式中：$\frac{\partial \mathrm{RH}}{\partial t}$ 为 RH 随时间变化率，s^{-1}。

研究表明，其相应的边界条件为第三类边界条件，即

$$-D(\mathrm{RH})\frac{\partial \mathrm{RH}}{\partial x} = f(\mathrm{RH_s} - \mathrm{RH_e}) \tag{3.91}$$

式中：$D(\mathrm{RH})$ 为对应于相对湿度 RH 的混凝土表层内水分扩散系数，m^2/s；f 为混凝土水分扩散表面因子，m/s；RH 为混凝土内部的相对湿度，%；$\frac{\partial \mathrm{RH}}{\partial x}$ 为 RH 沿界面 x 方向的法向梯度，m^{-1}；$\mathrm{RH_s}$ 为混凝土表面相对湿度，%；$\mathrm{RH_e}$ 为环境相对湿度，%。

室内模拟试验干燥过程中，混凝土表面的传质面积为混凝土表面孔隙有效面积。由式（3.88）和理想气体状方程式（3.92）可得出水分扩散通量，如式（3.93）所示。

$$P_{ba}V_{aw}=n_{w}RT \tag{3.92}$$

$$N_{A}=k_{cm}^{0}\frac{P_{ba}}{R\cdot T}\left(\mathrm{RH}_{s}-\mathrm{RH}_{e}\right) \tag{3.93}$$

式中：P_{ba}为水汽饱和蒸汽压，Pa；R为理想气体常数，8.314 J/（mol·K）；T为温度，K；V_{aw}为水汽体积，m^3；n_w为水汽物质的量，mol；RH_s为混凝土表面相对湿度，%；RH_e为环境相对湿度，%。

混凝土与环境间水分扩散通量可用式（3.94）表示，而由式（3.93）可知水分扩散量也可用式（3.95）描述。若基于理想气体方程和传输水分质量相等（$m_c=m_A$）假设，则混凝土表面水分扩散因子f可用式（3.96）表示。

$$m_{c}=f(\mathrm{RH}_{s}-\mathrm{RH}_{e})A_{ws}t\rho_{zq} \tag{3.94}$$

$$m_{A}=k_{cm}^{0}\frac{P_{ba}M_{w}}{RT}(\mathrm{RH}_{s}-\mathrm{RH}_{e})A_{ws}t \tag{3.95}$$

$$f=k_{cm}^{0} \tag{3.96}$$

式中：ρ_{zq}为水汽密度，kg/m^3；A_{ws}为水分扩散面积，m^2；t为持续时间，s；M_w为水分子摩尔质量，0.018 kg/mol。

基于上述推导可知混凝土与环境间的水分扩散表面因子可用传质系数表示，即若流体平行流过平板且为平流状态（$Re_L<Re_{x,c}$）时，其值由式（3.97）求得。反之，若为湍流状态（$Re_L>Re_{x,c}$）时，则可用式（3.98）表示；相应的水汽扩散系数可表示为式（3.99）。

$$f=0.664\frac{D_{wa}}{L_{x}}Re_{L_x}^{\frac{1}{2}}Sc^{\frac{1}{3}} \tag{3.97}$$

$$f=\frac{D_{wa}}{L_{x}}\left(0.037Re_{L_x}^{\frac{4}{5}}-A_{cs}\right)Sc^{\frac{1}{3}} \tag{3.98}$$

$$D_{wa}=1.659\times10^{-3}\times\frac{T^{2.5}}{(1.8T+441)P_{0}} \tag{3.99}$$

式中：D_{wa}为水汽在空气中的扩散系数，m^2/s；T为温度，K；P_0为大气压强，101.325 kPa。

（3）混凝土表面孔隙面积率

研究表明[54]混凝土干燥过程中的失水量与时间平方根之间为线性关系，即

$$\Delta m=S_{v}t^{\frac{1}{2}} \tag{3.100}$$

式中：Δm为时间t内的累计失水量，kg^2；S_v为失水率，$kg/s^{0.5}$；t为干燥失水时间，s。

事实上，干燥过程中混凝土内部水分传输变化量可表示为

$$\Delta m_{i+1}=A_{s}\rho f\int_{t_i}^{t_i+1}\left[\mathrm{RH}_{s}(t)-\mathrm{RH}_{e}\right]\mathrm{d}t \tag{3.101}$$

式中：Δm_{i+1}为（t_i,t_{i+1}）时间内水分的变化量，kg；$RH_s(t)$为t时刻混凝土表面相对湿度，%；A_s混凝土与环境间的水分传输面积，m^2。

干燥初期混凝土与环境间水分传输面积A_s为混凝土表面面积A_0，随着混凝土表面

液态水蒸发其值减小并转变为混凝土表面孔隙面积，即

$$f\gamma=\frac{\Delta m_{i+1}}{A_{s0}\rho\int_{t_i}^{t_i+1}\left[\mathrm{RH_s}(t)-\mathrm{RH_e}\right]\mathrm{d}t} \tag{3.102}$$

$$\gamma=\frac{A_s}{A_{s0}} \tag{3.103}$$

式中：γ 为混凝土表面孔隙面积率；A_{s0} 为混凝土表面积，m^2。

式（3.101）对时间求导，并与式（3.100）结合可得混凝土表面水分扩散因子和表面孔隙率乘积形式，即

$$f\gamma=\frac{S_v}{2\left(\mathrm{RH_s}(t)-\mathrm{RH_e}\right)}t^{-\frac{1}{2}} \tag{3.104}$$

室内模拟环境中干燥初始的混凝土表面孔隙面积为液态水润湿的混凝土表面积（$A_s=A_{s0}$），相应的γ 为 1。随干燥过程持续进行，混凝土表面孔隙面积逐渐减小（$A_s<A_{s0}$），相应的γ 小于 1。当干燥过程达到稳态时，混凝土表面孔隙面积将为定值，相应的γ 亦为常数。因为不同水灰比混凝土表面孔隙面积 A_s 不同，相应的表面孔隙面积率也存在差异。基于膜传质模型可知水分扩散表面因子 f 是温度和风速的函数，若温度和风速恒定则由式（3.104）可知γ 为时间的函数。鉴于此，通过测定混凝土失水量随时间变化曲线间接求取稳态下的γ 。然后，利用所求解的γ 和不同温度/风速下失水量变化来求解相应的水分扩散表面因子f，并通过与模拟计算值对比来验证混凝土水分扩散表面因子模型合理性。

为了研究混凝土表层失水和水分传输因子变化，在室内模拟环境相对湿度为 70%和温度为 17 ℃条件下测定混凝土表层干燥失水量随时间变化，如图 3.33 所示。混凝土失水量随干燥时间延长而增加，不同强度等级混凝土失水率和失水量随混凝土强度降低而增大，混凝土失水量与时间平方根之间呈现线性关系。通过混凝土干燥过程中失水量与时间平方根之间线性拟合可得到混凝土干燥过程中的失水率，该值可应用于求解混凝土水分扩散表面因子。

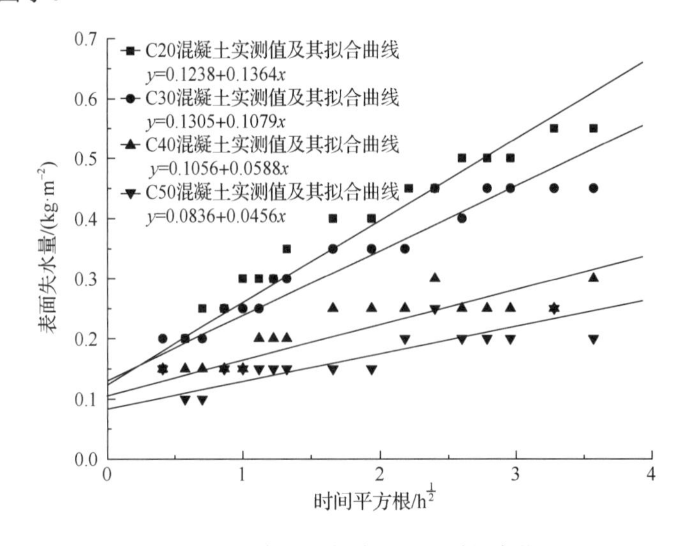

图 3.33　混凝土干燥失水量随时间变化

基于式（3.104），利用求解出的混凝土干燥失水率探讨 $f\gamma$ 随干燥时间变化规律，图 3.34 为不同强度等级混凝土的 $f\gamma$ 随干燥时间变化曲线。不同强度等级混凝土的 $f\gamma$ 随干燥时间变化主要表现为变化规律相似和数值两个方面的不同，混凝土 $f\gamma$ 随干燥时间延长而减小且最终均趋于稳定。这是因为干燥初始的混凝土表面孔隙面积为液态水润湿的混凝土表面积，其值随干燥时间延长而逐渐减小。当干燥过程达到稳定态时，混凝土表面孔隙面积为定值，故相应的 $f\gamma$ 也趋于常数。至于不同强度等级混凝土的 $f\gamma$ 值最终存在差异，可能因不同强度等级（水灰比）混凝土表面孔隙面积不同。基于混凝土水分扩散表面因子模型可知 f 为温度和风速的函数，若能求解出稳态下 f 则可间接求得 γ 。通过测定混凝土失水量随时间变化曲线来间接求取 γ 。然后，基于所求解的 γ 和不同温度/风速下失水量变化来获得相应的水分扩散表面因子 f。

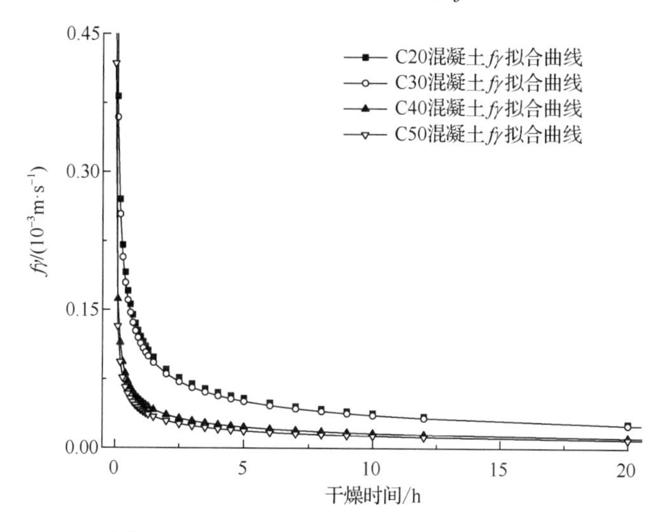

图 3.34　混凝土的 $f\gamma$ 随干燥时间变化曲线

与此同时，作者还研究了混凝土水灰比、温度分别对混凝土水分扩散表面因子 f 的影响。图 3.35 和图 3.36 分别为不同风速和温度对混凝土水分扩散表面因子 f 的影响。混

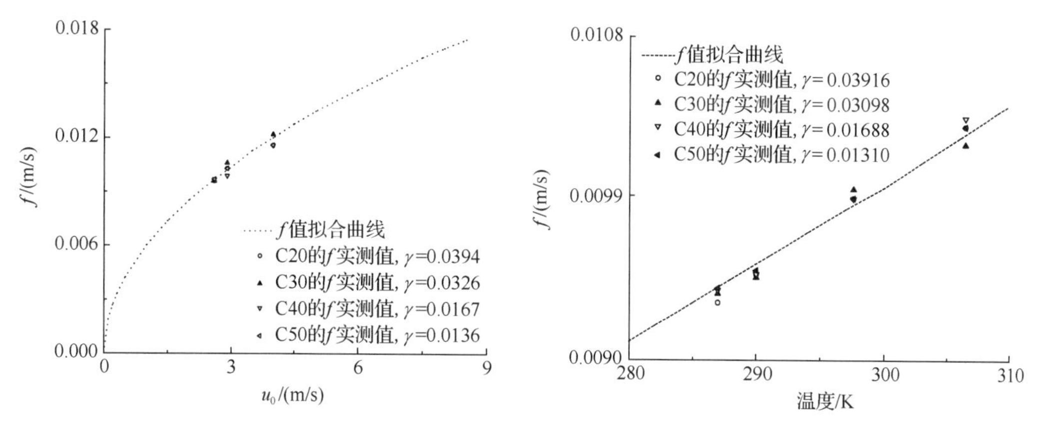

图 3.35　风速对 f 值的影响

图 3.36　温度对 f 值的影响

凝土水分扩散表面因子 f 与风速 u_0 存在指数函数关系，而与温度 T 为直线关系。不同强度等级（或水灰比）的混凝土拟合求解出的混凝土表面孔隙面积率 γ 差异显著，体现为 γ 随混凝土强度等级增大（或水灰比降低）而减小。

将上述试验结果与 γ 进行相关性拟合，研究 γ 与混凝土水灰比的联系。图 3.37 为混凝土水灰比对混凝土 γ 影响规律曲线。不难发现，基于风速和温度所求解的 γ 与混凝土水灰比之间可采用指数函数表示，其值随水灰比增大而增大，但其增长率逐渐降低。这是由于大水灰比混凝土硬化后表面生成的孔隙较多，相应的表面孔隙面积大。

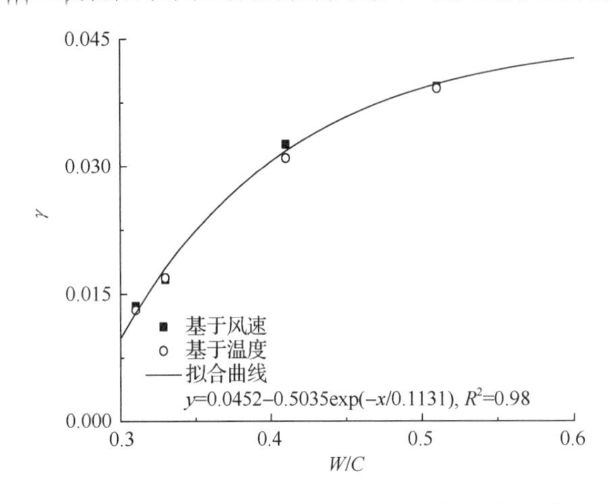

图 3.37 混凝土水灰比对混凝土 γ 影响规律曲线

2. 室内模拟环境下混凝土内部微环境湿度响应

（1）室内模拟环境与混凝土间等温传湿数值模拟

基于上述的混凝土表面与环境间水分传输研究，探讨室内模拟环境与混凝土（C40）表层之间的等温传湿特征。室内模拟环境和混凝土内初始相对湿度分别为 70.0%和 97.3%，温度为 20 ℃，模拟环境风速为 3 m/s。数值模拟时，以混凝土与环境界面为传湿边界，计算步距以 0.1 mm 为单位，且以距界面一个步距长为等效膜层厚度终点或混凝土内传湿起始模拟点。模拟计算过程中以界面两边等步距均值作为界面湿度进行实时调整、计算。混凝土内部微环境湿度模拟计算采用有限差分法进行[55,56]，而模拟环境相对湿度基于等效膜层假设。图 3.38 为环境和混凝土内部微环境湿度随干燥时间变化曲线。混凝土和环境等效膜层厚度内相对湿度随时间延长而降低，并且干燥时间越长混凝土表层内干燥深度影响越大。混凝土和环境之间的界面相对湿度逐渐减小且相对湿度梯度下降，其值最终与环境相对湿度相等。基于等效膜层内湿度线性分布假设，可求解干燥过程中施加在混凝土表面的相对湿度。不同条件下混凝土内部和界面处的相对湿度随时间变化规律略有差异，主要表现在相对湿度变化幅值和速率等方面。

风速是影响混凝土表面水分传输因子的重要参数，利用数值模拟法揭示风速对混凝土内部微环境湿度影响规律。图 3.39 为不同风速和时间下混凝土内部微环境湿度分布模拟曲线。由图 3.39 可知，相等干燥时间下的混凝土内部相对湿度随风速增加而降低，同等风速下混凝土内部相对湿度随干燥时间延长而降低，干燥时间越长干燥前锋影响深度越大。不同风速对混凝土内部相对湿度影响存在显著差异。若风速较低（如 v=0.2 m/s）时，混凝土内部相对湿度对环境风速作用敏感且随时间延长较大变化。当风速超过一定值（v=3.0 m/s）时，风速对混凝土内部相对湿度影响较小且有等效趋势。这表明室内模拟环境试验风速达到定值后，风速对混凝土干燥效果相同。相等时间内不同风速对混凝土内部相对湿度影响深度趋于定值，这是由混凝土与环境间水分传输受界面和混凝土内部水分传输系数两因素共同作用决定的。风速较低时，界面水分传输系数起主导地位；随着风速的增加，混凝土内部水分传输系数逐渐占据主导地位。

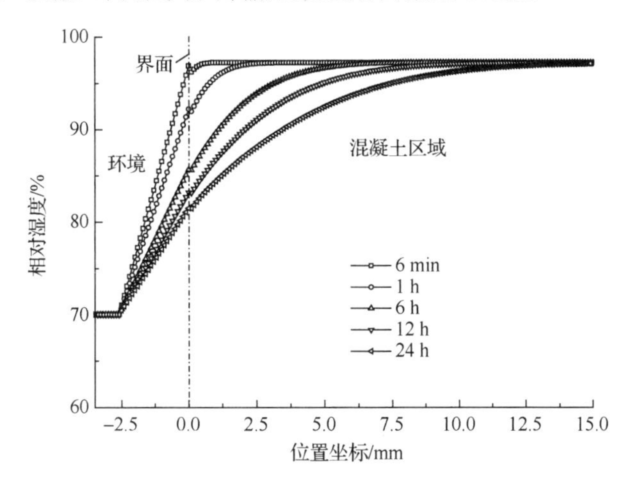

图 3.38　环境和混凝土内部微环境湿度随干燥时间变化曲线（v=3.0 m/s）

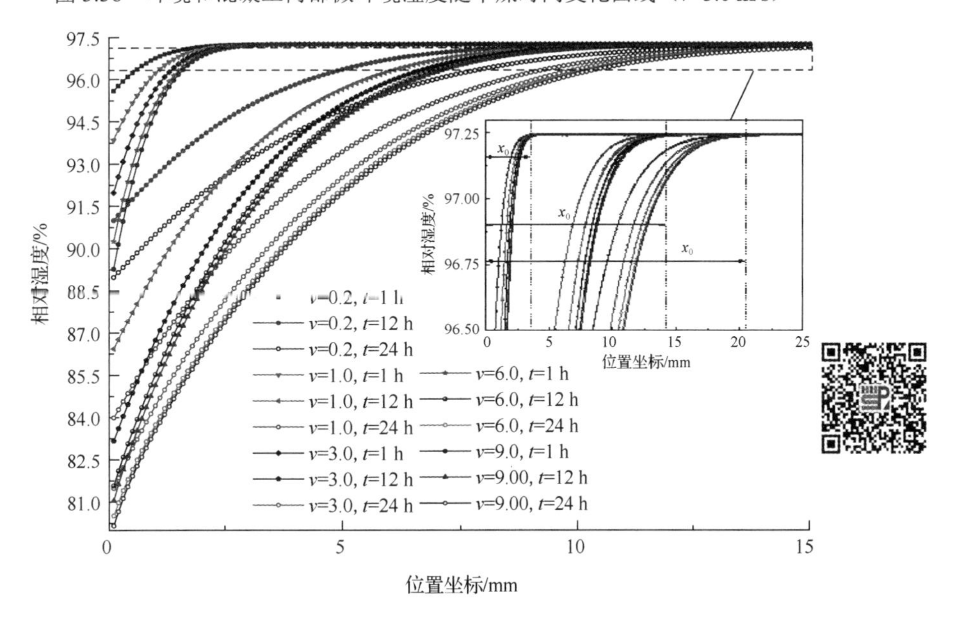

图 3.39　不同风速和时间下混凝土内部微环境湿度分布模拟曲线（风速单位：m/s）

混凝土表面相对湿度随时间发生显著变化，图 3.40 为混凝土表面相对湿度随干燥时间变化曲线。显而易见，混凝土表面相对湿度随干燥时间延长而逐渐降低且趋于稳定。

不同风速下的混凝土表面相对湿度变化规律存在异同，主要表现在变化规律相似、变化速率和稳定值不同等。风速越大混凝土表面相对湿度初始变化率较大，且相应的最终恒定值较低。若以 1%误差范围来分析稳定值与不同风速对应的时间值关系，可求出如图 3.40 中虚线所示的临界时间曲线。若风速一定，则临界时间是确保混凝土表面相对湿度可被视为环境湿度相应的干燥过程持续最短时间。若风速超过定值（约为 3.0 m/s），则混凝土表面相对湿度基本趋于相等。

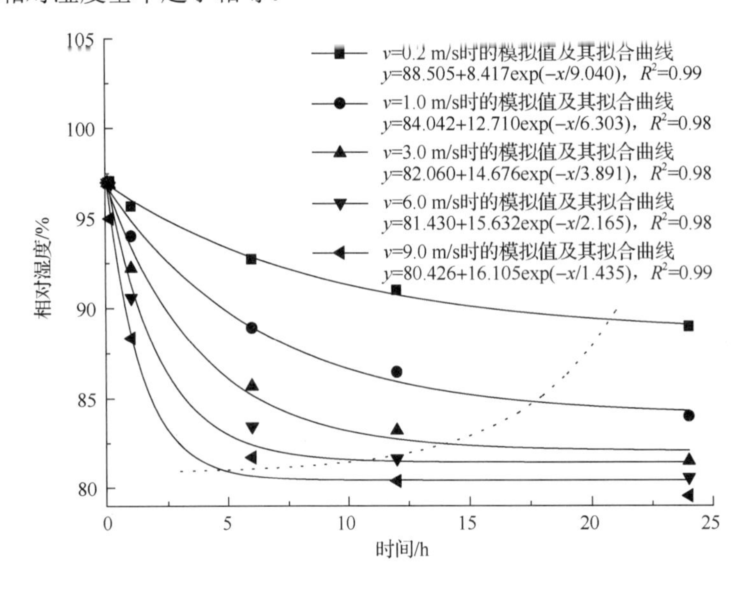

图 3.40　混凝土表面相对湿度随干燥时间的变化曲线

为了更好地揭示风速与临界时间和混凝土表面相对湿度拟合恒定值之间的联系，探讨不同风速对应拟合曲线的恒定值及其风速和临界时间乘积与风速的关系。图 3.41 为混凝土表面相对湿度拟合恒定值与风速关系曲线。混凝土表面相对湿度拟合恒定值随风速增加而降低且趋于稳定。当风速较低时（小于 3.0 m/s），混凝土表面相对湿度拟合恒定值对风速变化敏感；随着风速增大（大于 3.0 m/s），相应的拟合值趋于定值。从图 3.41 还可以看出，风速与临界时间乘积曲线也有相似变化趋势。这表明风速超过风速临界值后，风速对混凝土表面干燥效果基本相同。风速与临界时间乘积曲线间接反映室内模拟环境采用干燥时间存在相应的最小风速，这为室内模拟环境试验的风速参数取值提供了理论依据。

（2）室内模拟环境下混凝土内部微环境湿度响应及分布

基于上述室内模拟环境试验中混凝土表层水分传输机理模型及其边界条件，作者在本节开展干燥过程和润湿过程中混凝土内部微环境湿度响应的研究。混凝土试件内部初始相对湿度约 97.3%，环境温度约 20 ℃。润湿过程是直接喷水至混凝土表面，持续时间为 0.3 h；干燥过程为风速 3.0 m/s，持续时间为 24 h。采用温湿度传感器实时测定混凝土内部不同深度处（5 mm、8 mm、15 mm 和 35 mm）相对湿度，图 3.42 为室内模拟环境试验干湿交替作用下混凝土内部相对湿度变化实测值及其拟合曲线。由图 3.42 可知，混凝土表层内相对湿度随润湿过程而略有增加，随干燥过程逐渐降低。数值模拟结果表明室内模拟环境中风速和干燥时间超过定值后，可将模拟环境湿度等效为混凝土与环境间的界面湿度。因为自然和室内模拟环境的湿度作用模式和作用谱不同，室内模拟环境不同于自然环境中混凝土内部微环境湿度响应。通过上述的自然环境和室内模拟环境中混凝土内部微环境湿度响应研究可知，混凝土内部微环境湿度响应和外部环境湿度作用之间一一对应，两者存在确切的映射关系。若能通过调节室内模拟环境试验参数，使得混凝土内部微环境产生相同或相似的响应，则室内模拟环境和自然环境之间存在确切的对应关系。因此，混凝土内部微环境响应是联系自然环境和室内模拟环境试验之间的桥梁与纽带，从而为确定室内模拟环境试验制度提供理论依据。

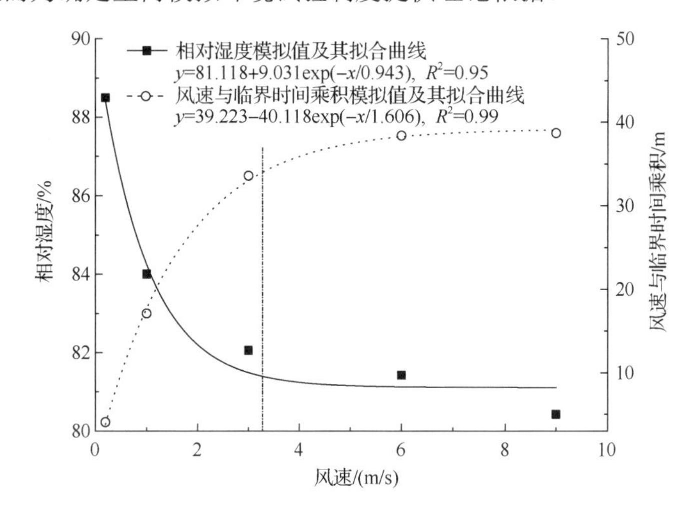

图 3.41　混凝土表面相对湿度拟合恒定值与风速关系曲线

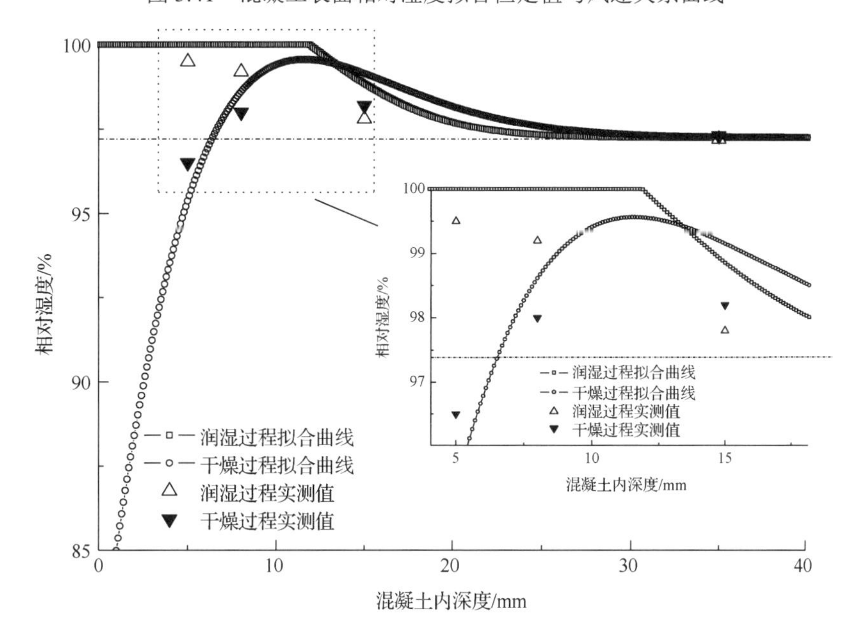

图 3.42　室内模拟环境干湿交替作用下混凝土内部相对湿度变化实测值及其拟合曲线

3.5　混凝土内部水分传输及其分布

混凝土内部水分可视为反应物和传输介质，水分传输及其分布对混凝土耐久性劣化程度与侵蚀速率影响显著。深入开展混凝土内部水分传输机理及其影响深度范围研究，可为确立室内模拟环境试验参数设定（如循环周期、喷淋时间、干湿时间比等）提供理论依据。实际工程中，混凝土内部水分传输主要沿水平和垂直两个方向。因此，本节将重点讨论混凝土内部水分在水平和垂直方向的水分传输及其分布。

3.5.1　混凝土内部水平方向上水分传输和分布

混凝土内部水平方向水分传输主要涉及不同条件下混凝土表层内水分传输机理、混凝土与环境间水分传输边界条件、干湿环境下混凝土内部水分传输影响深度等方面。

1. 混凝土内部水平方向水分传输机理模型

混凝土渗透性是指介质（液体、气体、离子等）在压力、浓度或电位梯度作用下在混凝土中的渗透、扩散与迁移。其中，混凝土内部水分传输最普遍，它可显著影响钢筋混凝土结构耐久性劣化程度及其速率。干湿条件下非饱和混凝土内部水分传输是极为复杂的液体和水汽传输，常用测试方法主要为浓度梯度法（符合 Fick 定律）和压力梯度法（符合 Darcy 定律）。因两者计算所得的扩散系数量纲不同，故无法将压力梯度法所求渗透系数直接应用到浓度梯度函数中。目前，在混凝土内部水分传输机理、模型和边界条件等方面研究者们分歧较大，测试方法种类繁多，研究结果的可比性和适用性还有待进一步深入探讨。针对上述问题，本书通过研究不同条件下混凝土表层内部水分传输特征，提出较为适宜的混凝土内部水分传输机理模型。

（1）混凝土内部水分特征曲线

混凝土所含的水常以水含量和能量状态形式表征。水含量常以含水率 θ_l 或饱和度 Θ 表示，而能量状态则用毛细管压力 P_c 或相对湿度 RH 描述。混凝土内部水分特征曲线是指混凝土内部毛细管压力与含水率（P_c-θ_l）或与饱和度（P_c-Θ）的关系曲线。饱和度与毛细管压力的关系可用式（3.105）表示，相应的有效饱和度为式（3.106）。

$$P_c(\Theta)=\alpha_{nh}(\Theta_{ef}^{-\beta_{nh}}-1)^{1-\frac{1}{\beta_{nh}}} \tag{3.105}$$

$$\Theta_{ef}=\frac{\Theta_l-\Theta_{l,r}}{1-\Theta_{l,r}} \tag{3.106}$$

式中：$P_c(\Theta)$ 为混凝土饱和度为 Θ 时的毛细管压力；α_{nh} 和 β_{nh} 通过试验数据回归而得；$\Theta_{l,r}$ 为残余液体饱和度；Θ_{ef} 为有效液体饱和度；Θ_l 为所含液体饱和度。

Brooks 和 Corey[57]基于试验测试提出另一种特征曲线，指出若 $P_c \geqslant P_b$ 则有效饱和度与毛细管压力的对数表现为线性函数关系，如式（3.107）所示。相应的毛细管压力方程可表示为式（3.108）。

$$\Theta_{\mathrm{ef}}=\left(\frac{P_{\mathrm{b}}}{P_{\mathrm{c}}}\right)^{\lambda_{\mathrm{p}}} \tag{3.107}$$

$$P_{\mathrm{c}}=\frac{P_{\mathrm{b}}}{\Theta_{\mathrm{ef}}^{1/\lambda_{\mathrm{p}}}} \tag{3.108}$$

式中：P_b 是泡点压力，称为排替压力——它是毛细管压力在全液体饱和度下的外推，其值可由试验数据拟合求得；P_c 是毛细管压力；λ_p 是孔隙指数，可由试验数据拟合求得。

（2）混凝土润湿过程

混凝土湿润过程是指混凝土表面接触到液态水的入渗，即边界条件为饱和度 $\Theta(x=0,t)=1$ 或边界毛细管压力 $P_c(x=0,t)=0$。研究表明混凝土润湿过程可以饱和度为变量采用扩散方程式（3.109）进行描述，而相应的扩散系数可用指数函数式（3.110）表示[58]。因混凝土内部水分扩散系数难以直接测定，故通过建立混凝土吸水率与水分扩散系数之间的显式关系间接确定，如式（3.111）所示。

$$\frac{\partial\Theta}{\partial t}=\nabla(D_{\mathrm{w}}(\Theta)\nabla\Theta) \tag{3.109}$$

$$D_{\mathrm{w}}(\Theta)=D_{\mathrm{w}}^{0}\exp(n_{\mathrm{g}}\Theta) \tag{3.110}$$

$$\left(\frac{S_0}{\phi}\right)^2=D_{\mathrm{w}}^{0}\left(\exp(n)\left(\frac{2}{n_{\mathrm{g}}}-\frac{2}{n_{\mathrm{g}}^2}\right)-\left(\frac{1}{n_{\mathrm{g}}}-\frac{2}{n_{\mathrm{g}}^2}\right)\right) \tag{3.111}$$

式中：$D_w(\Theta)$ 为在混凝土饱和度 Θ 时的水分扩散系数，m^2/s；D_w^0 为混凝土完全干燥时水分扩散系数，m^2/s；S_0 为全干状态的混凝土吸水率，$m/s^{0.5}$；ϕ 为混凝土孔隙率，%；n_g 为回归系数，一般取 6～8。

研究表明[59]，初始含水均匀的混凝土在湿润过程中吸入水量与时间平方根成正比，即式（3.112）所示。

$$V(t)=S_{\mathrm{x}}t^{\frac{1}{2}} \tag{3.112}$$

式中：$V(t)$ 为时间 t 内混凝土表面累计吸水量，$m^3_{水}/m^2_{截面}$；S_x 为混凝土表面吸水率系数，$m/s^{0.5}$。

若混凝土内部水分扩散系数在初始非饱和混凝土湿润过程中也能成立，则初始非饱和混凝土吸水率可用式（3.113）表示[60]。

$$\frac{S_{\mathrm{x}}}{S_0}=\left(1-\frac{2n(\Theta_1-\Theta_0)}{2n(\Theta_1-\Theta_0)-1}\Theta_{\mathrm{ir}}\right)^{0.5} \tag{3.113}$$

式中：Θ_{ir} 为混凝土初始饱和度；Θ_1 和 Θ_0 分别为混凝土饱和度与完全干燥时的饱和度，可分别取 1 和 0。

以上从理论层面分析了润湿过程中混凝土吸水率与饱和度之间的内在联系，以下测定了标准养护 28 d 的 C50 混凝土（试件尺寸 150 mm×150 mm×400 mm）表面吸水量随时间变化，图 3.43 为测试结果和拟合曲线。润湿试验是将干燥恒质量试样暴露面放入塑料盆内预设支架上，加水至液面高出试验浸泡面大约 2 mm，擦干后称其质量。由图 3.43 可见，润湿过程中混凝土表面吸水量与时间平方根之间存在良好的线性关系，实测值与拟合曲线吻合较好。基于拟合曲线斜率计算获得混凝土表面吸水率约为 $9.1\times10^{-6}\ \mathrm{m/s^{0.5}}$，求解出相应的干燥状态下混凝土内部水分扩散系数约为 $4.9\times10^{-11}\ \mathrm{m^2/s}$。上述结果表明采用混凝土润湿过程中吸水率和水分扩散系数之间理论模型合理。

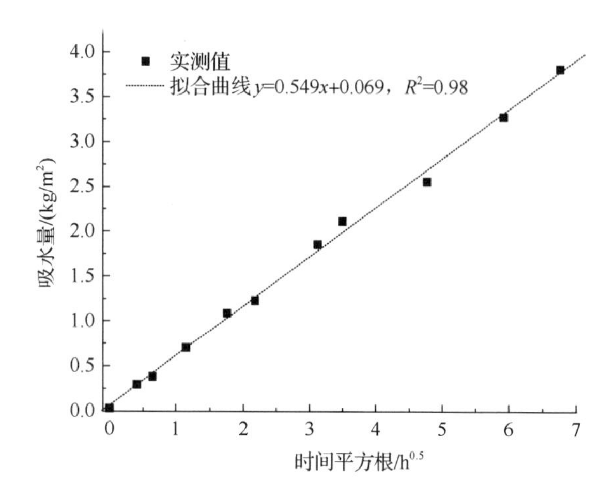

图 3.43　混凝土表面吸水量随时间变化

（3）混凝土干燥过程

干燥过程中混凝土内部水分传输可采用 Fick 定律描述，但相关研究分歧主要集中在干燥非稳态过程中混凝土内部水分扩散系数模型和取值等方面。目前，典型的混凝土内部水分扩散系数模型主要有 S 曲线模型、气液传输模型、气液综合传输模型和等效扩散模型。混凝土干燥过程边界条件为第一类边界条件，即

$$\mathrm{RH_s} = \mathrm{RH_e} \tag{3.114}$$

式中：$\mathrm{RH_s}$ 为混凝土内表面相对湿度，%；$\mathrm{RH_e}$ 为环境相对湿度，%。

1）S 曲线模型。

欧洲规范 CEB-FIP Model Code 1990 标准推荐 S 曲线描述混凝土内部水分扩散系数[61]，即

$$D(\mathrm{RH}) = D_{\mathrm{RH},1}\left(\alpha_0 + \frac{1-\alpha_0}{1+\left(\dfrac{1-\mathrm{RH}}{1-\mathrm{RH_c}}\right)^{n_\mathrm{h}}}\right) \tag{3.115}$$

$$D_{\mathrm{RH},1} = \frac{D_{1,0}}{f_{\mathrm{ck}}/f_{\mathrm{cko}}} \tag{3.116}$$

式中：RH 为混凝土内相对湿度，%；$D(\mathrm{RH})$ 为与 RH 相应的混凝土内部水分扩散系数，$\mathrm{m^2/s}$；n_h 为回归系数，可取值为 15；$D_{\mathrm{RH},1}$ 为混凝土饱和时的混凝土内部水分扩散系数，

m^2/s；α_0 为相对湿度极低时扩散系数与 $D_{RH,1}$ 比值，可取值 0.05；RH_c 为混凝土内部水分扩散系数等于 $D_{RH,1}/2$ 时的相对湿度，可取值为 0.8；$D_{1,0}$ 取值为 10^{-9} m^2/s；f_{cko} 取值为 10 MPa；f_{ck} 为混凝土抗压强度，MPa。

2）气液传输模型。

李春秋[58]指出混凝土内部气-液态水分总传输效果可采用扩散形式表达，即

$$D_w(\Theta) = -\frac{1}{\rho_l \phi}\left(K_{st}K_r(\Theta) + D_v \frac{M_w \rho_v}{\rho_l RT}\right)\frac{\partial p_c}{\partial \Theta} \tag{3.117}$$

式中：ρ_l 为液态水密度，Pa；ϕ 为孔隙率，%；K_{st} 是混凝土的饱和渗透系数，s；$K_r(\Theta)$ 为随 Θ 变化的相对渗透系数（0～1）；ρ_v 为水汽密度，kg/m^3；p_c 为孔隙毛细压力，Pa。

通过拟合混凝土内部水分特征曲线试验数据，可将所得参数 β_{nh} 用于其值计算，即

$$K_r(\Theta) = \Theta^{0.5}\left(1-(1-\Theta^{\beta_{nh}})^{\frac{1}{\beta_{nh}}}\right)^2 \tag{3.118}$$

采用 Fick 定律可描述水汽在混凝土内部非饱和毛细孔中的扩散，但因水分填充和连通孔路径曲折等导致水汽扩散困难，故需对模型进行修正才可更好地描述混凝土内部水分扩散。一般来讲，多孔介质中的气态水流量为

$$D_{vc} = D_{v,a}\tau_p\theta_g \tag{3.119}$$

式中：D_{vc} 为混凝土内水汽等效扩散系数，m^2/s；$D_{v,a}$ 为水汽在空气中扩散系数，m^2/s；τ_p 为孔隙曲折系数；θ_g 为含气率，%。

基于球形孔假设且各种孔径的孔隙所占体积相同，常通过引入多孔介质因子来描述扩散过程[62]，即

$$\varsigma = \tau_p\theta_g = \phi^a(1-\Theta)^b \tag{3.120}$$

式中：Θ 为孔隙饱和度；Millington 给出的取值为 a=4/3，b=10/3，而已有研究表明对于普通硅酸盐水泥混凝土可取 a=2.7，b=10/3。

Giraud 等[63]给出空气中水汽扩散系数 $D_{v,a}$，即

$$D_{v,a} = \delta_0 \frac{p_{atm}}{p_g}\left(\frac{T}{T_0}\right)^{1.88} \tag{3.121}$$

式中：p_g 为空气压力，Pa；p_{atm} 为参考大气压力，取 101325 Pa；T 为温度，K；T_0 为参考温度，273 K；δ_0 取值为 2.17×10^{-5} m^2/s。

3）气液综合传输模型。

Darcy 定律常被用来描述气-液相条件下混凝土内部水分传输过程，可表示为

$$F_g = -\frac{k_g k_{r,g}}{\mu_g}\rho_g \nabla P_g \tag{3.122}$$

$$F_l = -\frac{k_l k_{r,l}}{\mu_l}\rho_l \nabla P_l \tag{3.123}$$

式中：F_g 和 F_l 分别为气态与液态质量流，kg/（$m^2 \cdot s$）；$k_{r,g}$ 和 $k_{r,l}$ 为分别为气相、液相的相对渗透系数（0～1）；k_g 为自由空间内气体渗透系数，m^2；k_l 为液体渗透系数，m^2；μ_g 和 μ_l 分别为气体、液体黏滞系数，Pa·s；∇P_g 和 ∇P_l 分别为气体、液体压力梯度，Pa/m；ρ_g 和 ρ_l 分别为气体、液体密度，kg/m^3。

混凝土中毛细管压力 P_c 与液体压力 P_l 之和为孔隙内气体总压力，故式（3.123）可表示为

$$F_l = \frac{k_l k_{r,l}}{\mu_l}\rho_l \nabla P_c \tag{3.124}$$

根据气-液局部平衡方程和相对湿度计算公式，可知水汽压与毛细管压力间的关系可表示为

$$\nabla P_g = -\frac{M_w P_g}{\rho_l RT}\nabla p_c \tag{3.125}$$

双相特征曲线的主曲线最典型的是 van Genuchten 提出的经验公式，相应的毛细管压力和饱和度间关系为

$$\Theta = \left[\frac{1}{1+(\alpha_{nh}P_c)^n}\right]^m \tag{3.126}$$

整理后可描述为

$$P_c = \frac{1}{\alpha_{nh}}\left[\Theta^{-\frac{1}{m}} - 1\right]^{\frac{1}{n}} \tag{3.127}$$

液体的相对渗透系数可以采用毛细管压力曲线积分表征。van Genuchten 推荐 m=1-1/n，而 Mualem 则给出更接近的液相相对渗透系数表达式[64]，如式（3.128）所示。Parker 扩展了 van Genuchten- Mualem 特征曲线来表征气相的相对渗透系数，即

$$k_{r,l} = \Theta^{0.5}\left[1-\left(1-\Theta^{\frac{1}{m}}\right)^m\right]^2 \tag{3.128}$$

$$k_{r,g} = (1-\Theta)^{\frac{1}{2}}\left(1-\Theta^{\frac{1}{m}}\right)^{2m} \tag{3.129}$$

结合式（3.107）和式（3.108），混凝土内部水分传输系数总效果可采用水分传输的综合模型来表示，即

$$F_w = F_g + F_l = \left(\frac{k_g k_{r,g}\rho_g P_g M_w}{\mu_g \rho_l RT} + \frac{k_l k_{r,l}\rho_l}{\mu_l}\right)\frac{\partial P_c}{\partial \Theta}\nabla \Theta \tag{3.130}$$

根据质量守恒定律，则混凝土内部总水分传输可表示为

$$\frac{\partial(\rho_l \phi \Theta)}{\partial t} = -\nabla F_w \tag{3.131}$$

传输效果可采用扩散方程式（3.109）来描述，而其水分传输总扩散系数表示为

$$D_{\mathrm{w}}(\Theta)=-\frac{1}{\rho_l\phi}\left(\frac{k_{\mathrm{g}}k_{\mathrm{r,g}}\rho_{\mathrm{g}}P_{\mathrm{g}}M_{\mathrm{w}}}{\mu_{\mathrm{g}}\rho_l RT}+\frac{k_l k_{\mathrm{r},l}\rho_l}{\mu_l}\right)\frac{\partial P_{\mathrm{c}}}{\partial\Theta} \tag{3.132}$$

4）等效扩散模型。

多孔介质中温度梯度下水汽运动方面的研究表明，不饱和状态下介质中气相扩散可被孔隙内流动顺序和液体孤岛等增强，两者均假设局部温度梯度增加和孔内水汽通过液岛孔喉传输[65-67]，如图 3.44 所示。

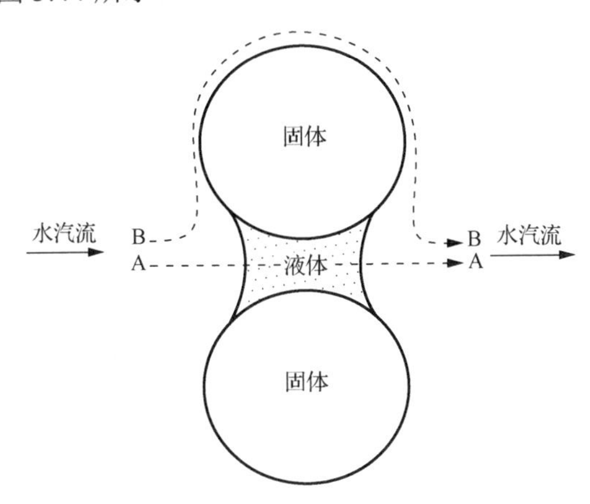

图 3.44　多孔介质内水分传输模型

图 3.44 中的路径 A 是用于评估准稳态物质（水）通过液岛的流动，其机理为基于蒸发和凝聚。路径 B 则是 Fick 扩散流，用于判别水汽扩散机理。若颗粒间含有液态水，则被水润湿的多孔材料在热梯度下会发生从热部（左边）向冷部（右边）的水汽传输（路径 A）。因水汽在液体界面处的水汽压降低而发生凝结，如图 3.45 所示。

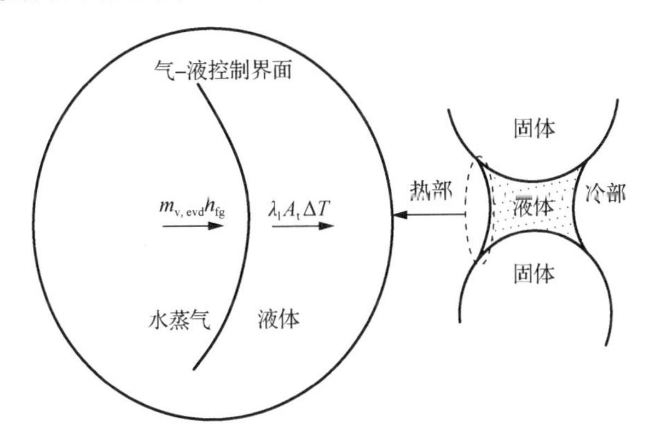

图 3.45　多孔介质中热质传输

由图 3.45 可知，液岛的热部表面上会发生能量平衡转化，相应的凝结潜热会在液岛中产生传热平衡。文献[64]给出了因蒸发/冷凝与菲克扩散引起的质量流之比，即

$$\frac{m_{\mathrm{v,evd}}}{m_{\mathrm{v,Fick}}}=\frac{A_{\mathrm{td}}}{A_{\mathrm{p}}}\frac{\lambda_l}{h_{\mathrm{fg}}D_{\mathrm{a}}}\frac{RT}{M_{\mathrm{v}}}\frac{\tau}{\left(\dfrac{\partial P_{\mathrm{v}}}{\partial T}-\dfrac{P_{\mathrm{v}}}{T}\right)} \tag{3.133}$$

式中：$m_{v,evd}$ 是水汽在液岛端部凝结质量流，kg/s；$m_{v,Fick}$ 是水汽围绕液岛基于菲克扩散引起的质量流，kg/s；h_{fg} 是水汽凝结潜热，J/kg；λ_l 是液态水的热传导率，W/（m·K）；A_{td} 是液岛表面的横截面面积，m^2；D_a 是空气和水汽在自由空间的扩散系数，m^2/s；A_p 是用于扩散的有效孔隙空间横截面面积，m^2。

若将表 3.4 中 25 ℃下的部分参数[67]代入式（3.133），并且假设液岛截面积和用于扩散的孔有效截面积相似且取曲折因子为 1，则两者间近似比例可确定为

$$\frac{m_{v,evd}}{m_{v,Fick}} \approx 10 \tag{3.134}$$

表 3.4 水汽传输模型相关参数

参数名称	参数值
T	298 K
λ_l	0.6 W/（m·K）
h_{fg}	2.45×10^6 J/kg
D_a	2×10^{-5} m^2/s
P_v	2340 Pa
$\partial P_v/\partial T$	146 Pa/K

式（3.134）表明多孔介质中水汽传输量通过液岛界面凝结/蒸发方式传输远高于水汽扩散，混凝土内水汽可通过凝结/蒸发来快速实现局部平衡。然而，多孔介质与环境间主导水汽总传输量的决定方式则由最慢途径来实现（即扩散）。因此，若知混凝土与外界间的扩散，则可确定混凝土内部水分分布。相应的混凝土内部水汽扩散系数则可视为等效常数

$$D_d(\Theta) = D_e \tag{3.135}$$

浓度梯度法和压力梯度法均可用于描述流体在混凝土中的传输，两者既有区别又有联系。若假定混凝土内毛细孔足够大且为圆柱形毛细管束模型孔隙，并且其内水汽近似为理想气体，则根据理想气体状态方程所描述的扩散通量表示为

$$C_{wa} = \frac{P_k}{RT} \tag{3.136}$$

$$J = -D_e \frac{dC_{wa}}{dx} = -\frac{D_e}{RT}\frac{dP_k}{dx} \tag{3.137}$$

式中：J 为流体发生扩散时通过单位面积混凝土流量，mol/（m^2·s）；C_{wa} 为水汽浓度，mol/m^3；dC_{wa}/dx 为在 x 方向上水汽浓度梯度，mol/m^4；D_e 为水汽的有效扩散系数，m^2/s；P_k 为孔隙中水汽平均绝对压力，Pa。

通过测试一定压力梯度下经过较短时间内通过单位面积混凝土一维方向气流量可求得渗透系数

$$J = \frac{V_z(P_1 - P_2)}{RTA_a t} \tag{3.138}$$

式中：V_z 为真空腔、连接管体积总和，m^3；A_a 为混凝土试件面积，m^2；t 为测试时间，s。

Figg 法[68]将非线性问题转化为线性问题，其简化的压力梯度方程式为

$$\frac{\mathrm{d}P_k}{\mathrm{d}x}=\frac{\Delta P_k}{\Delta x}=\frac{P_0-(P_1+P_2)/2}{L_{ss}} \tag{3.139}$$

式中：P_0 为大气压力，0.098 MPa；P_1 与 P_2 分别为测试前后腔内平均压力，Pa；L_{ss} 为传输距离，m。

整理式（3.137）和式（3.138）可得

$$D_e=\frac{V_z L_{ss}(P_2-P_1)}{A_a t(P_0-(P_1+P_2)/2)} \tag{3.140}$$

欧洲规范 CEB-FIP Model Code 1990 标准指出通过多孔体系和混凝土微裂缝的气体渗透量可描述为

$$V_{aa}=K_g\frac{A_{st}}{l}\frac{(P_1-P_2)}{\mu_{nz}}\frac{p_m}{p}t \tag{3.141}$$

式中：V_{aa} 为在 t 时间内的气流量，m^3；K_g 为气体渗透系数，m^2；A_{st} 为渗透面积，m^2；l 为渗透厚度，m；P_1-P_2 为压力差，Pa；p_m 为平均压力（P_1+P_2）/2，Pa；μ_{nz} 为黏滞系数，Pa·s；p 为混凝土体积 V_a 对应的局部压力，Pa。

若对同种气体考虑到黏滞系数相同且忽略压力 p_m 影响，则气流量可表示为

$$V_{aa}=\overline{K}_g\frac{A_{st}}{l}\frac{(P_1-P_2)}{p}t \tag{3.142}$$

式中：$\overline{K}_g$ 为气体渗透系数，m^2/s。

整理式（3.142）可得渗透系数

$$\overline{K}_g=K_g\frac{p_m}{\mu_{nz}} \tag{3.143}$$

文献[69]基于上述干燥过程中混凝土内部水分扩散系数分析，开展了混凝土内部水分扩散系数对比，并指出混凝土含水率（或饱和度）对混凝土内部的水分扩散系数影响极其显著。研究结果表明干燥过程中采用扩散定律和匹配的混凝土内部水分扩散系数可描述混凝土内部水分传输和分布特征。这为干燥过程中混凝土内部水分传输数值模拟提供了计算方法和理论依据。

（4）混凝土干湿交替过程

上述研究表明，润湿和干燥过程中混凝土内部水分传输均可采用扩散定理描述。然而，因为干燥和湿润过程中混凝土内部水分传输机理与宏观特征不同，不能采用相同的混凝土内部水分扩散系数。若干湿交替下混凝土内部水分传输流量可表示为

$$j_w=-\rho_l\phi D_{d\text{-}w}(\Theta)\nabla\Theta \tag{3.144}$$

则反映混凝土内部水分传输总效果的水分扩散系数 $D_{d\text{-}w}(\Theta)$ 将由饱和度和边界条件共同决定，即

$$D_{\text{d-w}}(\Theta)=\begin{cases}D_{\text{d}}(\Theta) & \text{干燥过程}\\ D_{\text{w}}(\Theta) & \text{润湿过程中湿润前锋范围内}\end{cases} \tag{3.145}$$

混凝土内部微环境湿度传导是一个非稳态过程，李春秋等[58]基于 Fick 第二定律建立了非线性扩散理论，如式（3.146）所示。

$$D_{\text{w}}(\Theta)=D_{\text{w}}^{0}\exp(n_{\text{g}}\Theta) \tag{3.146}$$

干湿交替过程中干燥过程对应的混凝土内部水分扩散系数不同形式见表 3.5。混凝土内初始饱和度的分布可表示为一维空间坐标 x 的函数，即

$$\Theta(x,t=0)=\Theta_{\text{ini}}(x) \tag{3.147}$$

表 3.5　混凝土内部水分扩散系数

名称	表达式
S 曲线	式（3.115）
气液传输模型	式（3.117）
气液综合传输模型	式（3.132）
等效扩散模型	式（3.140）

定义混凝土饱水试件质量 m_{sa}，完全干燥时的混凝土试件质量为 m_{r}。若在某湿度下混凝土内部水分与外部环境间水分传输达到平衡状态（试件质量为 m_{p}），则混凝土试件的孔隙含水饱和度为

$$\Theta=\frac{m_{\text{p}}-m_{\text{r}}}{m_{\text{sa}}-m_{\text{r}}} \tag{3.148}$$

若采用自动渗透性测试仪测试混凝土表面透气和吸水，则混凝土表面透气系数为

$$K_{\text{t}}=k_{\text{tr}}^{0.8754}\times 8.395\times 10^{-16} \tag{3.149}$$

式中：K_{t} 为混凝土表面透气系数，m^2；k_{tr} 为采用 Autoclam 仪器测试数据值拟合曲线获得透气系数。

基于上述混凝土内部水分传输理论分析，作者开展了干湿交替试验来验证混凝土内部水分传输理论模型的合理性。试验过程如下：将温湿度传感器埋设于混凝土内部不同深度处（5 mm 和 15 mm），并将饱水后的混凝土试样置于恒温湿环境模拟箱内，定期测定混凝土内不同深度处相对湿度。然后，对混凝土试样进行润湿试验，并记录实时相对湿度变化。干燥过程中室内模拟环境相对湿度为 70%，循环风速约为 4 m/s，温度为 25 ℃，润湿过程直接采用喷淋自来水［喷水量约为 10 mL/（cm^2·h）］。整个干湿交替循环试验持续时间约为两周。数值模拟是假设室内模拟环境干燥过程的相对湿度为 70%，混凝土内部初始饱和度为 1。图 3.46 为干湿交替条件下混凝土内部不同深度处的相对湿度变化实测结果及其模拟曲线。由图可知，干湿交替过程中混凝土内部相对湿度随时间发生缓慢变化，混凝土内部不同深度处相对湿度变化规律相似但数值不同。混凝土内部相对湿

度变化在干燥过程慢于润湿过程，这是由混凝土内部水分传输机理和传输模式不同造成的。至于理论拟合曲线和部分实测值变化趋势相似而数值略有偏离，这可能是由温湿度测试传感器自身形态效应和模拟试验进行周期较短而未能完全实现混凝土内部水分传输达到稳态造成的。综上可知，采用不同的混凝土内部水分扩散系数可确定混凝土内部水分传输及其分布。

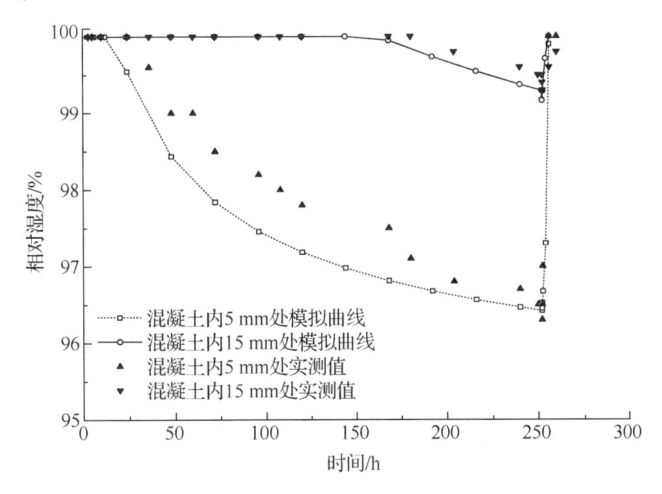

图 3.46　干湿交替条件下混凝土内部不同深度处相对湿度实测结果及其模拟曲线

2. 混凝土内部水分传输的影响深度

干湿交替条件下混凝土表层内水分迁移是水分在润湿和干燥两阶段的传质过程。润湿过程中混凝土表层内水分向内部传输，而干燥过程中混凝土表层内部水分向外部蒸发迁移。因此，特定干湿交替条件下混凝土表层水分传输存在对应的水分传输影响深度。干湿交替周期、润湿时间、干燥时间、混凝土饱和度环境湿度、混凝土自身特性（如渗透系数和孔隙率）等均会影响混凝土内部水分传输影响深度。混凝土水分传输方式主要为扩散、对流和渗透等，多涉及混凝土饱水度、微观结构、孔尺寸和温湿度等[70-75]。混凝土内部水分传输的影响深度是外部环境因素和混凝土自身特性等综合作用效应结果，可影响混凝土内部离子传输距离和耐久性劣化速率及程度。因此，深入开展混凝土内部水分传输影响深度研究具有重要意义，也可为室内模拟环境中混凝土结构耐久性试验周期和干湿交替时间等参数的设定提供理论依据。

（1）混凝土内部水分传输的影响深度预测模型

基于文献[58]提出的预估–校正格式有限差分法进行混凝土内部微环境湿度分布的数值求解。若将混凝土表层内含水量变化幅度急剧区域范围深度视为影响深度，且其值为相对量（与饱和度、干湿时间及周期等有关），如图 3.47 中 ΔX 所示。若混凝土内部微环境湿度初始均匀，则润湿或干燥过程水分传输影响深度可采用 Fick 定律描述，其定解可用式（3.150）表示，最终影响深度可表示为图 3.47 中的 ΔX_0。

$$C_{\mathrm{w}}(x,t)=C_{0\text{-w}}+(C_{\text{s-w}}-C_{0\text{-w}})\left[1-\operatorname{erf}\left(\frac{x}{2\sqrt{D_{\mathrm{w}}t}}\right)\right] \tag{3.150}$$

式中：$C_{\mathrm{w}}(x,t)$为 t 时刻距混凝土表面 x 处水分含量，mol/m^3；$C_{\text{s-w}}$ 为混凝土表面的水分含量，mol/m^3；$C_{\text{0-w}}$ 为混凝土内部初始水分含量，mol/m^3；D_{w} 为混凝土中的水分扩散系数，m^2/s；t 为过程持续时间，s；x 为距离混凝土表面的深度，m；$\operatorname{erf}(u_{\mathrm{w}})=\frac{2}{\sqrt{\pi}}\int_0^{u_{\mathrm{w}}}\exp(-\lambda_{\mathrm{w}}^2)\mathrm{d}\lambda_{\mathrm{w}}$ 为误差函数，其边界条件为 $C_{\mathrm{w}(0,t)}=C_{\mathrm{s}}$，$C_{\mathrm{w}(\infty,t)}=C_{\text{0-w}}$，$C_{\mathrm{w}(x,0)}=C_{\text{0-w}}$。

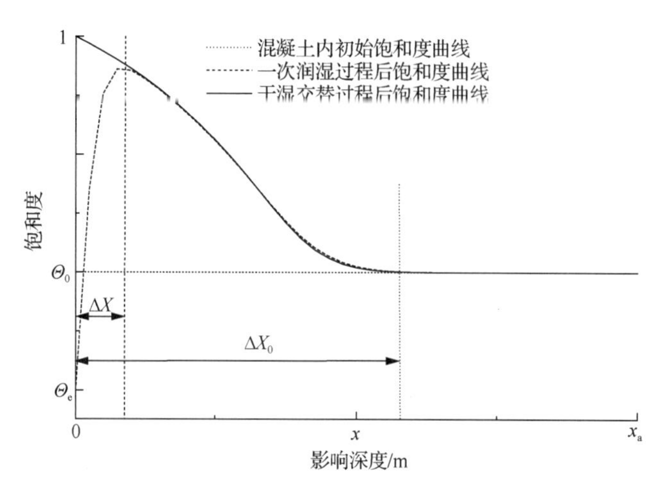

图 3.47　混凝土内部水分饱和度分布和水分传输影响深度

干湿交替过程中混凝土内部水分含量表现为非均匀状态变化，故不能直接采用式（3.150）描述混凝土内部水分分布。若将混凝土内部水分传输的影响深度定义为初始饱和混凝土的饱和度与饱和状态相比，其变化幅值超过特定值（如 1%等）的深度范围，则水分传输影响深度仍具有现实意义。相应的混凝土内部水分传输影响深度值为图 3.47 中的 ΔX 。

在干湿交替过程中混凝土表层内失水与吸水的平衡时间对应着失水量与吸水量相等，相应的干燥过程 t_{d}时间段内引起的干燥前锋恰能被随后的润湿过程 t_{w}时间段内吸水曲线覆盖，而干燥前锋未到达深度则不受干湿交替作用的影响。两者对应的时间比定义为混凝土干湿平衡时间比，即

$$\eta_{\mathrm{eq}}=\frac{t_{\mathrm{d}}}{t_{\mathrm{w}}} \tag{3.151}$$

事实上，因混凝土干燥过程的失水量和润湿过程吸水量与时间的平方根理论上应成正比（所述润湿过程是将试样测试面浸泡入恒温恒湿的模拟箱中 1 mm 深的溶液中，而干燥过程是将润湿的试样置于一定循环风速的恒温恒湿模拟箱中的试样架上），故其平衡时间比可表示为

$$\eta_{\mathrm{eq}}=\frac{t_{\mathrm{d}}}{t_{\mathrm{w}}}=\left(\frac{S_{\mathrm{w}}}{S_{\mathrm{d}}}\right)^2 \tag{3.152}$$

式中：η_{eq} 为混凝土干湿平衡时间比；t_{d} 为干燥过程持续时间，s；t_{w} 为润湿过程持续时间，s；S_{w} 和 S_{d} 为混凝土表面等效吸水率或失水率系数，m/s$^{0.5}$。

（2）混凝土内部水分传输影响深度的影响因素

混凝土内部水分传输影响深度的影响因素主要包括混凝土水灰比、环境湿度（定义为施加于混凝土表面环境饱和度）、混凝土初始饱和度、干湿平衡时间比和试验周期等。采用室内模拟环境试验方法测试润湿和干燥过程中混凝土质量变化，以混凝土试样质量变化为依据衡量润湿时间、干燥时间和干湿平衡时间比。同时，对不同干湿交替条件下混凝土内部饱和度进行了数值模拟，采用混凝土初始饱和度为 0.8、施加于混凝土表面环境饱和度为 0.4 和表 3.6 中的参数进行仿真计算。图 3.48 为试验测试混凝土润湿时间与平衡干燥时间实测值及其模拟曲线。由图 3.48 可见，特定条件下混凝土干湿平衡时间比为定值且不受限于干湿周期长短，平衡时间比随混凝土强度等级增加而增大。混凝土干湿平衡时间比实测值与模拟曲线基本一致。

表 3.6　混凝土干湿平衡时间比模型中拟合参数取值

混凝土等级	拟合参数								
	Θ_{in}=0.7			Θ_{in}=0.8			Θ_{in}=0.9		
	a	b	c	a	b	c	a	b	c
C20	2.262	0.133	40.837	1.217	0.152	25.445	3.176	0.304	3.669
C30	1.693	0.120	58.086	0.790	0.136	33.065	0.956	0.189	10.041
C40	157.828	0.548	−88.273	0.426	0.113	48.517	0.103	0.111	17.672
C50	228.059	0.678	−136.250	0.378	0.1079	58.586	1.538	0.208	15.476

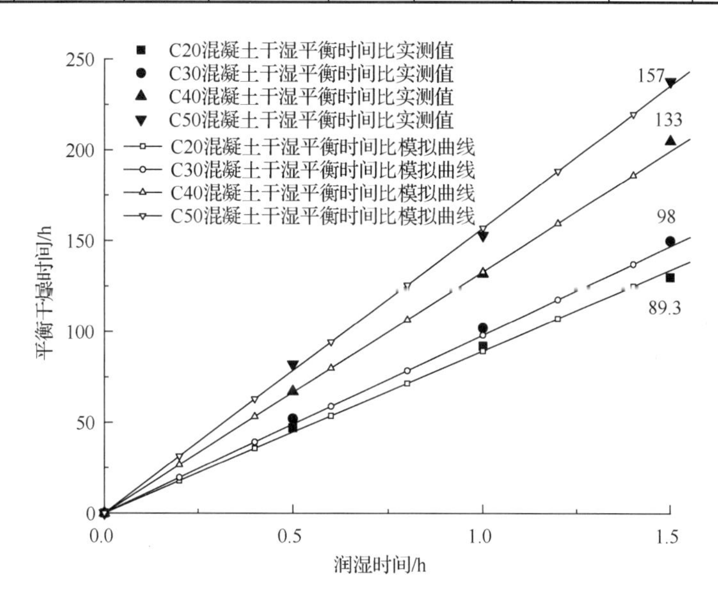

图 3.48　混凝土润湿时间与平衡干燥时间实测值及其模拟曲线

通过图 3.49 和表 3.7 探讨了混凝土初始饱和度（Θ_{in}）、施加于混凝土表面环境饱和度（Θ_e）对干湿平衡时间比的影响。

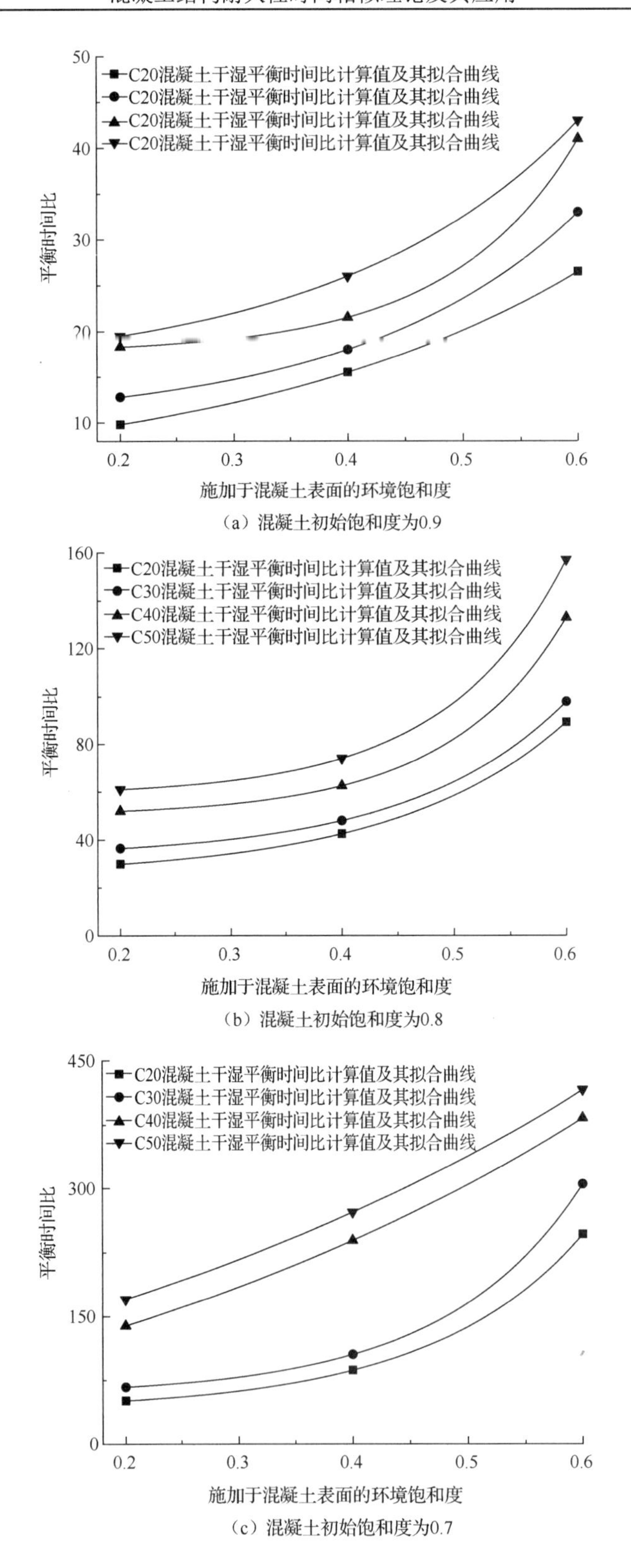

图 3.49　混凝土初始饱和度和施加于混凝土表面环境饱和度对混凝土干湿平衡时间比的影响

表 3.7　混凝土初始饱和度与环境饱和度对混凝土干湿平衡时间比影响参数取值

Θ_{in}	参数取值								
	Θ_e=0.2			Θ_e=0.4			Θ_e=0.6		
	a	b	c	a	b	c	a	b	c
0.7	18486.403	−0.062	44.508	22410.006	−0.066	70.353	1778.724	−0.151	185.713
0.8	2860.623	−0.069	28.447	13421.413	−0.051	42.532	41955.811	−0.048	88.684
0.9	124.862	−0.137	6.711	3211.622	−0.053	15.677	107.314	−0.240	13.656

显而易见，混凝土干湿平衡时间比与施加于混凝土表面环境饱和度之间存在指数函数关系，即

$$\eta_{eq} = a\exp\left(\frac{\Theta_e}{b}\right) + c \tag{3.153}$$

式中：η_{eq} 为混凝土干湿平衡时间比；Θ_e 为施加于混凝土表面环境饱和度；a、b 和 c 均为拟合参数。

若混凝土初始饱和度相同，则干湿平衡时间比随施加于混凝土表面环境饱和度和混凝土强度增大而增大。若混凝土强度等级相同，则干湿平衡时间比随混凝土初始饱和度增大而增大，随施加于混凝土表面环境饱和度减小而减小。若施加于混凝土表面的环境饱和度相同，则干湿平衡时间比随混凝土强度等级增加而增大，随混凝土初始饱和度增大而减小。这是因混凝土强度等级越高其微观结构越致密，所含孔隙率、连通孔数量和大孔比例越少，导致混凝土内部水分传输系数较大。施加于混凝土表面环境饱和度越低，则混凝土内外饱和度梯度也越大，并且混凝土内部的水分扩散驱动力较强。

混凝土水灰比（W/C）对混凝土干湿平衡时间比的影响规律与施加于混凝土表面环境饱和度效果相似。图 3.50 为水灰比对混凝土干湿平衡时间比影响。

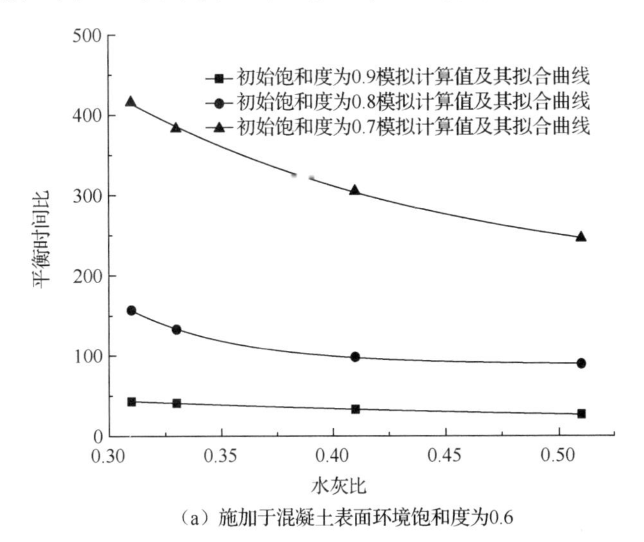

（a）施加于混凝土表面环境饱和度为0.6

图 3.50　混凝土水灰比对混凝土干湿平衡时间比影响

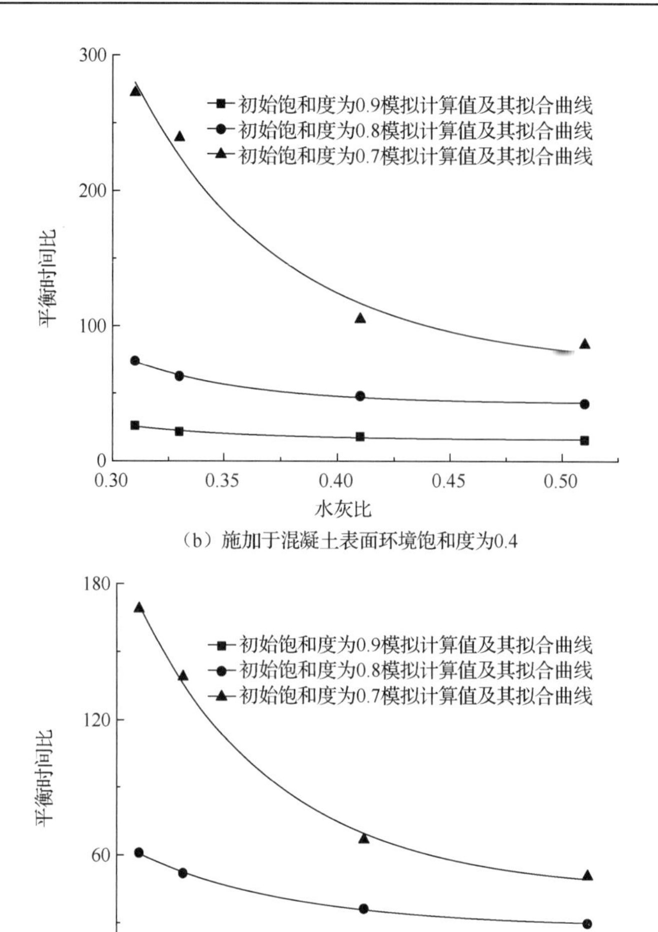

（b）施加于混凝土表面环境饱和度为0.4

（c）施加于混凝土表面环境饱和度为0.2

图 3.50（续）

在本书中，作者除了研究混凝土水灰比和施加于混凝土表面环境饱和度对平衡时间比的影响外，还分析了混凝土初始饱和度对其影响规律。图 3.51 是混凝土初始饱和度对平衡时间比的影响，表 3.8 为混凝土初始饱和度对干湿平衡时间比的影响参数。由图 3.51 可知，混凝土初始饱和度对平衡时间比的影响显著，平衡时间比随着混凝土初始饱和度增大而减小，两者间也可用式（3.153）的指数函数描述。若施加在混凝土表面的环境饱和度相同，则混凝土干湿平衡时间比随混凝土强度等级增加而增大。若混凝土强度和初始饱和度相同，则其随施加于混凝土表面的环境饱和度减小而减小。此外，混凝土初始饱和度对混凝土干湿平衡时间比曲线影响随施加于混凝土表面的环境饱和度减小而略有改变。

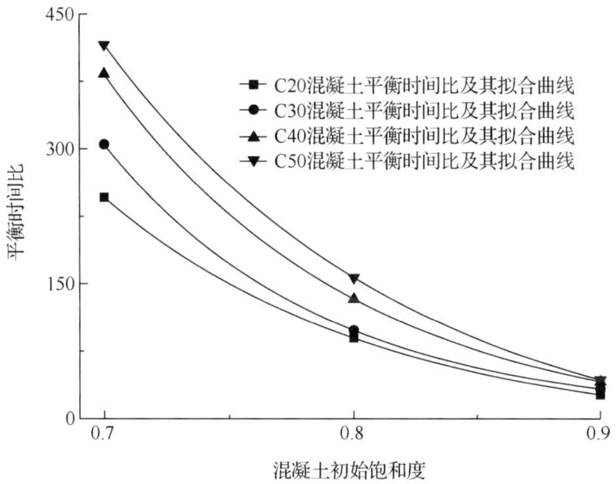

（a）施加于混凝土表面的环境饱和度为0.6

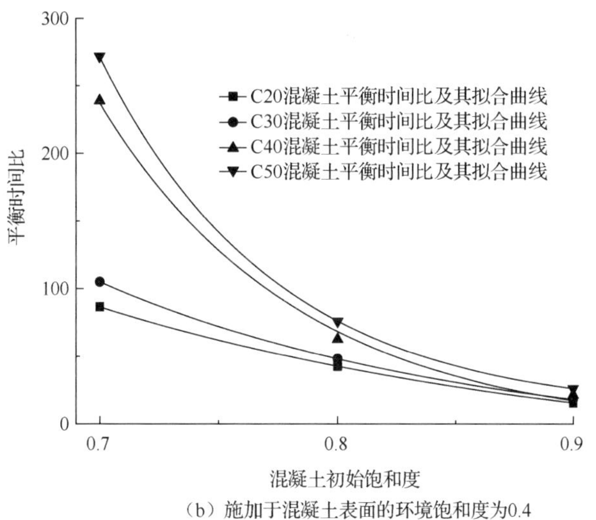

（b）施加于混凝土表面的环境饱和度为0.4

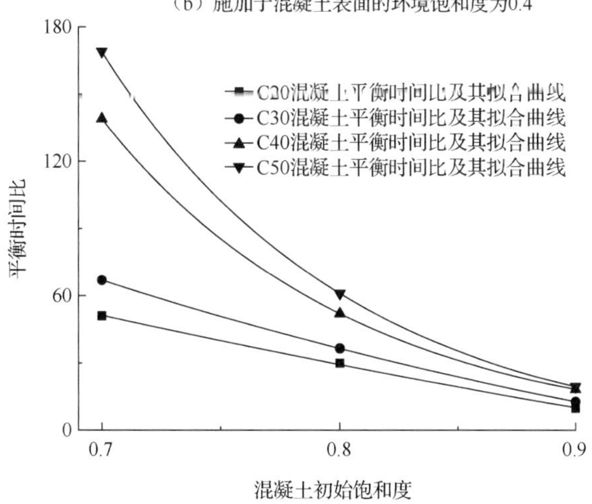

（c）施加于混凝土表面的环境饱和度为0.2

图 3.51　混凝土初始饱和度对平衡时间比的影响

表 3.8　混凝土初始饱和度对干湿平衡时间比的影响参数

混凝土强度等级	影响参数								
	Θ_{in}=0.2			Θ_{in}=0.4			Θ_{in}=0.6		
	a	b	c	a	b	c	a	b	c
C20	448.368	−0.720	−118.296	3475.992	−0.205	−27.382	157484.519	−0.109	−15.500
C30	813.721	−0.389	−67.973	10756.256	−0.156	−15.333	1.002×10^{6}	−0.086	3.246
C40	108526.740	−0.105	−3.008	1.051×10^{6}	−0.083	−5.060	432800.944	−0.100	−12.569
C50	141793.223	−0.105	−6.399	3.743×10^{6}	0.073	8.877	144542.617	−0.122	−46.628

除采用试算法求解干湿交替过程的混凝土干湿平衡时间比外，本节还探讨了混凝土干湿平衡时间比对混凝土内部饱和度分布影响规律。图 3.52 为干湿时间比对混凝土内饱和度分布影响。计算结果是基于混凝土内部水分传输模型数值模拟法求得，计算中施加于混凝土表面的环境饱和度为 0.4 和混凝土初始饱和度为 0.8。由图 3.52 可知，对于初始处于饱和状态的混凝土，若 $t_d/t_w < \eta_{eq}$（即润湿时间大于干燥失水所需时间），则干燥前锋未影响区域将维持饱和状态，其效果与 $t_d/t_w = \eta_{eq}$ 一致，并且水分传输影响深度将由干燥时间决定。若 $t_d/t_w > \eta_{eq}$（即润湿时间小于干燥失水所需时间），则润湿前锋未能到达上次干燥前锋产生的影响深度，故干燥前锋将逐渐深入混凝土内部且会降低混凝土内部整体饱和度。对于初始处于非饱和状态的混凝土，若 $t_d/t_w = \eta_{eq}$（即润湿时间等于燥失水所需时间），则混凝土内饱和度曲线呈现准稳定状态，混凝土内部水分传输影响深度趋于定值。若 $t_d/t_w < \eta_{eq}$，则润湿前锋将逐渐深入混凝土内部，且润湿时间将增加混凝土表层饱和度。若 $t_d/t_w > \eta_{eq}$，则干燥前锋将逐渐深入混凝土内部，且干燥时间将降低混凝土表层饱和度。简言之，若混凝土干湿时间比与平衡时间比不等则最终效果就改变原有混凝土内部初始饱和度状态，并将不断持续进行直至达到与干燥/润湿时间比相匹配的混凝土新饱和度，相应的时间比将成为新稳态下的混凝土干湿平衡时间比。干湿交替过程一定时间内所产生水分传输影响深度将趋于定值，这可能与集肤效应有关。

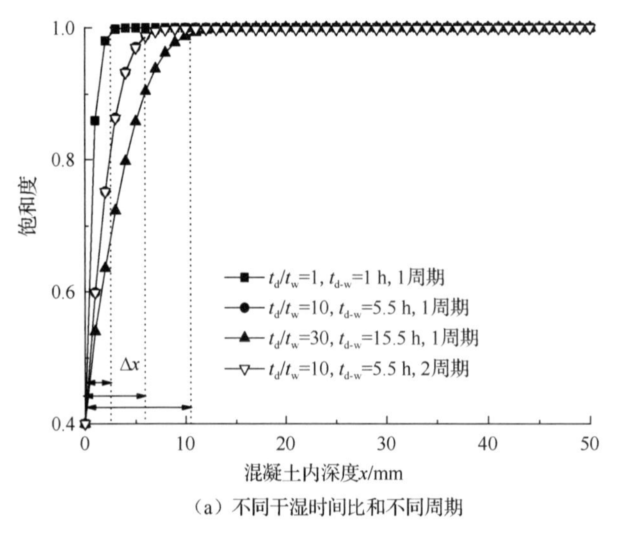

（a）不同干湿时间比和不同周期

图 3.52　干湿时间比对混凝土内饱和度分布的影响

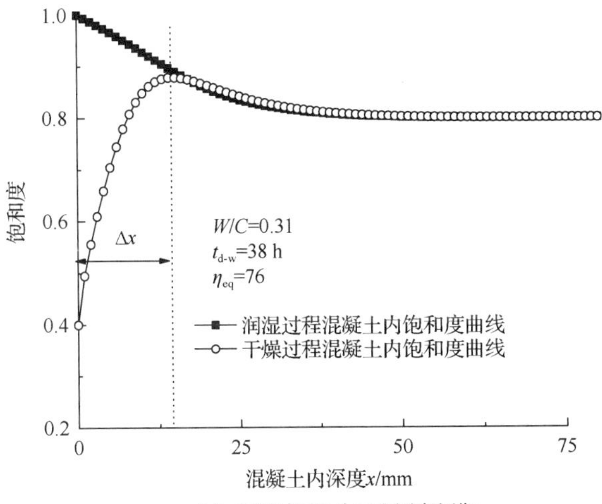

（b）干湿时间比为76和固定周期

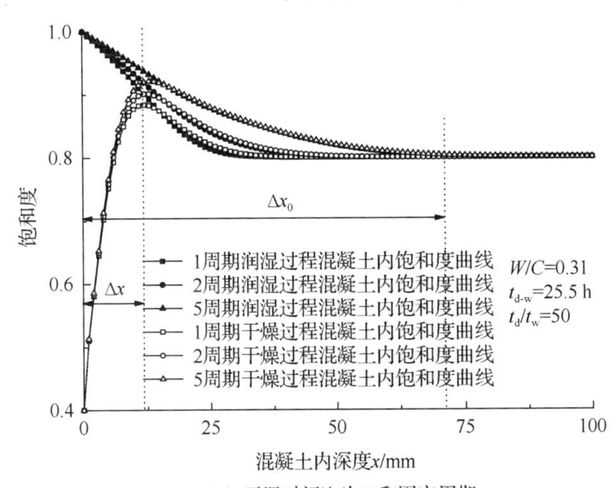

（c）干湿时间比为50和固定周期

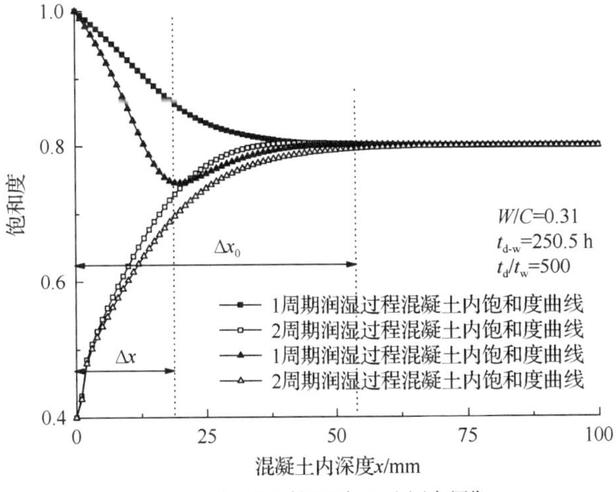

（d）干湿时间比为500和固定周期

图 3.52（续）

混凝土内部水分传输影响深度和影响因素之间存在确切的内在联系，图 3.53 为干湿平衡时间比条件下混凝土内部水分传输影响深度与润湿时间的关系曲线。计算采用的混凝土初始饱和度 Θ_{in} 为 0.8，施加于混凝土表面的不同环境饱和度 Θ_e 为 0.2、0.4 和 0.6。由图 3.53 可知，混凝土内部水分传输影响深度与润湿时间平方根存在线性关系，混凝土内部水分传输影响深度随润湿时间延长而增加。这是因为时间越长传输进入混凝土内部的水分越多。若混凝土内初始饱和度相同，则混凝土内水分传输影响深度随施加于混凝土表面环境饱和度增加而降低，这是因为混凝土与环境间湿度梯度驱动力降低。若混凝土内部初始饱和度和施加于其的环境饱和度相同，则混凝土内部水分传输影响深度随混凝土强度等级增加而降低。这是因为混凝土强度等级越高其致密性越好，相应的水分扩

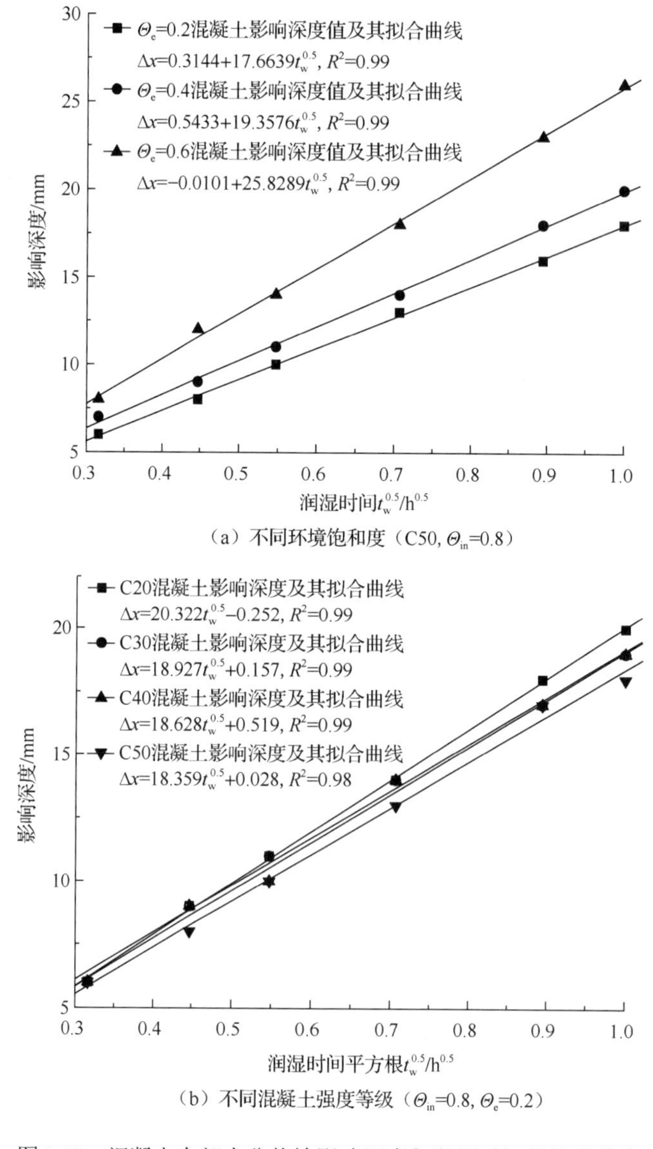

（a）不同环境饱和度（C50, Θ_{in}=0.8）

（b）不同混凝土强度等级（Θ_{in}=0.8, Θ_e=0.2）

图 3.53　混凝土内部水分传输影响深度与润湿时间的关系曲线

散系数越低。通过上述分析可知，混凝土内部水分传输影响深度主要与混凝土强度等级、混凝土初始饱和度、施加于混凝土表层的环境作用饱和度、干湿循环周期和平衡时间比等因素有关。若要获得特定的混凝土内部水分传输影响深度，可根据混凝土饱和度及其自身特性、室内模拟环境试验参数等实现。这些为混凝土结构耐久性室内模拟环境试验参数（如润湿时间、喷淋时间或喷雾时间、干燥时间、干湿时间比、试验周期、环境湿度等）的设定提供了理论依据。

3.5.2　混凝土内部垂直方向上水分传输和分布

现场服役中的混凝土结构底部经常接触到水或土壤，故外部环境中的水分将沿着混凝土垂直方向传输。混凝土中的水分传输可将外界侵蚀介质携带传入混凝土内部，进而引发混凝土结构出现胀裂、开裂和钢筋锈蚀等病害[76-87]。目前，现有研究多为混凝土内部水分沿水平方向传输，并且未考虑重力作用和蒸发效应的影响。此外，有关混凝土内部垂直方向水分传输及其分布特征研究较少。然而，实际混凝土工程常出现混凝土毛细管吸水导致的“返潮、烘根或烂根”等现象。若混凝土接触溶液或土壤中的盐含量较高，则混凝土表层会发生盐析晶病害。因此，混凝土内部沿垂直方向上的水分传输及其分布研究更具工程实际意义。

1. 混凝土内部垂直方向水分传输模型

混凝土内部水分传输与湿度分布是混凝土毛细管、重力和蒸发等作用的综合结果。初始饱和的混凝土内部水分饱和度可采用蒸发三阶段描述[88,89]，图 3.54 为混凝土试样内部水分饱和度（含水率）变化及分布示意图。图 3.54 中混凝土试件的深蓝、浅蓝和浅绿分别代表混凝土试件水分完全饱和区、部分饱和区和近乎干燥区。

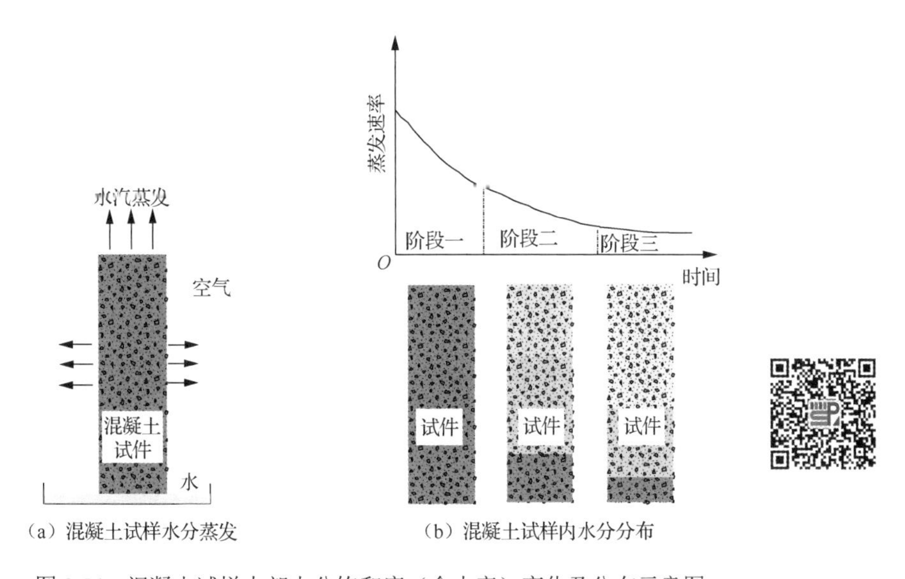

（a）混凝土试样水分蒸发　（b）混凝土试样内水分分布

图 3.54　混凝土试样内部水分饱和度（含水率）变化及分布示意图

在蒸发作用下初始水分饱和的混凝土内部水分不断散失，混凝土将在毛细管作用下补充水分。混凝土内部水分饱和度变化是在毛细管、重力和蒸发等共同作用下逐步演变的过程，混凝土内饱和度最终趋于第三阶段的准平衡状态。服役现场环境实时变化，半埋入土壤或接触水的混凝土结构在距接触部位某高度范围内混凝土表层温湿度变化显著，从而发生了显著的混凝土表层干湿交替现象。若接触的溶液或土壤中含有侵蚀介质，混凝土表层会在周而复始的干湿交替作用下产生盐溶液浓缩和盐析晶等现象。这是混凝土干湿交替部位耐久性劣化严重和出现"烂根或烘根"现象的原因。

尽管混凝土内饱和度变化的第三阶段对研究工程结果耐久性具有重要意义，但有关该方面的研究近乎空白。本书对第三阶段混凝土表层饱和度变化进行系统探讨，揭示混凝土内部垂直方向上水分传输机理和特征。图 3.55 为相应的混凝土内部饱和度和湿度分布示意图。一般来说，在蒸发作用下混凝土表层内水分不断散失，使得混凝土表层饱和度降低。混凝土表层饱和度等值线随距液面高度和试件表面距离增加而变化，最终趋于稳定值，如图 3.55（a）所示。同时，距离混凝土表层不同距离处的水分饱和度变化规律和分布特征也存在明显差异，如图 3.55（b）所示。距液面等高度的混凝土表层饱和度随距混凝土表层距离增加变化规律相似，但相应的饱和度不同。这与既有混凝土内部沿水平方向水分传输（忽略重力和蒸发作用）取得结论差别较大。因此，实际服役环境中混凝土内部垂直方向水分传输及其分布研究更具工程现实意义。

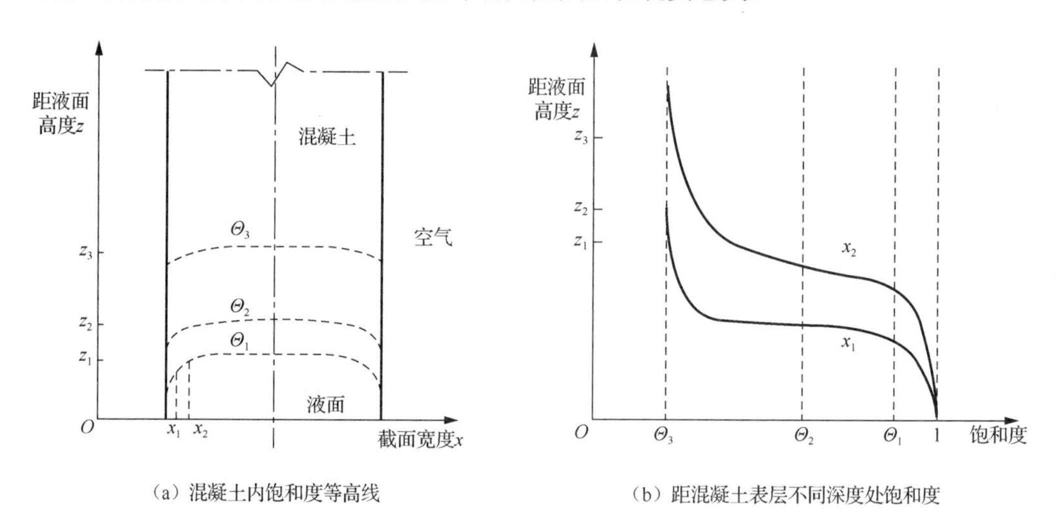

（a）混凝土内饱和度等高线　　（b）距混凝土表层不同深度处饱和度

图 3.55　混凝土内部饱和度和湿度分布示意图

非稳态下混凝土内部水分传输和变化可采用 Fick 定律描述[90]，即

$$\frac{\partial \Theta(z,t)}{\partial t}=\frac{\partial}{\partial z}\left(D_{\mathrm{eff}}\frac{\partial \Theta}{\partial z}-\Theta U_{\mathrm{t}}\right) \tag{3.154}$$

同时，假设混凝土内部垂直方向水分传输是毛细管作用和蒸发作用共同驱动，重力作用可用来确定毛细管作用抽吸液态水至混凝土内部垂直方向某高度位置（液态水扩散传输边界）。

$$U_{t}=-D_{eff}\frac{\partial V_{s}}{\partial z} \tag{3.155}$$

式中：U_t 为在 t 时 z 处液体（水或水汽）平均速度；V_s 为液体黏度势能；D_{eff} 为液体表观扩散系数；$\Theta(z,t)$ 为 t 时混凝土内部 z 处的水分饱和度；t 为过程持续时间；z 为混凝土内测点位置，其值小于等于特征长度（L_c）。

若混凝土内部某处的饱和度达到稳态平衡，则液体速度 U_t 将为 t 和 z 的函数。Θ 和 U_t 变化符合质量守恒，故式（3.154）可改写为

$$\frac{\partial\Theta}{\partial t}+\frac{\partial}{\partial z}(\Theta U_{t})=0 \tag{3.156}$$

假设蒸发率 h_z 是常量，并且混凝土表面内水汽压接近于平衡水汽压。基于式（3.156），可以求得 U_t 和 Θ 为

$$\Delta v_{p}=h_{z}tA_{sv} \tag{3.157}$$

$$v_{p}=L_{c}A_{sv} \tag{3.158}$$

$$\Theta=\varepsilon_{t}-\frac{\Delta v_{p}}{v_{p}}=\varepsilon_{t}-\frac{h_{z}t}{L_{c}} \tag{3.159}$$

$$U_{t}=\frac{h_{z}}{\Theta L_{c}}(z-L_{c}) \tag{3.160}$$

式中：ε_t 为体系孔隙率；Δv_p 为蒸发水量；v_p 为多孔介质体积；A_{sv} 为蒸发面积。

假设 z 在特征长度 L_c 处对应 U_t 值为零，并且混凝土初始饱和度 Θ 为 ε_t，则液体黏度势能 V_s 为

$$V_{s}=-\frac{h_{z}}{2D_{eff}\Theta}\left(\frac{z}{L_{c}}-1\right)^{2}\qquad(0<z<L_{c}) \tag{3.161}$$

为了更好地阐述混凝土内部水分扩散和表层干燥失水对应的影响范围，定义与水分传输过程相关的长度尺度 ξ_c 为

$$\xi_{c}=\frac{D_{eff}\varepsilon_{t}}{h_{z}} \tag{3.162}$$

若混凝土内部水分传输影响深度大于长度尺寸 ξ_c，则水分传输以扩散方式为主（t=0）。与贝克来数 Pe 密切相关（$z=0$ 和 $t=0$），基于式（3.160）可得

$$Pe=\left|\frac{\bar{U}_{t}L_{c}}{D_{eff}}\right|=\frac{h_{z}L_{c}}{D_{eff}\varepsilon_{t}}=\frac{L_{c}}{\xi_{c}} \tag{3.163}$$

式中：$\bar{U}_t$ 为蒸发表面 0 时刻的液体速度。

若能通过试验求解式（3.163）中各参数，则可计算贝克来数 Pe 和长度尺度 ξ_c。若定义水分扩散时间尺度 τ_D 和干燥时间尺度 τ_h 分别为

$$\tau_{\mathrm{D}}=\frac{L_{\mathrm{c}}^2}{D_{\mathrm{eff}}} \qquad \tau_{\mathrm{h}}=\frac{\varepsilon L_{\mathrm{c}}}{h_{\mathrm{z}}} \tag{3.164}$$

则两者之间存在确定关系

$$Pe=\frac{\tau_{\mathrm{D}}}{\tau_{\mathrm{h}}} \tag{3.165}$$

定义无量纲的时间变量 s_{t} 和尺寸变量 y_{d} 为

$$s_{\mathrm{t}}=\frac{t}{\tau_D} \qquad y_{\mathrm{d}}=\frac{z}{L_{\mathrm{c}}} \tag{3.166}$$

当 s_{t} 和 y_{d} 不大于 1 时，时间变量和尺寸变量取值满足计算要求。反之，时间步长和尺寸步长取值不满足计算要求。若 $Pe=1$，干燥过程的水分传输影响深度与润湿过程的水分传输影响深度相等。若 $Pe>1$ 时，水分干燥起主导作用。混凝土内部含水率将逐渐下降，直至出现新的湿度平衡状态。因此，通过 Pe、s_{t} 和 y_{d} 可判定水分传输影响深度及湿度变化规律、时间步长与尺寸步长取值。

将上述无量纲的时间变量和尺寸变量代入式（3.154），则

$$\frac{\partial\Theta}{\partial s_{\mathrm{t}}}=\frac{\partial^2\Theta}{\partial y_{\mathrm{d}}^2}-\frac{Pe}{1-s_{\mathrm{t}}Pe}\frac{\partial}{\partial y_{\mathrm{d}}}\left[\Theta\left(y_{\mathrm{d}}-1\right)\right] \tag{3.167}$$

式（3.167）即为混凝土内部垂直方向水分传输模型。若溶液中离子浓度为 C_{gc}，混凝土内饱和度与离子浓度关系为

$$\rho_{\mathrm{ion}}=\Theta C_{\mathrm{gc}} \tag{3.168}$$

式中：C_{gc} 为溶液中离子浓度；ρ_{ion} 为混凝土内部离子浓度。

混凝土内部离子分布表达式为

$$\frac{\partial\rho_{\mathrm{ion}}}{\partial s_{\mathrm{t}}}=\frac{\partial^2\rho_{\mathrm{ion}}}{\partial y_{\mathrm{d}}^2}-\frac{Pe}{1-s_{\mathrm{t}}Pe}\frac{\partial}{\partial y_{\mathrm{d}}}\left[\rho_{\mathrm{ion}}\left(y_{\mathrm{d}}-1\right)\right] \tag{3.169}$$

测试距离液面不同高度（40 mm、80 mm、100 mm、180 mm 和 280 mm）和距离 C20 混凝土表面不同深度（3 mm 和 5 mm）混凝土内部各点实测温度与相对湿度，如图 3.56 所示。相同环境条件下 C20 混凝土内部不同位置相对湿度和温度沿距液面高度、距混凝土表面距离发生显著变化。混凝土内部相对湿度随距离混凝土表层距离增加而增大，随距液面高度增加而逐渐减小，随环境相对湿度增加而增大，但混凝土内部温度变化受环境温度影响略小。混凝土内部相对湿度是在毛细管与重力作用下水分抽吸、混凝土表层与环境间水分蒸发作用达到动态平衡，其变化是混凝土微观结构特征、水分传输模式和环境效应等作用的综合结果。当混凝土内部测点距液面高度较小时，混凝土底部水分在毛细管作用下向上抽吸的量可完全补充蒸发失水量。因此，混凝土底部距离液面一定深

度范围内的相对湿度较大（90%以上）且维持稳定。随着混凝土内部测点距液面高度增加，混凝土内部水分传输的量不能弥补蒸发消耗水量，故混凝土内部相对湿度降低直至达到新的准平衡状态。混凝土内部温度由表向中心逐渐升高且趋于等同环境温度，混凝土表层温度随距液面高度减小而减小。这可能是因为混凝土底部接触托盘内水，水分蒸发吸收热量导致温度略低。距混凝土表层距离相等的条件下，混凝土内部湿度和温度受环境影响主要表现为变化规律与分布特征相似，但温湿度存在差别，如 25.1 ℃-70%RH、24.4 ℃-45%RH、 24.6 ℃-38%RH 和 24.2 ℃-41%RH 对应的混凝土内温湿度曲线。

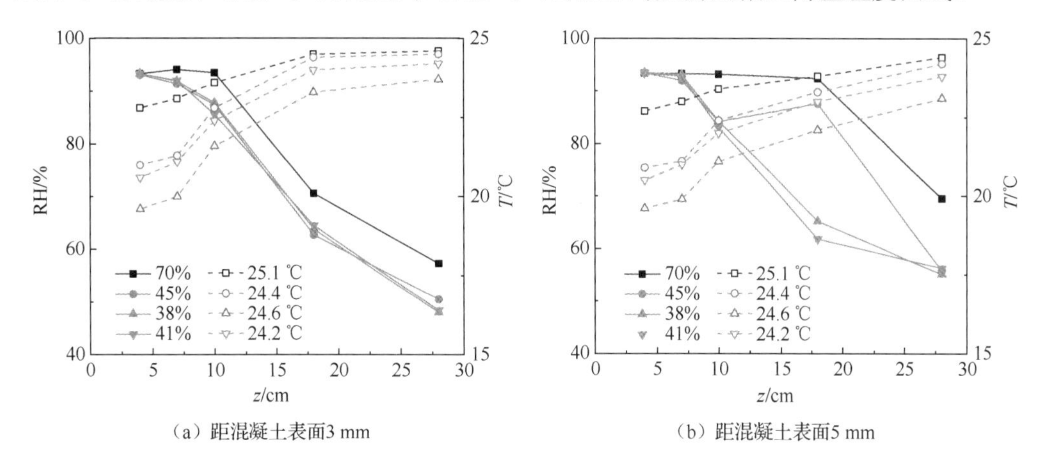

图 3.56　C20 混凝土内温湿度变化曲线

与此同时，混凝土强度等级 C30 和 C40 对混凝土内温湿度的影响如图 3.57 和图 3.58 所示。可以看出，不同环境条件下混凝土内部相对湿度与温度变化规律相似，但数值存在差别。对比图 3.56、图 3.57 和图 3.58 可知，距液面距离和环境相对湿度对混凝土内湿度影响随混凝土强度增加而减小。混凝土内部相对湿度和温度变化随混凝土强度等级降低更显著，这是因不同强度等级混凝土传热和传质系数不同。混凝土内部垂直方向湿度显著变化范围受环境温湿度和混凝土强度等级变化而存在差异，C20 混凝土表层垂直方向湿度显著变化范围约为 20～30 cm，而 C30 和 C40 混凝土约为 10～20 cm。自然环境状态下环境温湿度实时变化，上述研究表明混凝土表层内温湿度也应随之发生实时改变，并且在一定时间内维持动态准平衡状态。基于上述分析可知，恒定温湿度环境条件下混凝土内微环境温湿度与外部环境间仍存在差异，两者之间既有区别又有联系。这表明传统的将混凝土内微环境等同外部环境的观点欠妥。若混凝土底部接触液体为盐溶液，在蒸发作用下盐溶液将被抽吸且混凝土表层因蒸发而发生盐溶液浓缩和盐析晶现象[91]。若环境温湿度不断变化，则混凝土表层区域孔隙中将形成盐饱和溶液或发生盐类析晶。若盐析晶产生结晶压超过混凝土表层抗拉强度，将导致混凝土表层微观结构薄弱区域开裂和微损伤。这可能是半埋入土体或半浸入液体中混凝土结构劣化严重和出现“烂根或烘根”现象的原因。

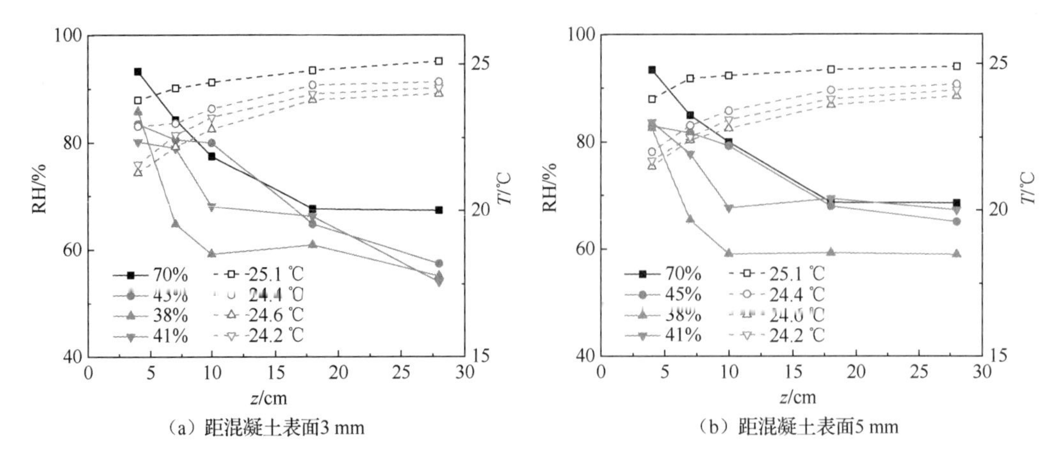

（a）距混凝土表面3 mm　　（b）距混凝土表面5 mm

图 3.57　C30 混凝土内温湿度变化曲线

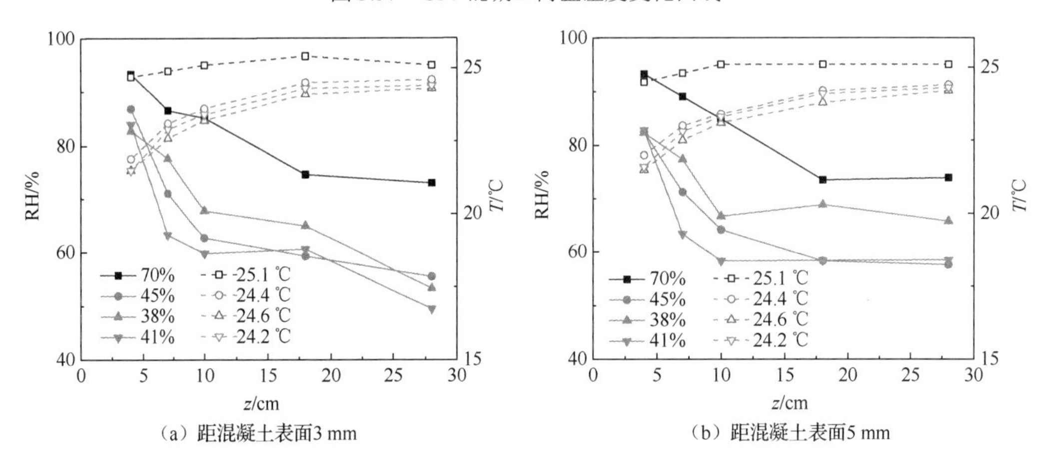

（a）距混凝土表面3 mm　　（b）距混凝土表面5 mm

图 3.58　C40 混凝土内温湿度变化曲线

图 3.59 为不同环境条件下 C20 混凝土距表面 3 mm 处的温湿度随垂直方向上的变化。由图中实测结果和拟合曲线可知，混凝土内部垂直方向温湿度与距液面高度之间符合 Bolztmann 函数

$$y_{\mathrm{T}} = a + \frac{b-a}{1+\exp\left(\dfrac{z-c}{d_0}\right)} \tag{3.170}$$

式中：y_{T} 为混凝土内部相对湿度（或温度）；z 为混凝土内部测点距液面高度；a、b、c、d_0 均为拟合参数。

同时，从图 3.59 还可以看出，距液面 6～15 cm 的混凝土内部温度变化显著，而相对湿度则在距液面 9～18 cm 变化明显。这是因为混凝土底部测点距液面较小，在毛细管作用下水分可快速向上传输补给混凝土表层蒸发所散失水分。水分蒸发将吸收热量，故混凝土表层区域温度略低。此外，从图 3.59 还可以看出，距混凝土表层 3 mm 处混凝土内部垂直方向温湿度变化较为显著。这表明距离混凝土表层越近区域微环境对外部环境变化越敏感。混凝土内部垂直方向温湿度与距混凝土表层距离、距液面高度和环境条件等有关，式(3.170)即为混凝土表层特定深度处温度和相对湿度沿垂直方向分布模型。

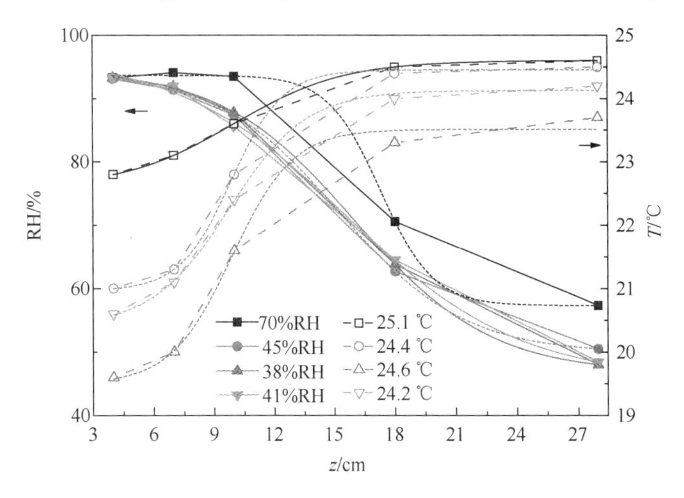

图 3.59　C20 混凝土距表面 3 mm 处的温湿度分布及其拟合曲线

图 3.60 为 25.1 ℃和相对湿度 70%条件下 C20 混凝土表层不同测点(3 mm 和 5 mm)温湿度变化曲线，探讨了距混凝土表层不同深度处温湿度变化规律，不难发现，与距混凝土表层 5 mm 相比，同等条件下距混凝土表层 3 mm 处测点相对湿度较小。然而，两者的相对湿度随距液面距离减小，最终趋于定值（约 93%）。距混凝土表层不同深度处温度均低于环境温度，但距混凝土表层深度越大则温度越低。这是因为混凝土底部毛细管抽吸水分沿混凝土垂直方向向上传输，在毛细管作用、重力作用和蒸发作用等综合作用下，混凝土内部温度和相对湿度达到准平衡状态。距混凝土表层蒸发作用起主导地位，若混凝土内部毛细管中的水分未完全补给则混凝土将趋于干燥状态。反之，混凝土表层内部相对湿度增加。从上述分析可知，混凝土表层微环境有别于外部环境，并且混凝土

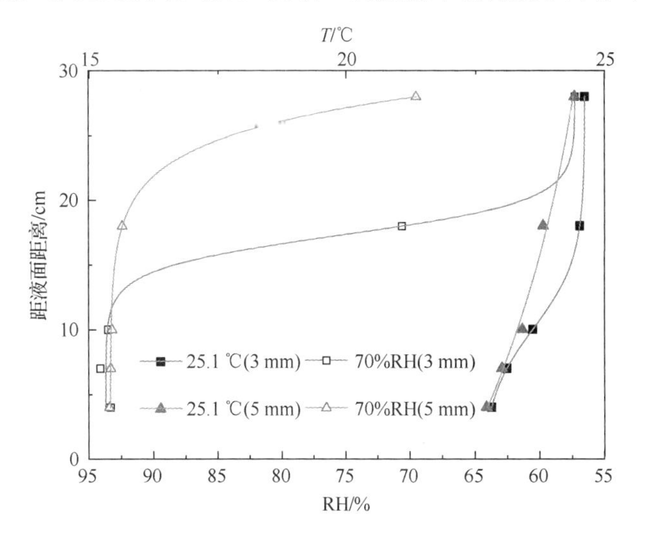

图 3.60　距混凝土表层不同深度的温湿度曲线

表层内部不同点处温度和相对湿度也存在较大差异。由于混凝土自身的孔结构特性和渗透性，不同强度等级混凝土内部温湿度产生差异。

2. 混凝土内部垂直方向水分传输的边界和初始条件

特定相对湿度条件下混凝土内部毛细孔可被水汽润湿和填充，并形成液体凹液面。根据 Kelvin-Laplace 定律可确定特定湿度条件下混凝土内毛细孔半径与相对湿度之间的关联，即

$$RT\ln\frac{P_r}{P_b}=\frac{2M_w\gamma_z}{\rho_w r_m} \tag{3.171}$$

$$\mathrm{RH}=\frac{P_r}{P_b}\times 100\% \tag{3.172}$$

式中：ρ_w 为水的密度；M_W 为水的摩尔质量；r_m 为毛细孔半径；γ_z 为水的表面张力；T 为温度；R 为理想气体常数；P_b 为水汽饱和蒸气压；P_r 为相应的水汽分压；RH 为相对湿度。

若液态水从混凝土底部沿垂直方向向上传输，则混凝土内部水分传输由毛细管作用和重力作用共同控制。水分自重产生的压力可表示为

$$P_g=\rho_w g_a h_e \tag{3.173}$$

式中：P_g 为孔隙水自重压力。

若假设混凝土内毛细孔符合圆柱形孔，则根据 Kelvin-Laplace 公式可得孔隙内附加压力[92]，即

$$P_f=\frac{2\gamma_z}{r_m}\cos\theta_c \tag{3.174}$$

式中：θ_c 为液面接触角；P_f 为毛细管附加压力。

若重力和毛细管抽吸效应相互平衡，则混凝土内部垂直方向水分润湿高度为

$$h_e=\frac{2\gamma_z}{g_a\rho_w r_m}\cos\theta_c \tag{3.175}$$

式中：h_e 为液面润湿高度；g_a 为重力加速因子。

结合式（3.171）和式（3.175），则可得混凝土内部水分垂直方向上的润湿高度为

$$h_e=-\frac{RT}{g_a M_w}\cdot\ln(\mathrm{RH})\cdot\cos\theta_c \tag{3.176}$$

式（3.176）即为混凝土内部垂直方向水分传输模型求解的边界条件。式（3.176）也表明混凝土内部垂直方向水分润湿高度是温度和相对湿度等参数的函数。这表明混凝土内部水分传输边界条件与环境和混凝土特性有关。一般来讲，混凝土内部毛细孔半径超过 100 μm 对介质传输影响非常显著。因此，以混凝土内毛细孔径 100 μm 和相对湿度 99% 作为判定混凝土内毛细孔完全饱水依据，并将其设定为混凝土内部垂直方向水分传输模型求解的边界条件。

3. 混凝土内部垂直方向水分传输模型求解

文献[93]、文献[94]将混凝土内部水分传输的润湿过程和干燥过程均采用扩散方程

式（3.155）描述，其差异主要体现为干燥和润湿过程中混凝土内部水分扩散系数取值不同。其中，润湿过程混凝土内部水分扩散系数为

$$D_{\mathrm{w}}(\Theta)=D_{\mathrm{w}}^{0}\exp(n_{\mathrm{g}}\Theta) \tag{3.177}$$

$$\left(\frac{S_0}{\varepsilon}\right)^2=D_{\mathrm{w}}^{0}\left(\exp(n)\left(\frac{2}{n_{\mathrm{g}}}-\frac{2}{n_{\mathrm{g}}^2}\right)-\left(\frac{1}{n_{\mathrm{g}}}-\frac{2}{n_{\mathrm{g}}^2}\right)\right) \tag{3.178}$$

$$\frac{S}{S_0}=\left(1-\frac{2n_{\mathrm{g}}(\Theta_1-\Theta_0)}{2n_{\mathrm{g}}(\Theta_1-\Theta_0)-1}\Theta_{\mathrm{ir}}\right)^{0.5} \tag{3.179}$$

式中：D_{w}^{0} 为混凝土完全干燥时的水分扩散系数；$D_{\mathrm{w}}(\Theta)$ 为混凝土内饱和度为 Θ 时水分扩散系数；S_0 为全干状态的混凝土吸水率；S 为初始非饱和的混凝土吸水率；Θ_{ir} 为初始饱和度；Θ_1 和 Θ_0 分别为饱和与完全干燥时的饱和度，可分别取 1 和 0；n_{g} 为回归系数（取值范围为 6～8），文献[95]给出推荐值为 6。

欧洲规范 CEB-FIP Model Code 1990 标准推荐 S 曲线描述干燥过程中混凝土内部水分扩散系数[61]，即

$$D(\mathrm{RH})=D_{\mathrm{RH,1}}\left(\alpha_0+\frac{1-\alpha_0}{1+\left(\dfrac{1-\mathrm{RH}}{1-\mathrm{RH_c}}\right)^{n_{\mathrm{D}}}}\right) \tag{3.180}$$

$$D_{\mathrm{RH,1}}=\frac{D_{1,0}}{f_{\mathrm{ck}}/f_{\mathrm{ck0}}} \tag{3.181}$$

式中：RH 为混凝土内相对湿度；$D(\mathrm{RH})$ 为混凝土内部相对湿度 RH 对应的水分扩散系数；n_{D} 为回归系数，可取值为 15；$D_{\mathrm{RH,1}}$ 为饱和时的水分扩散系数；α_0 为相对湿度极低时扩散系数与 $D_{\mathrm{RH,1}}$ 的比值，可取值为 0.05；$\mathrm{RH_c}$ 为水分扩散系数等于 $0.5D_{\mathrm{RH,1}}$ 时的相对湿度，可取值为 0.8；$D_{1,0}$ 取值为 $10^{-9}\ \mathrm{m^2/s}$；f_{ck0} 为基准抗压强度，取 10 MPa；f_{ck} 为混凝土抗压强度，MPa。

采用有限差分法分析混凝土内部垂直方向水分传输和湿度场分布，以简化混凝土内部垂直方向水分传输模型的求解。假设混凝土试件截面为中心轴对称，具体数值求解过程步骤如下：假设初始状态混凝土内部含水率（饱和度）和湿度场（相对湿度）均一且毛细孔完全饱水。蒸发作用下混凝土内部水分传输可视为沿垂直方向和水平方向，混凝土底部与水接触并通过毛细管作用垂直方向抽吸以补给蒸发散失水分。混凝土内部垂直方向水分传输边界条件是基于式（3.175）计算出毛细管作用抽吸水分高度确定，而混凝土内水平方向水分传输边界条件是中心轴处各点含水率。蒸发过程中混凝土垂直方向和水平方向边界条件是混凝土表面含水率（或环境湿度）。混凝土内部水分传输模型初始条件为混凝土内部含水率均一或者毛细孔完全饱水。

计算过程中设定的计算时间步长为 t_{sub}、计算尺寸步长为 l_{sub}。每个计算过程包含四个子步骤：第一子步，基于混凝土内部垂直方向水分传输，计算混凝土底部垂直方向润湿后中心轴各点含水率。第二子步，以顶部混凝土表面含水率为边界条件和第一子步确

定的中心轴各点含水率为初始条件，计算蒸发作用下混凝土中心轴各点含水率。第三子步，以第二子步确定的混凝土内中心轴各点含水率为边界条件，计算水平方向上由混凝土中心轴向表面水分传输各点含水率。第四子步，以混凝土表层为边界条件和第三子步确定的混凝土中心轴各点含水率为初始条件，计算水平方向混凝土表面向中心轴蒸发作用下各点含水率。以四个子步骤为一个完整计算过程，将计算的混凝土内各点含水率赋值给下一时间步长 t_{sub+1} 对应的混凝土内各点。经过 N 次循环计算［$N=(t/\tau_D)$］可求解特定环境条件下放置时间 t 后混凝土内各点含水率或湿度分布。图 3.61 为上述有限差分法求解混凝土内部垂直方向水分传输和湿度计算流程示意图。

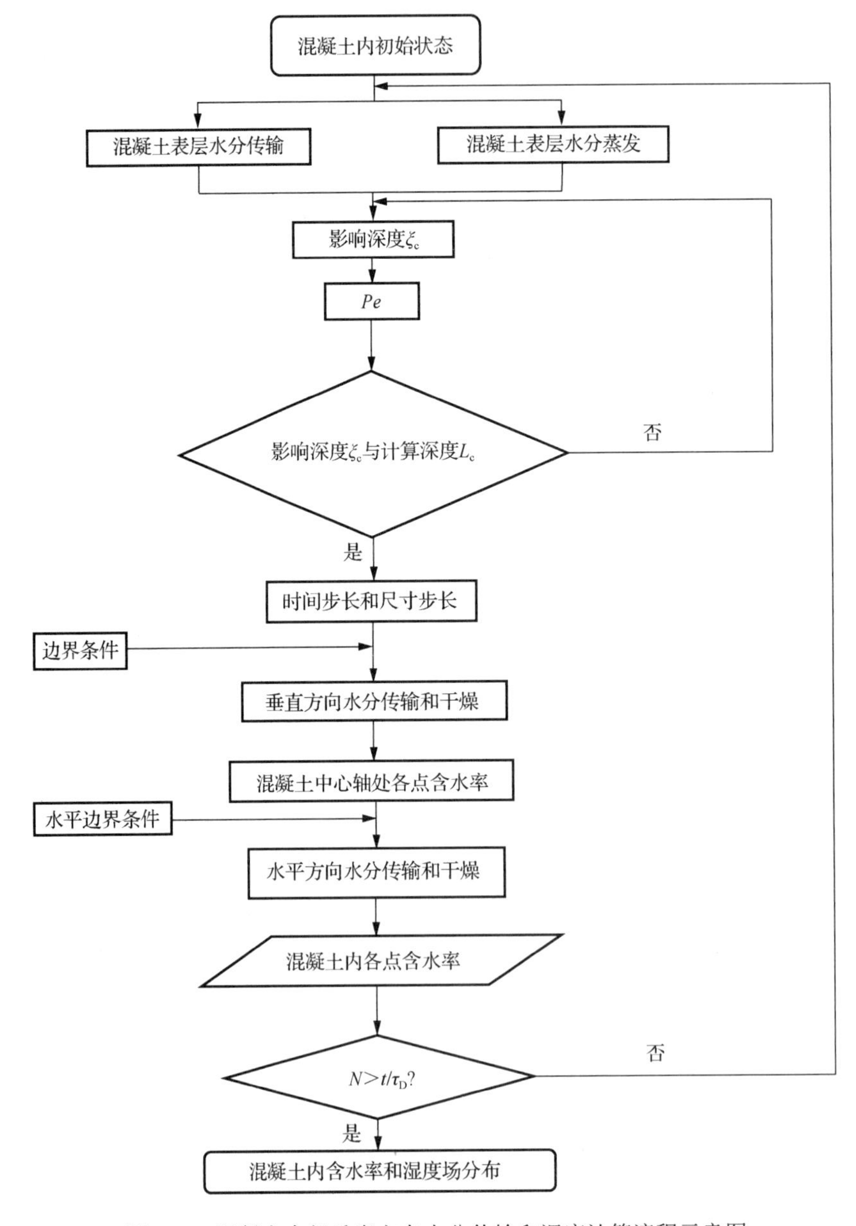

图 3.61　混凝土内部垂直方向水分传输和湿度计算流程示意图

采用数值分析和试验结合方式研究混凝土表层湿度分布。按照图 3.61 求解混凝土内部垂直方向水分传输和相对湿度分布，图 3.62 模拟了不同环境条件下的 C20 混凝土内部垂直方向相对湿度分布。显而易见，混凝土内部水分饱和度（或相对湿度）随距液面高度增加而减小，随距混凝土表层距离增大而增大。数值计算值与实测结果吻合，从而验证了混凝土内部水分传输模型是合理的，这也表明可采用该法确定混凝土内部相对湿度分布。对比混凝土内不同部位相对湿度可知，混凝土表层相对湿度变化较为敏感。这是由混凝土表层相对湿度变化受蒸发影响更甚造成的。混凝土表层湿度是毛细管作用、重力作用和蒸发作用等综合效应的结果，若混凝土结构现场服役环境发生变化，则混凝土表层内相对湿度也将发生实时变化。因此，混凝土结构接触土壤或水的上部区域将发生显著的干湿交替现象。若接触物质含有侵蚀介质（如氯盐、硫酸盐等），则混凝土表层干湿交替区域将因水分蒸发而发生溶液浓缩和盐析晶等现象。外部环境条件周期性变化，使得混凝土表层区域内相对湿度随之改变。这是混凝土在接触土壤或液体部分上部区域会发生“烘根或烂根”现象的缘由。上述分析可为深入探究侵蚀环境中混凝土结构干湿交替部位耐久性提供分析方法，并为室内模拟环境试验的相对湿度和喷淋时间等参数设定提供理论依据。

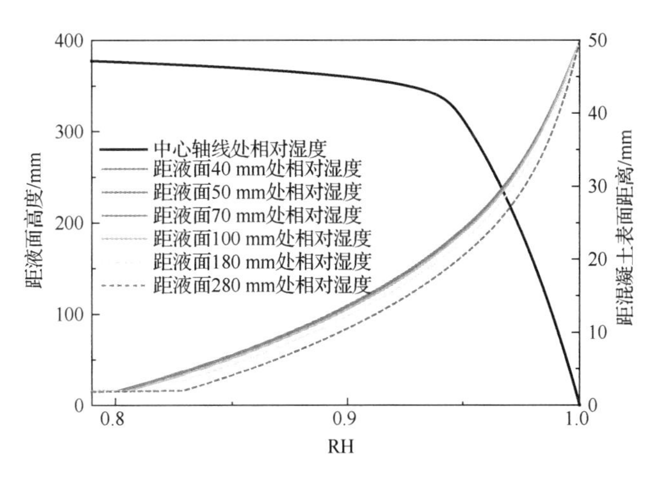

图 3.62　C20 混凝土内部垂直方向湿度分布

3.6 小　　结

本章主要探讨混凝土表层组分含量及分布特性，构建混凝土内部微环境温度和湿度响应谱；通过揭示混凝土表层热质传输机理，建立混凝土内部水平和垂直方向上水分传输模型；研究成果可为室内模拟环境试验参数（润湿时间、干燥时间、相对湿度、风速和试验周期等）设定提供理论依据。主要内容如下。

1）混凝土表层与混凝土内部的物质组成、组分含量及其分布等差异显著。混凝土表层 0～0.1 mm 几乎全为水泥浆，混凝土表层 0.1～0.4 mm 为砂浆，而距混凝土表层 0.4 mm 以里出现粗集料。不同强度等级混凝土表层的孔浆比随混凝土强度等级增加而减小。研究成果可为工程结构中混凝土保护层厚度预设提供理论支撑。

2）混凝土内部微环境温湿度响应与自然环境作用间存在确切的映射，两者间异同表现为波动周期相同、响应滞后和幅值衰减等；混凝土内部微环境湿度随距表层深度增加而增大，一定深度处相对湿度短时间内基本为定值；提出分段式的自然环境温度和湿度作用谱模型，并为室内模拟环境试验温度和湿度参数设定提供理论依据。

3）探讨风速对混凝土内湿度分布状态的影响，揭示混凝土自身特性和环境条件对混凝土内部水分传输影响深度的影响机理；研究成果可为室内模拟环境试验参数设定（润湿时间、干燥时间、干湿时间比、试验周期、相对湿度等）提供理论依据。

4）建立混凝土内部水平方向和垂直方向上的水分传输模型，提出求解混凝土内湿度分布的有限差分法；混凝土内温湿度变化是混凝土底部毛细管作用和重力作用下的水分抽吸、混凝土表层与外部环境间水分蒸发等共同作用造成的；混凝土内部垂直方向的湿度变化可导致混凝土表层干湿交替区域溶液浓缩和盐析晶，研究成果充分揭示接触土壤或液体混凝土部分区域发生“烘根或烂根”等现象的原因。

参 考 文 献

[1] Chen Y，Matalkah F，Rankothge W，et al．Improvement of the surface quality and aesthetics of ultra-high-performance concrete[J]．Construction Materials，2017，172（5）：246-255.

[2] Yang J B，Yan P Y．Modification of test process of PERMIT ion migration test and its application to determinate effect of methods to improve chloride penetration resistance of cover concrete[J]．Journal of Advanced Concrete Technology，2009，7（3）：385-391.

[3] Williamson S J，Clark L A．The influence of the permeability of concrete cover on reinforcement corrosion[J]．Magazine of Concrete Research，2001，53（3）：183-195.

[4] Uysal M．The influence of coarse aggregate type on mechanical properties of fly ash additive self-compacting concrete[J]．Construction and Building Materials，2012，37：533-540.

[5] Yang C C，Cho S W．Influence of aggregate content on the migration coefficient of concrete materials using electrochemical method[J]．Materials Chemistry and Physics，2003，80（3）：752-757.

[6] Lopez-Calvo H Z，Montes-García P，Jiménez-Quero V G，et al．Influence of crack width，cover depth and concrete quality on corrosion of steel in HPC containing corrosion inhibiting admixtures and fly ash[J]．Cement and Concrete Composites，2018，88：200-210.

[7] Wang X L，Liu Y Q，Yang F，et al．Effect of concrete cover on the bond-slip behavior between steel section and concrete in SRC structures[J]．Construction and Building Materials，2019，229：116855.

[8] Mora C F，Kwan A K H．Sphericity，shape factor，and convexity measurement of coarse aggregate for concrete using digital image processing[J]．Cement and Concrete Research，2000，30（3）：351-358.

[9] Horgnies M，Chen J J，Darque-Ceretti E．XPS investigation of the composition of the external surface of concrete after demoulding，cleaning and carbonation[J]．Surface and Interface Analysis，2013，45（4）：830-836 .

[10] Yan A，Wu K R，Zhang D，et al．Influence of concrete composition on the characterization of fracture surface[J]．Cement and Concrete Composites，2003，25（1）：153-157.

[11] Javid A A S，Ghoddousi P，Zareechian M，et al．Effects of spraying various nanoparticles at early ages on improving surface characteristics of concrete pavements[J]．International Journal of Civil Engineering，2019，17（9）：1455-1468.

[12] Hong L，Gu X L，Lin F，et al．Effects of coarse aggregate form，angularity，and surface texture on concrete mechanical performance[J]．Journal of Materials in Civil Engineering，2019，31（10）：04019226.

[13] Huang Q H，Jiang Z L，Zhang W P，et al. Numerical analysis of the effect of coarse aggregate distribution on concrete carbonation[J]. Construction and Building Materials，2012，37（12）：27-35.

[14] Mandelbrot B B. The Fractal geometry of nature[M]. San Francisco：Freeman，1982.

[15] Ostoja-Starzewski M. Damage in a random microstructure：Size effects，fractals and entropy maximization[J]. Applied Mechanics Reviews，1989，42（11S）：S202-S212.

[16] Panagiotopoulos P D. Fractal geometry in solids and structures[J]. International Journal of Solids and Structures，1992，29（17）：2159-2175.

[17] Mechtcherine V. Fractal analysis of concrete fracture surfaces and numerical modelling of concrete failure[C]. Computational Modelling of Concrete Structures. EURO-C Conference 2006，March 27-30，London：Taylor & Francis Ltd.，2006：147-156.

[18] Werner S，Neumann I，Thienel K C，et al. A fractal-based approach for the determination of concrete surfaces using laser scanning techniques：A comparison of two different measuring systems[J]. Materials and Structures，2013，46(1-2)：245-254.

[19] Erdem S，Blankson M A. Fractal-fracture analysis and characterization of impact-fractured surfaces in different types of concrete using digital image analysis and 3D nanomap laser profilometery[J]. Construction and Building Materials，2013，40：70-76.

[20] Cai W T，Cen G P，Wang H F. Fracture surface fractal characteristics of alkali-slag concrete under freeze-thaw cycles[J]. Advances in Materials Science and Engineering，2017：1689893.

[21] Grzegorz P，Janusz K. The fractal analysis of the fracture surface of concretes made from different coarse aggregates[J]. Computers and Concrete，2005，2（3）：239-248.

[22] 伍颖. 基于红外成像的混凝土结构完整性评估[D]. 武汉：武汉理工大学，2007.

[23] Xie H P，Wang J A，Xie W H. Fractal effect of surface roughness on the mechanical behavior of rock joints[J]. Chaos，Solitons & Fractals，1997，8（2）：221-252.

[24] Carpinteri A，Chiaia B，Invernizzi S. Three-dimensional fractal analysis of concrete fracture at the meso-level[J]. Theoretical and Applied Fracture Mechanics，1999，31（3）：163-172.

[25] 蒋建华，袁迎曙，张习美. 自然气候环境的温度作用谱和混凝土内微环境温度响应预计[J]. 中南大学学报（自然科学版），2010，41（5）：1923-1930.

[26] Becker R，Katz A. Effects of moisture movement on tested thermal conductivity of moist materials[J]. Journal of Materials in Civil Engineering，1990，2（2）：72-83.

[27] 陈德鹏. 基于多孔介质湿热传输理论的混凝土湿热耦合变形数值模拟及应用[D]. 南京：东南大学，2007.

[28] 朱岳明，刘勇军，谢先坤. 确定混凝土温度特性多参数的试验与反演分析[J]. 岩土工程学报，2002，24（2）：175-177.

[29] Incropera F P，DeWitt D P，Bergman T L，et al. 传热和传质基本原理：第 6 版[M]. 葛新石，叶宏，译. 北京：化学工业出版社，2007.

[30] 王补宣. 工程传热传质学[M]. 北京：科学出版社，1998.

[31] Al-Temeemi A A，Harris D J. The generation of subsurface temperature profiles for Kuwait[J]. Energy and Buildings，2001，33（8）：837-841.

[32] Guo L X，Guo L，Zhong L，et al. Thermal conductivity and heat transfer coefficient of concrete[J]. Journal of Wuhan University of Technology Mater-Materials Science Edition，2011，26（4）：791-796.

[33] Wang Y，Sefiane K. Effects of heat flux，vapour quality，channel hydraulic diameter on flow boiling heat transfer in variable aspect ratio micro-channels using transparent heating[J]. International Journal of Heat and Mass Transfer，2012，55（9-10）：2235-2243.

[34] 张建荣，刘照球. 混凝土对流换热系数的风洞试验研究[J]. 土木工程学报，2006，39（9）：39-42.

[35] 朱伯芳. 大体积混凝土温度应力与温度控制[M]. 北京：中国电力出版社，1998.

[36] 安娜 • 玛丽娅 • 比安什，伊夫 • 福泰勒，雅克琳娜 • 埃黛．传热学[M]．王晓东，译．大连：大连理工大学出版社，2008．

[37] Concrete，hardened：Accelerated chloride penetration into hardened concrete：NT Build 443：1995[S]．Nordtest Espoo Finland，1995．

[38] 刘鹏．人工模拟和自然氯盐环境下混凝土氯盐侵蚀相似性研究[D]．长沙：中南大学，2013．

[39] 刘光廷，黄达海．混凝土温湿耦合研究[J]．建筑材料学报，2003，6（2）：173-181．

[40] Andrade C，Sarria J，Alonso C．Relative humidity in the interior of concrete exposed to natural and artificial weathering[J]．Cement and Concrete Research，1999，29（8）：1249-1259．

[41] Ole M J，Hansen P F．Influence of temperature on autogenous deformation and relative humidity change in hardening cement paste[J]．Cement and Concrete Research，1999，29（4）：567-575．

[42] 刘鹏，余志武，王卫仑，等．模拟环境中混凝土与环境间水分传输边界条件[J]．中国公路学报，2015，28（5）：108，116，124．

[43] 卢振永．氯盐腐蚀环境的人工模拟试验方法[D]．杭州：浙江大学，2007．

[44] 中华人民共和国国家质量监督检验检疫总局．人造气氛腐蚀试验-盐雾试验：GB/T 10125—1997[S]．北京：中国标准出版社，1997．

[45] 中华人民共和国铁道部．铁路用耐候钢周期浸润腐蚀试验方法：TB/T 2375—93[S]．北京：中国铁道出版社，1993．

[46] 陈敏恒，从德滋，方图南，等．化工原理[M]．3 版．北京：化学工业出版社，2006．

[47] 张先棹．冶金传输原理[M]．北京：冶金工业出版社，2004．

[48] Akita H，Fujiwara T，Ozaka Y．A practical procedure for the analysis of moisture transfer within concrete due to drying[J]．Magazine of Concrete Research，1997，49（179）：129-137．

[49] 彭智．干湿循环与荷载耦合作用下氯离子侵蚀混凝土模型研究[D]．杭州：浙江大学，2010．

[50] Bǎzant Z P，Naijar L J．Nonlinear water diffusion in nonsatuvated concrete[J]．Matériaux et Construction，1972，5（25）：3-20．

[51] Yuan Y，Wan Z L．Prediction of cracking within early-age concrete due to thermal，drying shrinkage and creep behavior[J]．Cement and Concrete Research，2002，32（7）：1053-1059．

[52] 高家锐．动量热量质量传输原理[M]．重庆：重庆大学出版社，1987．

[53] Wong S F，Wee T H，Swaddiwudhipong S，et al．Study of water movement in concrete[J]．Magazine of Concrete Research，2001，53（3）：205-220．

[54] 刘鹏，余志武，黄星浩，等．磷铝酸盐水泥混凝土表面透气和吸水性能研究[J]．西安建筑科技大学学报，2010，42（2）：216-220．

[55] 蔡大用，白峰杉．高等数值分析[M]．北京：清华大学出版社，1997．

[56] Li C Q，Li K F，Chen Z Y．Numerical analysis of moisture influential depth in concrete during drying-wetting cycles[J]．Tsinghua Science & Technology，2008，13（5）：696-701．

[57] Brooks R H，Corey A T．Properties of porous media affecting fluid flow[J]．Journal of the Irrigation and Drainage Division，1966，92（2）：61-88．

[58] 李春秋．干湿交替下表层混凝土中水分与离子传输过程研究[D]．北京：清华大学，2009．

[59] Hall C．Water sorptivity of mortars and concretes：A review[J]．Magazine of Concrete Research，1989，41（147）：51-61．

[60] Hall C，Hoff W D，Skeldon M．The sorptivity of brick：Dependence on the initial water content[J]．Journal of Physics D：Applied Physics，1983，16（10）：1875-1880．

[61] Comité Euro-International du Béton．CEB-FIP Model Code 1990[S]．London：Thomas Telford Services Ltd，1993．

[62] Reid R C，Prausnitz J M，Poling B E．The properties of gases and liquids[M]．California：McGraw-Hill Inc，1987．

[63] Giraud A，Giot R，Homand F，et al．Permeability identification of a weakly permeable partially saturated porous

rock[J]. Transport in Porous Media，2007，69（2）：259-280.

[64] Mualem Y. A new model for predicting the hydraulic conductivity of unsaturated porous media[J]. Water Resources Research，1976，12（3）：513-522.

[65] Corey A T. Mechanics of immiscible fluids in porous media[M]. Colorado：Water Resources Publications Press，1986.

[66] Philip J R，De Vries D A. Moisture movement in porous materials under temperature gradients[J]. Transactions，American Geophysical Union，1957，38（2）：222-232.

[67] Ho C K，Webb S W. A review of porous media enhanced vapor-phase diffusion mechanisms，models，and data：Does enhanced vapor-phase diffusion exist[J]. Journal of Porous Media，1996，1（1）：71-92.

[68] Kropp J，Hilsdorf H K. Performance criteria for concrete durability：RILEM report 12[M]. Boca Raton：CRC Press，1995.

[69] 刘鹏，宋力，余志武. 不同干湿条件下混凝土表层内水分传输[J]. 中南大学学报，2014，45（8）：2830-2838.

[70] Kutay M E，Aydilek A H. Dynamic effects on moisture transport in asphalt concrete[J]. Journal of Transportation Engineering，2007，133（7）：406-414 .

[71] Huang Q H，Jiang Z L，Gu X L，et al. Numerical simulation of moisture transport in concrete based on a pore size distribution model[J]. Cement and Concrete Research，2015，67：31-43.

[72] Rucker-Gramm P，Beddoe R E. Effect of moisture content of concrete on water uptake[J]. Cement and Concrete Research，2010，40（1）：102-108.

[73] Wang Y，Xi Y P. The effect of temperature on moisture transport in concrete[J]. Materials，2017，10（8）：926.

[74] Wu Z，Wong H S，Buenfeld N R. Transport properties of concrete after drying-wetting regimes to elucidate the effects of moisture content，hysteresis and microcracking[J]. Cement and Concrete Research，2017，98：136-154.

[75] Zhang W P，Tong F，Gu X L，et al. Study on moisture transport in concrete in atmospheric environment[J]. Computers and Concrete，2015，16（5）：775-793.

[76] Jafarifar N，Pilakoutas K，Bennett T. Moisture transport and drying shrinkage properties of steel-fibre-reinforced-concrete[J]. Construction and Building Materials，2014，73：41-50.

[77] Chen D，Mahadevan S. Cracking analysis of plain concrete under coupled heat transfer and moisture transport processes[J]. Journal of Structural Engineering，2007（3）：400-410.

[78] Meng Y L. Moisture transport and shrinkage in concrete at early age[J]. Applied Mechanics and Materials，2012，174-177：232-235.

[79] O'Neill L P，Ishida T. Modeling of chloride transport coupled with enhanced moisture conductivity in concrete exposed to marine environment[J]. Cement and Concrete Research，2009，39（4）：329-339.

[80] Cam H T，Neithalath N. Moisture and ionic transport in concretes containing coarse limestone powder[J]. Cement and Concrete Composites，2010，32（7）：486-496.

[81] Timoshin S A，Aiki T. Extreme solutions in control of moisture transport in concrete carbonation[J]. Nonlinear Analysis：Real World Applications，2019，47：446-459.

[82] Lindgard J，Sellevold E J，Thomas M D A，et al. Alkali-silica reaction（ASR）-performance testing：Influence of specimen pre-treatment，exposure conditions and prism size on concrete porosity，moisture state and transport properties[J]. Cement and Concrete Research，2013，53：145-167.

[83] Nilsson L O. The relation between the composition，moisture transport and durability of conventional and new concretes[C]//Gettu R，Aguado A，Shah S，et al. RILEM Workshop on Technology Transfer of the New Trends in Concrete. Barcelona，Spain，1994：63-82.

[84] Van den Heede P，Gruyaert E，De Belie N. Transport properties of high-volume fly ash concrete：Capillary water sorption，water sorption under vacuum and gas permeability[J]. Cement and Concrete Composites，2010，32（10）：749-756.

[85] Mähner D，Becker M. Moisture transport in 15 cm thick，horizontally lying manufactured，waterproof pre-cast reinforced

concrete construction at pressuring water[J]. Beton-und Stahlbetonbau，2008，103（9）：584-589.

[86] Neithalath N. Evaluating the short- and long-term moisture transport phenomena in lightweight aggregate concretes[J]. Magazine of Concrete Research，2007，59（6）：435-445.

[87] Burkan I O，Ghani R A. Finite element modeling of coupled heat transfer，moisture transport and carbonation processes in concrete structures[J]. Cement and Concrete Composites，2004，26（1）：57-73.

[88] Trautz A C. Heat and mass transfer in porous media under the influence of near-surface boundary layer atmospheric flow[D]. Illinois：Colorado School of Mines，2015.

[89] Li H S，Wang W F，Liu B L，et al. Applying isolation method study soil water source in an extremely dry area[J]. Arid Land Geogr，2013，36（1）：92-100.

[90] Huinink H P，Pel L，Michels M A J. How ions distribute in a drying porous medium：a simple model[J]. Physics of Fluids，2002，14（4）：1389-1395.

[91] van der Zanden A J J，Taher A，Arends T. Modelling of water and chloride transport in concrete during yearly wetting/drying cycles[J]. Construction and Building Materials，2015，81：120-129.

[92] 傅献彩，沈文霞，姚天扬，等. 物理化学[M]. 5版. 北京：高等教育出版社，2006.

[93] Liu P，Chen Y，Xing F，et al. Water transport behavior of concrete：Boundary condition and water influential depth[J]. Journal of Materials in Civil Engineering，2018（11）：04018288.

[94] Li C Q，Li K F，Chen Z Y. Numerical analysis of moisture influential depth in concrete and its application in durability design[J]. Tsinghua Science and Technology，2008，13（S1）：7-12.

[95] Leech C，Lockington D，Dux P. Unsaturated diffusivity functions for concrete derived from NMR images[J]. Materials and Structures，2003，36（6）：413-418.

第 4 章　一般大气环境中混凝土结构耐久性时间相似关系

4.1　概　　述

混凝土碳化是指水泥水化产物与二氧化碳发生反应，引起体系化学反应平衡状态破坏导致混凝土性能劣化的现象。混凝土碳化可引起体系 pH 值下降、水化产物分解、钢筋钝化膜脱钝和混凝土保护层开裂等问题，它是最常见的混凝土结构耐久性劣化类型之一[1]。通常情况下，混凝土碳化是极为复杂的物理和化学过程，影响混凝土碳化因素繁多且相互关联。目前，混凝土碳化研究主要集中在混凝土材料组成、配合比和碳化深度预测等方面，有关环境因素（如温度、相对湿度、二氧化碳浓度等）对混凝土碳化机理和深度等方面的影响研究尚不系统。同时，现有研究多采用现场测试法或加速试验法来预测混凝土结构使用寿命。然而，上述研究方法存在依赖大量现场实测数据或加速试验易导致碳化机理失真等弊端，并且难以预测新建混凝土结构碳化寿命。

为了克服上述研究方法的不足，国内外采用室内模拟环境试验方法开展混凝土结构碳化研究。然而，室内模拟环境试验方法在试验制度和试验参数取值等方面分歧较大，如《普通混凝土长期性能和耐久性能试验方法标准》（GB/T 50082—2009）规定的混凝土碳化试验采用的 CO_2 体积分数为（20±3）%、温度为（20±2）℃和相对湿度为（70±5）%。葡萄牙 Maxques 等[2]推荐混凝土加速碳化试验的 CO_2 体积分数为 5%、温度为 20 ℃和相对湿度为 65%。室内模拟环境试验参数差异会导致混凝土碳化机理和预测结果差别较大，研究成果之间难以定量对比。如何规范混凝土结构碳化的室内模拟环境试验制度，并确定自然环境和室内模拟环境中混凝土结构碳化时间相似率（或试验加速率或加速倍数），是混凝土结构碳化研究领域面临的重大难题之一。

本章通过深入探讨混凝土碳化影响因素和碳化机理，建立考虑多种影响因素交互作用的混凝土碳化深度预测模型（multi-environmental concrete carbonation depth model，MEC 模型）。同时，通过分析温度、湿度和二氧化碳浓度等对混凝土结构碳化机理影响，提出一般大气环境下的混凝土结构耐久性室内模拟环境试验方法。此外，基于相似理论构建自然环境和室内模拟环境中混凝土碳化时间相似关系。

4.2　混凝土碳化机理与碳化深度预测模型

4.2.1　混凝土碳化机理

混凝土碳化可引起混凝土水化产物种类和微观结构等发生显著变化，导致混凝土碱性降低。一般大气环境下，空气中的二氧化碳通过扩散等方式传输进入混凝土内部。然后，与水泥水化产物$Ca(OH)_2$（简写 CH）、水化硅酸钙（简写 CSH）、水化铝酸钙（简写 CAH）和钙矾石（简写 AFt）等反应生成碳酸钙[3]。混凝土内部水化产物可能发生的碳化反应有

$$Ca(OH)_2+CO_2 \longrightarrow CaCO_3+H_2O \tag{4.1}$$

$$CSH+CO_2 \longrightarrow mCaCO_3+nSiO_2+hH_2O \tag{4.2}$$

$$CAH+CO_2 \longrightarrow mCaCO_3+nAl_2O_3+hH_2O \tag{4.3}$$

$$AFt+CO_2 \longrightarrow mCaCO_3+nSiO_2+nAl_2O_3+eCaSO_4+hH_2O \tag{4.4}$$

混凝土碳化影响因素主要包括自身因素、环境因素和施工因素等[4]，见表 4.1。混凝土碳化的影响因素之间相互关联且存在极强的不确定性，故开展混凝土碳化影响因素分析对深入揭示混凝土碳化机理及其侵蚀模式具有重要科学意义。

表 4.1　混凝土碳化影响因素

影响因素		各因素种类
自身因素		水灰比、水泥品种与用量、骨料品种与等级、掺和料种类及含量、外加剂、表面覆盖层等
外部因素	环境因素	温度、相对湿度、二氧化碳浓度等
	施工因素	振捣或搅拌方式、混凝土养护时间和养护方法等

4.2.2　混凝土内二氧化碳传输和浓度分布

混凝土碳化过程中的二氧化碳传输过程可采用 Fick 扩散定律和质量守恒定律描述。在稳定状态下，混凝土内部二氧化碳传输可采用 Fick 第一定律表征，即

$$J_{CO_2}=-D_{CO_2}\frac{\partial C_{CO_2}}{\partial x} \tag{4.5}$$

式中：J_{CO_2}为传输方向上任一点处二氧化碳的扩散通量，mol/（$m^2 \cdot s$）；D_{CO_2}为混凝土中二氧化碳的等效扩散系数，m^2/s；C_{CO_2}为传输方向上任一点处混凝土中二氧化碳的摩尔浓度，mol/m^3；负号代表气体由浓度高向浓度低的方向扩散。

一般来讲，混凝土碳化是包含气体扩散和碳化反应的复杂物化过程。然而，经典混凝土碳化深度预测理论模型多假定混凝土表面到碳化前沿的二氧化碳浓度符合线性变化分布，导致理论计算与实际结果偏差较大。针对上述研究不足，根据质量守恒定律建立混凝土内部二氧化碳浓度分布方程。选取混凝土内部微元体（即控制体）为研究对象（图 4.1），并设定微元体的边长分别为 dx、dy 和 dz，则控制体内二氧化碳的质量累计速率 M_{ac} 可表示为

$$M_{ac}=\frac{\partial \rho_{CO_2}}{\partial t}dxdydz \tag{4.6}$$

式中：ρ_{CO_2}为二氧化碳气体的密度；t 为时间，s；x、y 和 z 分别为三个方向二氧化碳的扩散深度，m。

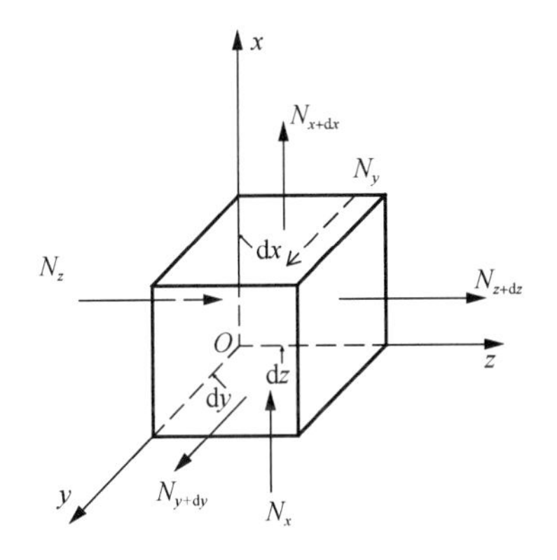

图 4.1　混凝土三维控制体内的质量通量

假设在浓度梯度作用下控制体内二氧化碳三个方向的扩散通量分别为 N_x、N_y 和 N_z，则流入控制体的二氧化碳质量速率 M_{in} 为

$$M_{\mathrm{in}} = N_x \mathrm{d}y\mathrm{d}z + N_y \mathrm{d}x\mathrm{d}z + N_z \mathrm{d}x\mathrm{d}y \tag{4.7}$$

同时，流出控制体的二氧化碳质量速率 M_{out} 为

$$M_{\mathrm{out}} = N_{x+\mathrm{d}x} \mathrm{d}y\mathrm{d}z + N_{y+\mathrm{d}y} \mathrm{d}x\mathrm{d}z + N_{z+\mathrm{d}z} \mathrm{d}x\mathrm{d}y \tag{4.8}$$

若单位体积混凝土消耗二氧化碳的质量速率为 $r_{\mathrm{CO_2}}$，则在控制体内二氧化碳的质量消耗速率 M_{Rc} 为

$$M_{\mathrm{Rc}} = r_{\mathrm{CO_2}} \mathrm{d}x\mathrm{d}y\mathrm{d}z \tag{4.9}$$

考虑到混凝土中二氧化碳扩散为非稳态传质过程，根据质量守恒定律可知混凝土微元体中二氧化碳的质量累积速率 M_{ac} 是二氧化碳的流入速率、流出速率和碳化反应消耗速率三者之差，即

$$M_{\mathrm{ac}} = M_{\mathrm{in}} - M_{\mathrm{out}} - M_{\mathrm{Rc}} \tag{4.10}$$

综合式（4.7）～式（4.10），可得混凝土微元体中二氧化碳浓度分布，即

$$\frac{\partial \rho_{\mathrm{CO_2}}}{\partial t} \mathrm{d}x\mathrm{d}y\mathrm{d}z = \left(N_x \mathrm{d}y\mathrm{d}z + N_y \mathrm{d}x\mathrm{d}z + N_z \mathrm{d}x\mathrm{d}y\right) - \left(N_{x+\mathrm{d}x} \mathrm{d}y\mathrm{d}z + N_{y+\mathrm{d}y} \mathrm{d}x\mathrm{d}z + N_{z+\mathrm{d}z} \mathrm{d}x\mathrm{d}y\right) - r_{\mathrm{CO_2}} \mathrm{d}x\mathrm{d}y\mathrm{d}z \tag{4.11}$$

式（4.11）两边同除以 dxdydz，并取 dx、dy 和 dz 都趋于零，可得到以质量为单位混凝土内二氧化碳质量守恒方程，即

$$\frac{\partial \rho_{\mathrm{CO_2}}}{\partial t} = \left(\frac{\partial N_x}{\partial x} + \frac{\partial N_y}{\partial y} + \frac{\partial N_z}{\partial z}\right) - r_{\mathrm{CO_2}} \tag{4.12}$$

同理，以物质的量为单位的二氧化碳质量守恒方程为

$$\frac{\partial C_{\mathrm{CO_2}}}{\partial t} = \left(\frac{\partial J_x}{\partial x} + \frac{\partial J_y}{\partial y} + \frac{\partial J_z}{\partial z}\right) - R_{\mathrm{c}} \tag{4.13}$$

式中：C_{CO_2} 为二氧化碳的摩尔浓度；R_c 为反应消耗的二氧化碳摩尔数；J_x、J_y 和 J_z 分别为控制体 x、y、z 方向的扩散通量。

由 Fick 第一定律，可得出控制体 x、y、z 方向上的二氧化碳扩散通量为

$$J_x = D_{CO_2}\frac{dC_{CO_2}}{dx},\quad J_y = D_{CO_2}\frac{dC_{CO_2}}{dy},\quad J_z = D_{CO_2}\frac{dC_{CO_2}}{dz} \tag{4.14}$$

将式（4.14）代入式（4.13）中，可得

$$\frac{\partial C_{CO_2}}{\partial t} = \left[\frac{\partial}{\partial x}\left(D_{CO_2}\frac{\partial C_{CO_2}}{\partial x}\right) + \frac{\partial}{\partial y}\left(D_{CO_2}\frac{\partial C_{CO_2}}{\partial y}\right) + \frac{\partial}{\partial z}\left(D_{CO_2}\frac{\partial C_{CO_2}}{\partial z}\right)\right] - R_c \tag{4.15}$$

式（4.15）为考虑二氧化碳反应消耗的混凝土内部二氧化碳浓度分布模型。根据初始条件和边界条件，可确定混凝土内部二氧化碳浓度的时空分布。

4.2.3　混凝土碳化深度预测模型

混凝土碳化深度是衡量混凝土碳化程度的重要量化指标之一。有关混凝土碳化深度预测研究是混凝土碳化研究领域的焦点，现有研究多认为混凝土碳化深度与碳化时间存在特定的关联，即

$$x_c = k_{CO_2}\cdot\sqrt{t} \tag{4.16}$$

式中：x_c 为混凝土碳化深度；t 为碳化时间；k_{CO_2} 为混凝土碳化系数，与混凝土水灰比、水泥用量、环境温湿度和二氧化碳浓度等密切相关。

目前，混凝土碳化深度预测模型主要包括理论模型、半理论半经验模型和经验模型等，具体内容如下。

1. 理论模型

阿列克谢耶夫[5]基于 Fick 扩散定律和二氧化碳在多孔介质中传输与反应特征，推导出经典的混凝土碳化深度理论模型，即

$$x_c = \sqrt{\frac{2D_{e,CO_2}\cdot C_{0\text{-}C}}{m_{0\text{-}C}}}\cdot\sqrt{t} \tag{4.17}$$

式中：x_c 为混凝土碳化深度；D_{e,CO_2} 为混凝土中二氧化碳的有效扩散系数；$C_{0\text{-}C}$ 为环境中二氧化碳的浓度（常采用摩尔浓度）；$m_{0\text{-}C}$ 为单位体积混凝土完全碳化时可吸收二氧化碳的质量。

混凝土碳化速度取决于混凝土中二氧化碳扩散能力和混凝土吸收二氧化碳能力，主要由环境因素（如温度、湿度、二氧化碳浓度）和自身材料因素（如水灰比、水泥品种及用量）等主导。

Papadakis[6]采用化学反应动力学方法研究水泥水化和碳化速率，并基于各可碳化物质的质量平衡条件推导出混凝土碳化深度理论模型，文献[7]对该研究成果进行了详细的阐述，即

$$x_c = \sqrt{\frac{2D_{e,CO_2}\cdot C_{0\text{-}C}}{[CH]^0 + 3[CSH]^0 + 3[C_3S]^0 + 2[C_2S]^0}}\cdot\sqrt{t} \tag{4.18}$$

式中：$[CH]^0$、$[CSH]^0$、$[C_3S]^0$ 和 $[C_2S]^0$ 分别代表碳化前单位体积混凝土中可被碳化的氢氧化钙、水化硅酸钙、水化硅酸三钙、水化硅酸二钙的初始摩尔浓度。

东南大学刘志勇和孙伟[8]通过对上述四种主要可碳化物质的碳化发生场所与孔溶液 pH 值分析，指出 Papadakis 模型不适用于大掺量工业废渣混凝土及含氯盐混凝土。并指出混凝土抗碳化能力的关键是在孔溶液中电离形成的氢氧根离子总量，建立与钢筋脱钝化临界孔溶液 pH 值相关联的混凝土碳化深度理论模型，即

$$x_c = \sqrt{\frac{2D_{e,CO_2} \cdot C_{0\text{-}C}}{2 \cdot [NaOH]_{eqA}^0 + [CH]^0 \cdot (1-\delta_{CO_2}) + 3[CSH]^0 \cdot (1-\omega_{CO_2})}} \cdot \sqrt{t} \tag{4.19}$$

$$\delta_{CO_2} = [OH^-]_{cr} / [OH^-]_{eqCH} \qquad (\delta_{CO_2} \leqslant 1) \tag{4.20}$$

$$\omega_{CO_2} = [OH^-]_{cr} / [OH^-]_{eqCSH} \qquad (\omega_{CO_2} \leqslant 1) \tag{4.21}$$

式中：$[NaOH]_{eqA}^0$ 为混凝土中与等当量 Na_2O 平衡的 NaOH 浓度；$[OH^-]_{cr}$ 为钢筋脱钝化临界的 $[OH^-]$；$[OH^-]_{eqCH}$ 为 $Ca(OH)_2$ 溶解平衡时的 $[OH^-]$，20 ℃时饱和 CH 浓度为 0.0467 mol/L；$[OH^-]_{eqCSH}$ 为 CSH 凝胶溶解平衡时的 $[OH^-]$。

通过上述分析可知，混凝土碳化深度理论模型的优点是模型物理意义明确且理论依据充分；该类模型的不足之处是难以确定模型中的部分参数（如混凝土内部二氧化碳有效扩散系数 D_{e,CO_2}），研究成果无法直接应用于实际工程中。

2. 半理论半经验模型

混凝土碳化深度预测的半理论半经验模型是基于上述的理论模型发展起来的，它通过对混凝土碳化影响因素的加速试验来确定相应的理论模型参数。国内外在混凝土内部 CO_2 有效扩散系数 D_{e,CO_2} 方面开展了大量研究，如欧洲 CEB-FIB 规范推荐的混凝土内部二氧化碳扩散系数 D_{CO_2} 的估算方程，即

$$\lg D_{CO_2} = -(7 + 0.025 f_{ck} / f_{ck0}) \tag{4.22}$$

式中：f_{ck} 为混凝土轴心抗压强度标准值；f_{ck0} 为基准抗压强度，f_{ck0}=10 MPa。

Papadakis[9]通过试验给出混凝土内部二氧化碳的有效扩散系数 D_{e,CO_2} 的计算公式

$$D_{e,CO_2} \approx 1.64 \times 10^{-6} \varepsilon_d^{1.8} (1 - RH/100)^{2.2} \tag{4.23}$$

式中：ε_d 为硬化水泥石的孔隙率；RH 为相对湿度。

Ishida 等[10]探讨了混凝土内部气-液两态以 Fick 扩散、Knudsen 扩散和过渡区扩散三种形式传质机理，并在考虑混凝土孔隙率 ϕ、孔的饱和度 S_p 和曲折度 Ω 等因素对二氧化碳传输系数的影响基础上，提出了混凝土内部二氧化碳的扩散系数模型，即

$$D_{CO_2} = \frac{\phi}{\Omega} \frac{\left(1 - S_p\right)^4}{1 + l_m / 2\left(r_m - t_m\right)} D_0^g + \frac{\phi S_p^4}{\Omega} D_0^d \tag{4.24}$$

式中：D_{CO_2} 为二氧化碳在水溶液中的扩散系数；D_0^d 为二氧化碳在水溶液中的扩散系数，1.0×10^{-9} m²/s；D_0^g 为二氧化碳在气相中的扩散系数，1.34×10^{-9} m²/s；K_{CO_2} 为二氧化碳浓度影响系数；l_m 为气体自由行程长度，mm；r_m 为未饱水的孔平均半径，mm；t_m 如对应于 r_m，为孔隙中的吸附水膜厚度，mm。

Song 等[11]改进 Ishida 传输模型，提出带裂纹的混凝土内部二氧化碳的等效传输系数 $D_{CO_2}^{eq}$，即

$$D_{CO_2}^{eq}=\frac{\phi}{\Omega}\frac{\left(1-S_p\right)^1}{1+l_m/2\left(r_m-t_m\right)}D_0^g+\frac{\phi S_p^4}{\Omega}D_0^d+\frac{D_0^g K_{CO_2}\Omega\left[0.002\left(\phi S_p\right)\right]^{-9.1952}}{\phi S_p\left(A_0^L/A_{cr}\right)} \tag{4.25}$$

式中：A_{cr} 为混凝土单元体中的裂缝面积；A_0^L 为混凝土单元体中二氧化碳饱和总面积。

同时，Song 等[11]还基于 Arrhenius 方程提出不同温度下混凝土内部二氧化碳传输系数模型，即

$$D_{CO_2}(T)=D_{CO_2}^{eq}\cdot\exp\left[\frac{U_{CO_2}}{R}\left(\frac{1}{T_{ref}}-\frac{1}{T}\right)\right] \tag{4.26}$$

式中：U_{CO_2} 为混凝土内部二氧化碳传输的活化能；$D_{CO_2}(T)$ 为不同温度下混凝土内部二氧化碳传输系数；T_{ref} 为参考温度；T 为试验的温度；R 为理想气体常数，取值为 8.314 J/（mol·K）。

陈立亭[12]分析了经典理论模型中混凝土内二氧化碳浓度分布为直线的假定，在 Papadakis 等[13]研究成果基础上，根据水泥水化和碳化过程中钙元素质量守恒定律推导出不同品种水泥的单位体积混凝土吸收二氧化碳的量 $m_{0\text{-}C}$ 的计算公式，即

$$m_{0\text{-}C}=\left(8.27-\lambda_{ce}\alpha_a\right)\cdot c_{cement} \tag{4.27}$$

式中：λ_{ce} 为水泥品种参数，普通硅酸盐水泥和火山灰水泥取 8.27，粉煤灰水泥取 20.5，矿渣水泥取 5.83；α_a 为矿物掺和料掺量，硅酸盐水泥取 0，普通硅酸盐水泥取 15%，其他品种水泥视具体掺量而定；c_{cement} 为单方混凝土水泥用量。

同时，在考虑应力水平和环境温湿度的影响基础上，采用已有的试验数据拟合相应的混凝土碳化深度预测模型，即

$$x_c=\sqrt{\frac{299.3k_\sigma k_T k_{RH}e^{-0.067f_{cuk}}C_{0\text{-}C}\times10^{-8}}{\left(8.27-\lambda_c\alpha_a\right)\cdot c_{cement}}}\cdot\sqrt{t} \tag{4.28}$$

$$k_\sigma=\begin{cases}0.982+0.018e^{\sigma_t/0.193} & (\text{拉应力})\\ 1.000-2.332\sigma_c+3.476\sigma_c^2 & (\text{压应力})\end{cases} \tag{4.29}$$

$$k_T=0.02T-4.86 \tag{4.30}$$

$$k_{RH}=\left(\frac{1-RH}{1-RH_0}\right)^{2.2} \tag{4.31}$$

式中：k_σ 为应力影响系数[14]；σ_t、σ_c 为混凝土拉（压）应力与极限拉（压）应力之比；

k_T 为温度影响系数[13]；T 为绝对温度；k_{RH} 为环境湿度影响系数[9]；RH 和 RH_0 分别为环境相对湿度和标准环境湿度，且 RH_0 取值为 70%；f_{cuk} 为混凝土立方体抗压强度；$C_{0\text{-}C}$ 为二氧化碳浓度。

张誉[15]建立了考虑水泥水化度的单位体积混凝土吸收二氧化碳量的理论模型，如式（4.32）所示。同时，考虑混凝土水灰比 W/C 和相对湿度 RH 对混凝土内部二氧化碳有效扩散系数影响，建立相应的混凝土碳化深度预测模型，如式（4.33）所示。

$$m_{0\text{-C}}=8.03\gamma_{\text{HD}}\cdot\gamma_{\text{c}}\cdot c_{\text{cement}} \tag{4.32}$$

$$x_{\text{c}}=839(1-\text{RH})^{1.1}\sqrt{\frac{W/C\cdot\dfrac{1}{\gamma_{\text{c}}}-0.34}{\gamma_{\text{HD}}\gamma_{\text{c}}c_{\text{cement}}}C_{0\text{-C}}}\cdot\sqrt{t} \tag{4.33}$$

式中：γ_{HD} 为水泥水化程度修正系数（超过 90 d 养护取 1，28 d 养护取 0.85，中间养护龄期按线性插入法取值）；γ_c 为水泥品种修正系数，硅酸盐水泥取 1，其他品种水泥 γ_c 取（1-掺和料含量）。

综上可知，半理论半经验模型是基于经典理论碳化模型获得，具有一定的理论基础。然而，在进行混凝土碳化试验和工程实际碳化情况调查时，环境因素的随机性和考虑侧重点不同等可导致试验参数取值误差较大，故混凝土碳化深度的半理论半经验模型应用仍具有一定的局限性。

3. 经验模型

由于理论模型和半理论半经验模型中的部分参数难以确定，部分学者在混凝土碳化影响因素方面开展大量快速碳化试验、室外暴露试验和实际工程碳化调查。同时，根据各自对混凝土碳化影响因素认识，提出多种混凝土碳化深度预测的经验模型。其中，较为经典的模型主要有以下几种。

（1）基于水灰比的经验模型

水灰比是决定混凝土性能的重要参数之一，它反映混凝土水化程度和碳化等特征。基于水灰比的混凝土碳化深度预测经验模型研究较多，如日本学者岸谷孝一[12]基于快速碳化试验和自然暴露试验测试结果提出相应的混凝土碳化深度预测模型，即

$$x_{\text{c}}=\begin{cases} r_{\text{ce}}r_{\text{a}}r_{\text{s}}\sqrt{\dfrac{W/C-0.25}{0.3(1.15+3W/C)}}\cdot\sqrt{t} & (W/C>0.6)\\ r_{\text{ce}}r_{\text{a}}r_{\text{s}}\dfrac{4.6W/C-1.76}{\sqrt{7.2}}\cdot\sqrt{t} & (W/C\leqslant 0.6)\end{cases} \tag{4.34}$$

式中：W/C 为混凝土水灰比；r_{ce}、r_a、r_s 分别为水泥品种、骨料品种、混凝土掺加剂对混凝土碳化影响系数。

朱安民[16]提出混凝土碳化深度的经验算法，即

$$x_{\text{c}}=\gamma_1\gamma_2\gamma_3(12.1W/C-3.2)\sqrt{t} \tag{4.35}$$

式中：γ_1 为水泥品种影响系数，矿渣水泥为 1.0，普通水泥为 0.5～0.7；γ_2 为粉煤灰影响系数，取代水泥量小于 15%时取 1.1；γ_3 为气象条件影响系数，中部一般地区取 1.0，南方潮湿地区取 0.5～0.8，北方干燥地区取 1.1～1.2。

虽然水灰比在一定程度上可体现混凝土品质和耐久性，但不能全面地反映混凝土整体的抗碳化性能。此外，在缺少水灰比参考资料情况下，无法精准地判定现场混凝土工程碳化深度。因此，基于水灰比的混凝土碳化深度预测经验模型的应用也具有一定的局限性。

（2）基于混凝土抗压强度的经验模型

混凝土抗压强度是最常见且易于确定的混凝土力学性能指标。因此，基于混凝土抗压强度的混凝土碳化深度预测经验模型具有较好的发展前景。牛荻涛[17]将收集的长期暴露试验与实际工程调查的碳化数据换算到同一标准环境（二氧化碳浓度为 0.03%，相对湿度为 71%，温度为 13 ℃），利用数值拟合建立标准环境下混凝土抗压强度与碳化速度系数之间的关系，即

$$k_{\mathrm{f}} = \frac{57.94}{f_{\mathrm{cuk}}} - 0.76 \tag{4.36}$$

式中：k_{f} 为混凝土强度控制的碳化速度系数；f_{cuk} 为混凝土立方体抗压强度标准值。

同时，通过考虑二氧化碳浓度影响系数 $K_{\mathrm{CO_2}}$、环境因子（温度 T 与相对湿度 RH）、碳化部位修正系数 K_{j}、施工浇筑面修正系数 K_{p} 和应力状况影响系数 K_{s} 等的影响，建立了基于混凝土抗压强度的混凝土碳化深度随机预测模型，即

$$x_{\mathrm{c}}(t) = 2.56K_{\mathrm{mc}}K_{\mathrm{j}}K_{\mathrm{CO_2}}K_{\mathrm{p}}K_{\mathrm{s}}\sqrt[4]{T}(1-\mathrm{RH})\mathrm{RH}\left(\frac{57.94}{f_{\mathrm{cuk}}}m_{\mathrm{cr}} - 0.76\right)\sqrt{t} \tag{4.37}$$

式中：K_{mc} 为计算模式不定性随机变量，主要反映碳化深度预测模型计算结果与实际测试结果之间的差异，也包含其他一些在计算模型中未能考虑的随机因素对混凝土碳化的影响；m_{cr} 为混凝土立方体抗压强度平均值与标准值的比值；K_{j} 在角部时取 1.4，非角部时取 1.0；$x_{\mathrm{c}}(t)$ 为碳化时间 t 对应的混凝土碳化深度。

中国建筑科学研究院邸小坛等[18]统计分析大量混凝土碳化深度长期观测结果，以混凝土抗压强度标准值为主要参数，提出考虑养护条件修正系数 α_1、水泥品种修正系数 α_2 和环境修正系数 α_3 的混凝土碳化深度计算模型，即

$$x_{\mathrm{c}} = \alpha_1\alpha_2\alpha_3\left(\frac{60}{f_{\mathrm{cuk}}} - 1\right)\sqrt{t} \tag{4.38}$$

该模型与牛荻涛[17]提出的抗压强度影响系数主要区别是环境、材料以及施工养护等影响系数的不同。混凝土抗压强度易测定，且混凝土抗压强度能综合反映混凝土水灰比、施工质量及养护条件等对混凝土的影响，故基于混凝土抗压强度的混凝土碳化深度预测模型具有较强的实际意义。然而，该类模型无法描述工业废渣掺量对混凝土孔结构、碱度以及二氧化碳反应等影响，导致混凝土碳化深度预测结果误差较大。

（3）含多系数的经验模型

含多系数的混凝土碳化深度预测经验模型没有区分主要和次要影响因素，主要用于量化各种因素对混凝土碳化深度影响规律。部分专家对此开展相关研究，如龚洛书等[19]

考虑水灰比、水泥用量、骨料品种、粉煤灰掺量、养护方法、水泥品种等对混凝土碳化的影响，提出含多系数的混凝土碳化深度预测模型，即

$$x_{\mathrm{c}} = K_{\mathrm{w}} K_{\mathrm{ce}} K_{\mathrm{gt}} K_{\mathrm{FA}} K_{\mathrm{b}} K_{\mathrm{r}} a_{\mathrm{c}} \sqrt{t} \tag{4.39}$$

式中：K_{ce} 为水泥用量影响系数；K_w 为水灰比影响系数；K_{FA} 为粉煤灰取代量影响系数；K_{gt} 为水泥品种影响系数；K_b 为骨料品种影响系数；K_r 为养护方法影响系数；a_c 为混凝土碳化速度系数。

卢朝辉等[20]提出基于环境参数 D_E（温度 T、相对湿度 RH、二氧化碳浓度 C_0）、材料参数 D_M（混凝土强度 $f_{cu,k}$、水泥强度 $f_{ce,k}$ 和水泥品种影响系数 m_0）、碳化位置参数 D_L 和时间参数 D_t 的混凝土碳化深度预测模型［式（4.40）］，并建立预应力混凝土碳化深度预测模型［式（4.41）］，即

$$x_{\mathrm{c}} = 12 \cdot \sqrt{D_{\mathrm{E}} \cdot D_{\mathrm{M}} \cdot D_{\mathrm{L}} \cdot D_{\mathrm{t}}} \cdot \sqrt{t} \tag{4.40}$$

$$x_{\sigma_0} = 15 \cdot K_{\sigma_0} \cdot \ln x_{\mathrm{c}} \tag{4.41}$$

式中：K_{σ_0} 为应力影响系数（拉应力取正、压应力取负），即

$$K_{\sigma_0} = \sigma_0^{-0.15} \pm 0.3 \tag{4.42}$$

式中：σ_0 为应力系数，等于实际施加应力除以轴心受压（拉）强度设计值。

潘洪科等[21]考虑应力和水灰比对混凝土碳化深度的综合影响，提出混凝土碳化深度预测模型，即

$$x_{\mathrm{c}} = \eta_{\mathrm{t}} \cdot K_{\mathrm{sh}} \cdot K_{\sigma_0} \cdot \frac{c}{a \cdot t + b} \cdot \sqrt{t} \tag{4.43}$$

式中：η_t 为钢筋影响系数；K_{sh} 为混凝土水灰比影响系数；K_{σ_0} 为应力水平影响系数；a、b、c 为拟合系数。

上述模型多假设混凝土碳化深度与时间平方根呈线性关系。然而，张海燕[22]研究发现混凝土碳化模型的时间指数取值范围为 0.36～0.52（加权平均值为 0.42），提出考虑时间指数的混凝土碳化深度预测模型，即

$$x_{\mathrm{c}} = k_{\mathrm{T}} k_{\mathrm{RH}} k_{\mathrm{CO_2}} k_{\mathrm{fuk}} k_{\mathrm{w}} t^{0.42} \tag{4.44}$$

式中：k_w 为混凝土所处室内外影响系数（室外取 1.0，室内取 1.87）；k_{fuk} 为混凝土强度影响系数；k_T、k_{RH} 和 k_{CO_2} 分别为温度、相对湿度和二氧化碳浓度影响系数。

（4）MEC 模型

目前，既有研究成果仍多依赖实测数据和经验总结，理论分析难以精准预测混凝土碳化深度。在各类模型中，含多系数的混凝土碳化深度预测经验模型更贴近实际且能兼顾各类影响因素对混凝土碳化深度的影响。在长期试验研究和数据累积基础上，作者提出包含混凝土材料、水灰比、时间和多种环境因素交互作用的混凝土碳化深度预测模型（简称 MEC 模型），即

$$\begin{aligned} x_{\mathrm{c}} = {} & K_{\mathrm{x}} \cdot (W/C - 0.106) \cdot (C_{\mathrm{e}}^2 - 508.351 C_{\mathrm{e}} - 1195.624) \cdot (F_{\mathrm{ad}} + 112.460) \\ & \cdot (T - 277.662) \cdot (C_{\mathrm{d}}^{0.538}) \cdot (\mathrm{RH}^2 - 125.410\mathrm{RH} + 2351.806) \cdot \sqrt{t} \end{aligned} \tag{4.45}$$

式中：K_x 为混凝土碳化综合影响系数，模拟试验拟合值为 2.982×10^{-12}；W/C 为混凝土水

灰比；C_e、F_{ad} 分别为单方混凝土中水泥和掺和料（粉煤灰、矿粉、硅灰）的用量，kg/m^3；C_d 为环境中的二氧化碳浓度，%；RH 为环境相对湿度，%；t 为时间，d。

MEC 模型属于含多系数的混凝土碳化深度预测经验模型，其优点是将材料组成与含量进行独立考虑，并区分水泥和掺和料的组分与用量的单独影响。此外，该模型还将混凝土碳化时变性和环境因素差异性等纳入混凝土碳化综合影响系数 K_x 中，提高了混凝土碳化深度预测模型的精度和适用性。

（5）混凝土碳化深度的拓扑分析法

混凝土碳化物相分析表明混凝土中存在完全碳化区、部分碳化区和未碳化区三个区域。当环境相对湿度较低时，部分碳化区在整个碳化区域占主导地位，部分碳化区的存在使混凝土碳化深度预测更为复杂。考虑混凝土中 CO_2 扩散为非稳态传质过程，根据图 4.2 所示混凝土微元体中 CO_2 累积量等于 CO_2 流入量与流出量之差减去 CO_2 消耗量，得到混凝土碳化过程的控制方程式（4.15）。结合混凝土碳化边界条件和初始条件，即可求得混凝土中 CO_2 和可碳化物质的分布情况，从而确定混凝土碳化深度。

CO_2累计量 = CO_2流入量 − CO_2流出量 − CO_2消耗量

图 4.2　混凝土中二氧化碳质量守恒示意图

然而，受限于混凝土碳化深度预测模型的数值求解方法和边界条件等，混凝土碳化深度模型的控制偏微分方程难以确定出解析解。因此，只有通过在空间和时间上对方程进行离散计算才能求出近似解。随着计算机科学发展，采用仿真模拟和数值分析技术开展混凝土碳化深度预测是未来发展的新趋势。数值求解方法主要有有限单元分析法、无量纲分析法[23]、微分方程的渐进分析法[24]和多层前馈网络[25]等。其中，有限单元分析法是一种行之有效的混凝土碳化深度求解方法。多层前馈网络是基于神经网络技术发展起来的，其基本思想是在循环地信号正向传播和误差反向传播中不断学习训练，通过修正各单位的权值直至输出层误差满足限制为止。该方法具有精度高和可靠性好等优点。采用三层神经网络建立混凝土碳化深度预测模型的拓扑结构示意图，如图 4.3 所示。

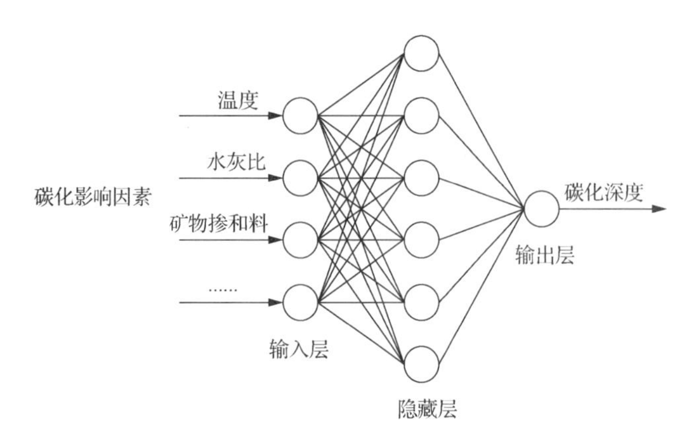

图 4.3　混凝土碳化深度预测模型拓扑结构示意图

图 4.3 给出的混凝土碳化深度预测模型拓扑结构实施流程：通过选取已有工程实际或碳化试验数据（碳化影响因素、碳化时间、碳化深度等）为学习样本，随着样本数量的增多，不断加强网络的学习能力，而网络本身的结构无需改变。通过输入层的各种数据导入和隐藏层数值模拟分析，最终由输出层导出混凝土碳化深度预测模拟结果。国内外部分专家对此展开了探索研究。例如，采用应用函数型神经网络法进行混凝土碳化分析，使用单层网络进行学习和计算以达到简化网络结构与加快计算收敛速度效果[26]，研究结果表明该网络可应用于混凝土碳化和结构耐久性分析和预测，并且计算结果优于传统的误差逆传播（back propagation，BP）网络。采用粒子群（particle swarm optimization，PSO）优化算法 BP 网络有效克服了传统 BP 网络的缺点，获得了较为理想的混凝土碳化深度预测效果[27]。

4.3　混凝土碳化室内模拟环境试验方法

国内外研究者在混凝土碳化室内模拟环境试验方面开展大量探索工作，但因试验参数取值、理论依据、试验方法和试验制度等分歧较大，导致研究结果之间的可比性差。为了规范混凝土碳化室内模拟环境试验方法，并为试验参数取值提供理论依据，以下将针对混凝土碳化室内模拟环境试验参数和试验制度两个方面开展探讨。

4.3.1　室内模拟环境试验参数

通过在室内模拟环境试验系统中开展混凝土碳化试验，分析混凝土碳化影响因素（温度、相对湿度、二氧化碳浓度等）对混凝土碳化深度影响，具体的试验工况和测试结果见表 4.2。混凝土碳化深度 x_0 由 95%（体积分数）乙醇配制质量浓度 1%的酚酞试剂测定[28]，并按照《普通混凝土长期性能和耐久性能试验方法标准》（GB/T 50082—2009）的相关规定进行。试验测试时，先将混凝土试样劈裂后喷涂 1%的酚酞酒精溶液，再将断面划分为 10 个测点，以混凝土碳化深度平均值作为混凝土试样碳化深度（精确至 0.1 mm）。

表 4.2　混凝土碳化工况和测试结果

编号	T/℃	RH /%	C_d /%	C20 碳化深度/mm		C30 碳化深度/mm		C40 碳化深度/mm	
				28 d	56 d	28 d	56 d	28 d	56 d
1	10	70	20	6.3	9.8	4.3	6.1	1.4	1.6
2	20			13.1	17.5	10.5	14.2	7.2	9.7
3	30			21.4	31.2	18.2	26.0	12.5	17.4
4	20	40	20	9.0	13.2	7.9	10.6	4.7	7.0
5		60		11.4	16.8	9.4	13.1	6.4	9.1
6		80		11.9	15.7	10.4	14.4	5.9	8.5
7		90		7.5	10.5	6.7	9.4	4.0	5.7

续表

编号	T/℃	RH /%	C_d /%	C20 碳化深度/mm		C30 碳化深度/mm		C40 碳化深度/mm	
				28 d	56 d	28 d	56 d	28 d	56 d
8	20	70	1	2.8	4.1	2.5	3.5	0.9	1.1
9			3	4.7	6.6	5.7	7.4	1.9	2.5
10			10	6.9	11.8	7.6	10.6	3.4	4.9
11			50	19.4	26.5	8.3	11.9	10.2	14.4
12			90	25.2	35.1	20.4	29.3	14.1	21.2

1. 温度

温度是混凝土碳化室内模拟环境试验参数之一，可主导混凝土碳化反应速率和侵蚀产物晶型。本节分析相对湿度为 70%、二氧化碳浓度为 20%环境中，不同温度（283 K、293 K 和 303 K）和碳化时间（28 d 和 56 d）混凝土碳化深度变化。图 4.4 为混凝土碳化深度随温度变化曲线。由图 4.4 可知，混凝土碳化深度随混凝土强度等级降低而增大，随碳化时间延长而增大。混凝土强度等级越低，温度对碳化深度影响越显著。混凝土碳化深度随温度升高而增大，两者之间表现为良好的指数函数，即

$$x_c = a + b\exp\left(\frac{T}{t_1}\right) \tag{4.46}$$

式中：x_c 为混凝土碳化深度，mm；a、b 和 t_1 为拟合系数；T 为混凝土碳化的温度，K。

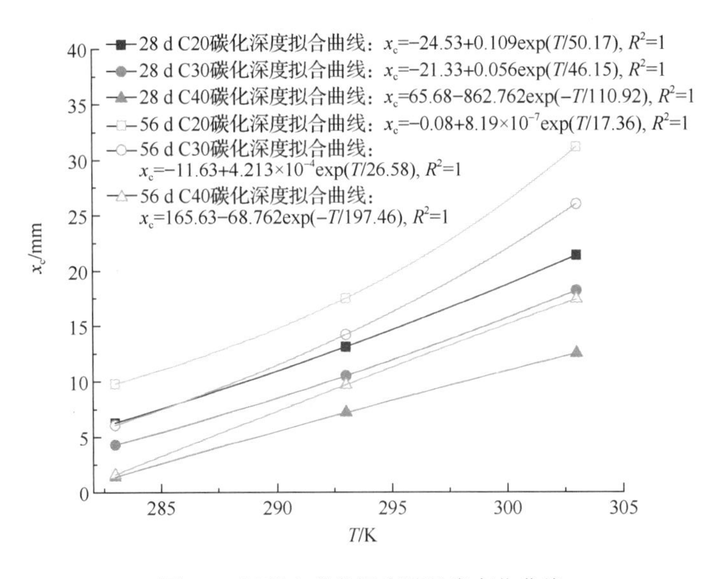

图 4.4　混凝土碳化深度随温度变化曲线

一般来讲，混凝土碳化包括在混凝土内部二氧化碳传输和与水泥水化产物化学反应两个过程。根据 Arrhenius 理论[29,30]，混凝土内部二氧化碳传输系数和化学反应系数随温度升高而增大，进入混凝土且参与碳化反应的二氧化碳的量也增大，混凝土内部被消

耗水化产物的量越多，故混凝土碳化深度随温度升高而增大。混凝土强度等级越低，其微观结构疏松、孔隙率高、大孔含量和平均孔径越大，孔隙连通和渗透系数越大，导致混凝土内部二氧化碳传输系数和碳化反应速率较大，故混凝土碳化深度随混凝土强度等级降低而增大。混凝土碳化深度随温度变化规律采用线性函数描述也具有较好的相关性，这是因为线性函数和指数函数在温度变化较小的范围内（283～303 K）增量差别不大。

根据 Arrhenius 理论可知[29,30]，混凝土碳化反应系数可表示为

$$k_{rc} = A_r \exp\left(-\frac{E_{a\text{-}C}}{RT}\right) \tag{4.47}$$

式中：k_{rc} 为混凝土碳化反应系数；A_r 为反应的指前因子；$E_{a\text{-}C}$ 为混凝土碳化反应活化能，kJ/mol。

混凝土碳化试验采用的二氧化碳浓度远大于自然状态的，故混凝土碳化应由化学反应主导，即

$$U_{CO_2\text{-}C} = \frac{E_{a\text{-}C}}{R} \tag{4.48}$$

式中：$U_{CO_2\text{-}C}$ 为混凝土碳化反应活化能，kJ/mol。

混凝土碳化深度与碳化反应系数之间存在线性关系[30]，故不同试验条件下混凝土碳化深度与温度间关系可表示为

$$\frac{x_1}{x_2} = \exp\left(U_{CO_2\text{-}C}\left(\frac{1}{T_2} - \frac{1}{T_1}\right)\right) \tag{4.49}$$

式中：x_1、x_2 分别为绝对温度 T_1 和 T_2 对应的混凝土碳化深度，mm。

基于式（4.49）和表 4.2 中的测试结果，采用数值拟合方式可得出混凝土碳化反应活化能。图 4.5 为混凝土碳化反应活化能拟合曲线。显而易见，混凝土碳化深度变化与温度间存在良好的指数函数关系，混凝土碳化活化能随混凝土强度等级增加而增大（即

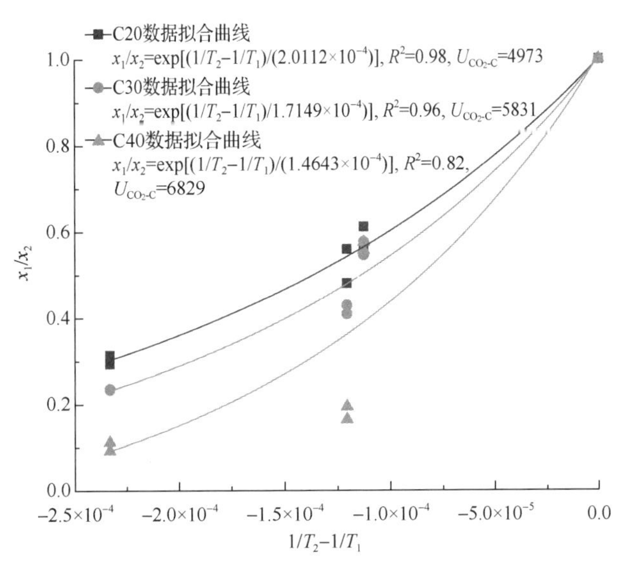

图 4.5　混凝土碳化反应活化能拟合曲线

随水灰比减小而增加）[31]。不同水灰比（*W/C* 为 0.55、0.44 和 0.34）的混凝土碳化活化能分别为 4973 kJ/mol、5831 kJ/mol 和 6829 kJ/mol，这为基于实测混凝土碳化深度值求解混凝土碳化活化能提供了新方法。

试验分析温度对试样碳化产物种类及其晶型影响，并测试碳化前后试样的水化产物种类和物相组成。图 4.6 为碳化前后试样的物相组成 XRD 图谱。碳化前后试样的 XRD 图谱存在显著差异。未碳化试样水化产物衍射峰表明体系中含有水化产物主要为 CH、AFt、CSH 和 CAH 等[32]。不同温度和二氧化碳浓度条件下试样的物相组成和生成产物等存在显著差异，主要表现为部分水泥胶凝性水化产物衍射峰强度衰减（如 CH、CSH、CAH 等对应的衍射峰）和消失（如 AFt 对应的衍射峰），碳化生成物衍射峰的出现和衍射峰强度增强（如 $CaCO_3$ 对应的衍射峰）[33]。在相同温度和相对湿度条件下，试样碳化产物 $CaCO_3$ 的衍射峰强度随二氧化碳浓度增大而增强，这表明碳化后试样中的 $CaCO_3$ 含量增加。这是因为二氧化碳高浓度较高条件下，传输进入试样内二氧化碳量较多，大量二氧化碳不断与体系中水化产物反应。在相同二氧化碳浓度和相对湿度条件下，随着温度升高，试样水化产物的物相组成及其衍射峰强度变化更为显著。这是因为温度越高试样碳化反应速率越快，碳化反应生成物及其体系水化产物分解更快。

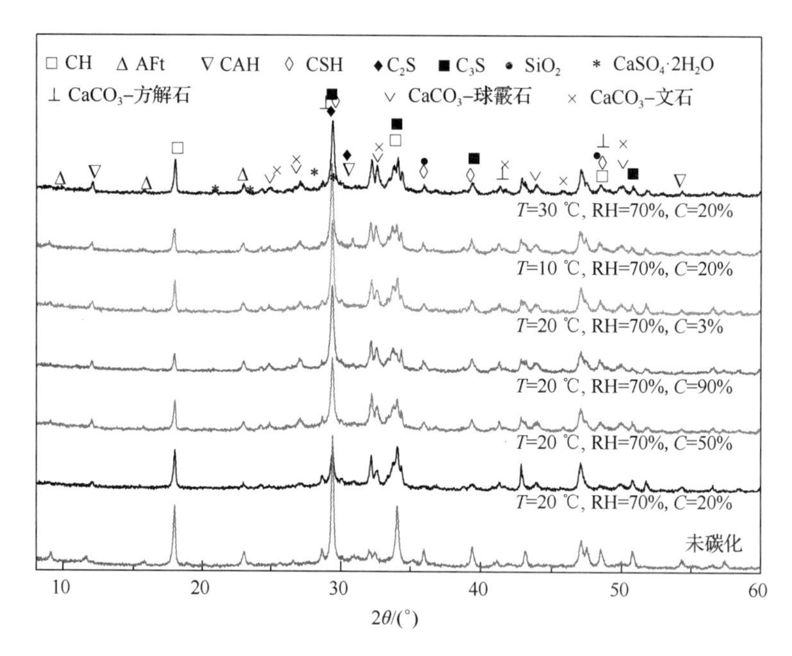

图 4.6　碳化前后试样的物相组成 XRD 图谱

温度对混凝土碳化产物微观结构和产物形貌等也具有显著影响。试验除开展试样碳化产物物相分析外，还采用环境扫描电子显微镜（environmental scanning electron microscope，ESEM）技术测试混凝土碳化前后试样微观结构、产物形貌等。试样在相对湿度为 70%和 CO_2 浓度为 20%条件下碳化 28 d，不同温度条件下试样碳化前后 ESEM 测试图谱，如图 4.7 所示。显而易见，不同温度条件下试样的物相组成、水化产物形貌和微观结构等存在显著差异。未碳化试样微观图谱中水化产物主要为六角板状氢氧化钙

（CH）、棒状的钙矾石（AFt）、絮凝状的水化硅酸钙（CSH）和水化铝酸钙（CAH）。然而，碳化后试样微观结构中相应胶凝性水化产物较少，在孔隙中存在颗粒状的 $CaCO_3$ 等物质。对比不同温度下试样碳化后生成物也存在一定差异，主要表现为 10 ℃和 20 ℃条件下碳化试样的 ESEM 图谱中可观察到多面体球状的球霰石［图 4.7（b）和 4.7（c）］。在温度为 30 ℃条件下，碳化后试样的微观结构和水化生成物形貌与前几种环境工况相比明显不同，主要表现为六角板状 CH、树枝状 CSH、絮状 CAH 和棒状 AFt 等物质消失，生成了大量的文石。上述现象可能是因为不同温度下生成物对应的热力学平衡状态不同[34]。温度条件不同，二氧化碳与体系中的水化产物发生化学反应生成的 $CaCO_3$ 晶型存在差异。此外，从图 4.7 中还可以看出因为生成物 $CaCO_3$ 比 CH 等具有更大体积，碳化后试样的致密度明显提高[35]。

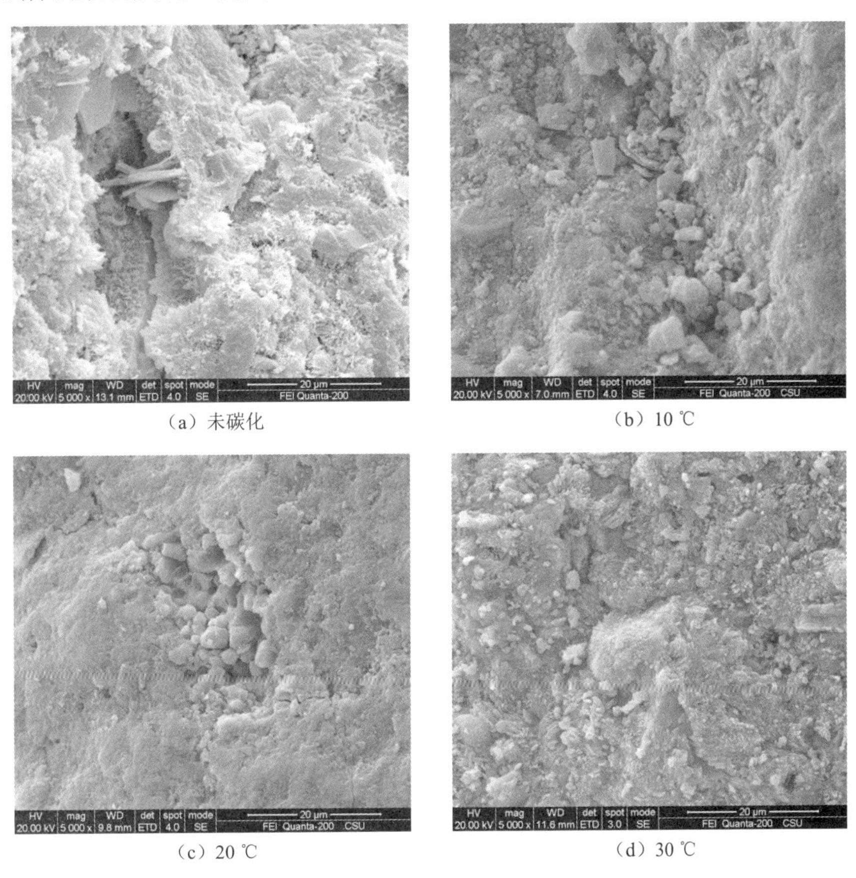

（a）未碳化　（b）10 ℃

（c）20 ℃　（d）30 ℃

图 4.7　不同温度条件下试样碳化前后 ESEM 测试图谱

2. 相对湿度

相对湿度作为混凝土碳化室内模拟环境试验参数之一，可主导混凝土碳化速率和二氧化碳传输模式等。试验分析了相对湿度对混凝土碳化影响，开展了不同相对湿度和碳化时间下混凝土碳化深度变化研究。图 4.8 为不同相对湿度下混凝土碳化深度曲线。由图 4.8 可知，混凝土碳化深度随相对湿度增加先增大后减小，相对湿度为 60%～80%

混凝土碳化最显著，这与文献[29]研究结果一致。在相对湿度为70%时，混凝土碳化深度趋于最大值。这表明在相对湿度为70%时，混凝土碳化速率和程度最高。混凝土内部含有大量孔隙，一定相对湿度下的混凝土内部孔隙可被水汽填充而生成液态水，这些水汽在一定孔隙半径内液化并导致孔隙连通性降低。因此，在较高的相对湿度条件下（RH大于70%）混凝土碳化深度较低。在相对湿度较低情况下，混凝土内孔隙水汽覆盖在孔隙壁上且形成液态水膜。各种水泥水化产物（主要为CH）溶解在水膜内，并形成相应的过饱和溶液。二氧化碳气体传输进入混凝土内部孔隙中，溶解在水膜内且与CH等反应生成碳酸钙等沉淀，碳化反应持续进行消耗了大量的离子，导致体系中水化产物分解，引起体系化学平衡状态变化。若相对湿度较低，则混凝土内部孔隙壁水膜面积和厚度较小，体系碳化反应缺少足够多的溶液，故相应的混凝土碳化反应较慢。不同强度等级混凝土碳化深度变化规律相似，其差异主要表现为混凝土碳化深度最大值对应的相对湿度随强度等级增加略有增大。这可能是因混凝土强度等级增大，使得混凝土微观结构更为致密，孔隙平均孔径较小，并且体系大孔和开口孔含量较少，体系的水汽和二氧化碳气体传输系数较低，故混凝土碳化速率和程度存在差异。此外，因为随混凝土碳化时间延长传输进入体系的二氧化碳的量增多，混凝土碳化反应程度更大，混凝土碳化深度随碳化时间延长而增大。上述研究结果表明，混凝土碳化深度与相对湿度间可采用三次函数表示，即

$$x_c = a \cdot \mathrm{RH}^3 + b \cdot \mathrm{RH}^2 + c \cdot \mathrm{RH} + d \tag{4.50}$$

式中：RH为混凝土碳化过程中的相对湿度，%；a、b、c和d为拟合系数。

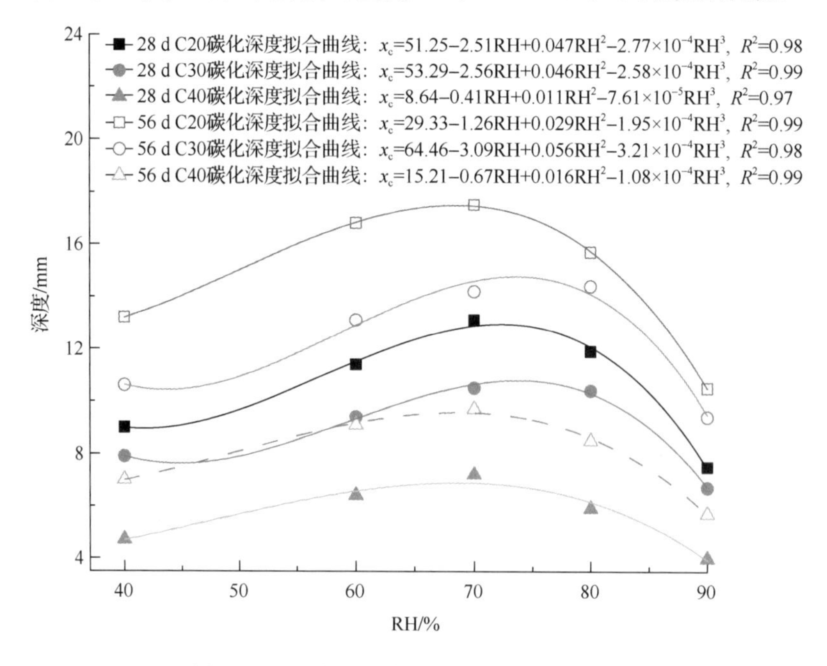

图4.8　不同相对湿度下混凝土碳化深度曲线

试验开展了温度为20 ℃、二氧化碳浓度20%和不同相对湿度（60%和90%）条件下碳化28 d的混凝土微观结构ESEM测试分析，揭示相对湿度对混凝土碳化产物、微

观结构及形貌等的影响规律。图 4.9 为相应试样的 ESEM 测试结果。不同相对湿度对混凝土碳化影响主要表现为微观结构致密程度、孔洞数量和断面特征等方面，两者间的混凝土碳化产物种类及形貌基本相同。碳化后的混凝土试样基本观察不到水泥水化生成物，且生成了大量无定形絮状物。与相对湿度 60%相比，相对湿度为 90%条件下碳化 28 d 的混凝土试样微观结构略疏松且含有较多孔隙，部分区域可看到未碳化的棒状 AFt 等水泥水化产物。混凝土在相对湿度为 60%～80%时碳化最显著。通过上述分析可知，相对湿度可影响混凝土碳化微观结构及形貌，但对混凝土碳化产物种类等无影响。

(a) 相对湿度 60%

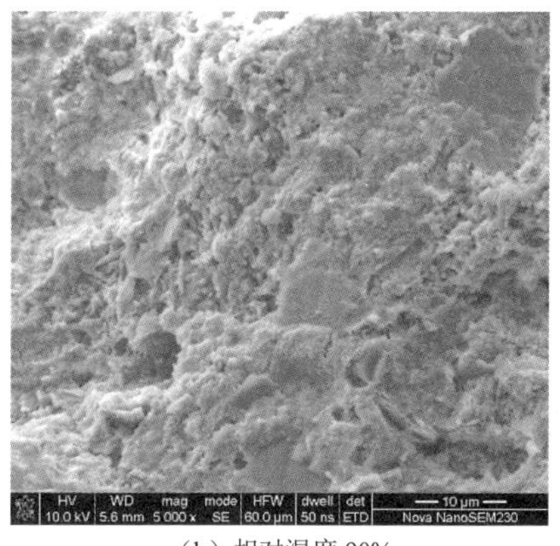

(b) 相对湿度 90%

图 4.9　不同相对湿度下碳化混凝土微观结构 ESEM 图

3. 二氧化碳浓度

二氧化碳浓度也是影响混凝土碳化深度的重要因素，以下分析了二氧化碳浓度对混凝土碳化深度影响规律。图 4.10 为混凝土碳化深度随二氧化碳浓度变化测试结果。由图 4.10 可以看出，混凝土碳化深度随二氧化碳浓度增加而增大，并且两者之间呈现幂函数关系，即

$$x_c = k_{cc} \cdot (C_d)^{e_c} \tag{4.51}$$

式中：k_{cc} 为混凝土碳化的二氧化碳浓度影响系数；e_c 为混凝土碳化浓度的指数；C_d 为二氧化碳浓度。

上述现象是因随着二氧化碳浓度增加，混凝土表层和内部间的二氧化碳浓度梯度增大，传输进入混凝土内部二氧化碳的量较多造成的。然而，混凝土碳化深度随二氧化碳浓度增加率逐渐降低。这可能是由传输进入混凝土的量多于混凝土碳化反应消耗的二氧化碳的量，混凝土碳化由二氧化碳传输主导逐渐转变为化学反应主导造成的。在相同二氧化碳浓度下，混凝土碳化深度随混凝土强度等级增加而降低。这是因为混凝土强度等级越高，混凝土微观结构越致密、孔隙率越低、闭合孔隙越多，混凝土内部二氧化碳传输系数越低，传输进入混凝土内部的二氧化碳的量较少。此外，混凝土强度等级越高单位体积所用水泥量越多，水化反应生成的水化产物的量也越多，体系所能吸收二氧化碳的量也越多。随着碳化时间延长，更多二氧化碳与混凝土水化物反应导致混凝土碳化程度越大，混凝土碳化深度越大。

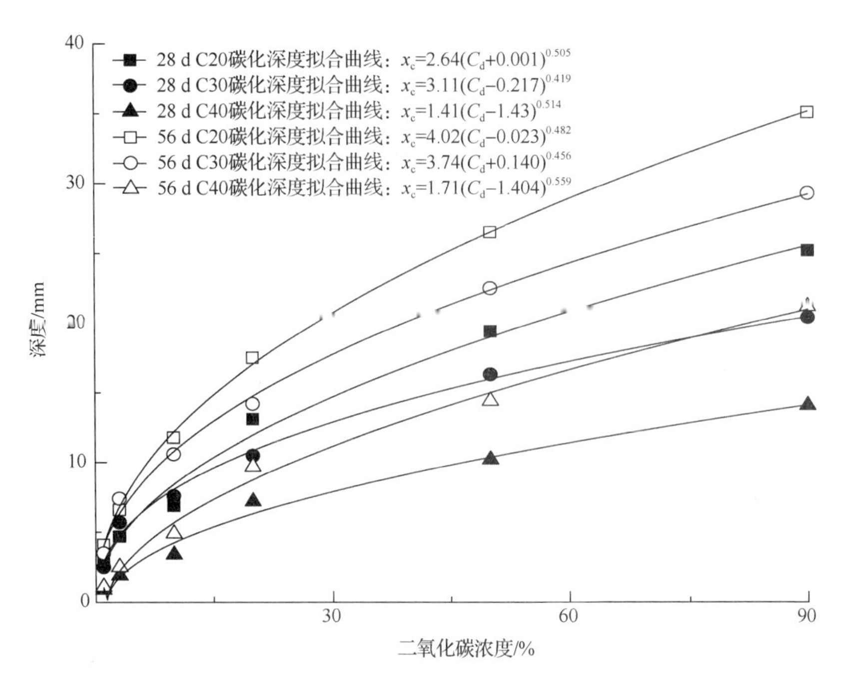

图 4.10　混凝土碳化深度随二氧化碳浓度变化曲线

二氧化碳浓度对混凝土碳化产物、微观结构及生成物形貌等也有影响，图 4.11 为不同二氧化碳浓度条件下（温度为 20 ℃和相对湿度为 70%）的碳化试样 ESEM-EDS 图谱。由图 4.11 可见，碳化后混凝土的 ESEM 图谱表明体系中原有的胶凝性水化产物（如纤维状或胶凝状的 CSH 和 CAH、棒状的 AFT、六角板状 CH 等）大量消失，体系微观结构更加致密。同时，碳化后试样内部孔隙中存在大量多面体的物质［图 4.11（a）和图 4.11（b）］。不同二氧化碳浓度条件下碳化试样微观结构与生成物变化主要体现为碳化产物颗粒尺寸不同，随着二氧化碳浓度增加、颗粒尺寸增大［图 4.11（c）和图 4.11（d）］，EDS 分析表明碳化生成物均为碳酸盐物质。这表明二氧化碳浓度可影响碳化产物颗粒尺

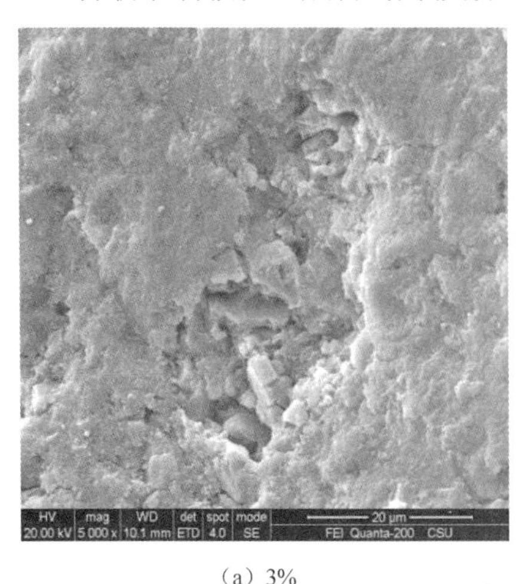

（a）3%

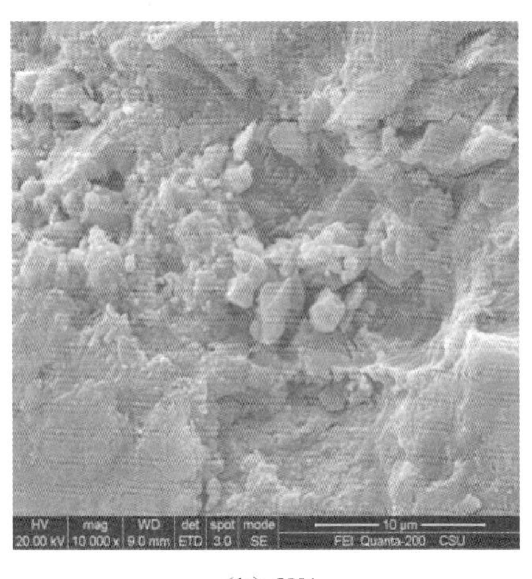

（b）50%

图 4.11　不同二氧化碳浓度条件下的碳化试样 ESEM-EDS 图谱

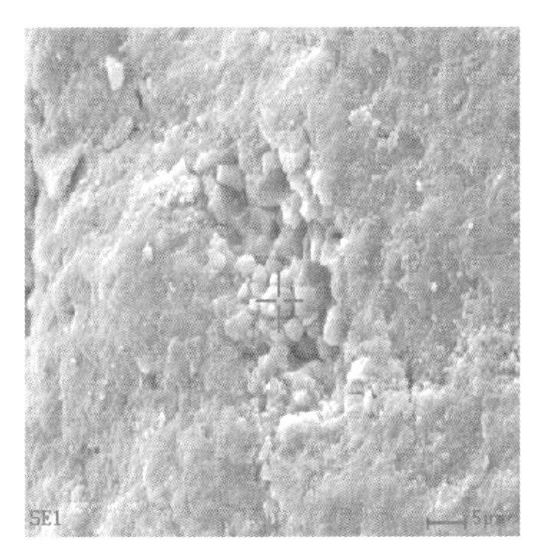

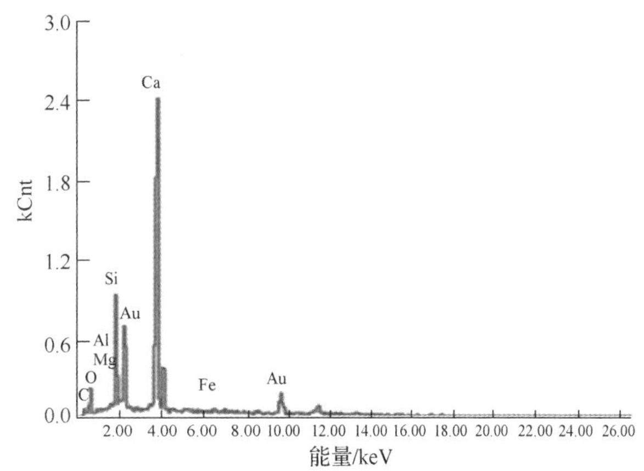

（c）20%

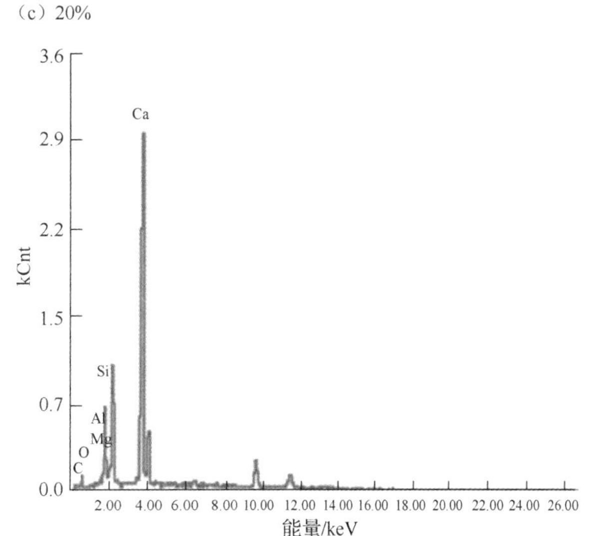

（d）90%

图 4.11（续）

寸，但不改变碳化产物种类。上述现象是因为二氧化碳浓度越高，传输进入体系中的二氧化碳的量越多，体系中更易于生成碳酸盐等物质，并且高浓度也有利于碳化产物析晶、生成。此外，图 4.11 表明体系中有二氧化硅生成，这是由 CSH 分解造成的。

4. 碳化时间

一般来讲，混凝土碳化深度随时间延长而增大。为了系统地探究混凝土碳化深度和碳化时间之间的内在联系，作者测试了不同强度等级和碳化时间下的混凝土碳化深度，图 4.12 为混凝土碳化深度时变曲线。由图 4.12 可知，混凝土碳化深度随时间延长而增大，两者之间存在幂函数关系

$$x_c = k_t t^{\alpha_{sb}} \tag{4.52}$$

式中：k_t 为混凝土碳化影响系数；α_{sb} 为混凝土碳化时变指数；t 为混凝土碳化时间。

同时，图 4.12 中结果表明混凝土碳化深度随混凝土强度等级增加而降低，随温度升高而增大。混凝土碳化深度随混凝土碳化时间、温度和强度等级不同而异，主要表现为指数和修正系数两个方面。然而，通过对全部数据进行拟合可知，混凝土碳化的时变指数约为 0.493，该值与既有研究取值 0.5 基本一致[30,36]。这也验证了混凝土碳化深度与时间平方根之间基本成正比结论的正确性。

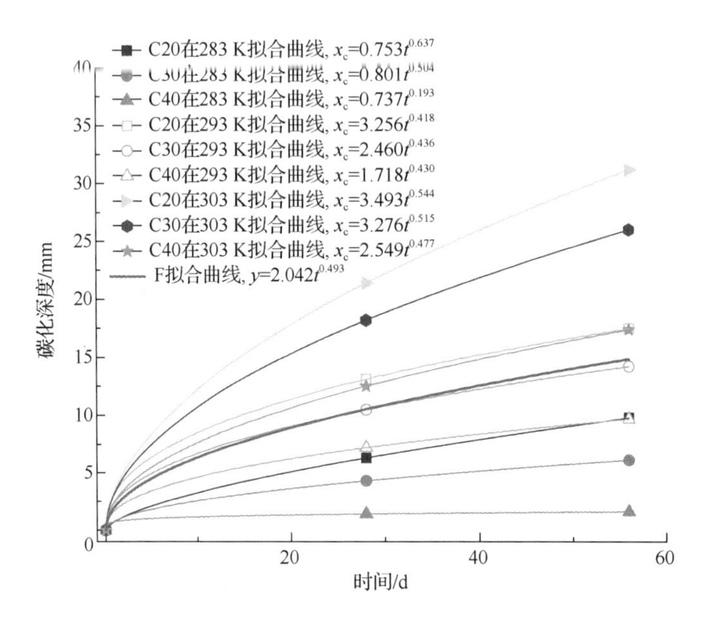

图 4.12　混凝土碳化深度时变曲线

5. 试验参数之间的交互作用

服役中的混凝土结构是在多种环境影响因素交互作用下发生混凝土碳化的，各种环境因素相互影响。作者开展双因素和三环境因素交互作用下 C20 混凝土碳化深度研究，以揭示多种试验参数（因素）交互作用下混凝土碳化特征及规律。图 4.13 为双因素交互作用下的混凝土碳化深度变化。由图 4.13 可见，双因素交互作用对混凝土碳化深度影响主要表现为三维图形曲面和平面投影图形等值线的变化。温度和相对湿度、二氧化碳浓度和相对湿度交互作用下混凝土碳化深度三维图形近乎曲面，而温度和二氧化碳浓度交互作用下混凝土碳化深度三维图形基本为平面。温度与相对湿度、二氧化碳浓度与相对湿度交互作用下混凝土碳化深度平面投影图形等值线大致为抛物线，而温度和二氧化碳浓度交互作用下混凝土碳化深度平面投影图形等值线大致为线性。混凝土碳化深度随温度升高、二氧化碳浓度增加和碳化时间延长而增大。在相对湿度为 60%～80%时混凝土碳化效应较显著。此外，图 4.13（a）还表明混凝土碳化时间越长（56 d），温度和相对湿度交互作用对混凝土碳化深度影响越显著。温度对混凝土碳化深度影响在低相对湿度区域（小于 60%）比高相对湿度区域（大于 80%）更显著。

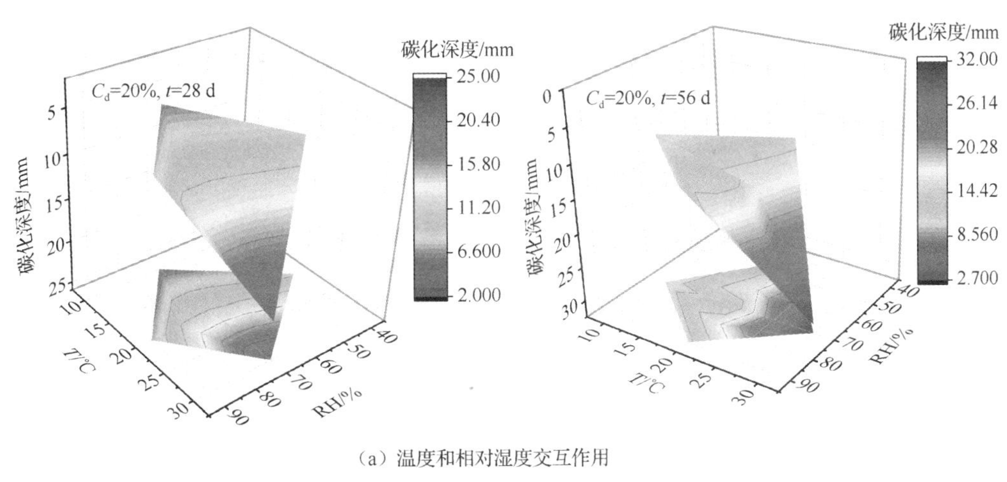

（a）温度和相对湿度交互作用

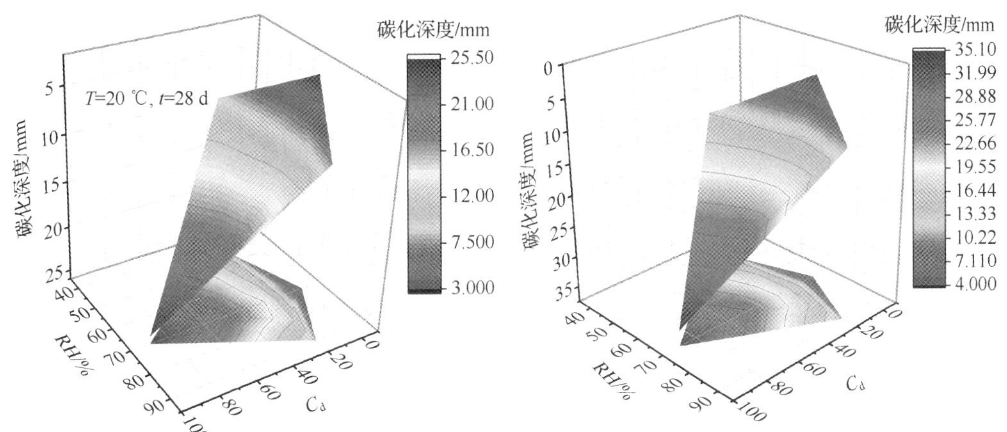

（b）相对湿度和二氧化碳浓度交互作用

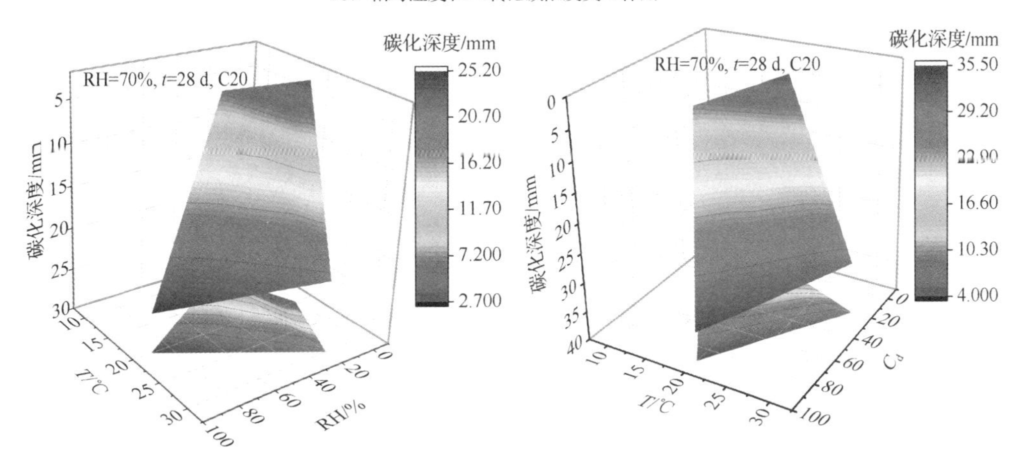

（c）温度和二氧化碳浓度交互作用

图 4.13　双因素交互作用下混凝土碳化深度变化

除研究双因素交互作用下的混凝土碳化深度变化外，作者还探讨了不同碳化时间（28 d、56 d）对应的三因素（温度、相对湿度和二氧化碳浓度）交互作用下混凝土碳化深度变化规律，图 4.14 为三因素交互作用下混凝土碳化深度散点分布。由图 4.14 可以看出，三因素交互作用下混凝土碳化深度散点分布表明混凝土碳化深度随温度、二氧化碳浓度和碳化时间增加而增大，主要体现为散点图颜色的变化。三种因素对混凝土碳化深度影响次序为二氧化碳浓度、温度和相对湿度。在相对湿度 60%～80%时混凝土碳化深度变化显著，这表明相对湿度在此范围内与温度和二氧化碳浓度间的交互作用对混凝土碳化深度影响突出。因此，三因素交互作用对混凝土碳化深度有显著影响。

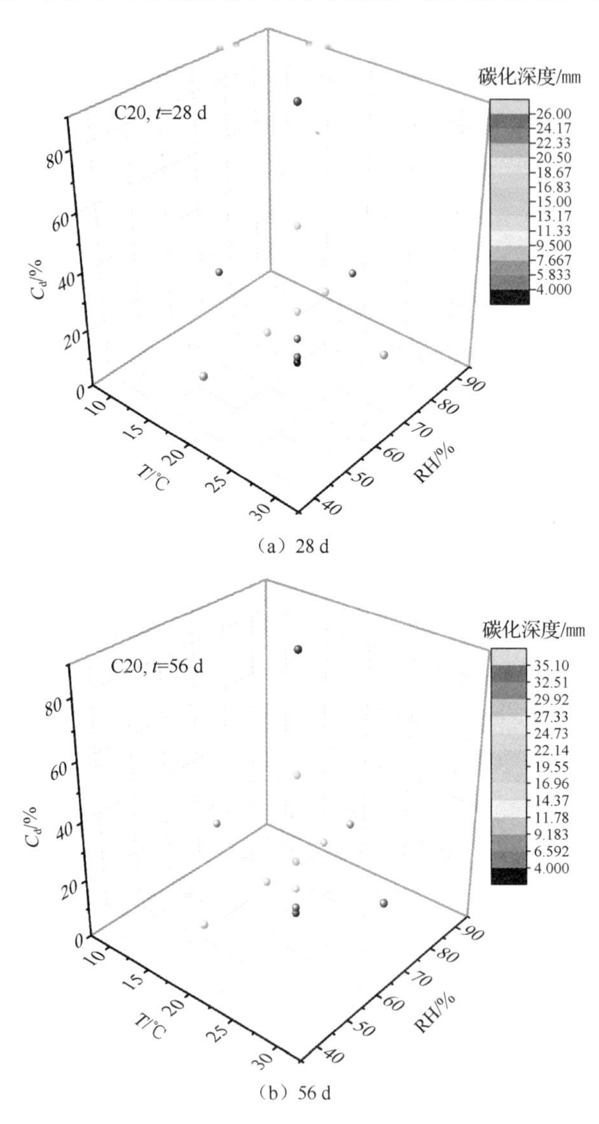

（a）28 d

（b）56 d

图 4.14　三因素交互作用下混凝土碳化深度散点分布

基于上述研究工作和数据分析，通过以下试验验证 MEC 模型实用性和有效性。图 4.15 为长沙地区（温度为 18 ℃，相对湿度为 73.5%，二氧化碳浓度为 0.03%）建造于不同时间的混凝土碳化深度试验值和计算值。由图 4.15 可知，服役不同年限的混凝土碳化深度实测值与计算值吻合较好，这表明 MEC 模型可用于预测自然环境中混凝土碳化深度变化。基于混凝土碳化深度试验值和混凝土碳化深度模型，拟合得出混凝土碳化综合影响系数为 6.955×10^{-12}。自然和模拟环境中混凝土碳化系数不同，是因为两环境中混凝土表观碳化速率与碳化时变规律不同[37]。部分计算值与试验值略有偏差，可能与采用了平均混凝土碳化综合系数和混凝土碳化深度测试误差有关（酚酞试剂显色引起测量误差）。通过上述分析可知，作者提出的 MEC 模型在混凝土碳化深度预测方面具有较好的精度和适用性，可适用于室内模拟环境和自然环境中的混凝土碳化深度预测。

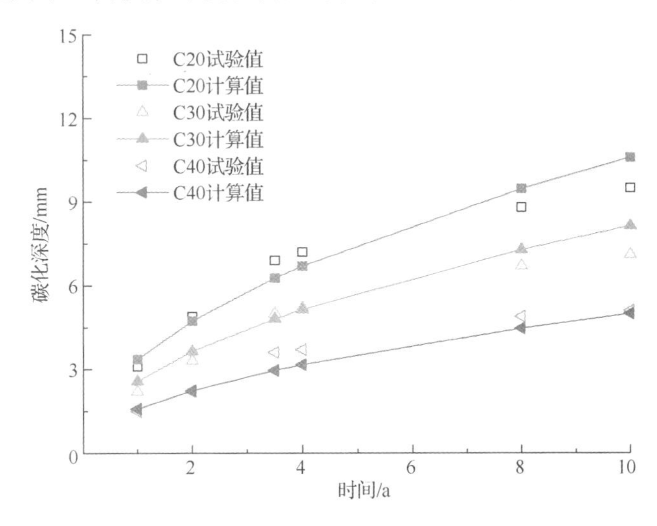

图 4.15　服役不同年限下混凝土碳化深度试验值和计算值

4.3.2　室内模拟环境试验制度

基于上述理论分析和试验结果可知，混凝土碳化的试验参数（如温度、相对湿度、二氧化碳浓度等）差异会导致混凝土碳化机理、侵蚀产物和微观结构等显著不同，进而导致自然环境和室内试验条件下的混凝土碳化加速倍数或时间相似率难为定值。为了规范混凝土碳化的室内模拟环境试验制度，获得确定的自然环境和室内模拟环境中的混凝土碳化加速倍数（或时间相似率），基于上述分析本节推荐了混凝土碳化的室内模拟环境试验参数取值范围，并提出混凝土碳化的室内模拟环境试验参数、试验制度及操作步骤，具体内容如下。

1. 试验参数

1）温度：可选取 30 ℃以内，推荐值宜取（20±1）℃。

2）相对湿度：可选取 60%～80%，推荐值宜取（70±5）%。

3）二氧化碳浓度：可选取 20%以内，推荐值宜取 3%。

4）循环风速：可选取 1 m/s 以内，推荐值宜取 0.1 m/s。

2. 试验制度及操作步骤

1）试验前，应先开展设备运行调试与标定、试件架放置、试件分类与编号。试件应在试验准备前 2 d 取出，并且应在 60 ℃下烘干 48 h。

2）选取试件一个侧面作为碳化面，其余表面按《普通混凝土长期性能和耐久性能试验方法标准》（GB/T 50082—2009）的有关规定进行密封处理。对于一维侵蚀试验的混凝土试件可保持一个侧面或两个相对侧面，其余混凝土试件表面宜采用环氧树脂密封；二维侵蚀试验的混凝土试件应保留两个相邻面，其余混凝土试件表面宜采用环氧树脂密封。

3）试件应水平放置于试验箱试件架上，测试面宜向上或沿水平方向放置。按照上述混凝土碳化试验参数取值范围，设定室内模拟环境试验参数（温度、相对湿度、二氧化碳浓度和循环风速等），并开展混凝土碳化试验。

4）试件宜在碳化了7d、14d、28d和56d时取样，试件制样和测试等操作应按《普通混凝土长期性能和耐久性能试验方法标准》（GB/T 50082—2009）的有关规定执行。混凝土碳化深度由体积分数95%乙醇配制质量分数1%的酚酞试剂测定。试验测试前先将混凝土试样劈裂后喷涂含1%酚酞的酒精溶液，再将断面划分为10个测点，以混凝土碳化深度平均值作为混凝土试样碳化深度值。

5）混凝土碳化深度达到设定的深度或设定的试验时间后，可停止混凝土碳化试验。测试相应的混凝土碳化深度，并分析数据和整理报告。

4.4 自然环境和室内模拟环境下混凝土碳化的时间相似关系

4.4.1 混凝土内部二氧化碳传输及其扩散系数

假设混凝土内部孔隙为直径不等的圆柱形，二氧化碳以气态或溶解于孔隙溶液中传入混凝土。一般来讲，混凝土内部孔隙溶液为CH的饱和溶液，体系中含有大量的Ca^{2+}和OH^-。当孔隙溶液中Ca^{2+}与二氧化碳反应时，混凝土内固相CH、CSH、CAH等物质发生溶蚀分解生成Ca^{2+}和OH^-以维持体系中的离子浓度平衡。图4.16为混凝土内部二氧化碳传输和碳化过程示意图。

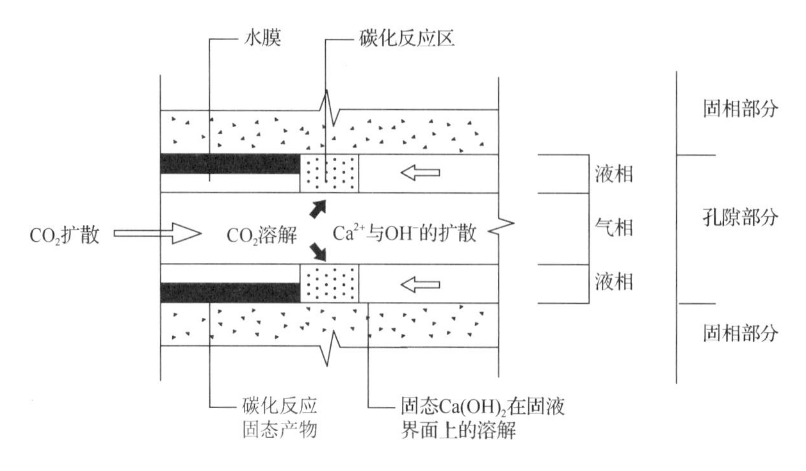

图4.16 混凝土内部二氧化碳传输和碳化过程示意图

混凝土内部二氧化碳扩散可视为非稳态传质且伴随 CO_2 反应消耗，混凝土碳化过程中二氧化碳浓度分布可表示为

$$\frac{\partial C_{CO_2}}{\partial t}=D_{CO_2}\left(\frac{\partial^2 C_{CO_2}}{\partial x^2}+\frac{\partial^2 C_{CO_2}}{\partial y^2}+\frac{\partial^2 C_{CO_2}}{\partial z^2}\right)-R_c \tag{4.53}$$

式中：C_{CO_2} 为混凝土内 CO_2 浓度，%；t 为时间，a；x、y 和 z 为测点的三维坐标；D_{CO_2} 为混凝土内 CO_2 扩散系数；R_c 为各固相物质碳化反应速率之和。

若将混凝土视为半无限大空间，并且考虑混凝土内部二氧化碳一维传输，则式(4.53)可改写为

$$\frac{\partial C_{CO_2}}{\partial t}=\frac{\partial}{\partial x}\left(D_{CO_2}\frac{\partial C_{CO_2}}{\partial x}\right)-R_c \tag{4.54}$$

结合式（4.54）和质量守恒定律，可建立考虑孔隙率和孔隙饱和度等因素的混凝土内部二氧化碳一维传输模型，即

$$\frac{\partial\left[\phi\cdot(1-S_a)\cdot C_g+\phi\cdot S_a\cdot C_{aq}\right]}{\partial t}=\frac{\partial}{\partial x}\left(D_{CO_2}^g\frac{\partial C_g}{\partial x}+D_{CO_2}^l\frac{\partial C_{aq}}{\partial x}\right)-R_c \tag{4.55}$$

式中：ϕ 为混凝土孔隙率，%；S_a 为混凝土内部孔隙饱和度；C_g 和 C_{aq} 分别为混凝土孔隙内气相和液相二氧化碳浓度，%；$D_{CO_2}^g$ 为混凝土内孔隙中气相二氧化碳有效扩散系数；$D_{CO_2}^l$ 为混凝土内孔隙中液相二氧化碳有效扩散系数。

由式（4.55）可知，若能确定混凝土碳化的初始条件和边界条件，则可求解混凝土内部不同深度和时间的二氧化碳浓度分布及其混凝土碳化深度。因此，以下将探讨式（4.55）中相关参数的取值。混凝土内部二氧化碳传输是在孔隙中空气和孔隙溶液中进行，故可分为混凝土孔隙中气相二氧化碳扩散系数和液相二氧化碳扩散系数。

1. 混凝土孔隙中气相二氧化碳扩散系数

考虑温度、相对湿度（或饱和度）和孔隙率等影响，混凝土孔隙中气相二氧化碳扩散系数可表示为[9,11,38,39]。

$$D_{CO_2}^g=[\phi_p(t)]^{a_z}\cdot(1-S_a)^{b_t}\cdot f(T)\cdot D_{CO_2}^0 \tag{4.56}$$

式中：$\phi_p(t)$ 为 t 时混凝土的孔隙率，%；t 为混凝土碳化时间，a；S_a 为混凝土内部孔隙饱和度；$f(T)$ 为温度对混凝土内二氧化碳扩散的影响系数；$D_{CO_2}^0$ 为理想圆柱孔内二氧化碳气体扩散系数；a_z 、b_t 为未完全饱水的多孔介质传输模型中阻滞因子，a_z 表征混凝土孔隙率的影响，b_t 为孔连通性因子，两者用以表征孔隙饱和度（环境相对湿度）的影响。

Papadakis 模型[39]给出的参数为 $a_z=1.8$ 、$b_t=2.2$ 和 $D_{CO_2}^0=1.64\times10^{-6}\ \mathrm{m^2/s}$ 。

一般来讲，硬化浆体孔隙率 $\phi_p(t)$ 和考虑砂浆–骨料界面影响的同水灰比混凝土孔隙率 $\phi(t)$ 之间存在一定关系[9]，即

$$\phi_p(t)=\left(1+\frac{\dfrac{\rho_c}{\rho_a}\cdot\dfrac{m_a}{m_c}}{1+\dfrac{\rho_c}{\rho_w}\cdot\dfrac{m_w}{m_c}}\right)\cdot\phi(t) \tag{4.57}$$

式中：m_w/m_c 为总用水量和胶凝材料质量之比；m_a/m_c 为集灰比（即粗细骨料质量与胶凝材料质量之比；ρ_w、ρ_c 和 ρ_a 分别为水、水泥和骨料的密度，kg/m^3。

混凝土内部孔隙饱和度对混凝土中二氧化碳扩散系数影响显著，Bahador 等[40]推荐了混凝土孔隙水饱和度计算方程，即

$$S_a=1-\exp\left[\frac{W/C-1}{1.4\cdot\ln(1/\mathrm{RH})}\right] \tag{4.58}$$

式中：W/C 为混凝土水灰比；RH 为相对湿度。

基于 Arrhenius 方程可知，温度对混凝土内部二氧化碳气体扩散影响系数可表示为[11]

$$f(T)=\exp\left[U_{\text{D-C}}\left(\frac{1}{T_0}-\frac{1}{T}\right)\right] \tag{4.59}$$

式中：$U_{\text{D-C}}$ 为混凝土内二氧化碳气体扩散活化能；T_0 为参考绝对温度，取值为 298 K；T 为试验时的温度。

一般来讲，混凝土内部二氧化碳气体扩散活化能 $U_{\text{D-C}}$ 与混凝土水灰比、强度等级、微观结构及其组成等有关，其值可采用如下方式获得。首先，确定不同温度下（T_1、T_2）的混凝土碳化深度；其次，计算混凝土碳化深度 x_1 和 x_2，两者比值即为式（4.59）中的 $f(T)$；最后，根据式（4.49）建立混凝土碳化深度比（x_1/x_2）与碳化温度之间的函数关系，拟合求解即可获得混凝土内部二氧化碳气体扩散活化能。

2. 混凝土孔隙溶液中二氧化碳扩散系数

通常情况下，混凝土孔隙溶液中的二氧化碳扩散系数 $D_{CO_2}^{l}$ 可表示为

$$D_{CO_2}^{l}=\left[\varphi(t)\right]^{c_m}\cdot S^{d_m}\cdot f(T)\cdot D_{CO_2}^{l_0} \tag{4.60}$$

式中：c_m、d_m 为材料常数；$D_{CO_2}^{l_0}$ 为二氧化碳在水溶液中的扩散系数，取值 $1.0\times10^{-9}\ m^2/s$，一般情况下，二氧化碳在混凝土孔隙溶液中的扩散系数可以忽略，在混凝土内部孔隙饱和度较高（即接近 1）时，才会考虑二氧化碳在混凝土孔隙溶液中的扩散系数。

Papadakis[9] 认为碳化反应会导致混凝土孔隙率降低，提出碳化反应过程中混凝土孔隙率随碳化时间变化的关系，即

$$\phi(t)=\phi_0'-\Delta\phi_C(t) \tag{4.61}$$

式中：t 为混凝土碳化时间；ϕ_0' 和 $\Delta\phi_C(t)$ 分别表示混凝土初始孔隙率、碳化反应导致的

孔隙率变化。

若假设混凝土内可碳化物质为 CH、CSH 和 CAH，则混凝土碳化伴随的孔隙率减小量可表示为

$$\Delta\phi_{C}(t)=([CH]_0-[CH])\cdot\Delta V_{CH}+([CSH]_0-[CSH])\cdot\Delta V_{CSH}+([CAH]_0-[CAH])\cdot\Delta V_{CAH} \tag{4.62}$$

式中：$[i]_0$ 为碳化开始时可碳化物质的初始浓度（i 为 CH、CSH 和 CAH）；ΔV_i 为可碳化物质固态反应产物相对于固态反应物摩尔体积改变量。

混凝土内部水化产物（如 CH、CSH 和 CAH 等）发生碳化反应的方程式及其碳化速率[9,29]可表示为

$$CH+CO_2 \xrightarrow{r_{CH}} CaCO_3+H_2O \tag{4.63}$$

$$CSH_{x_f}+CO_2 \xrightarrow{r_{CSH}} CaCO_3+SiO_2+x_f H_2O \tag{4.64}$$

$$CAH_{x_g}+CO_2 \xrightarrow{r_{CAH}} CaCO_3+Al(OH)_3+(x_g-1.5)H_2O \tag{4.65}$$

$$r_i=-\frac{\partial[i]}{\partial t}=K_i\cdot[i]\cdot[CO_2] \tag{4.66}$$

式中：r_i（i 为 CH、CSH 或 CAH）为混凝土内各可碳化物的碳化反应速率；K_i 为各物质碳化反应速率常数，Papadakis[13]推荐 $K_{CH}=9.9\times10^{-3}\text{mol}/(\text{m}^3\cdot\text{s})$，$K_{CSH}/K_{CH}\approx 7.8\times10^{-3}$。鉴于混凝土碳化速率缓慢，在考虑 CAH 和 CSH 碳化消耗速率近似条件下，可假设两者碳化反应速率相同。

基于上述分析可知，混凝土内部水化产物消耗二氧化碳速率即为各类物质的碳化反应速率之和 R_C，即

$$R_C=r_{CH}+3r_{CSH}+3r_{CAH} \tag{4.67}$$

根据质量守恒定律，可知混凝土内部二氧化碳消耗速率等于 $CaCO_3$ 的生成速率。结合式（4.55）、式（4.60）、式（4.66）和式（4.67），可求解混凝土内部二氧化碳和各种可碳化物质的浓度分布。

4.4.2　混凝土碳化深度判定和产物分布

除需要确定 4.4.1 节提到的混凝土碳化深度预测模型中的各参数外，还需要结合相应的初始条件和边界条件[41]才可获得式（4.55）的解析解。根据混凝土水化物含量及其 pH 值等变化，即可判定混凝土碳化深度。因此，本节将从混凝土碳化模型的初始条件、边界条件、参数无量纲化处理、碳化深度判定等方面进行探讨。

1. *初始条件和边界条件*

假设半无限大混凝土内部二氧化碳发生一维非稳态扩散，则相应的初始条件和边界条件可表示为

$$t=0, x>0,\begin{cases}[CO_2]=0\\ [CH]=[CH]^0\\ [CSH]=[CSH]^0\\ [CAH]=[CAH]^0\end{cases} \tag{4.68}$$

$$t>0,\begin{cases}[CO_2]=[CO_2]^0 & (x=0)\\ [CO_2]=0 & (x=L_c)\end{cases} \tag{4.69}$$

式中：$[i]^0$ 为混凝土内部各可碳化物质碳化时的初始浓度；$[CO_2]^0$ 为混凝土表面二氧化碳的浓度；L_c 为混凝土特征长度，其值应大于混凝土碳化深度。

2. 参数无量纲化处理

鉴于混凝土内部物质含量和二氧化碳浓度存在差异，为提高混凝土碳化深度预测模型的普适性和计算简便性，对涉及的各种物质含量及浓度等进行无量纲化处理。各变量无量纲化定义如下：

$$C_X=\frac{[CO_2]}{[CO_2]_0}，\quad C_{CH}=\frac{[CH]}{[CH]_0}，\quad C_{CSH}=\frac{[CSH]}{[CSH]_0}，\quad C_{CAH}=\frac{[CAH]}{[CAH]_0} \tag{4.70}$$

$$z_X=\frac{x}{L_c}，\quad \tau=\frac{D_0 t}{[\varphi_0\cdot(1-S_a)\cdot L_c^2]}，\quad \delta_D=\frac{D_{CO_2}}{D_0}，\quad \gamma_k=\frac{\phi}{\phi_0} \tag{4.71}$$

$$\alpha_{CSH}=\frac{K_{CSH}}{K_{CH}}\cdot\frac{[CSH]_0}{[CH]_0}，\quad \alpha_{CAH}=\frac{K_{CAH}}{K_{CH}}\cdot\frac{[CAH]_0}{[CH]_0}，\quad \varPhi^2=\frac{K_{CH}\cdot[CH]_0\cdot L_c^2}{D_0} \tag{4.72}$$

$$\beta_{CSH}=\frac{[CSH]_0}{\varphi_0\cdot(1-S_a)\cdot[CO_2]_0}，\quad \beta_{CAH}=\frac{[CAH]_0}{\varphi_0\cdot(1-S_a)\cdot[CO_2]_0}，\quad \beta_{CH}=\frac{[CH]_0}{\varphi_0\cdot(1-S_a)\cdot[CO_2]_0} \tag{4.73}$$

式中：C_X、C_{CH}、C_{CSH}、C_{CAH} 分别为 CO_2、CH、CSH 和 CAH 浓度相对值；z_X、τ 分别为相对位置变量和相对时间变量；D_0 和 ϕ_0 分别为 D_{CO_2} 和 ϕ 的初始值；δ_D 为混凝土内部二氧化碳相对扩散系数；γ_k 为混凝土内部相对孔隙率系数；α_{CSH}、α_{CAH} 和 $\varPhi^2$ 均为各类可碳化物质碳化速率相对比值；β_{CH}、β_{CSH} 和 β_{CAH} 为各类可碳化物质碳化量的相对比值。

将上述式（4.70）和式（4.71）代入式（4.55），可得无量纲化的混凝土碳化深度预测模型表达式

$$\frac{\partial}{\partial z_X}\left(\delta\frac{\partial C_X}{\partial z_X}\right)=\frac{\partial(\gamma_k\cdot C_X)}{\partial\tau}+\varPhi^2\cdot C_X\cdot(C_{CH}+3\cdot\alpha_{CSH}\cdot C_{CSH}+2\cdot\alpha_{CAH}\cdot C_{CAH}) \tag{4.74}$$

$$\beta_{CH}\frac{\partial C_{CH}}{\partial\tau}=-\varPhi^2\cdot C_X\cdot C_{CH}，\quad \beta_{CSH}\frac{\partial C_{CSH}}{\partial\tau}=-\varPhi^2\cdot\alpha_{CSH}\cdot C_X\cdot C_{CSH}，$$

$$\beta_{\mathrm{CAH}}\frac{\partial C_{\mathrm{CAH}}}{\partial \tau}=-\Phi^2\cdot\alpha_{\mathrm{CAH}}\cdot C_{\mathrm{X}}\cdot C_{\mathrm{CAH}} \tag{4.75}$$

同理，无量纲化处理后的初始条件和边界条件可分别表示为

$$\tau=0,z_{\mathrm{X}}>0,\begin{cases}C_{\mathrm{X}}=0\\C_{\mathrm{CH}}=1\\C_{\mathrm{CSH}}=1\\C_{\mathrm{CAH}}=1\end{cases} \tag{4.76}$$

$$\tau>0,\begin{cases}z_{\mathrm{X}}=0,C=1\\z_{\mathrm{X}}=1,C=0\end{cases} \tag{4.77}$$

基于上面分析可知，无量纲化的混凝土碳化深度预测模型中仅包含 C_{X}、C_{CH}、C_{CSH} 和 C_{CAH} 四个变量，从而有效简化该模型中各参数求解困难度。同时，通过求解出无量纲化的混凝土碳化深度预测模型，可确定各物质相对含量随位置和时间的分布变化（均为 0～1 之间变量）。

3. 混凝土碳化深度判定

混凝土内部孔溶液 pH 值与溶解在水中的 $\mathrm{Ca(OH)_2}$ 摩尔浓度之间存在一定的关联[42]，即

$$\mathrm{pH}=14+\lg(2\times10^{-3}\times[\mathrm{CH(aq)}]) \tag{4.78}$$

$$[\mathrm{CH(aq)}]=\frac{[\mathrm{CH}]}{[\mathrm{CH}]_0}\cdot[\mathrm{CH(aq)}]_{\mathrm{sat}}=135.135\times[0.186-0.0011\times(T-273)]\cdot\frac{[\mathrm{CH}]}{[\mathrm{CH}]_0} \tag{4.79}$$

式中：$[\mathrm{CH(aq)}]$ 为溶解于水中的氢氧化钙摩尔浓度；$[\mathrm{CH(aq)}]_{\mathrm{sat}}$ 为饱和氢氧化钙溶液摩尔浓度；T 为温度。

基于式（4.74）可求解混凝土内部 CH 相对含量分布，将计算结果代入式（4.78）可确定混凝土内部 pH 值。考虑酚酞试剂显色 pH 值约为 8.4～9.8[43]，以均值 pH=9 作为混凝土部分碳化区界定点[30]，以 pH=7 作为混凝土完全碳化深度判定点。

混凝土碳化深度预测模型及各物质浓度分布模型均为偏微分方程，采用数值软件求解偏微分方程是有效的途径。在求解偏微分方程时，通过对其在时间和空间上进行离散计算，可以求得上述方程的近似数值解。采用 MATLAB 程序中的追赶法可进行建模求解，图 4.17 为混凝土碳化模型数值求解流程图。

混凝土碳化模型数值求解流程的具体计算过程，可分为以下三个步骤。

1）前处理。计算养护结束时的混凝土内部可碳化物质（CH、CSH 和 CAH）初始浓度、水泥净浆的初始孔隙率、混凝土初始扩散系数等；开展相应的各参数无量纲化处理，进行模拟单元划分（即将位置 z 和时间 τ 均分为 m 和 n 等分），并设定相应的初始条件和边界条件。

2）求解偏微分方程组。基于初始和边界条件，采用数值方法求解方程组以得到 1 时刻的各参数值，再将 0 和 1 时刻的平均值赋值为初值，继续循环迭代计算，直至到达

满足要求的精度为止。

3）后处理。通过上述处理，可以输出混凝土内部各种物质（CO_2、CH、CSH、CAH）相对浓度随时间和空间的分布，并计算出混凝土内部相应的 pH 值分布。由混凝土内部 pH 值，可确定各时刻的混凝土碳化深度值，同时也可以确定混凝土内部孔隙率 ϕ_p 和二氧化碳扩散系数 D_{CO_2} 的时空分布。

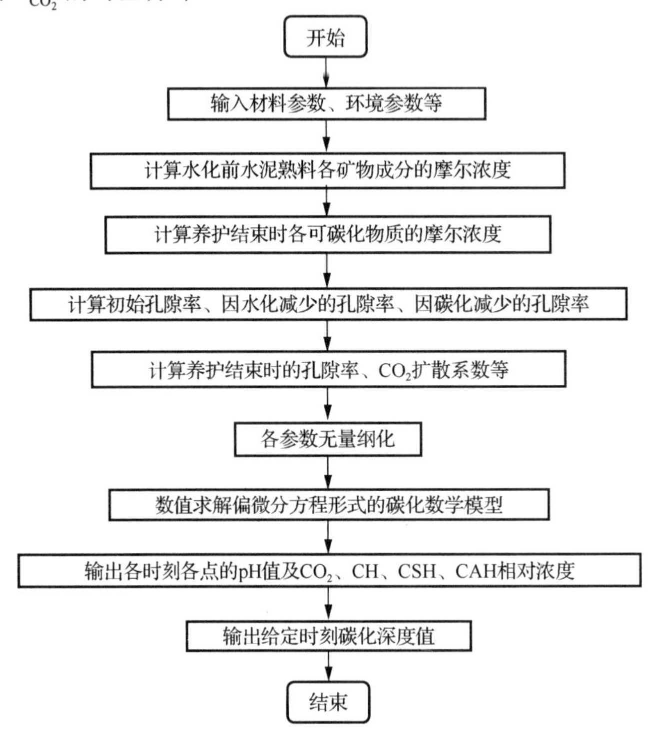

图 4.17 混凝土碳化模型数值求解流程图

基于理论推导和无量纲处理分析，作者开展了不同温度（10 ℃、20 ℃和 30 ℃）、相对湿度（60%、70%和 90%）、二氧化碳浓度（3%、10%、20%和 50%）下混凝土内部各物质（CH、CSH、CAH、CO_2）相对浓度分布和 pH 值变化数值模拟。图 4.18 为 C20 混凝土内各物质相对浓度和 pH 值分布。由图 4.18 可见，采用数值模拟可直观表征不同工况条件下的混凝土内部物质（CH、CSH、CAH、CO_2）相对浓度分布和 pH 值变化等。碳化 28 d 后的混凝土内部物质（CH、CSH、CAH）相对浓度降低且呈现 S 形曲线，相对浓度随深度增加而逐步恢复至 1。混凝土内部 pH 值变化也表现为 S 形曲线，以 pH 值等于 7 作为阈值确定的混凝土碳化深度与表 4.2 实测结果吻合较好（误差在 10%以内）。从图 4.18 中还可以看出，混凝土内部 CSH 和 CAH 相对浓度变化滞后于 CH，这是因为 CO_2 优先与 Ca^{2+}反应消耗部分 CH。混凝土内部 CH 被不断消耗，进而导致 CSH 和 CAH 溶蚀分解。若以 pH 值 7～9 作为混凝土部分碳化区，可基于图 4.18 pH 值曲线变化判定混凝土部分碳化区深度范围。

通过长沙地区现场服役工况下 C20 混凝土内部物质（CH、CSH 和 CAH 及 CO_2）

相对浓度分布和 pH 值等（图 4.19），检验了上述研究分析方法的适用范围和普适性。由图 4.19 可知，数值模拟碳化 10 a 的混凝土表层范围内 CH 基本消耗殆尽，CSH 和 CAH 也被消耗一部分。以 pH=9 为分界点确定出混凝土部分碳化区深度约为 7.4 mm，以 pH=7 为分界点判定混凝土碳化深度约为 6.4 mm，该模拟值与图 4.15 中现场实测值吻合。这表明数值仿真可用于确定自然环境中混凝土内部物质相对浓度分布、pH 值及其碳化深度等。

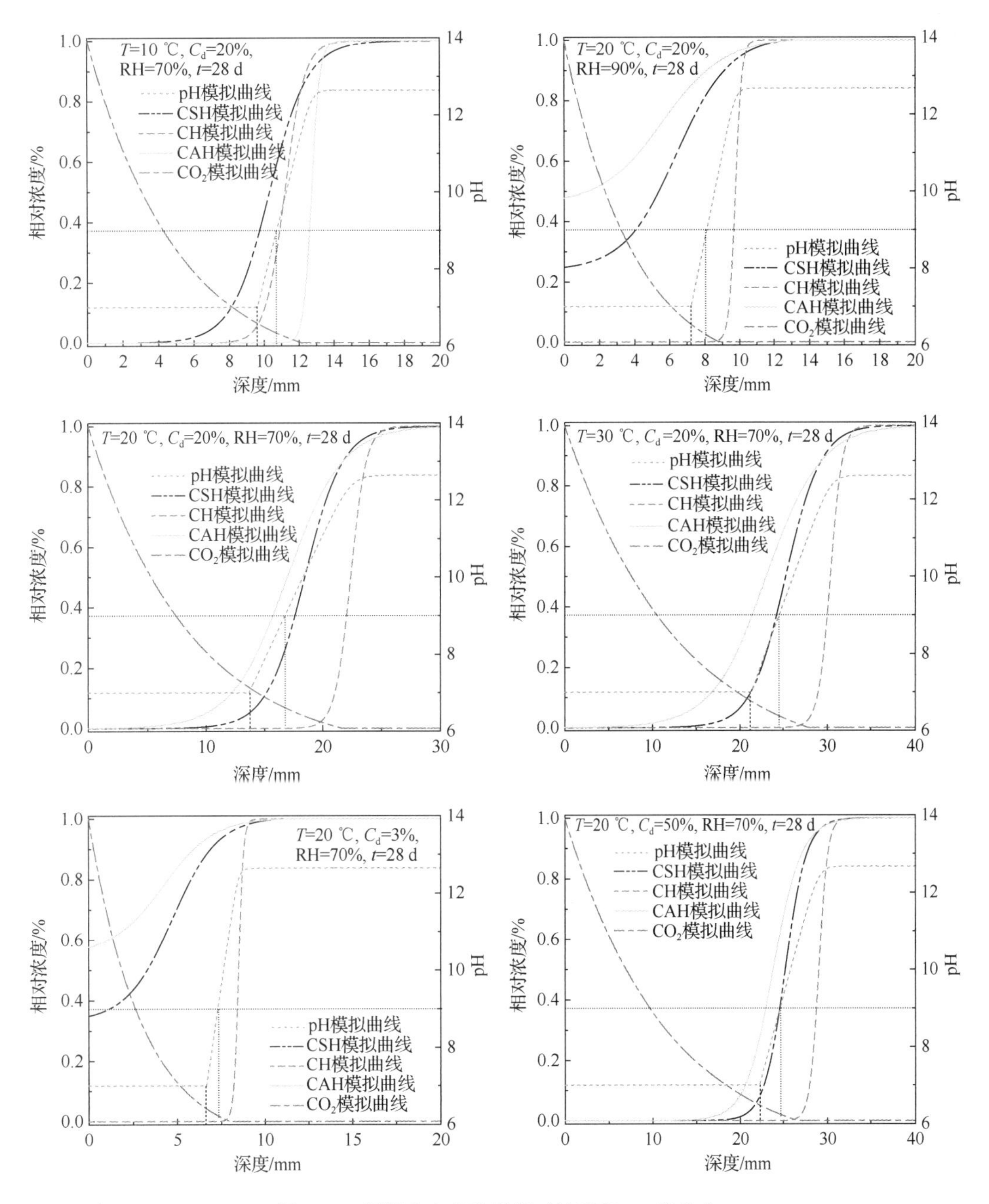

图 4.18　混凝土内各物质相对浓度和 pH 值分布

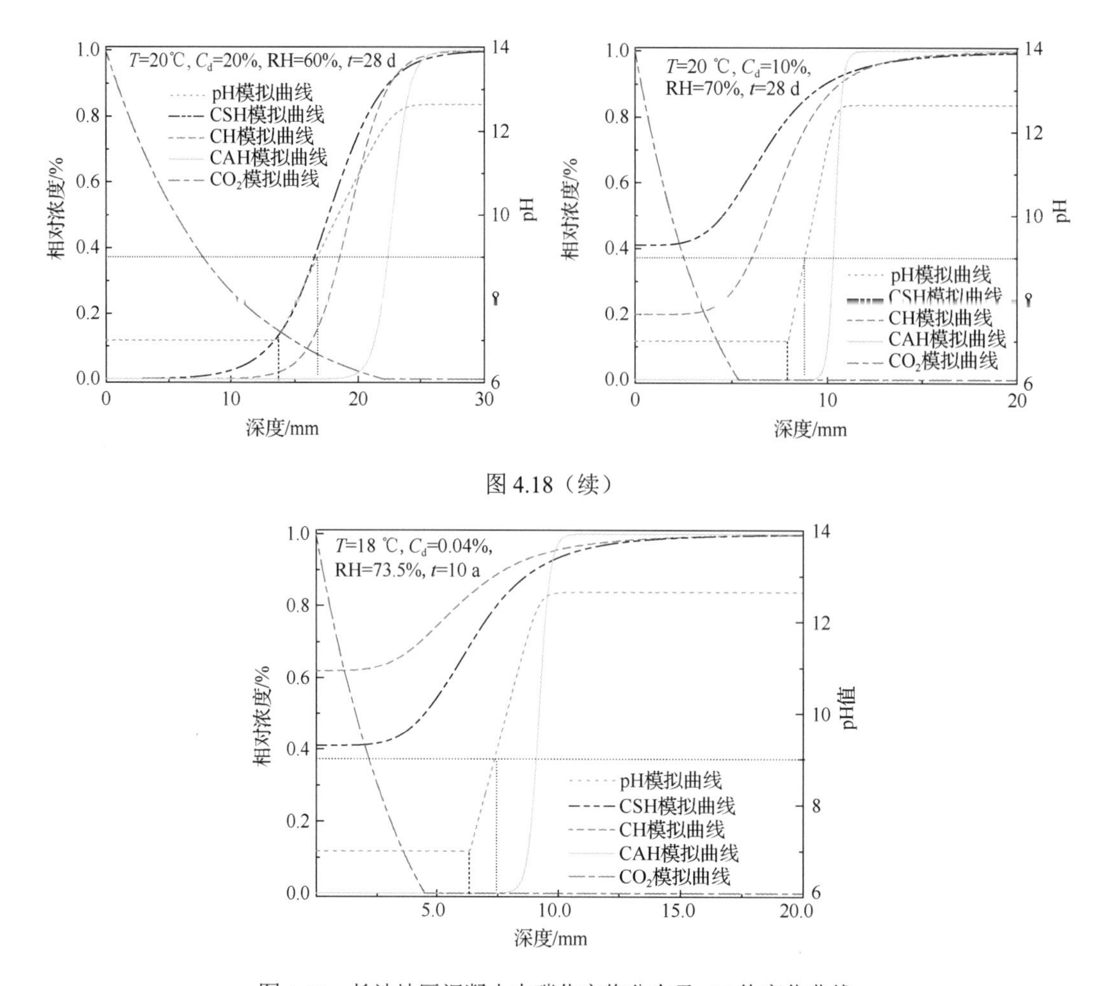

图 4.18（续）

图 4.19　长沙地区混凝土内碳化产物分布及 pH 值变化曲线

4.4.3　混凝土碳化深度的时间相似关系

1. 相似准则和相似准则方程

自然环境中的混凝土碳化是二氧化碳与水泥水化产物发生化学反应的过程。若要精准推定自然环境和室内模拟环境中混凝土碳化时间相似率，需推导混凝土碳化过程的相似准则和混凝土碳化时间相似关系。假设混凝土碳化过程中二氧化碳传输符合 Fick 扩散第二定律且混凝土表面二氧化碳浓度恒定，则混凝土碳化过程可表示为

$$\frac{\partial C_{\mathrm{CO_2}}(x,t)}{\partial t}=D_{\mathrm{CO_2}}\frac{\partial^2 C_{\mathrm{CO_2}}}{\partial x^2} \tag{4.80}$$

式中：$C_{\mathrm{CO_2}}(x,t)$ 为 t 时刻混凝土中 x 点的二氧化碳浓度；$D_{\mathrm{CO_2}}$ 为混凝土内二氧化碳扩散系数；x 为平面坐标；t 为混凝土碳化时间。

假设混凝土碳化界面处二氧化碳传输的量完全被反应吸收，则混凝土碳化前沿处二

氧化碳传输量等于反应量，即

$$D_{CO_2}\frac{\partial C_{CO_2}}{\partial x}\mathrm{d}t = m_{0\text{-C}}\mathrm{d}x \tag{4.81}$$

式中：$m_{0\text{-C}}$ 为单位体积混凝土完全碳化时可吸收二氧化碳的质量。

为了方便计算，假设初始时刻混凝土内二氧化碳浓度为 0，且混凝土表层二氧化碳浓度恒定为 C_s。基于上述假设，与式（4.80）对应的相似模型可表示为

$$\frac{\partial C_{CO_2}(x,t)'}{\partial t'} = D'_{CO_2}\frac{\partial^2 C'_{CO_2}}{\partial x'^2} \tag{4.82}$$

根据相似定律，定义单值条件的相似常数为

$$C_t = \frac{t}{t'}，\quad C_C = \frac{C_{CO_2}}{C'_{CO_2}}，\quad C_D = \frac{D_{CO_2}}{D'_{CO_2}}，\quad C_l = \frac{x}{x'}，\quad C_{m_{0\text{-C}}} = \frac{m_{0\text{-C}}}{m'_{0\text{-C}}} \tag{4.83}$$

式中：C_t、C_C、C_D、C_l 和 $C_{m_0\text{-C}}$ 分别为对应于混凝土碳化时间、二氧化碳浓度、有效扩散系数、混凝土碳化深度及其混凝土吸收二氧化碳量的相似常数。

将相似常数代入式（4.82），可得

$$\frac{C_C\partial C_{CO_2}(x,t)'}{\partial t'} = C_D D'_{CO_2}\frac{C_C\partial^2 C'_{CO_2}}{C^2_{CO_2}(\partial x')^2} \tag{4.84}$$

比较式（4.82）和式（4.84），可得相似指标，即

$$\frac{C_l^2}{C_t C_D} = 1 \tag{4.85}$$

将相似常数代入式（4.85），可得

$$\frac{\dfrac{x^2}{(x')^2}}{\dfrac{t}{t'}\cdot\dfrac{D_{CO_2}}{D'_{CO_2}}} = 1 \tag{4.86}$$

根据相似第二定理，混凝土碳化过程方程中包含四个参数，其中有三个参数相互独立，故相应的相似准则数量为三个。整理式（4.86）可得到混凝土碳化的谐时准则 F_0

$$\pi_1 = \frac{tD_{CO_2}}{x^2} = \frac{t'D'_{CO_2}}{(x')^2} = F_0 \tag{4.87}$$

基于混凝土碳化边界条件［式（4.81）］、特征长度和相似第一定理，可得相应的相似指标

$$\frac{C_{c_s}}{C_{m_0}} = 1，\quad C_{m_0} = \frac{m_{0\text{-C}}}{m'_{0\text{-C}}} \tag{4.88}$$

此外，混凝土碳化对应的浓度准则 θ_z 和几何准则 R_z 为

$$\pi_2 = \frac{C_s}{m_{0\text{-C}}} = \frac{C_s'}{m_{0\text{-C}}'} = \theta_z,\quad \pi_3 = \frac{x_d}{x} = \frac{x_d'}{x'} = R_z \tag{4.89}$$

基于相似第二定理，并结合混凝土碳化的相似准则和相似指标，可推导混凝土碳化的相似准则方程表达式

$$f(F_0,\theta_z,R_z) = 0 \tag{4.90}$$

在条件已知的情况下，可通过确定混凝土内二氧化碳扩散系数比 C_D 和碳化深度比 C_l，则由式（4.85）可求出时间缩比 C_t（时间相似率），进而求出实验室和实际环境条件下混凝土碳化速率之比（加速率）。

鉴于试验采用二氧化碳浓度为体积分数，故可采用式（4.91）转化为相应的二氧化碳质量浓度，即

$$C_m = \frac{M_c P_a C_d}{RT} \tag{4.91}$$

式中：C_m 为二氧化碳质量浓度，g/m^3；M_c 为二氧化碳分子量，g/mol；P_a 为大气压力，Pa；C_d 为二氧化碳体积分数，%；R 为理想气体常数，取 8.314 J/（mol·K）；T 为温度，K。

2. 相似准则方程求解

式（4.90）为混凝土碳化相似准则方程隐函数形式，为了获得相应的显函数表达式，以表 4.2 中 C20 混凝土碳化 28 d 后的碳化深度为例，分析混凝土碳化模型式（4.81）中的各参量之间函数关系。对于同一试验条件下的混凝土试件，混凝土内部的二氧化碳扩散系数、单位混凝土吸收二氧化碳的量及其几何准则均可视为定值，故式（4.90）中的谐时准则 F_0 和浓度准则 θ_z 可视为独立变量。图 4.20 为基于 C20 混凝土碳化 28 d 的混凝土碳化准则方程拟合曲线。由图 4.20 可知，混凝土碳化深度的相似准则方程为线性函数，并且拟合曲线具有较佳的相关性，这表明式（4.90）的显函数形式可表示为

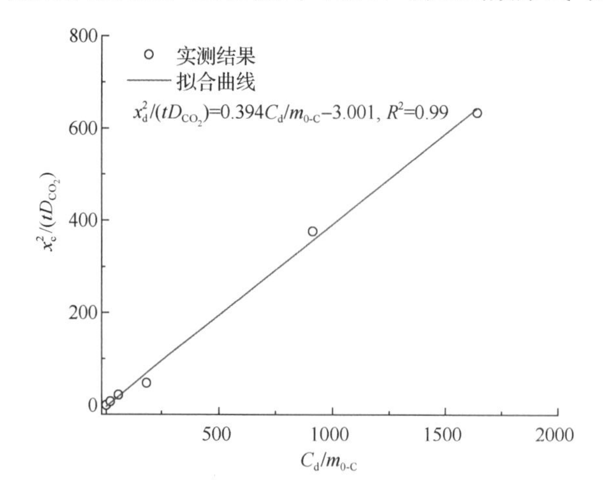

图 4.20　C20 混凝土碳化 28 d 的混凝土碳化准则方程拟合曲线

$$\frac{x_c^2}{tD_{CO_2}} = a\frac{C_d}{m_{0\text{-C}}} + b \tag{4.92}$$

式中：C_d为二氧化碳体积分数，%；x_c为混凝土碳化深度；$m_{0\text{-C}}$为单位体积混凝土完全碳化时可吸收二氧化碳的质量；t为混凝土碳化时间；D_{CO_2}为混凝土内二氧化碳扩散系数；a和b为拟合参数。

同时，上述的式（4.92）表明混凝土碳化深度与时间平方根之间存在线性关系，这与传统的混凝土碳化深度预测模型式（4.17）一致，进而验证了混凝土碳化深度相似准则方程是合理的。基于文献[45]的部分数据，开展混凝土碳化深度相似准则方程求解。图4.21给出相应的混凝土碳化准则方程拟合曲线。由图4.21可以看出，基于文献[45]的部分数据求解的混凝土碳化深度的相似准则方程也可表示为式（4.92）。这表明混凝土碳化深度相似准则方程具有较好的普适性。至于混凝土碳化深度相似准则方程中拟合参数差异，可能是与混凝土水化程度、碳化时间和二氧化碳浓度等因素有关。当二氧化碳浓度较低时，混凝土碳化反应由二氧化碳扩散主导；随着二氧化碳浓度增大，混凝土碳化反应由化学反应主导。混凝土碳化主导因素的转变，可能是上述混凝土碳化深度相似准则方程中参数不同的一个重要原因。

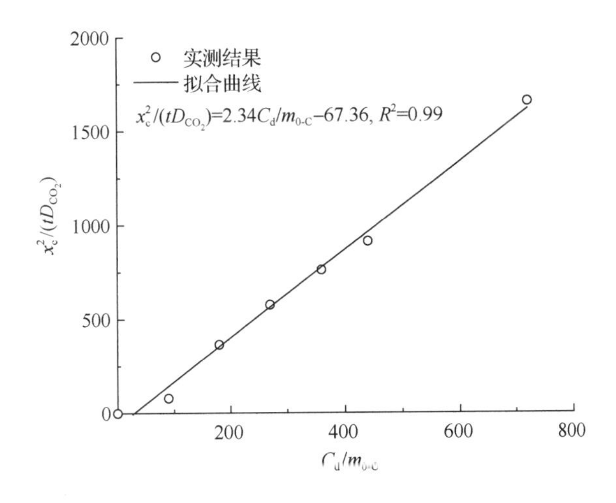

图4.21 混凝土碳化准则方程拟合曲线

3. 时间相似率推定

除采用上述方法求解双重环境下混凝土碳化相似率外，还可采用如下方法开展混凝土试件耐久性指标的时间相似率推定，具体推定步骤如下。

首先，确定室内模拟环境下混凝土碳化深度时变关系为

$$t_{id} = f(d_t) \tag{4.93}$$

式中：t_{id}为室内模拟环境下混凝土碳化深度达到d_t时需要的时间；d_t为单个混凝土试件碳化t时后的平均碳化深度。

混凝土碳化深度为该组所有混凝土试件平均碳化深度的算术平均值，单个混凝土试件各试验龄期的平均碳化深度为

$$d_{\mathrm{t}}=\frac{1}{N}\sum_{i=1}^{N}d_i \tag{4.94}$$

式中：d_i 为单个混凝土试件第 i 个测点的碳化深度；N 为测点总数。

其次，根据第 1 章推荐的现场暴露试验法和第三方参照物试验法确定自然环境下混凝土碳化深度时变关系为

$$t_{\mathrm{nd}}=g(d_{\mathrm{t}}) \tag{4.95}$$

式中：t_{nd} 为自然环境下混凝土碳化深度达到 d_{t} 时需要的时间。

最后，自然环境与室内模拟环境下混凝土碳化深度的时间相似率 λ_{cd} 为

$$\lambda_{\mathrm{cd}}=\frac{t_{\mathrm{nd}}}{t_{\mathrm{id}}} \tag{4.96}$$

4. 数值模拟

对比混凝土碳化深度相似准则方程式（4.92）和 MEC 模型可知，两者表现形式相同，且均可表征混凝土碳化深度变化与碳化时间和各种影响因素之间的内在关联。两类模型的差异主要体现在对影响因素区分程度不同。混凝土碳化深度相似准则方程是所有外部影响因素归入混凝土内二氧化碳扩散系数，而 MEC 模型是将外部影响因素分别表述，从而使得混凝土碳化深度预测模型更加具体。基于 MEC 模型的优点，将其应用于混凝土碳化深度加速率分析。以长沙地区为例，计算室内模拟环境试验和自然环境中的 C20 混凝土结构达到特定深度（如保护层厚度）所需时间，并求解自然环境和室内模拟环境试验中混凝土碳化试验加速倍数（或相似率）。鉴于自然环境中 CO_2 浓度范围为 0.03%～0.04%[30,45]，以上下限值为例开展数值模拟，图 4.22 为相应的混凝土碳化深度数值模拟曲线。显而易见，数值模拟结果表明，达到混凝土碳化深度所需的碳化模拟试

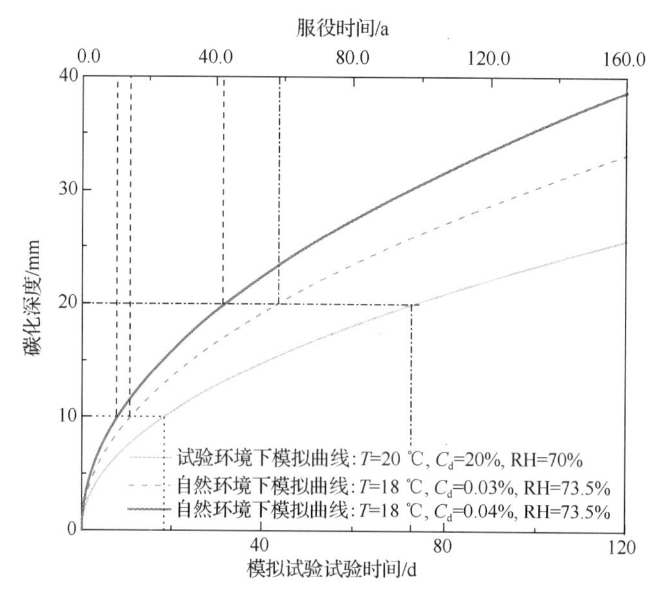

图 4.22　混凝土碳化深度数值模拟曲线

验时间和自然服役时间不同。若混凝土碳化深度为 20 mm，则相应的模拟试验时间约为 74 d，而自然服役时间约为 42.7 a（CO_2 体积分数为 0.04%）或 58.2 a（CO_2 体积分数为 0.03%）。基于上述数值模拟结果，计算出模拟环境和自然环境中混凝土碳化加速倍数约为 211 倍或 287 倍。

4.4.4　一般大气环境中混凝土结构耐久性评定和使用寿命预测

1. 混凝土结构耐久性等级评定和使用寿命预测方法

对于新建和已有的混凝土结构工程，人们非常关注该工程能否达到预定的设计寿命和满足预计的使用功能。目前，有关混凝土结构耐久性侵蚀机理、退化模式和劣化模型及参数取值等方面不足，导致既有研究成果难以准确地进行混凝土结构耐久性评估和使用寿命预测。因此，如何精准开展新建和已有的混凝土结构工程耐久性评定和使用寿命预测是土木工程耐久性研究领域面临的重大难题。一般大气环境中的混凝土结构耐久性问题主要是混凝土碳化，参照《既有混凝土结构耐久性评定标准》(GB/T 51355—2019)，基于 4.4.3 节的混凝土结构耐久性时间相似理论研究，开展新建和已有混凝土结构工程耐久性评定和使用寿命预测。

一般大气环境中的混凝土结构耐久性极限状态主要包括钢筋开始锈蚀极限状态（指混凝土中性化诱发钢筋脱钝的状态）、混凝土保护层锈胀开裂极限状态（指钢筋锈蚀产物引起混凝土保护层开裂的状态）、混凝土保护层锈胀裂缝宽度极限状态（指混凝土保护层锈胀裂缝宽度达到限值时对应的状态）[46]。一般大气环境中的混凝土结构耐久性等级可根据不同极限状态对应的耐久性裕度系数评定，见表 4.3。

表 4.3　耐久性等级评定

耐久性裕度系数 ξ_d	构件耐久性等级	评定单元耐久性等级
≥1.8	a 级	A 级
1.8～1.0	b 级	B 级
≤1.0	c 级	C 级

注：保护层脱落、表面外观损伤已造成混凝土构件不满足相应的使用功能时，混凝土构件耐久性等级应评为 c 级。

一般大气环境中混凝土结构耐久性裕度系数 ξ_d 可计算为

$$\xi_d=\begin{cases}(t_i-t_0)/(\gamma_0 t_e) & \text{钢筋开始锈蚀极限状态}\\(t_{cr}-t_0)/(\gamma_0 t_e) & \text{混凝土保护层锈胀开裂极限状态}\\(t_d-t_0)/(\gamma_0 t_e) & \text{混凝土保护层锈胀裂缝宽度极限状态}\end{cases} \tag{4.97}$$

式中：t_i 为钢筋开始锈蚀耐久年限，a；t_{cr} 为混凝土保护层锈胀开裂耐久年限，a；t_d 为混凝土表面锈胀裂缝宽度限值耐久年限，a；t_0 为结构建成至检测时的时间，a；t_e 为目标使用年限，a；γ_0 为耐久重要性系数，可参照《既有混凝土结构耐久性评定标准》(GB/T 51355—2019) 中的有关规定取值。

一般环境混凝土结构钢筋开始锈蚀耐久年限 t_i 为

$$t_i = 15.2 K_k K_c K_m \tag{4.98}$$

式中：K_k为碳化系数对钢筋开始锈蚀耐久年限的影响系数，可按表 4.4 取值或式（4.99）计算；K_c为保护层厚度对钢筋开始锈蚀耐久年限的影响系数，可按表 4.5 取值或式（4.100）计算；K_m为局部环境对钢筋开始锈蚀耐久年限的影响系数，可按表 4.6 取值或式（4.101）计算。

表 4.4　碳化系数对钢筋开始锈蚀耐久年限的影响系数 K_k

碳化系数 k_{cc}/（mm/$a^{0.5}$）	K_k	碳化系数 k_{cc}/（mm/$a^{0.5}$）	K_k
1.0	2.27	6.0	0.8
2.0	1.54	7.5	0.71
3.0	1.20	9.0	0.64
4.5	0.94		

$$K_k = 2.732 \exp\left(\frac{-k_{cc}}{1.841}\right) + 0.663 \tag{4.99}$$

表 4.5　保护层厚度对钢筋开始锈蚀耐久年限的影响系数 K_c

混凝土保护层厚度 c_a/mm	K_c	混凝土保护层厚度 c_a/mm	K_c
5	0.54	25	1.62
10	0.75	30	1.96
15	1.00	40	2.67
20	1.29		

$$K_c = 0.06137 c_a + 0.133 \tag{4.100}$$

表 4.6　局部环境对钢筋开始锈蚀耐久年限的影响系数 K_m

局部环境系数 m	K_m	局部环境系数 m	K_m
1.0	1.51	3.0	0.85
1.5	1.24	3.5	0.78
2.0	1.06	4.0	0.68
2.5	0.94		

$$K_m = -0.2585m + 1.655 \tag{4.101}$$

基于实测混凝土碳化深度的混凝土碳化系数 k_{cc} 为

$$k_{cc} = \frac{x_c}{\sqrt{t_0}} \tag{4.102}$$

式中：x_c为实测混凝土碳化深度；t_0为结构建成至检测时的时间（或混凝土碳化时间）。

一般环境混凝土保护层锈胀开裂耐久年限应考虑保护层厚度、混凝土强度、钢筋直径、环境温度、环境湿度以及局部环境的影响，即

$$t_{cr} = t_i + t_c \tag{4.103}$$

$$t_c = H_c H_f H_d H_T H_{RH} H_m t_r \tag{4.104}$$

式中：t_{cr} 为混凝土保护层锈胀开裂耐久年限，a；t_c 为钢筋开始锈蚀至混凝土保护层锈胀开裂所需的时间，a；t_r 为各项影响系数为 1.0 时构件自钢筋开始锈蚀到保护层锈胀开裂的时间，a（对室外环境，梁、柱取 1.9，墙、板取 4.9；对室内环境，梁、柱取 3.8，墙、板取 11.0）；H_c 为保护层厚度对混凝土保护层锈胀开裂耐久年限的影响系数；H_f 为混凝土强度对混凝土保护层锈胀开裂耐久年限的影响系数；H_d 为钢筋直径对混凝土保护层锈胀开裂耐久年限的影响系数；H_T 为环境温度对混凝土保护层锈胀开裂耐久年限的影响系数；H_{RH} 为环境湿度对混凝土保护层锈胀开裂耐久年限的影响系数；H_m 为局部环境对混凝土保护层锈胀开裂耐久年限的影响系数。上述各影响系数可参照《既有混凝土结构耐久性评定标准》（GB/T 51355—2019）中的有关规定取值。

一般环境混凝土保护层锈胀裂缝宽度限值耐久年限应考虑保护层厚度、混凝土强度、钢筋直径、环境温度、环境湿度以及局部环境的影响，即

$$t_d = t_i + t_{c1} \tag{4.105}$$

$$t_{c1} = F_c F_f F_d F_T F_{RH} F_m t_{d0} \tag{4.106}$$

式中：t_d 为混凝土保护层锈胀裂缝宽度限值耐久年限，a；t_{c1} 为钢筋开始锈蚀至混凝土保护层锈胀裂缝宽度达到限值所需时间，a；t_{d0} 为各项影响系数为 1.0 时自钢筋开始锈蚀至混凝土保护层锈胀裂缝宽度达到限值的年限，a（对室外环境，梁、柱取 7.04，墙、板取 8.09；对室内环境，梁、柱取 8.84，墙、板取 14.48）；F_c 为保护层厚度对混凝土保护层锈胀裂缝宽度限值耐久年限的影响系数；F_f 为混凝土强度对混凝土保护层锈胀裂缝宽度限值耐久年限的影响系数；F_d 为钢筋直径对混凝土保护层锈胀裂缝宽度限值耐久年限的影响系数；F_T 为环境温度对混凝土保护层锈胀裂缝宽度限值耐久年限的影响系数；F_{RH} 为环境湿度对混凝土保护层锈胀裂缝宽度限值耐久年限的影响系数；F_m 为局部环境对混凝土保护层锈胀裂缝宽度限值耐久年限的影响系数。上述各影响系数可参照《既有混凝土结构耐久性评定标准》（GB/T 51355—2019）中的有关规定取值。

2. *算例*

以长沙地区某新建混凝土结构工程为例，选取混凝土强度等级为 C20 的混凝土墙板为研究对象，混凝土保护层厚度为 20 mm，结构设计使用寿命为 50 a。长沙地区的自然环境中 CO_2 体积分数为 0.03%、温度为 18 ℃、相对湿度为 73.5%，拟开展的室内模拟环境试验采用的 CO_2 体积分数为 20%、温度为 20 ℃、相对湿度为 70%。基于上述的条件和数据，开展新建混凝土结构工程使用寿命预测和耐久性等级评定。

（1）新建混凝土结构工程使用寿命预测

基于表 4.2 的实测 28 d 混凝土碳化深度为 13.1 mm，由式（4.102）可求得室内模拟环境中的混凝土碳化系数约为 47.29 mm/$a^{0.5}$。图 4.22 模拟结果表明室内模拟环境试验和自然环境中的混凝土碳化时间相似率（或加速倍数）为 289，故自然环境中的混凝土碳化系数约为 0.163 mm/$a^{0.5}$。由表 4.4～表 4.6 可知，K_k、K_c 和 K_m 取值分别为 3.16、1.29 和 0.94。基于式（4.98），可求得一般大气环境中混凝土结构钢筋开始锈蚀耐久年限 t_i 约为 58.2 a，大于结构设计使用寿命 50 a。因此，该新建混凝土结构满足一般大气环

境中混凝土结构钢筋开始锈蚀耐久年限要求。

（2）新建混凝土结构工程耐久性等级评定

基于上述分析并参照《既有混凝土结构耐久性评定标准》（GB/T 51355—2019）中的有关规定，耐久重要性系数γ_0取值为 1.0。将求得一般大气环境中混凝土结构钢筋开始锈蚀耐久年限t_i（约为 58.2 a）代入式（4.97）中，可求得一般大气环境中混凝土结构耐久性裕度系数ξ_d约为 1.16。根据表 4.3 可知，以钢筋开始锈蚀极限状态为基准的一般大气环境中的混凝土结构耐久性等级为 b 级。

以上即为以钢筋开始锈蚀极限状态为基准的一般大气环境中的混凝土结构耐久性等级评定和使用寿命预测计算全过程。以混凝土保护层锈胀开裂极限状态或混凝土保护层锈胀裂缝宽度极限状态为基准的一般大气环境中的混凝土结构耐久性等级评定和使用寿命预测求解与上述过程类似，计算中所用的部分参数取值可参照《既有混凝土结构耐久性评定标准》（GB/T 51355—2019）中的有关规定。

4.5 小　结

本章揭示了混凝土碳化机理，建立混凝土碳化深度预测模型，提出一般大气环境中混凝土结构耐久性室内模拟环境试验方法，并开展混凝土结构耐久性等级评定和使用寿命预测。主要内容如下。

1）研究了温度、相对湿度、二氧化碳浓度对混凝土碳化深度和机理的影响，揭示了单一环境因素下混凝土碳化深度变化规律，探讨了多种环境因素交互作用下混凝土碳化深度变化特征，建立了考虑混凝土组成和多环境因素交互作用的混凝土碳化深度MEC模型。

2）基于扩散反应理论和无量纲化处理方法，建立了混凝土表层内物质相对含量和 pH 值分布模型，分析了混凝土内部二氧化碳传输系数，推导出混凝土内部二氧化碳传输系数计算公式。

3）提出一般大气环境中混凝土结构耐久性室内模拟环境试验方法，推导了自然环境和室内模拟环境试验混凝土碳化时间相似准则，构建了双重环境中的混凝土结构耐久性时间相似关系模型。以长沙地区典型混凝土结构为例，开展一般大气环境中的混凝土结构耐久性等级评定和使用寿命预测。

参考文献

[1] 窦晓静．混凝土碳化深度预测的细观随机模型[D]．上海：同济大学，2009.

[2] Marques P F，Chastre C，Nunes A. Carbonation service life modelling of RC structures for concrete with Portland and blended cements[J]．Cement and Concrete Composites，2013，37：171-184.

[3] 贺鹏飞．环境相对湿度对混凝土碳化影响及碳化相似关系研究[D]．长沙：中南大学，2018.

[4] 肖沐惕．混凝土碳化机理及预测模型研究[D]．长沙：中南大学，2017.

[5] Алексеев С Н,Розенталь Н К．钢筋混凝土结构中钢筋腐蚀与保护[M]．黄可信，吴兴祖，蒋仁敏，等编译．北京：中国建筑工业出版社，1983.

[6] Papadakis V G，Vayenas C G，Fardis M N．A reaction engineering approach to the problem of concrete carbonation[J]．Aiche Journal，1989，35（10）：1639-1650.
[7] 陈树亮．混凝土碳化机理、影响因素及预测模型[J]．华北水利水电学院学报，2010，31（3）：35-39.
[8] 刘志勇，孙伟．与钢筋脱钝化临界孔溶液 pH 值相关联的混凝土碳化理论模型[J]．硅酸盐学报，2007，35（7）：97-101.
[9] Papadakis V G，Vayenas C G，Fardis M N．Physical and chemical characteristics affecting the durability of concrete[J]．ACI Materials Journal，1991，88（2）：186-196.
[10] Ishida T，Maekawa K，Soltani M．Theoretically identified strong coupling of carbonation rate and thermodynamic moisture states in micropores of concrete[J]．Journal of Advanced Concrete Technology，2004，2（2）：213-222.
[11] Song H W，Kwon S J，Byun K J，et al．Predicting carbonation in early-aged cracked concrete[J]．Cement and Concrete Research，2006，36（5）：979-989.
[12] 岸谷孝一．铁筋コンクリートの耐久性[M]．东京：鹿岛建设技术研究所出版部，1963.
[13] Papadakis V G，Vayenas C G．Fundamental modeling and experimental investigation of concrete carbonation[J]．ACI Materials Journal，1991，88（4）：363-373.
[14] 刘亚芹．混凝土碳化引起的钢筋锈蚀实用计算模式[D]．上海：同济大学，1997.
[15] 张誉．混凝土结构耐久性概论[M]．上海：上海科学技术出版社，2003.
[16] 朱安民．混凝土碳化与钢筋混凝土耐久性[J]．混凝土，1992（6）：18-22.
[17] 牛荻涛．混凝土结构耐久性与寿命预测[M]．北京：科学出版社，2003.
[18] 邸小坛，周燕．混凝土碳化规律的研究[R]．北京：中国建筑科学研究院，1996.
[19] 龚洛书，苏曼青，王洪琳．混凝土多系数碳化方程及其应用[J]．混凝土及加筋混凝土，1985（6）：12-18.
[20] 卢朝辉，吴蔚琳，赵衍刚．混凝土及预应力混凝土结构碳化深度预测模型研究[J]．铁道科学与工程学报，2015（2）：368-375.
[21] 潘洪科，牛季收，杨林德，等．地下工程砼结构基于碳化作用的耐久性劣化模型[J]．工程力学，2008（7）：172-178.
[22] 张海燕．混凝土碳化深度的试验研究及其数学模型建立[D]．杨凌：西北农林科技大学，2006.
[23] Muntean A，Böhm M．A moving-boundary problem for concrete carbonation：Global existence and uniqueness of weak solutions[J]．Journal of Mathematical Analysis and Applications，2009，350（1）：234-251.
[24] Mitchell M J，Jensen O E，Cliffe K A，et al．A model of carbon dioxide dissolution and mineral carbonation kinetics[J]．Proceedings of the Royal Society，2010（466）：1265-1290.
[25] 唐誉兴．基于人工神经网络和统计理论的混凝土碳化深度预测[D]．南宁：广西大学，2004.
[26] 张亮，金伟良，鄢飞，等．基于函数型神经网络的结构耐久性分析[J]．工程力学，1998（A02）：149-154.
[27] 高攀祥，丁军琪，牛荻涛，等．神经网络在混凝土碳化深度预测中的研究应用[J]．计算机工程与应用，2014，50（11）：238-241.
[28] Chang C F，Chen J W．The experimental investigation of concrete carbonation depth[J]．Cement and Concrete Research，2006，36（9）：1760-1767.
[29] Steffens A，Dinkler D，Ahrens H．Modeling carbonation for corrosion risk prediction of concrete structures[J]．Cement and Concrete Research，2002，32（6）：935-941.
[30] Yoon I S，Copuroğlu O，Park K B．Effect of global climatic change on carbonation progress of concrete[J]．Atmospheric Environment，2007，41（34）：7274-7285.
[31] Li G，Yuan Y S，Du J M，et al. Determination of the apparent activation energy of concrete carbonation[J]. Journal of Wuhan University of Technology（Mater Science Edition），2013，28（5）：944-949.
[32] Navratilova E，Rovnanikova P．Pozzolanic properties of brick powders and their effect on the properties of modified lime mortars[J]．Construction and Building Materials，2016，120（1）：530-539.
[33] El-Hassan H，Shao Y X，Ghouleh Z．Reaction products in carbonation-cured lightweight concrete[J]．Journal of Materials

in Civil Engineering，2013，25（6）：799-809.

[34] Villain G，Platret G. Two experimental methods to determine carbonation profiles in concrete[J]. ACI Materials Journal，2006，103（4）：265-271.

[35] Gruyaert E，Van den Heede P，De Belie N. Carbonation of slag concrete：Effect of the cement replacement level and curing on the carbonation coefficient - effect of carbonation on the pore structure[J]. Cement and Concrete Composites，2013，35（1）：39-48.

[36] Zhang K J，Xiao J Z. Prediction model of carbonation depth for recycled aggregate concrete[J]. Cement and Concrete Composites，2018（88）：86-99.

[37] Sanjuan M，Andrade C，Cheyrezy M. Concrete carbonation tests in natural and accelerated conditions[J]. Advances in Cement Research，2003，15（4）：171-180.

[38] Millington R J. Gas diffusion in porous media[J]. Science，1959，130（3367）：100-102.

[39] Papadakis V G. Effect of supplementary cementing materials on concrete resistance against carbonation and chloride ingress[J]. Cement and Concrete Research，2000，30（2）：291-299.

[40] Divsholi B S，Herman C J. Modelling of carbonation of PC and blended cement concrete[J]. The Ies Journal Part A：Civil and Structural Engineering，2009，2（1）：59-67.

[41] Piqueras M A，Company R，Jodar L. Numerical analysis and computing of free boundary problems for concrete carbonation chemical corrosion[J]. Journal of Computational and Applied Mathematics，2018（336）：297-316.

[42] Khunthongkeaw J，Tangtermsirikul S，Leelawat T. A study on carbonation depth prediction for fly ash concrete[J]. Construction and Building Materials，2006，20（9）：744-753.

[43] Roy S K，Poh K B，Northwood D O. Durability of concrete—accelerated carbonation and weathering studies[J]. Building and Environment，1999，34（5）：597-606.

[44] 姬永升，赵光思，樊振生. 混凝土碳化过程的相似性研究[J]. 淮海工学院学报，2002，11（3）：60-63.

[45] Ekolu S O. Model for practical prediction of natural carbonation in reinforced concrete：Part 1-formulation[J]. Cement and Concrete Composites，2018，86：40-56.

[46] 中华人民共和国住房和城乡建设部. 既有混凝土结构耐久性评定标准：GB/T 51355—2019[S]. 北京：中国建筑工业出版社，2019.

第5章　氯盐环境中混凝土结构耐久性时间相似关系

5.1　概　　述

氯盐环境中的氯离子侵入混凝土内部诱发钢筋锈蚀，严重影响混凝土结构安全性、耐久性和使用寿命[1]。如何准确地预测氯盐环境中新建和既有混凝土结构使用寿命，是当今钢筋混凝土结构耐久性研究的焦点[2,3]。国内外在氯盐环境中混凝土结构耐久性方面已开展大量研究，如美国 NT Bulid443 标准等采纳了 Fick 第二定律计算氯离子扩散方法[4,5]。现有研究基本解决了混凝土氯盐侵蚀机理和传输模型等难题[6]，但在混凝土结构耐久性试验方法和精准评估等方面尚待进一步深入探讨。

目前，混凝土氯盐侵蚀试验方法主要有现场真实暴露试验法、加速试验法和室内模拟环境试验方法。真实暴露试验真实揭示混凝土结构耐久性劣化机理、历程和结果，但存在试验周期长和成本高等弊端[7]。混凝土结构耐久性加速试验法研究成果丰硕，如路新瀛等[8]提出可快速测定氯离子渗透性的 NEL 法；RCM 法被欧洲 DuraCrete、LIFECON 和中国《混凝土结构耐久性设计与施工指南》（CCES 01—2004）等推荐为混凝土中氯离子扩散系数测量的标准试验方法[9,10]。直流电量法被美国 AASHTO T277-83、ASTMC1202-91 标准[11]、中国《海港工程混凝土结构防腐蚀技术规范》（JTJ 275—2000）* [12]和北欧的 NT Build（335）[13]等采纳。然而，上述加速试验方法多注重混凝土结构耐久性退化加速效果，忽视了混凝土氯盐侵蚀退化机理和历程，导致研究结果与现场实测差别较大。室内模拟环境试验方法兼备真实暴露试验法和加速试验法长处，具有结果真实、相关性强和加速率可控等优点，是混凝土结构耐久性试验未来发展方向。然而，室内模拟环境试验方法涉及的试验参数取值和试验制度理论依据不足，有关室内模拟环境试验方法研究仍处于初期探索阶段。

开展氯盐环境中混凝土结构耐久性精准评估的关键是确立自然环境和室内模拟环境试验中混凝土结构耐久性演化时间相似率（试验加速率或加速倍数）。部分学者在混凝土结构耐久性时间相似关系方面开展了初步探索研究，如金伟良等[14]通过分析与研究对象具有相似环境条件和具有一定服役年限的参照物，提出多重环境时间的相似理论（METS）。余志武团队提出基于混凝土内部微环境响应相似的室内模拟环境试验方法和混凝土结构耐久性时间相似理论（CSDTST）[15]。然而，有关混凝土结构耐久性时间相似率推定方面研究极少，尚未提出氯盐环境中的混凝土结构耐久性时间相似准则和相似关系模型。

---

* 已废止，更新为《水运工程结构防腐蚀施工规范》（JTS/T 209—2020）。

通过第 2 章和第 3 章的研究可知，混凝土内部微环境与外部环境间存在确切的对应关系（映射）。若双重环境（自然环境和室内模拟环境）作用下的混凝土内部微环境响应相同或相似，则两种环境对混凝土耐久性作用效应等效。若能通过调整室内模拟环境试验参数使得混凝土内部微环境产生与现场相同的响应，则自然环境和室内模拟环境之间存在确切的相关性。因此，基于混凝土内部微环境响应相似的混凝土结构耐久性室内模拟环境试验方法理论依据充分。同时，基于上述试验方法和相似定律，开展双重环境下混凝土结构耐久性时间相似率推定也切实可行。本章针对上述两个方面开展深入探讨，研究结果可为氯盐环境中混凝土结构耐久性精准评估提供技术支撑。

5.2　混凝土氯离子侵蚀机理与侵蚀模型

外部环境中的氯离子通过对流和扩散等方式侵入混凝土结构内部，进而诱发钢筋锈蚀。Castro 等[16]根据暴露混凝土结构中的氯离子分布，将混凝土表层氯离子分布划分为表层干湿变动区（对流区）和内部潮湿区两个区域，指出这种分布与干湿循环作用和混凝土孔结构有直接关系；混凝土对流区以内的氯离子传输方式主要为扩散[17]，而混凝土表层的氯离子对流区内传输以渗透传质为主。因此，混凝土表层氯离子侵蚀可描述为

$$\frac{\partial C_{\mathrm{v}}(x,t)}{\partial t}=\begin{cases}-u_{\mathrm{d}}\dfrac{\partial C_{\mathrm{ts}}}{\partial x} & \text{渗透传质为主导}\\[2ex] \dfrac{\partial}{\partial x}\left(D_{\mathrm{app}}\dfrac{\partial^2 C_{\mathrm{v}}}{\partial x^2}\right) & \text{扩散传质为主导}\end{cases}\tag{5.1}$$

式中：D_{app} 为混凝土内部氯离子表观扩散系数；$C_{\mathrm{v}}(x,t)$ 为 t 时刻混凝土内 x 处的氯离子含量，%；$D_{\mathrm{app}}\dfrac{\partial^2 C_{\mathrm{v}}}{\partial x^2}$ 代表扩散过程；$u_{\mathrm{d}}\dfrac{\partial C_{\mathrm{ts}}}{\partial x}$ 代表毛细管虹吸过程（对流传质）；C_{ts} 为毛细管作用时混凝土相应的氯离子含量，%；u_{d} 为 Davy 流速；x 为测点坐标；t 为时间，s。

目前，有关混凝土内部氯离子侵蚀研究主要集中在氯离子扩散传输机理和模型等方面。若假定氯离子在孔隙均匀分布的半无限混凝土中进行一维扩散，浓度梯度仅沿着对流层内部到钢筋表面的方向变化，并且混凝土表面氯离子含量为恒定，则混凝土内部氯离子含量分布的显函数可采用 Fick 第二定律描述，即

$$C_{\mathrm{v}}(x,t)=C_0+(C_{\mathrm{s}}-C_0)\left[1-\mathrm{erf}\left(\frac{x-\Delta x}{2\sqrt{D_{\mathrm{app}}t}}\right)\right]\tag{5.2}$$

式中：$C_{\mathrm{v}}(x,t)$ 为暴露时间 t 混凝土内深度为 x 处的氯离子含量，%；C_{s} 为混凝土表面氯离子含量，%；C_0 为混凝土中的初始氯离子含量，%；t 为时间，s；Δx 为混凝土表层氯离子对流区深度，m；erf（·）为高斯误差函数。

有关混凝土内部氯离子传输方面的现有研究成果，主要是基于 Fick 第二定律的混凝土内部氯离子侵蚀模型修正和参量调整等。式（5.2）中的关键参数包括混凝土表层氯离子含量 C_{s}、混凝土表层氯离子对流区深度 Δx 和混凝土内部氯离子表观扩散系数 D_{app}。其中，混凝土表层氯离子含量 C_{s} 和对流区深度 Δx 相互关联，是开展混凝土氯盐侵蚀模

型计算的两个重要参数。如何准确地确定混凝土表层氯离子含量 C_s 和对流区深度 Δx 对开展混凝土结构耐久性评估和使用寿命预测具有重要意义。

5.2.1 混凝土表层内氯离子对流区深度预测

1. 预测模型

混凝土表层氯离子对流区深度及其数值直接决定了式（5.2）计算结果的精度。有关混凝土表层氯离子对流区深度的研究成果多基于实际测试数值[18]，如欧洲 DuraCrete 标准建议正常情况下混凝土表层氯离子对流区深度为 14 mm[19]，部分研究推荐的对流区深度分别为 20 mm 和 8～10 mm[20,21]。事实上，Δx 与结构所处环境、干湿循环时间比和混凝土自身特性及其所受载荷等因素密切相关。然而，上述已有研究多基于实测结果获得，试验测试结果与理论分析计算值之间的偏差较大，并且测试精度不足也影响 Δx 准确性。

干湿交替条件下混凝土表层氯离子积累与侵蚀过程复杂，多是对流和扩散等耦合作用的结果。研究发现氯离子含量在距离混凝土表面某深度处通常存在一个局部较平稳的区段，该区段存在一个局部的峰值，峰值对应的位置即为对流区深度[22]。已有关于 Δx 研究成果多基于实际测试获得，即将测试结果代入式（5.2）中进行拟合求解，该法依赖于实测数值且存在理论分析不足等弊端。此外，通过分析式（5.2）可知，若假设混凝土内部氯离子表观扩散系数 D_{app}、混凝土内初始氯离子含量 C_0 和混凝土表层氯离子含量 C_s 均为常数，则通过测定混凝土内某深度 x 处不同时间氯离子含量，可间接求解混凝土表层氯离子对流区深度 Δx，即

$$\frac{C_{\mathrm{v}}(x,t_1)-C_{\mathrm{v}}(x,t_2)}{C_{\mathrm{s}}-C_0}=\operatorname{erf}\left(\frac{x-\Delta x}{2\sqrt{D_{\mathrm{app}}t_2}}\right)-\operatorname{erf}\left(\frac{x-\Delta x}{2\sqrt{D_{\mathrm{app}}t_1}}\right) \tag{5.3}$$

该法存在耗时长和测定精度要求高等缺点，且无法直接根据混凝土实体特性及其环境提前预估混凝土表层氯离子对流区深度 Δx。此外，该法难以适用于新建混凝土结构。换言之，该法虽为求解混凝土表层氯离子对流区深度 Δx 的途径，但仍无法克服必须依赖现场试验和耗时较长等弊端。

目前，关于如何准确地确定混凝土表层氯离子对流区深度的报道极少[23]。基于混凝土内水分影响深度理论和表层对流区氯离子线性变化假设，提出混凝土表层氯离子对流区深度预测模型的推导思路，具体如下：润湿过程中，含氯盐的溶液会在毛细管作用下浸入混凝土内部。干燥过程初期，含氯盐溶液在毛细管作用下被抽吸进入混凝土表层；随干燥过程持续进行，若所含孔隙水不能维持连通状态，水将以水汽形式向混凝土外界迁移，所含氯盐留存在溶液中。在浓缩和滞后效应作用下，混凝土内某深度区域内的氯盐含量增加，混凝土深处的氯离子含量因氯离子向内扩散而提高。由于滞后作用和混凝土孔隙阻断效应，蒸发仅对混凝土表层孔隙饱和度产生较大影响，而深处的孔隙饱和度鲜有变化。因此，相应的混凝土表层氯离子对流区深度要小于文献[24]给出的水分影响深度。当混凝土重新被湿润时，孔隙中溶液发生由外向内的渗流，外界氯离子随之快速

渗入混凝土中，以实现补充表层处的氯离子含量。湿润开始时，混凝土表层内部氯离子相对孔隙液的含量因前期孔隙液蒸发而高于外界溶液，可能发生由内向表面的氯离子扩散。因为对流效应起主导地位，混凝土表层中氯离子补给速度高于其向表面与深处扩散速度，使得更多的氯离子侵入混凝土内部。随着干湿循环周而复始进行，混凝土内某深度处氯离子含量达到准平衡态，产生了与干湿时间比相匹配的氯离子对流区深度和含量极值。干湿时间比是指混凝土干燥过程持续时间与混凝土表面直接接触到溶液的润湿过程持续时间的比值。基于混凝土内部水分影响深度构筑出的混凝土表层氯离子对流区深度预测模型示意图，如图 5.1 所示。图 5.1 中（a）为混凝土内部水分影响曲线，（b）为混凝土表层氯离子对流区深度求解示意图。

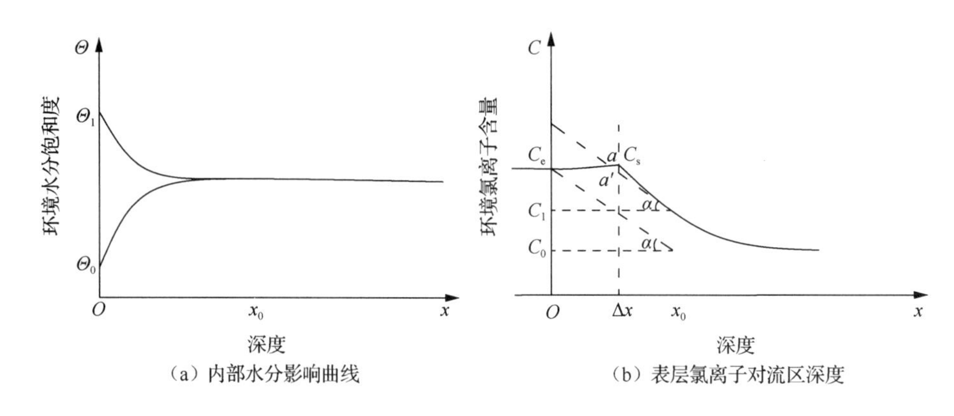

（a）内部水分影响曲线　　（b）表层氯离子对流区深度

图 5.1　混凝土表层氯离子对流区深度预测模型示意图

假设在混凝土内水分影响深度 x_0 范围内的氯离子分布符合线性变化，外界氯盐环境中的氯离子等效含量为常数 C_e，混凝土氯离子对流区以内的氯离子分布符合 Fick 第二定律，对应于 x_0 处和混凝土氯离子对流区深度 Δx 的氯离子含量分别为 C_1 与 C_s。由图 5.1 可知，若将氯盐侵蚀曲线视为线性变化（图 5.1 中斜虚线），则两者之间存在特定的函数关系，即

$$\tan\alpha = \frac{C_e - C_0}{x_0} = \frac{C_s - C_1}{x_0 - \Delta x} \tag{5.4}$$

相应的混凝土内部氯离子对流区影响深度 Δx 可表示为

$$\Delta x = \left(1 - \frac{C_s - C_1}{C_e - C_0}\right) x_0 \tag{5.5}$$

式（5.5）为混凝土表层氯离子对流区深度预测模型。该模型中环境氯离子含量 C_e、水分影响深度 x_0 范围内 C_1 和混凝土内初始氯离子含量 C_0 均可直接测定。在准稳态下可求得混凝土表层氯离子含量 C_s，根据水分影响深度模型可计算出混凝土在相应环境下的 x_0，故可简便地计算任一工况下混凝土氯离子对流区深度 Δx。混凝土氯离子对流区深度 Δx 并不是定值，它是混凝土内水分影响深度的函数。上述研究克服了传统认为混凝土对流区深度为定值的片面观点，为混凝土结构耐久性预测和使用寿命评估提供了理论支撑。

2. 模型验证

采用 Fick 第二定律对自然环境和室内模拟环境试验中的混凝土内部氯离子含量分布进行拟合，以确定混凝土表层氯离子对流区深度的实测值，并与理论模型计算值对比来验证混凝土表层内氯离子对流区深度预测模型的合理性。图 5.2 为干湿交替条件下室内模拟环境中侵蚀 8 个月的混凝土内部氯离子含量分布实测结果及其拟合曲线。由图 5.2 可见，若假设混凝土某一深度外为混凝土表层对流区且该深度以内混凝土中氯离子扩散服从 Fick 第二定律，则实测数据值与理论拟合曲线之间的相关性较好。基于 Fick 第二定律和实测结果，求解出混凝土表层氯离子对流区深度 Δx 约为 10 mm。这是混凝土表层内氯离子对流区深度的传统求解方法。尽管传统求解方法可确定出混凝土内部氯离子流区深度 Δx，但该法存在所用数据必须基于实测结果、试验耗时长和无法适用于新建混凝土结构等弊端。根据混凝土结构所处环境条件和混凝土自身特性，采用数值模拟确定出混凝土内部水分影响深度 x_0，并结合式（5.5）可求解出混凝土表层氯离子对流区深度 Δx。这就是混凝土表层内氯离子对流区深度预测模型理论分析方法。基于图 5.2 中实测数据（混凝土初始氯离子浓度 C_0 约为 0.016%）和式（5.5），计算出混凝土表层氯离子对流区深度 Δx 约为 10 mm。混凝土表层氯离子对流区深度预测模型的理论计算值与实测值基本相同，从而验证混凝土表层氯离子对流区深度预测模型的合理性。两个数值间的差异是由所构筑模型将混凝土氯离子对流区深度范围内的氯离子含量变化假定为线性造成的。

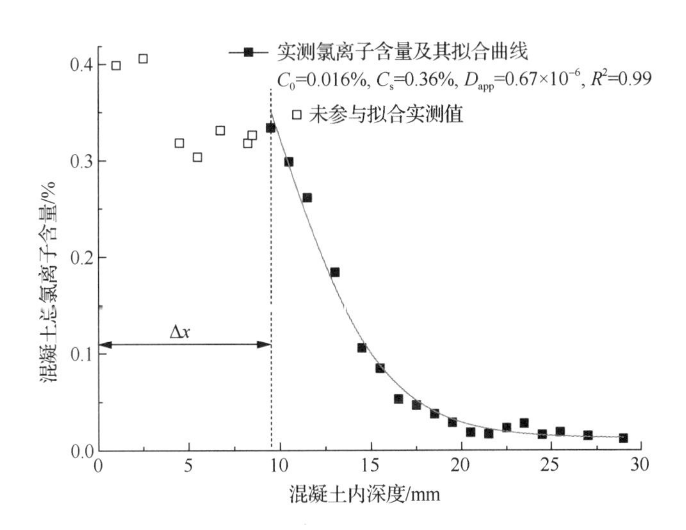

图 5.2　室内模拟环境中混凝土内部氯离子含量分布及其拟合曲线

在开展室内模拟环境中混凝土表层氯离子对流区深度预测验证同时，还开展了珠海地区修建 12 a 的混凝土栈桥潮差区的混凝土表层氯离子对流区深度预测。所处海域的潮汐性质属不正规半日混合潮类型，在一个太阳日内潮汐两涨两落，并且日不等现象显著，实测海水盐度约为 2.9%（基于保守考虑将其视为氯盐溶液浓度）。全年潮差浸润时间比约为 0.776，理论计算表明混凝土内部水分影响深度约为 6 mm。图 5.3 为实测的某栈桥混凝土内部氯离子含量分布及其拟合曲线。由图 5.3 可知，混凝土表层特定区域内氯离子含量分布基本维持不变，现场海港潮差区混凝土内部氯离子含量分布在特定深度范围内可采用 Fick 第二定律描述，并且实测数据与理论模拟曲线吻合。这表明混凝土表层氯离子浓度稳定的表层范围可视为混凝土表层氯离子对流区深度。实测混凝土表层氯离子对流区深度约为 2.5 mm，基于式（5.5）所求深度约为 3.5 mm。这表明所建模型适用于求解自然环境中混凝土表层氯离子对流区深度。

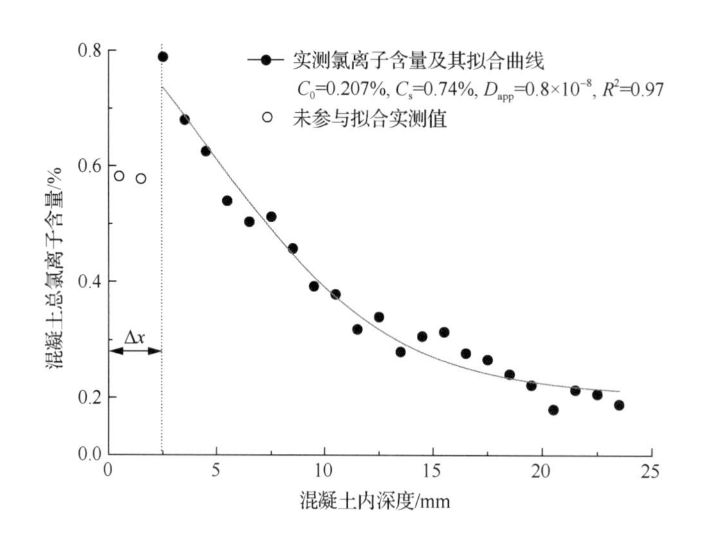

图 5.3　某栈桥混凝土内部氯离子含量分布及其拟合曲线

5.2.2　混凝土表层氯离子含量

海洋环境对钢筋混凝土结构侵蚀的影响主要与距海面垂直高度（高程 h_v）、距海岸距离 l_a 和侵蚀时间 t 有关。混凝土表层氯离子含量是 Fick 第二定律解析解中的关键参量之一，其取值对混凝土结构耐久性评估精度影响显著。为了揭示混凝土表层氯离子含量变化规律，本节介绍不同高程、距海岸距离 l 和侵蚀时间 t 对混凝土表层氯离子含量影响研究。

1. 高程

海边或海洋中混凝土结构可沿垂直高度划分为大气区、水下区、浪溅区和潮差区，这些差异使得混凝土结构表面氯离子浓度随高度分布呈现出特定规律。氯离子侵入水下区混凝土主要依靠扩散作用，故可将混凝土表层氯离子含量 C_s 视为海水中氯离子浓度 C_{sea} 的函数。混凝土浪溅区和潮差区部位主要依靠表面吸附作用和深层扩散作用，其特征主要表现为混凝土表层氯离子含量 C_s 和混凝土表层氯离子对流区深度 Δx 与混凝土内饱和度、海水浸润时间比例、环境氯离子含量 C_e 等因素有关[25]。事实上，文献[26]指出混凝土内饱和度和水浸润时间比例相互关联，一定的干湿浸润时间比例就存在特定的混凝土饱和度。干湿浸润时间比例也与周期性变化的海水潮汐相关，在垂直距离上混凝土特定区域周期性潮差变化是高度的函数，故可将混凝土内饱和度、海水浸润时间比例和环境中氯离子等效含量 C_e 对 C_s 的影响归纳为高程 h_v 的函数。此外，大气区混凝土侵蚀是因吸收了空气中的氯离子，故大气区、水下区、浪溅区和潮差区混凝土表层氯离子含量 C_s 均与高程有关，可表示为

$$C_s = g(h_v) \tag{5.6}$$

综合分析式（5.5）和式（5.6）可知，环境氯离子等效含量 C_e 也为距海面高度的函数，即

$$C_e = \begin{cases} C_{sea} & (\text{水下区}) \\ C_0 + (g(h_v) - C_1)\dfrac{x_0}{x_0 - \Delta x} & (\text{浪溅区/潮差区/大气区}) \end{cases} \tag{5.7}$$

式（5.7）为混凝土表层氯离子含量与高程间的函数关系。试验测试了现场海港混凝土表层氯离子含量在垂直方向上（不同高程）的变化，图 5.4 为不同高程处的混凝土内部氯离子含量实测值及其拟合曲线。由图 5.4 可知，现场海港混凝土内部氯离子含量随垂直高度发生显著变化。当混凝土在接近海平面的潮差或浅水区域（1.1 m）时，混凝土表层区域内（约 2.5 mm）的氯离子含量基本恒定。在混凝土内某点（约 2.5 mm）的氯离子含量达到最大值，该极值以内混凝土中的氯离子含量可采用 Fick 第二定律描述。当混凝土处于潮差区或浪溅区（1.6 m）时，混凝土内部氯离子含量分布规律与上述类似，但混凝土表层氯离子对流区深度增加，并且混凝土内部氯离子含量增大。这是因在润湿过程中，海水在毛细管作用下浸入上述潮差区或浪溅区的混凝土内部。退潮初期，混凝土内氯盐溶液会以随同溶液一起向表层传输。随着干燥过程持续进行，混凝土内孔隙水将以汽形式向外界传输。在浓缩、滞后和结晶等作用下，氯盐溶液使得混凝土内某深度区域内的氯盐含量增加，混凝土内部氯离子发生双向扩散。当混凝土重新被海水湿润时，在毛细管作用下海水被再次快速吸入混凝土内部，从而起到补充混凝土表层氯离子含量的效果。湿润开始时，混凝土表层氯离子相对孔隙液的含量因前期孔隙液蒸发而高于外界溶液，可能发生向混凝土表面的扩散。因为对流效应起主导地位，混凝土表层内氯离子的补给速度高于其向表面与深处扩散速度，使得更多的氯离子侵入混凝土内部。随着海水潮涨潮落（可视为干湿循环或干湿交替）周而复始进行，混凝土内某深度处氯离子含量将达到准平衡态，从而出现与干湿时间比相匹配的混凝土表层氯离子对流区深度和混凝土表层氯离子含量。由于混凝土孔隙阻断效应和氯盐扩散滞后效应，上述现象仅在混凝土表层范围内发生，而更深处混凝土孔隙饱和度变化不显著。当混凝土处于大气区（2.1 m、2.6 m 和 3.1 m）时，混凝土表层较大区域内氯离子含量基本恒定，而其较深处以内氯离子扩散符合 Fick 扩散定律。这是因处于大气区的混凝土内部氯离子主要来源于含氯盐量较低的海雾、雨水和空气，相应的氯离子浓度梯度较低且扩散驱动力较小。若基于式（5.7）和 2.1 m 处混凝土内部氯离子含量，可计算出大气区对应的环境等效氯离子 C_e 值约为 0.4%。

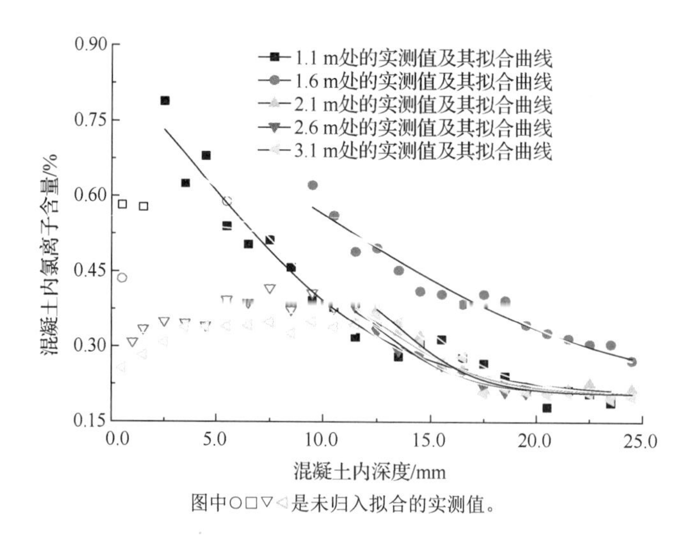

图 5.4　不同高程处混凝土内部氯离子含量实测值及其拟合曲线

基于式（5.7）和实测数据，研究混凝土表层氯离子含量和扩散系数随高程变化的数值拟合，图 5.5 为混凝土表层氯离子含量和扩散系数随高程变化的实测结果及其拟合曲线。由图 5.5 可见，混凝土表层氯离子含量和氯离子扩散系数随高程增加而发生显著变化，但两者表现规律略有差别。混凝土表层氯离子含量随高程增加先略有增大，维持一定值后迅速降低。混凝土表层氯离子含量随高程变化规律可采用 S 曲线表征，如式（5.8）所示。式（5.8）为式（5.6）的显函数表达式。混凝土内部氯离子扩散系数随高程变化表现为先增大后减小，曲线变化表现为 Gauss 分布，即

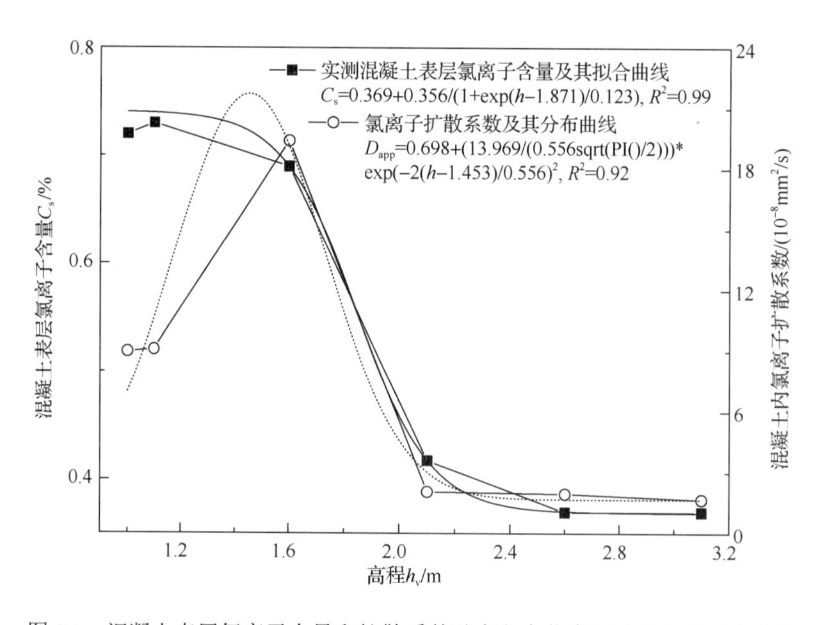

图 5.5　混凝土表层氯离子含量和扩散系数随高程变化实测结果及其拟合曲线

$$C_s(h_v)=a+b/(1+\exp((h_v-x_0)/c)) \tag{5.8}$$

$$D_{app}=y_0+\frac{a_0}{b_0\sqrt{0.5\pi}}\exp\left(-2\left(\frac{h_v-x_a}{b_0}\right)^2\right) \tag{5.9}$$

式中：h_v 为测点高程；$C_s(h_v)$ 为高程 h_v 处的混凝土表层氯离子含量；D_{app} 为混凝土内部氯离子表观扩散系数；x_a、a、a_0、b、b_0、c、c_0 为拟合参数。

2. 距海岸距离

当混凝土结构距海边距离超过定值后，大气中所含氯盐主要与其距海岸距离 l_a 有关，而距海面垂直高度的影响不显著[27]。假设距海岸一定距离的混凝土表层氯离子浓度含量 C_s 主要受大气中氯盐含量影响，则其为距海岸距离 l_a 的函数

$$C_s(l_a)=a'+b'/(1+\exp((l_a-x_0')/c')) \tag{5.10}$$

式中：l_a 为距海岸距离；$C_s(l_a)$ 为 l_a 处混凝土表层氯离子含量；a'、b'、c'、x_0' 为拟合参数。

式（5.10）即为混凝土表层氯离子含量与距海岸距离间的函数关系。我们测定了珠海地区的不同距海岸距离混凝土结构混凝土表层氯离子含量，图 5.6 为相应的混凝土表层氯离子含量随海岸距离实测结果及其拟合曲线。由图 5.6 可知，混凝土表层氯离子最大含量随海岸距离增加迅速降低，且在一定距离后呈现为稳定状态，整体变化可采用式(5.10)表示。这是因混凝土表层氯离子来源于混凝土不断吸附海滨空气中的氯盐，经过长期的累积和富集造成的。距海岸距离越近的海风中所含氯离子量越大，空气中的氯盐含量随距海岸距离增加而逐渐减少，且一定距离后空气中所提供的氯离子极为有限。因此，随距海岸距离增加到一定程度后，混凝土表层富集氯离子含量趋于定值。

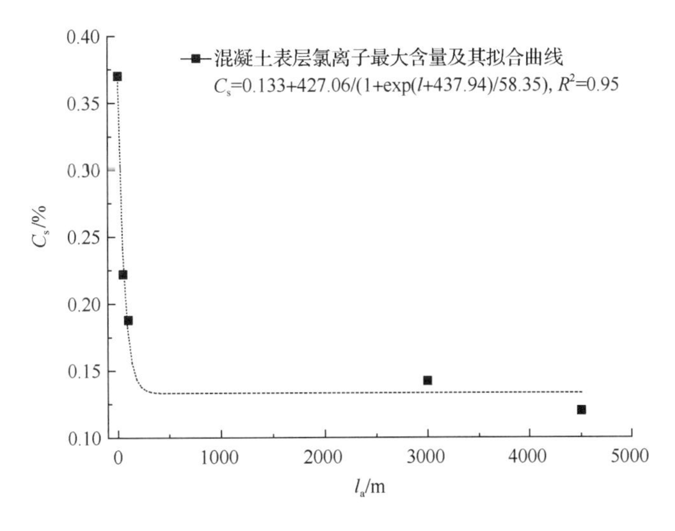

图 5.6　混凝土表层氯离子含量随海岸距离实测结果及其拟合曲线

3. 侵蚀时间

有关混凝土内部氯离子侵蚀的既有研究成果多假设混凝土表层氯离子含量为恒定值。然而，实测结果表明氯盐环境中混凝土表面氯离子含量是随时间逐步累积变化，这表明混凝土表层氯离子含量具有较强的时变特性[28]。目前，描述混凝土表面氯离子含量的时变性模型主要有线性、多项式、平方根型、幂函数型、对数型和指数型等[29-31]。在影响因素方面，欧洲 DuraCrete 标准认为混凝土表面氯离子含量随水灰比的增加而增大，即

$$C_s = A_{gd}(W/C) + \varepsilon_a \tag{5.11}$$

式中：A_{gd} 和 ε_a 为拟合回归系数；W/C 为混凝土水灰比。

部分研究表明[32]采用修正形式的指数函数模型可较好地描述混凝土表面氯离子含量随时间变化特征，即

$$C_s(t) = C_0 + C_{max}(1 - e^{-jt}) \tag{5.12}$$

式中：$C_s(t)$ 为 t 时刻相应的混凝土表层氯离子含量，%；C_{max} 为稳态下混凝土表面氯离子含量，%；j 为拟合系数；C_0 为混凝土初始氯离子含量，%。

室内模拟环境中不同侵蚀时间下 C20 和 C50 混凝土表层氯离子含量实测值及其时变拟合曲线，如图 5.7 所示。由图 5.7 可以看出，混凝土表层氯离子含量随侵蚀时间延长而增高，并最终趋于稳定。混凝土强度等级越高，短期内混凝土表层氯离子含量越大，但随时间延长两者逐渐趋于一致。实测结果与理论拟合曲线吻合较好，这表明采用修正形式的指数函数模型式（5.12）可描述模拟环境中混凝土表层氯离子含量随时间变化规律。室内模拟环境中混凝土表层氯离子含量随时间不断积累，且最终趋于准平衡状态。润湿过程中，在毛细管作用下氯盐溶液侵入混凝土内部。干燥过程中，氯盐溶液随着水蒸发而逐渐浓缩，并在某区域范围内形成高浓度氯盐区域，从而使得氯离子在混凝土内发生双向传输。当混凝土再次被湿润时，在毛细管作用下盐溶液再次侵入混凝土内，起到补充混凝土表层氯离子量的效果。混凝土表层内某范围氯盐浓度达到某值后，会引起混凝土内部氯盐双向传输趋于准平衡状态，从而使得混凝土表层氯离子含量趋于稳定。

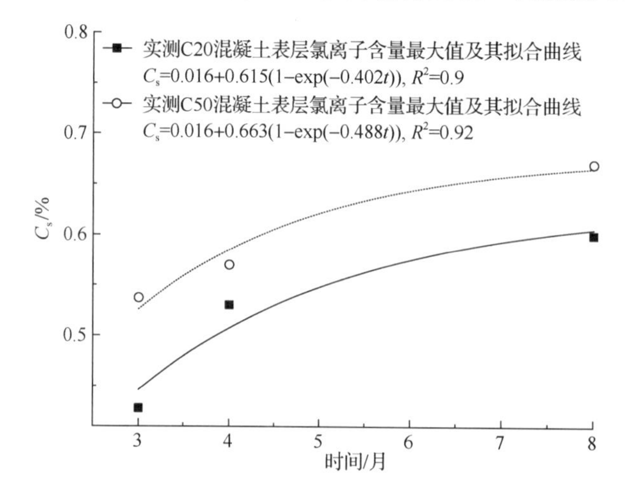

图 5.7　混凝土表层氯离子含量实测值及其时变拟合曲线

至于不同强度等级混凝土表层氯离子含量不同，可能是因两者微观结构和孔隙含量等不同造成的。低强度等级混凝土孔隙较多，所能容纳、浓缩和富集的氯盐也较多，混凝土内氯盐含量随时间延长而增加并逐渐趋于稳定。

5.3　混凝土氯盐侵蚀室内模拟环境试验方法

5.3.1　室内模拟环境试验参数

室内模拟环境试验是开展混凝土氯盐侵蚀研究重要途径。混凝土内部微观环境响应是联系自然环境因素和室内模拟环境试验参数的桥梁或纽带。若通过调节室内模拟环境中的试验参数，使得两种环境中混凝土内部微环境因素响应相同或相关，则相应混凝土耐久性机理和模式相同，这为室内模拟环境制度制订和试验参数值取值提供了思路。一般来讲，室内模拟环境试验制度参数主要包括循环周期、温度及其时间比、相对湿度、润湿（喷淋）时间、干燥时间、氯盐溶液浓度和循环风速等。为了获得较适宜的混凝土氯盐侵蚀室内模拟环境试验制度，以下对各试验参数取值及其理论依据进行探讨。

1. 温度及其时间比

基于第 2 章的研究可知，采用月平均温度可大致描述出当月温度整体变化。鉴于我国多数地区四季变化分明，拟将全年温度分为高温、中温和低温三个阶段，相应的时间比即为各个温度阶段的时间比。以长沙地区为例，确定温度高低及其比例关系等参数，图 5.8 为长沙地区 2000～2010 年全年平均温度和相对湿度。不难发现，长沙地区多年月均温度变化显著且温度基本为 5～30 ℃，相对湿度约为 75%。拟将月平均温度基本相等的月份大致划分为三阶段：低温阶段（温度为 10 ℃左右，包括 11 月、12 月、1 月、2 月和 3 月）、中温阶段（温度为 20 ℃左右，包括 4 月和 10 月）和高温阶段（温度为 30 ℃左右，包括 5 月、6 月、7 月、8 月和 9 月）。因此，全年各个温度阶段对应的时间比可确定为 5∶2∶5。参照上述分析理念和方法可开展相应地区对应的温度阶段时间比划分。

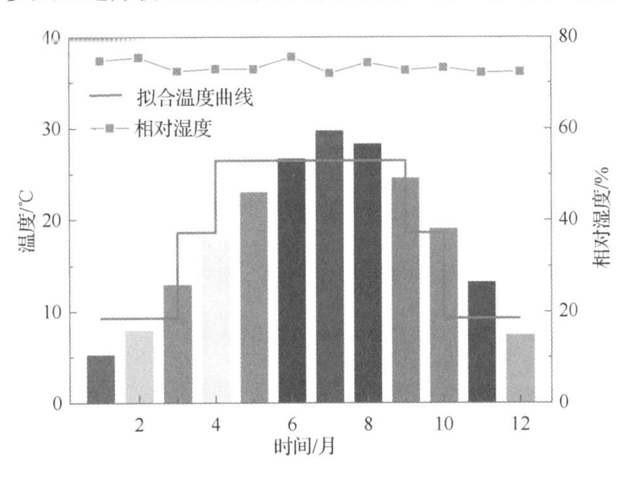

图 5.8　长沙地区月平均温度和相对湿度

众所周知，混凝土内介质迁移能力及其扩散系数随温度增加而增大。为达到加速目的，现有加速试验方法或制度多采用较高的试验温度。然而，过高温度会导致混凝土内部氯离子传输机理的改变或诱发水泥水化产物分解，导致室内模拟环境中混凝土氯盐侵蚀结果失真。因此，在开展室内模拟环境试验制度参数中的温度设定时，应遵循以下几点原则。

1）宜选用较高的温度以达到试验加速效果。

2）最高温度不能造成硬化体系稳定性变差和产物分解（一般来讲，温度高于 65 ℃会引起钙矾石类物质的分解和晶型转变，故最高温度不应高于此温度）。

3）在设定温度条件下的混凝土内部氯离子侵蚀机理应与自然环境中的相同。

依照上述原则，基于 Arrhenius 公式探讨了温度对混凝土内部氯离子扩散系数的影响，即

$$D(T)\cdot T_0 = D(T_0)\cdot T\mathrm{e}^{q_v\left(\frac{1}{T_0}-\frac{1}{T}\right)} \tag{5.13}$$

式中：$D(T_0)$、$D(T)$ 分别为 T_0 和 T 温度下的混凝土氯离子扩散系数，m^2/s；q_v 为混凝土内部氯离子活化能系数，kJ/mol，与水灰比有关：当 W/C=0.4 时，q_v 为 6000 kJ/mol；当 W/C=0.5 时，q_v 为 5450 kJ/mol；当 W/C=0.6 时，q_v 为 3850 kJ/mol；其他数据点可采用线性外推法获得。

基于温度对混凝土内部氯离子扩散系数的影响分析，以历年长沙地区气象参数为例，对室内模拟环境试验温度参数进行计算。由式（5.13）可计算出温度对混凝土内部氯离子扩散系数增加 9 倍时，室内模拟环境试验对应的温度及其时间比，见表 5.1。由表 5.1 可知，在符合室内模拟环境试验温度设定原则前提下，采用提高温度获得的最大混凝土内部氯离子扩散系数加速倍数可达到 9 倍。室内模拟环境试验温度、各阶段温度对应时间比和试验循环周期，如图 5.9 和图 5.10 所示。

表 5.1 长沙地区 2000～2010 年气象参数与模拟温度

温度阶段	月份	温度/℃	相对湿度/%	平均温度/℃	加速 9 倍相应温度/℃	拟定模拟温度/℃
低温阶段	11	13.2	72.3	9.3	39.1	40.0
	12	7.4	72.5			
	1	5.2	74.9			
	2	7.9	75.5			
	3	12.9	72.6			
中温阶段	4	18.2	73.1	18.6	50.5	50.0
	10	19.1	73.4			
高温阶段	5	23.0	73.1	26.5	60.2	60.0
	6	26.7	75.7			
	7	29.8	72.1			
	8	28.3	74.5			
	9	24.6	72.8			

资料来源：表中温度和相对湿度数据来源于中国气象科学数据共享服务网（http://cdc.cma.gov.cn/shuju）。

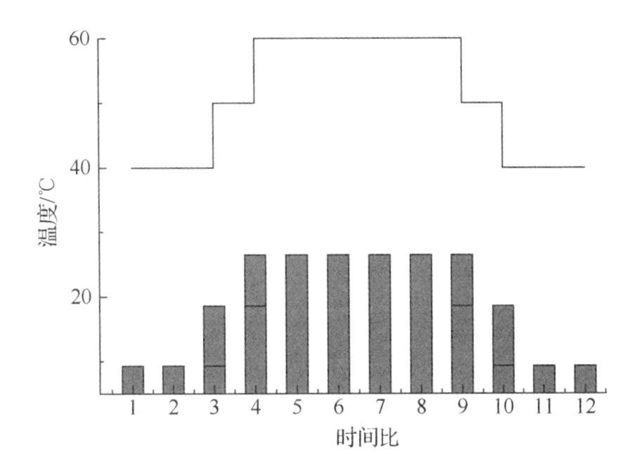

图 5.9　室内模拟环境试验温度时间比

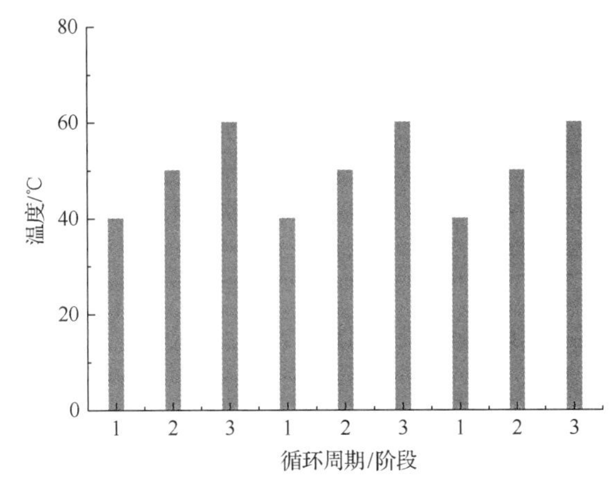

1、2、3 阶段分别对应低温阶段、中温阶段和高温阶段。

图 5.10　室内模拟环境试验温度及各试验阶段循环比

2. 润湿（喷淋）时间、干燥时间和相对湿度

润湿（喷淋）时间、干燥时间和相对湿度等也是室内模拟环境试验的重要参数。为了确定室内模拟环境试验的润湿（喷淋）时间、干燥时间和相对湿度等参数，开展了各参数对混凝土内部微环境因素影响研究。图 5.11 为长沙地区 2000～2010 年全年平均温度、相对湿度和水汽密度。

可以看出，长沙地区历年各月相对湿度约为 75%，但采用水汽密度形式表征的空气水汽含量则随温度发生周期性波动，主要体现为夏季水汽含量高、冬季水汽含量偏低。一般情况下，特定温湿度条件下混凝土部分孔隙可被水汽饱和填充，相应的孔隙半径上限可计算为

$$r_{\mathrm{f}} = -\frac{2M_{\mathrm{w}}\gamma_{\mathrm{w}}}{\rho_{\mathrm{w}}RT\ln(\mathrm{RH})} \tag{5.14}$$

式中：r_f 为可被水汽饱和填充的孔隙半径，m；γ_w 为水表面张力，72.75×10^{-3} N/m；ρ_w 为液态水密度，1000 kg/m^3；M_w 为水的摩尔质量，1.8×10^{-2} kg/mol；R 为理想气体常数，8.314 J/（mol·K）；T 为温度，K；RH 为相对湿度，%。

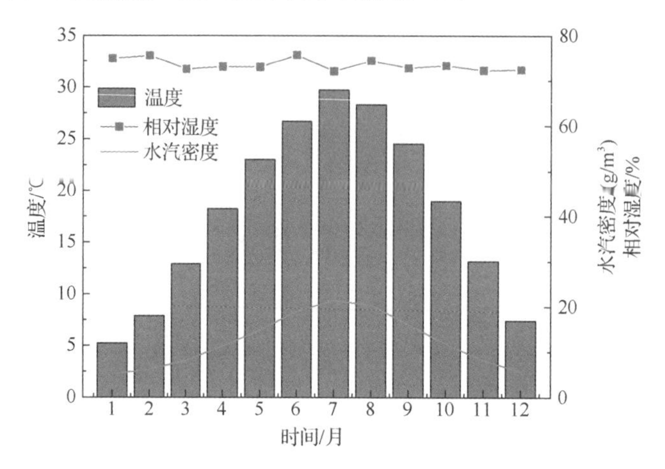

图 5.11　长沙地区 2000～2010 年各月平均温度、相对湿度和水汽密度

基于长沙地区各月平均温湿度和式（5.14），计算出各月可被水汽填充混凝土孔隙半径上限，如图 5.12 所示。由图 5.12 可见，自然环境条件下可被水汽填充的混凝土孔隙上限约为 4 nm。考虑到实际环境中相对湿度变化范围（约为 20%～100%）和室内模拟环境试验系统工作能力，故推荐室内模拟环境试验干燥过程的空气相对湿度为 50%，而相应的喷淋阶段的空气相对湿度为 100%。

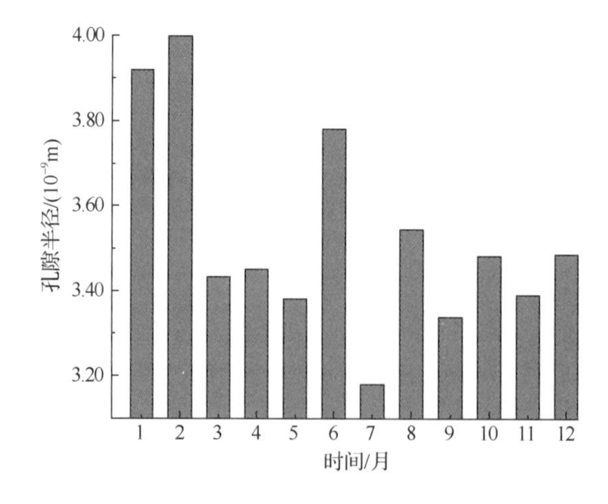

图 5.12　各月被水汽所能填充混凝土孔隙半径上限值

通过第 3 章研究可知，润湿（喷淋）时间和干燥时间对混凝土内含水率的影响显著。因此，最理想的室内模拟环境试验干湿循环制度是确保每次润湿过程混凝土吸入水汽的量与干燥蒸发水汽的量相等。基于上述理念，按照不同深度处（5 mm、8 mm、…）的湿度达到外界响应的概率（如 90%等）时所需时间作为喷淋时间/喷淋量，其相应的烘干时间也按照不同深度处响应概率（90%）所用时间作为干燥时间，总时间设定为室内

模拟试验的循环时间。因此，可先采用预估-校正格式的有限差分法进行数值求解（即预估时间值），进而利用实测数据对其验证。通过连续测定室内模拟环境试验中混凝土内部温湿度响应值，并基于测试结果进行试验参数的修正。在第 3 章研究和长时间试验测定基础上，推荐室内模拟环境试验的一个干湿循环试验周期为 3 d。其中，润湿阶段的时间约为 50 min，相对湿度可控制在 95%～100%；剩余时间为干燥阶段的时间，相对湿度可控制为 50%左右。室内模拟试验所采用 40 ℃对应时间为 30 h，50 ℃相应的时间为 12 h，60 ℃相应的时间为 30 h。降温阶段采用喷水冷却模式方式。

3. 循环风速

风速对混凝土表面换热和传质影响显著，基于第 3 章研究结果采用数值模拟法开展不同风速条件下混凝土内湿度变化研究，如图 5.13 所示。由图 5.13 可以看出，相等干燥时间下混凝土内相对湿度随风速增加而降低，相等风速下混凝土内相对湿度随干燥时间延长而降低，干燥时间越长干燥前锋影响深度越大。不同风速对混凝土内相对湿度影响存在差异。若风速（如 v_w=0.2 m/s）较低，混凝土内相对湿度对环境风速作用敏感且随时间延长较大变化；当风速超过一定值（v_w=3.0 m/s）时，其值对混凝土内相对湿度影响较小且效果趋势等同。这表明对于室内模拟试验环境风速达到定值后干燥效果将相同且随时间延长该趋势更加显著。基于上述研究，室内模拟环境试验的循环风速值宜取大于 3 m/s，相应的临界干燥时间不宜少于 13 h[15]。

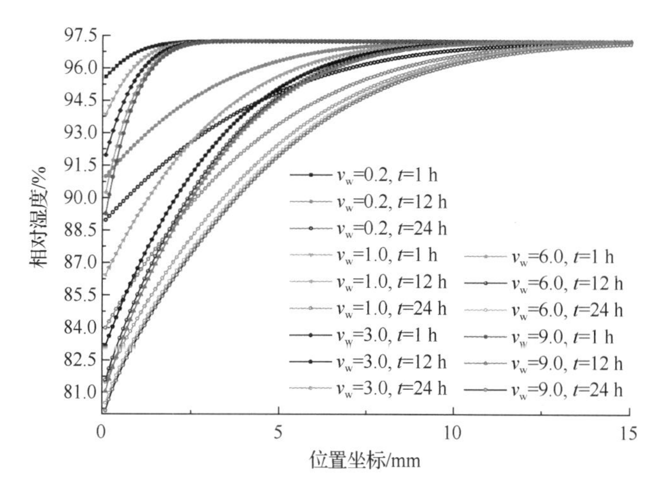

图 5.13　不同风速下混凝土内部微环境湿度随时间变化

4. 氯盐溶液浓度

尽管试验过程中采用较高的氯盐溶液浓度可加速混凝土氯盐侵蚀效果，但过高的氯盐溶液浓度可能会引起混凝土氯离子侵蚀机理改变。当采用过高氯盐溶液浓度时，干燥过程中混凝土孔隙中水分以水汽形式排出，溶液所含氯盐达到饱和浓度而结晶，盐类晶体析出会以氯盐晶体形式填充在混凝土孔隙中，产生较大的结晶压力可破坏混凝土微观结构。这与实际工程中的混凝土破坏差别较大，从而导致模拟结果真实性难以令人信服。

这就要求试验采用的氯盐溶液浓度应根据现场离子吸附机理确定，而不能简单地采用较高的氯盐溶液浓度或饱和氯盐溶液。当混凝土被再次润湿过程时，氯盐结晶颗粒会重新溶解，并形成较高浓度的氯盐溶液，进而发生向混凝土内部迁移和向表面迁移的双向传输。同时，大量的盐结晶粒子填充混凝土孔隙会造成混凝土表面吸水系数降低。因而，室内模拟环境试验应在保证试验模拟真实性的基础上，应选择较合理的氯盐溶液浓度上限来达到加速效果。

在上述理论分析基础上，为了进一步确定室内模拟环境试验采用氯盐溶液浓度的合理范围，研究不同氯盐溶液浓度下的混凝土内结合氯离子和自由氯离子之间的相关性。图 5.14 为混凝土内部氯离子等温吸附结果及其 Langmuir 拟合曲线。由图 5.14 可知，混凝土内自由氯离子与结合氯离子存在良好的相关性，采用 Langmuir 结合机制可较佳地拟合试验结果（拟合度可达到 0.9 以上）。混凝土内结合氯离子的量随自由氯离子浓度增加而增大。这是因自由氯离子浓度增加使得可吸附于混凝土水合物表面和结合氯离子的量增加，并且部分水泥水化产物发生氯离子多层吸附。此外，混凝土内结合氯离子的量随混凝土强度等级增加而降低。在较低浓度条件下自由氯离子浓度与 Langmuir 结合机制拟合曲线吻合较佳，而在较高浓度条件（如 10%）下的实测自由氯离子浓度偏离了 Langmuir 拟合曲线。这表明过高的氯盐溶液浓度下混凝土内部氯离子吸附机制将发生改变。因此，室内模拟环境采用的氯盐溶液浓度不宜超过 10%。

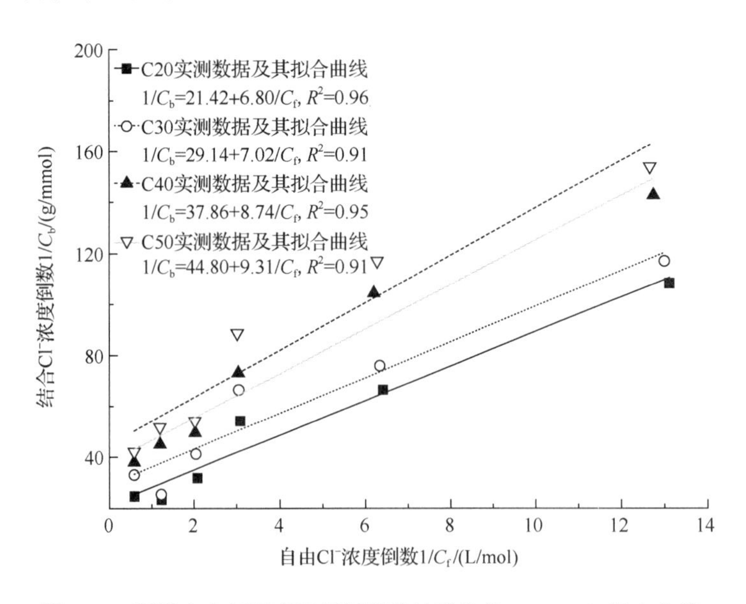

图 5.14　混凝土内部氯离子等温吸附结果及其 Langmuir 拟合曲线

目前，国内外有关氯盐侵蚀试验制度和氯盐溶液浓度取值存在差异，常见的大气加速腐蚀试验所采用氯盐溶液浓度见表 5.2。可见，常见规范和标准中的模拟试验采用氯盐溶液浓度多为 3.5%与 5%。事实上，自然环境条件下氯盐溶液（如海水）浓度一般低于该值。选用上述的氯盐溶液既可以达到加速氯盐侵蚀效果，又可保证混凝土氯盐吸附机理相同。因此，推荐室内模拟环境试验采用的氯盐溶液浓度宜为 5%。

表 5.2　常见大气加速腐蚀试验制度

项目	盐雾试验			浸渍试验	
	NSS 标准	ASS 标准 《人造气氛腐蚀试验 盐雾试验》（GB/T 10125—1997）*	CASS 标准	周浸试验 《周期浸润腐蚀试验方法》（HB 5194—81）	间浸试验
溶液浓度	NaCl：（50±5）g/L	NaCl：（50±5）g/L 冰醋酸按 pH 值	NaCl：（50±5）g/L $CuCl_2 \cdot H_2O$：（0.26±0.02）g/L 冰醋酸按 pH 值	NaCl：5% $Na_2S_2O_3$：0.2%	（1）人造海水 （2）NaCl：（3±0.2）%
pH 值	6.5～7.2	3.1～3.3	3.1～3.3		6.0～7.3
温度/℃	35±2	35±2	50±2	干燥：45±1	露置：25±2 浸置：20±5
RH /%				75±5	85±5
沉降量		1～2 mL/（$80cm^2 \cdot h$）			
周期		喷雾 24 h 为周期			露置 17 h，浸置 7 h，24 h 为周期
适用范围/特点	适用于金属及保护层； 特点：接近海洋大气	适用于金属/保护层； 特点：加速试验进程，效果接近于工业大气腐蚀条件	适用于多层装饰镀层及铝合金阳极氧化； 特点：试验时间短，腐蚀比 ASS 快 4～6 倍	适用于金属及保护层和防锈油； 特点：有干湿交替变化，接近实际，模拟天气变化作用	适于炮弹钢质药筒涂层质量控制

*已废止，更新为《人造气氛腐蚀试验 盐雾试验》（GB/T 10125—2012）。

5.3.2　室内模拟环境试验制度

混凝土结构遭受氯盐侵蚀环境条件不同，导致混凝土结构氯盐侵蚀机理、劣化模式和特征等存在显著差异。因此，混凝土氯盐侵蚀室内模拟环境试验制度应根据混凝土结构氯盐侵蚀环境条件制订。一般来讲，根据混凝土氯盐侵蚀条件和侵蚀机理差异，混凝土氯盐侵蚀室内模拟环境试验参数和模拟试验方式可分为三种类型，见表 5.3。

表 5.3　氯盐侵蚀环境模拟试验方式和试验参数

环境条件	模拟试验方式	试验参数
海洋水下区和土中区： 永久浸没于海水或埋于土中	全浸泡试验	盐溶液浓度、温度
海洋潮汐区： 直接接触海水且有干湿循环	干湿循环试验	盐溶液浓度、温度、相对湿度、试验周期、干燥时间、喷淋时间、风速
海洋浪溅区： 受到海水溅射且有干湿循环		
海洋大气区： 接触空气中盐分，不与海水直接接触	盐雾试验	盐溶液浓度、温度、相对湿度、试验周期、干燥时间、喷雾时间

为了规范上述混凝土氯盐侵蚀的室内模拟环境试验制度，并确定出自然环境和室内模拟环境中的混凝土氯盐侵蚀加速倍数（或时间相似率），以下分别推荐了上述三种模拟试验方式对应的混凝土氯盐侵蚀室内模拟环境试验参数取值范围，并提出混凝土氯盐

侵蚀的室内模拟环境试验制度、试验参数与操作步骤，具体内容如下。

1. 全浸泡试验

（1）试验参数

1）温度：可选取 60 ℃以内，推荐值宜取（30±1）℃或按式（5.13）计算。

2）氯盐溶液浓度：可选取 10%（质量分数）以内，推荐值宜取 5%的氯化钠溶液。

3）试验周期：宜以 24 h 为一个试验周期（即以天计）。

（2）试验制度及操作步骤

1）试验前，应先开展设备运行调试与标定、溶液配制、试件架或溶液箱放置、试件分类与编号。试件应在试验准备前 2 d 取出，且应在 60 ℃下烘干 48 h。

2）选取试件的一个侧面作为混凝土氯盐侵蚀面，其余表面进行密封处理。对于一维侵蚀试验的混凝土试件可保持一个侧面或两个相对侧面，其余混凝土试件表面宜采用环氧树脂密封；二维侵蚀试验的混凝土试件应保留两个相邻面，其余混凝土试件表面宜采用环氧树脂密封。

3）试件应水平放置于试验箱试件架上，测试面宜向上或沿水平方向放置。

4）注入氯盐溶液，且注入时间不应大于 30 min；溶液液面高于顶层试件上表面距离不应小于 20 mm。

5）按照试验参数取值范围，设定室内模拟环境试验参数（温度和盐溶液浓度等），开展混凝土氯盐侵蚀的全浸泡预试验。

6）预试验结束后，开始混凝土氯盐侵蚀正式试验。同时，记录试验开始时间和试件状况等。

7）达到试验测试周期后，及时取出混凝土试件、测试试件性能，并应记录试件外观形貌和损伤等情况；若试件表面密封破损应处理后继续试验。全浸泡试验的一个试验测试周期宜为 10 d 的整数倍。其中，混凝土内部氯离子含量的测定方法：①采用丹麦生产的 PF1100 型剖面磨削机以 1 mm 为单位进行取粉制样，所取粉末磨细至可通过 75 μm 方孔筛子，并对各个试样进行编号；②将混凝土试样在 105～115 ℃条件下烘干；③按照《水运工程混凝土试验检测技术规范》（JTS 236—2019）的相关规定测定总氯离子和水溶性氯离子含量，混凝土内部氯离子扩散系数可按式（5.2）拟合确定。

8）测试结束后，应将试件放回原处，并应按上述试验流程继续试验。全部试验结束后，应按试验方案测试试件其他性能。

2. 干湿循环试验

（1）试验参数

1）温度：可选取 60 ℃以内，推荐值宜取（30±1）℃或按式（5.13）计算。若试验温度采用三个阶段，则各温度阶段的时间比为 5∶2∶5，推荐各温度阶段的温度值及时间分别为 40 ℃/30 h、50 ℃/12 h 和 60 ℃/30 h。

2）氯盐溶液浓度：可选取 10%（质量分数）以内，推荐值宜取 5%的氯化钠溶液。

3）相对湿度：干燥过程的相对湿度宜取 50%，喷淋过程的相对湿度不宜小于 95%。

4）试验周期、干燥时间和喷淋时间：试验周期宜为 72 h，喷淋时间宜为 1 h，干燥时间宜为 71 h。

5）风速：宜为（3～5）m/s。

（2）试验制度及操作步骤

步骤 1）～3）同全浸泡试验步骤 1）～3）。

4）按照上述混凝土氯盐侵蚀试验参数取值范围，设定室内模拟环境试验参数（盐溶液浓度、温度、相对湿度、试验周期、干燥时间、喷淋时间和风速等），开展混凝土氯盐侵蚀的干湿循环预试验。

5）预试验结束后，开始混凝土氯盐侵蚀干湿循环正式试验。同时，记录试验开始时间和试件状况等。

6）达到试验测试周期后，及时取出混凝土试件、测试试件性能，并应记录试件外观形貌和损伤等情况；若试件表面密封破损应处理后继续试验。干湿循环试验的一个试验测试周期宜为 10 个试验周期的整数倍。其中，混凝土内部氯离子含量测定可按全浸泡试验中的相关规定执行。混凝土内部氯离子扩散系数、对流区与扩散区界面处的氯离子含量和表层氯离子对流区深度可按式（5.2）拟合确定。

7）测试结束后，应将试件放回原处，并应按上述试验流程继续试验。全部试验结束后，应按试验方案测试试件性能。

3. 盐雾试验

（1）试验参数

1）温度：可选取 60 ℃以内，推荐值宜取（30±1）℃或按式（5.13）计算。

2）氯盐溶液浓度：可选取 10%（质量分数）以内，推荐值宜取 5%。

3）相对湿度：干燥过程的相对湿度宜取 60%，喷雾过程的相对湿度不宜小于 95%。

4）试验周期、干燥时间和喷雾时间：试验周期宜为 24 h，喷雾时间宜为 21 h，干燥时间宜为室温下干燥 3 h；喷雾过程宜采用 15 min 喷雾和 15 min 间歇形式交替进行。

（2）试验制度及操作步骤

步骤 1）～3）同全浸泡试验步骤 1）～3）。

4）按照上述混凝土氯盐侵蚀试验参数取值范围，设定室内模拟环境试验参数（盐溶液浓度、温度、相对湿度、试验周期、干燥时间和喷雾时间等），开展混凝土氯盐侵蚀的盐雾预试验。

5）预试验结束后，开始混凝土氯盐侵蚀盐雾正式试验。同时，记录试验开始时间和试件状况等。

6）达到试验测试周期后，及时取出混凝土试件、测试试件性能，并应记录试件外观形貌和损伤等情况；若试件表面密封破损应处理后继续试验。盐雾试验的一个试验测试周期宜为 10 个试验周期的整数倍。其中，混凝土内部氯离子含量测定可按全浸泡试验中的相关规定执行。混凝土内部氯离子扩散系数、对流区与扩散区界面处的氯离子含量和表层氯离子对流区深度可按式（5.2）拟合确定。

7）测试结束后，应将试件放回原处，并应按上述试验流程继续试验。全部试验结束后，应按试验方案测试试件性能。

5.4　自然和室内模拟环境下混凝土氯盐侵蚀的时间相似关系

室内模拟试验法克服了传统试验法的不足，可在保证混凝土氯盐侵蚀相关性的前提下有效加速试验进度。混凝土氯盐侵蚀可导致混凝土结构中的钢筋锈蚀，而混凝土保护层内氯离子传输是决定混凝土氯盐侵蚀的关键。本节在上述室内模拟环境试验方法基础上，从混凝土内部氯离子表观扩散系数、氯离子含量分布、氯盐侵蚀的时间相似准则和相似关系等方面，深入开展了双重环境下混凝土结构氯盐侵蚀时间相似理论研究。

5.4.1　混凝土内部氯离子表观扩散系数

环境因素（温度和湿度等）对混凝土内部氯离子传输影响显著，可主导混凝土内部氯离子传输机理、程度及速率。温度、湿度和时间等因素对混凝土内部氯离子表观扩散系数影响可表示为

$$D_{\text{app}} = D_{0\text{c}} f_{\text{t}} f_{\text{T}} f_{\text{RH}} \tag{5.15}$$

式中：D_{app}为混凝土内部氯离子表观扩散系数；$D_{0\text{c}}$为初始状态下的混凝土内部氯离子扩散系数；f_{t}、f_{T}和f_{RH}分别为侵蚀时间、温度、相对湿度对混凝土内部氯离子扩散系数的影响系数。

混凝土中氯离子扩散需在连续孔隙中进行，混凝土内相对湿度对混凝土内部氯离子扩散系数影响极为显著。一般来讲，相对湿度对混凝土内部氯离子扩散系数的影响系数f_{RH}可表示为

$$f_{\text{RH}} = \left[1 + \left(\frac{1-\text{RH}}{1-\text{RH}_{\text{cr}}}\right)^4\right]^{-1} \tag{5.16}$$

式中：RH 为混凝土中的相对湿度；RH_{cr}为临界相对湿度，可取 0.75。

温度对混凝土自身和混凝土内部氯离子侵蚀具有双重效应，既可提高混凝土水化度以降低离子扩散系数，又可通过提高混凝土内部氯离子活性增大氯离子扩散系数。基于 Nernst-Einstein 方程，可求得温度对混凝土内部氯离子扩散系数的影响系数为

$$f_{\text{T}} = (T / T_0) \times \exp\left(q_{\text{v}}\left(\frac{1}{T_0} - \frac{1}{T}\right)\right) \tag{5.17}$$

式中：T_0和 T 分别为与两个温度条件对应的温度值；q_{v}为混凝土内部氯离子活化能系数，kJ/mol，与水灰比有关：当 W/C=0.4 时，q_{v}为 6000 kJ/mol；当 W/C=0.5 时，q_{v}为

5450 kJ/mol；当 W/C=0.6 时，q_v 为 3850 kJ/mol；可采用线性外推法获得不同水灰比条件下的 q_v 值。

混凝土内部氯离子扩散系数与时间之间的关系可采用幂函数描述[33]，故时间对混凝土内部氯离子扩散系数的影响系数可表示为

$$f_t = \begin{cases} (t_{00}/t)^{m_s} & t_{00} < t < t_{\max} \\ (t_{00}/t_{\max})^{m_s} & t \geqslant t_{\max} \end{cases} \tag{5.18}$$

式中：t_{00} 为参照时间；t 为侵蚀时间；m_s 为与胶凝材料的种类和环境条件有关的时间衰减系数，对于普通混凝土 m_s 值在 0.25 左右，对于掺粉煤灰和矿渣的混凝土 m_s 值约为 0.6。

欧洲 DuraCrete 设计规范给出了各种胶凝材料时的 m_s 取值，见表 5.4。此外，欧洲 DuraCrete 设计规范还给出了混凝土内部氯离子浓度与环境条件、混凝土水灰比及其胶凝材料种类有关表达式，即

$$C_{cr} = A_{cc} \times W/C \tag{5.19}$$

式中：A_{cc} 为拟合回归系数，其值可按照胶凝材料百分比由表 5.5 求解；W/C 为混凝土水灰比；C_{cr} 为混凝土内部氯离子临界浓度均值（与胶凝材料质量的比值，%），可采用式（5.19）计算，也可依据表 5.6 取值。

表 5.4　指数 m_s

海洋环境	m_s 取值			
	硅酸盐水泥	粉煤灰	矿渣	硅灰
水下区	0.30	0.69	0.71	0.62
潮汐区、浪溅区	0.37	0.93	0.60	0.39
大气区	0.65	0.66	0.85	0.79

表 5.5　拟合系数 A_{cc}

海洋环境	硅酸盐水泥	粉煤灰	矿渣	硅灰
水下区	10.30	10.80	5.06	12.50
潮汐区、浪溅区	7.76	7.45	6.77	8.96
大气区	2.57	4.42	3.05	3.23

表 5.6　氯离子临界浓度均值 C_{cr}

W/C	0.3	0.4	0.5
水下区	2.3	2.1	1.6
潮汐区、浪溅区	0.9	0.8	0.5

5.4.2　混凝土内部氯离子含量分布

混凝土内部氯离子含量分布可直接决定混凝土内钢筋锈蚀速率和程度，对混凝土结构耐久性评估和寿命预测结果精确性影响显著。因此，深入分析自然环境和室内模拟环境中混凝土内部氯离子含量分布具有重要意义。

1. 室内模拟环境中混凝土内部氯离子含量分布

基于长沙地区全年气象资料，开展不同强度等级和侵蚀时间下的混凝土氯盐侵蚀室内模拟环境试验，揭示出室内模拟环境中混凝土内部氯离子含量分布规律。图 5.15 为室内模拟环境中不同强度等级混凝土内部氯离子含量分布。由图 5.15 可见，混凝土内部氯离子含量随时间延长而增大，并且相应的氯离子侵入深度逐渐增加，混凝土表层范围内的氯离子含量先增至极大值后逐渐减小。混凝土强度等级越大，混凝土表层氯离子含量极大值越高，而混凝土氯离子对流区深度减小。不同强度等级混凝土表层最大氯离子含量不同，并且混凝土表层对流区氯离子含量变化规律略有差别。这是因为试验过程中混凝土内初始饱和度和表层的水分传输系数不同，在相同模拟试验参数条件下干湿循环过程对混凝土内水分传输作用所导致的效果不同。换言之，基于本模拟试验参数值与混凝土初始条件，C40 和 C50 混凝土氯盐侵蚀更符合模拟试验所设定的实际情况。

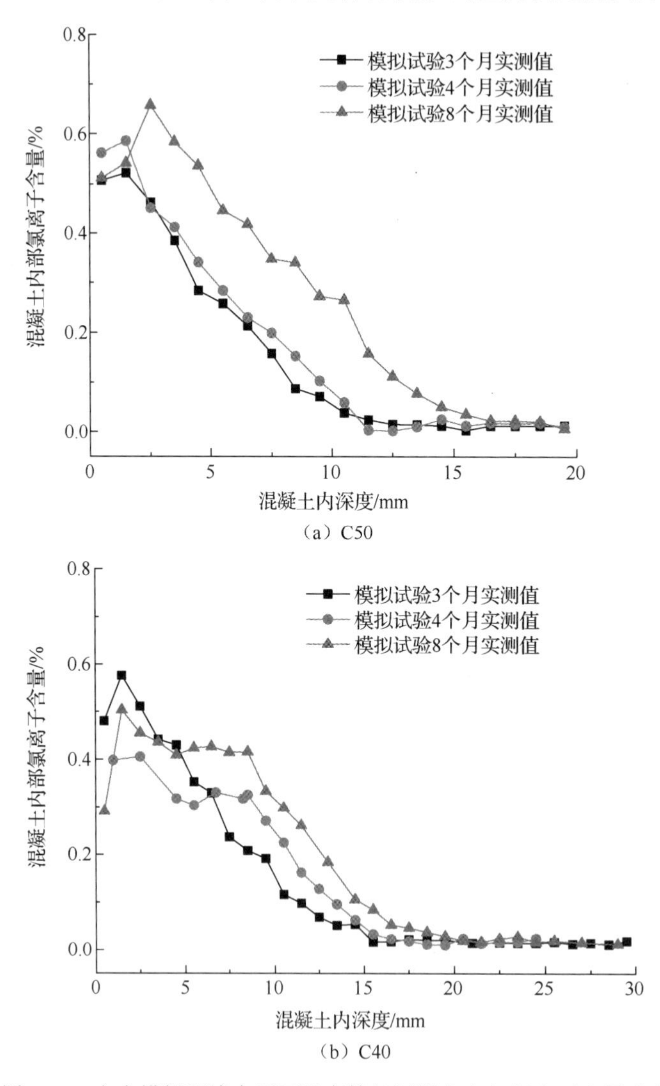

（a）C50

（b）C40

图 5.15　室内模拟环境中不同强度等级混凝土内部氯离子含量分布

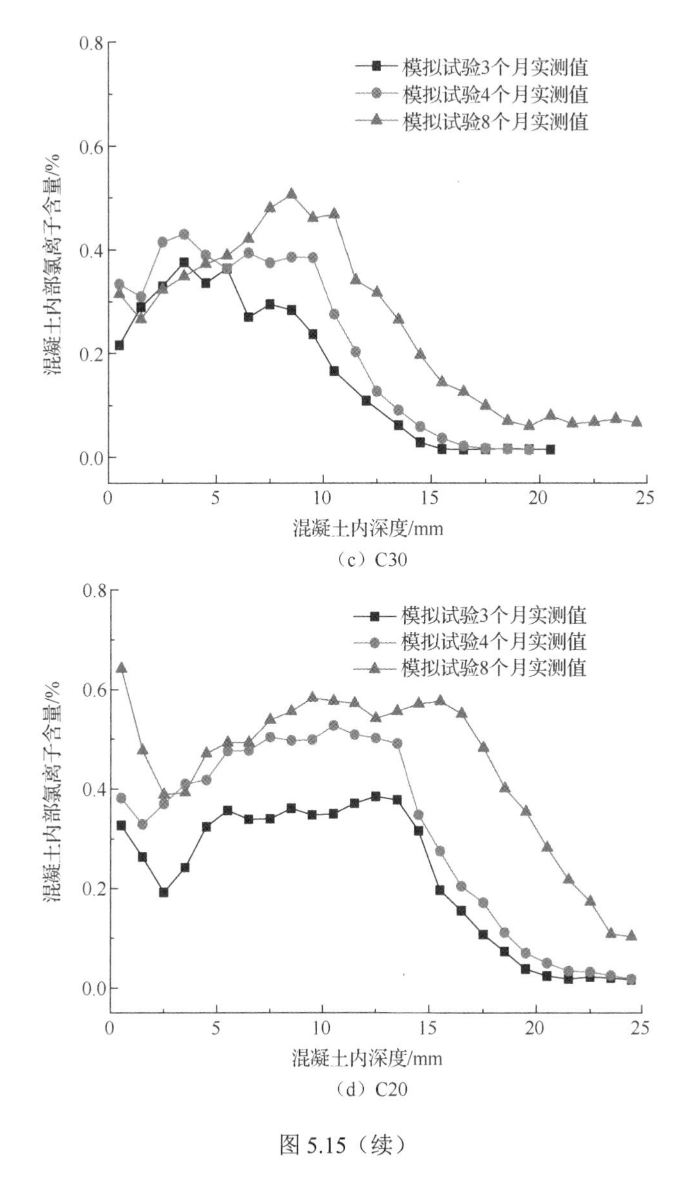

(c) C30

(d) C20

图 5.15（续）

针对上述推想，忽略混凝土表层氯离子对流区影响深度，并基于 Fick 扩散定律构筑的以 C50 混凝土内氯盐侵蚀曲线，图 5.16 为室内模拟环境下混凝土内部氯离子含量分布及其拟合曲线。拟合曲线基于假设为混凝土内初始氯离子含量为 0.016%，试验周期为 8 个月，混凝土表层最大氯离子含量为曲线实测值中最大值。与此同时，对较长时间（8 个月）的室内模拟环境试验中其他强度等级混凝土（C40、C30 和 C20）内氯离子含量分布的模拟分析，如图 5.16（b）所示。由图 5.16（a）可知，在忽略混凝土表层氯离子对流区影响深度情况下，实测混凝土内部氯离子含量与基于 Fick 扩散定律构筑的混凝土内部氯离子分布曲线吻合。对比图 5.16（a）和 5.16（b）可知，对于进行较长时间的氯盐侵蚀模拟试验结果也表现出较强的规律性，不同强度等级混凝土对流区范围不同，这与混凝土自身渗透特性和初始饱和度存在差异有关。

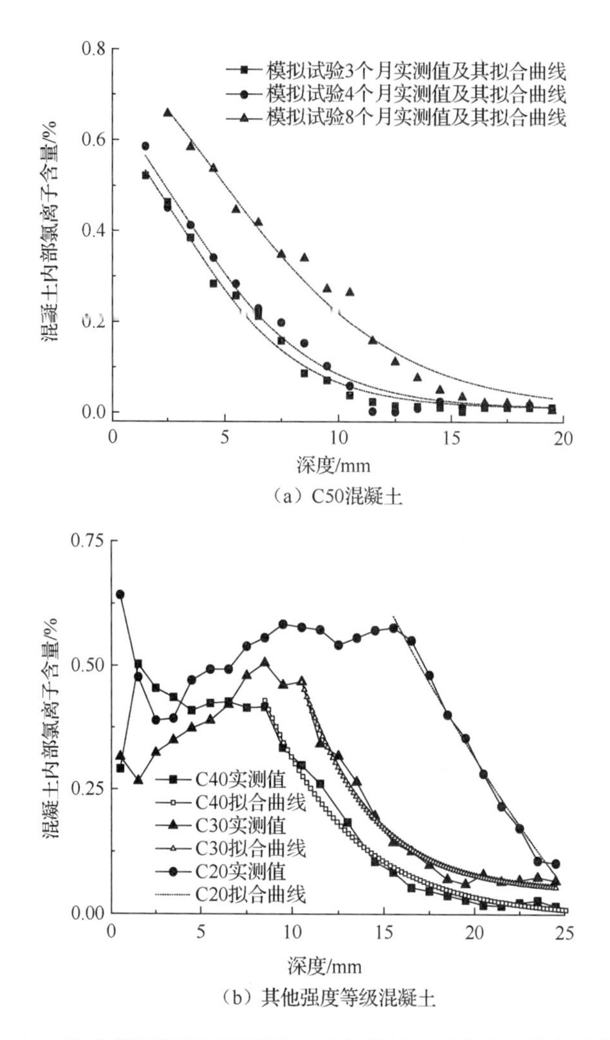

（a）C50混凝土

（b）其他强度等级混凝土

图 5.16　室内模拟环境下混凝土内部氯离子含量分布及其拟合曲线

2. 自然环境中混凝土内部氯离子含量分布

测试现场环境条件下珠海某港口混凝土栈桥沿高度方向上的混凝土内部氯离子含量分布，以揭示自然环境下混凝土内部氯离子含量分布规律。同时，采用数值模拟方式进行不同部位混凝土内部氯离子含量时变分布模拟。具体步骤如下：首先，实测混凝土内部氯离子含量分布、混凝土表层氯离子含量及其混凝土内初始氯离子含量；然后，基于 Fick 定律对实测结果进行数值拟合，求得混凝土内部氯离子扩散系数；最后，开展混凝土内部氯离子含量随深度、高程和侵蚀时间变化的数值模拟。数值模拟采用了基于现场条件下混凝土内部对流区深度、氯离子初始含量、表层氯离子及其扩散系数，并假设混凝土内部氯离子扩散系数为定值。图 5.17 为珠海地区某栈桥不同高程处混凝土内部氯离子含量随深度变化模拟曲线。某栈桥混凝土内部氯离子含量随深度增加而减小，随模拟侵蚀时间延长而增大。自然环境条件下混凝土内部氯离子含量可采用扩散定量描述，并且在混凝土内扩散传输区域范围氯离子含量分布实测结果与拟合曲线吻合较好。不同高程处的混凝土内部氯离子含量随高程增加而减小，当高程大于 2.1 m 时的混凝土内部氯离子含量基本趋于稳定。混凝土内初始氯离子含量较高（与混凝土质量比约为 0.2%），远大于大气区混凝土内部氯离子临界含量值。这可能是因混凝土原材料或制作过程中夹带了大量氯离子（可能使用了含大量氯离子的水或海砂等）。

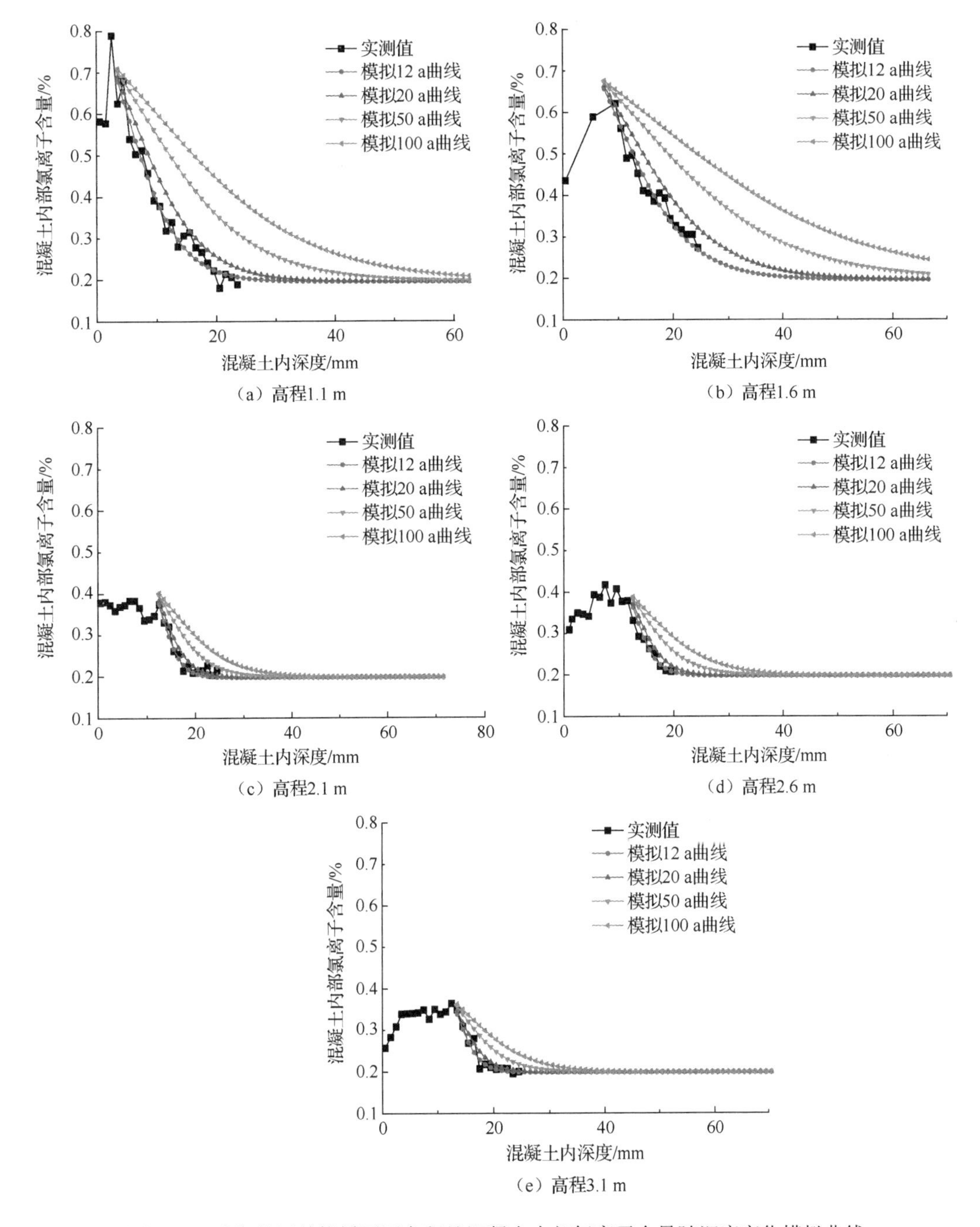

图 5.17　珠海地区某栈桥不同高程处混凝土内部氯离子含量随深度变化模拟曲线

图 5.18 为现场实测取样过程中该栈桥混凝土内部钢筋锈蚀实况。显而易见，栈桥内钢筋已经发生大量的锈蚀和混凝土保护层开裂脱落，这与上述分析较为吻合。基于混凝土内部氯离子含量分布、所处现场环境和资料可知，该栈桥在建造过程中因原材料中氯离子含量过高造成钢筋锈蚀和保护层剥落现象。

图 5.18　栈桥内钢筋锈蚀

采用数值仿真方法模拟混凝土内部氯离子含量分布随侵蚀时间变化，图 5.19 为某栈桥混凝土内部氯离子含量时变模拟曲线。不难发现，某栈桥混凝土内部氯离子含量随时间延长而增大，随深度增加而减小。不同高程的混凝土内部氯离子含量随高程增加而减小，且在一定高程后基本趋于稳定。高程较低处混凝土内部氯离子含量最终趋同于海水中氯离子含量，浪溅区混凝土内部氯离子含量变化率较大。大气区混凝土内部氯离子含量低于上述情况，随模拟时间增加混凝土表层氯离子趋于 0.3%，但混凝土内部深处氯离子含量变化较小。

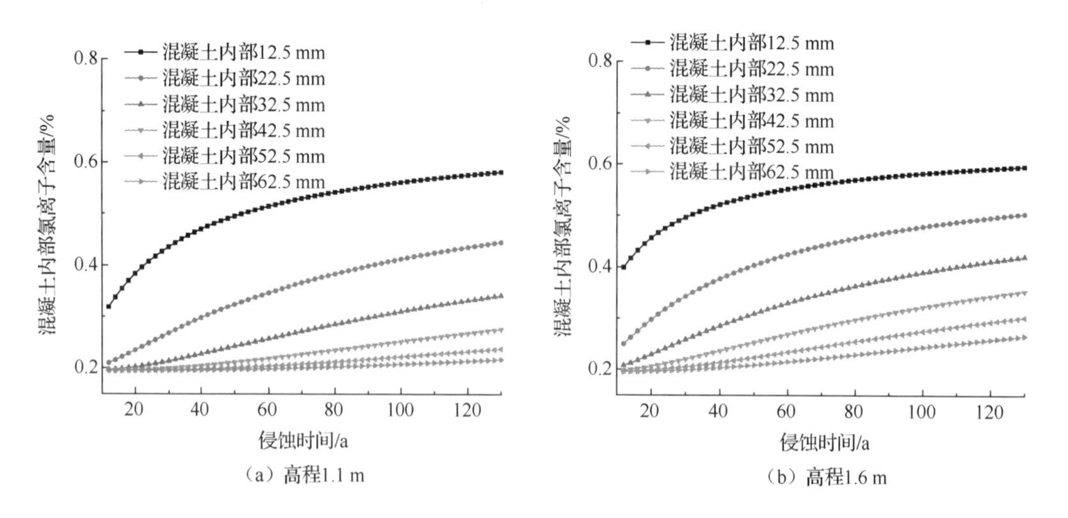

图 5.19　某栈桥混凝土内部氯离子含量时变模拟曲线

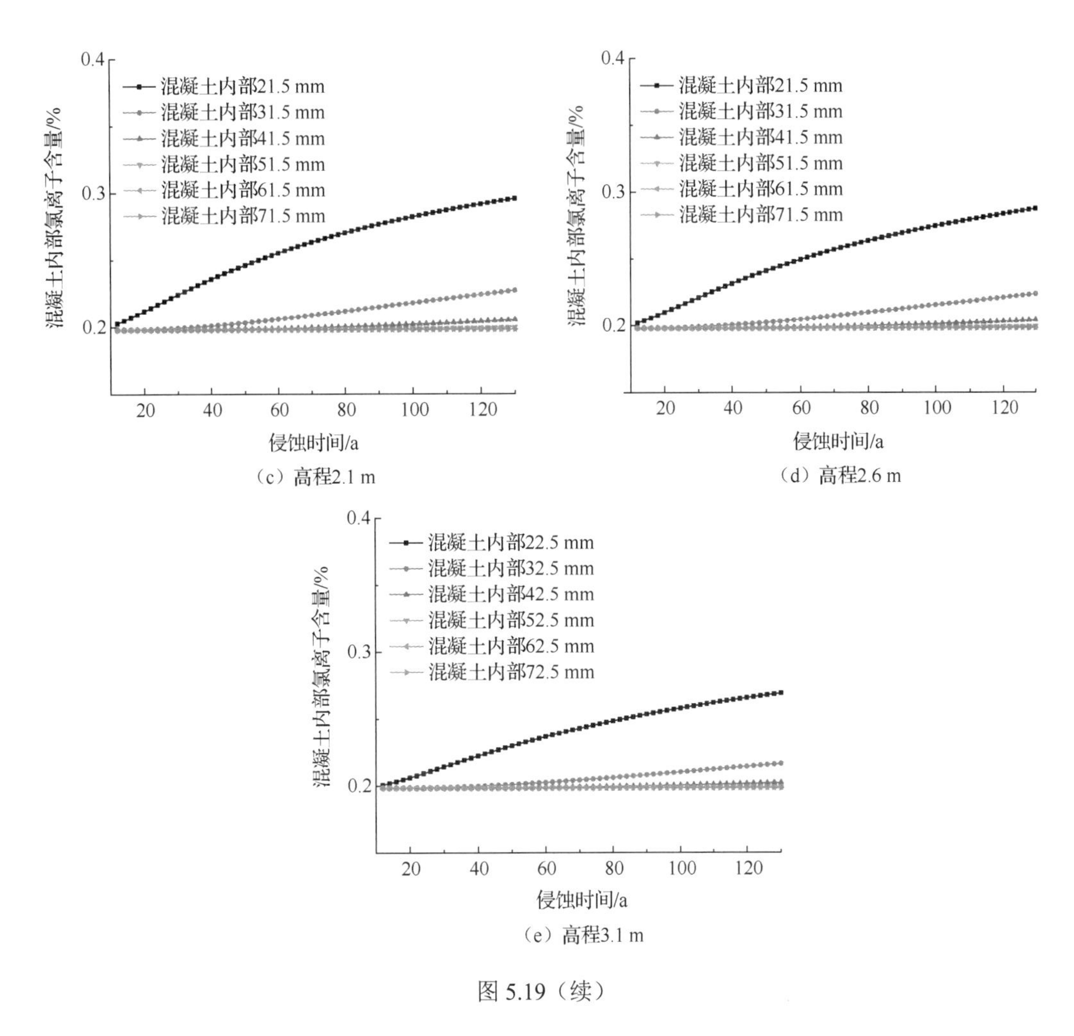

（c）高程2.1 m

（d）高程2.6 m

（e）高程3.1 m

图 5.19（续）

5.4.3 混凝土内部氯离子侵蚀时间相似关系模型

1. 相似准则和相似准则方程

因为干湿交替条件下混凝土表层氯离子对流区深度可直接测定，本节分析了混凝土内部扩散传输区域范围的氯离子浓度变化（即假设混凝土表层氯离子对流区深度 Δx 为 0）。根据初始条件和边界条件，混凝土氯离子扩散传输方程式（5.2）的解析解可简化为

$$C_{\mathrm{v}}(x,t)=C_0+(C_{\mathrm{s}}-C_0)\left[1-\operatorname{erf}\frac{x}{2\sqrt{D_{\mathrm{app}}t}}\right] \tag{5.20}$$

式中：$C_{\mathrm{v}}(x,t)$ 为 t 时距混凝土表面 x 处的氯离子含量；C_{s} 为混凝土表面氯离子含量；C_0 为混凝土内部初始氯离子含量；D_{app} 为混凝土中氯离子表观扩散系数；t 为结构暴露/试验的时间；x 为距离表面的深度。$\operatorname{erf}(z_{\mathrm{x}})=\dfrac{2}{\sqrt{\pi}}\int_0^{z_{\mathrm{x}}}\exp(-\lambda_0^2)\mathrm{d}\lambda_0$ 为误差函数；边界条件为 $C(0,t)=C_{\mathrm{s}}$，$C(\infty,t)=C_0$，$C(x,0)=C_0$。

基于文献[15]的研究结果，采用 S 曲线对高斯误差函数进行了拟合，如式（5.21）所示。

$$\operatorname{erf}(z_x)=1.00958-\frac{1.6145}{1+\exp\left(\dfrac{z_x-0.18526}{0.37611}\right)} \tag{5.21}$$

为简化推导过程，假设混凝土内初始氯离子浓度为 0，故上述的初始和边界条件转化为 $C_v(0,t)=C_s$，$C_v(x,0)=0$，$C_v(x,t)=C_i$，$C_v(\infty,t)=0$。

若以上标 m 表示相似模型，则混凝土内部氯离子扩散方程式（5.1）可表示为

$$\frac{\partial C_v^m}{\partial t^m}=\frac{\partial}{\partial x^m}\left(D_{app}^m\frac{\partial C_v^m}{\partial x^m}\right) \tag{5.22}$$

若以 λ_i 表示相似比，则时间、氯离子浓度、氯离子有效扩散系数和侵蚀深度的相似常数可表示为

$$\lambda_t=\frac{t}{t^m}\quad \lambda_C=\frac{C_v}{C_v^m}\quad \lambda_D=\frac{D_{app}}{D_{app}^m}\quad \lambda_l=\frac{x}{x^m} \tag{5.23}$$

将式（5.23）代入式（5.22），并与式（5.22）对比，可得相应的相似指标，即

$$\frac{\lambda_l^2}{\lambda_t\lambda_D}=1 \tag{5.24}$$

若将式（5.23）代入式（5.24）中，可得谐时准则（以 F_0 表示）为

$$\pi_1=F_0=\frac{tD_{app}}{x^2}=\frac{t^mD_{app}^m}{(x^m)^2} \tag{5.25}$$

浓度准则（以 θ_b 表示）和几何准则（以 R_b 表示）分别为

$$\pi_2=\theta_b=\frac{C_i}{C_s}=\frac{C_i^m}{C_s^m} \tag{5.26}$$

$$\pi_3=R_b=\frac{x_0}{x}=\frac{x_0^m}{x^m} \tag{5.27}$$

基于 Nernst-Einstein 方程，可确定混凝土内部氯离子表观扩散系数，即

$$D_{app}=\frac{RT\sigma t_{im}}{z_i^2F^2C_i} \tag{5.28}$$

由于理想气体常数 R、氯离子的迁移数 t_{im}、氯离子的电荷数 z_i、法拉第常数 F、氯离子浓度 C_i 均为常数，温度 T、混凝土电阻率 σ 和氯离子表观扩散系数 D_{app} 的相似常数可分别表示为

$$\lambda_T=\frac{T}{T^m}\quad \lambda_\sigma=\frac{\sigma}{\sigma^m}\quad \lambda_D=\frac{D_{app}}{D_{app}^m} \tag{5.29}$$

将式（5.29）代入式（5.28），可得混凝土内部氯离子扩散系数对应的相似指标

$$\frac{\lambda_T\lambda_\sigma}{\lambda_D}=1 \tag{5.30}$$

整理后可得混凝土内部氯离子扩散系数准则（以 B_b 表示），即

$$\pi_4 = B_b = \frac{T\sigma}{D_{app}} = \frac{T^m \sigma^m}{D_{app}^m} \tag{5.31}$$

由相似第二定理可知，混凝土内部氯离子扩散相似准则方程式可表示为

$$F\left(F_0, \theta_b, R_b, B_b\right) = 0 \tag{5.32}$$

若混凝土材料和环境条件确定，可得 λ_T 和 λ_σ，并由式（5.30）求出 λ_D。若几何缩比 λ_l 已知，可求时间缩比 λ_t。通过模拟试验，可预测实际环境条件下混凝土中钢筋表面氯离子浓度达到临界浓度的时间。

2. 相似准则方程求解

为了求解出混凝土氯盐侵蚀准则方程式（5.31）的显函数形式，以 $F_0 = \frac{tD_{app}}{x^2}$ 和 $\theta_b = \frac{C_i}{C_s}$ 作为参量，绘制混凝土氯盐侵蚀相似准则方程拟合曲线。基于文献[34]的拟合结果，可求出混凝土氯盐侵蚀相似准则方程式，即

$$\frac{x^2}{tD_{app}} = a\left(\lg\left(\frac{C_s}{C_i}\right)\right)^b \tag{5.33}$$

基于实测混凝土内部氯离子含量数据，可求得相应的拟合曲线，如图5.20所示。由图5.20可知，基于相似准则方程式（5.33）拟合的曲线可描述混凝土内部氯离子含量分布规律，拟合曲线与实测结果间具有一定离散性（拟合度系数 R^2 为0.83）。这是因为推导准则方程的假设条件是混凝土内初始氯离子含量为零，且未考虑混凝土内部氯离子扩散的随机性等因素。对比图5.4和图5.20可知，若混凝土内初始氯离子含量不可忽略，应优先选择基于S曲线形式的误差函数式（5.32）来描述混凝土内部氯离子扩散过程。此外，由理论推导过程可知，相似准则方程较适合描述混凝土内单一传质形式情况。因此，以下均采用基于S曲线误差函数来描述混凝土内部氯离子扩散过程。

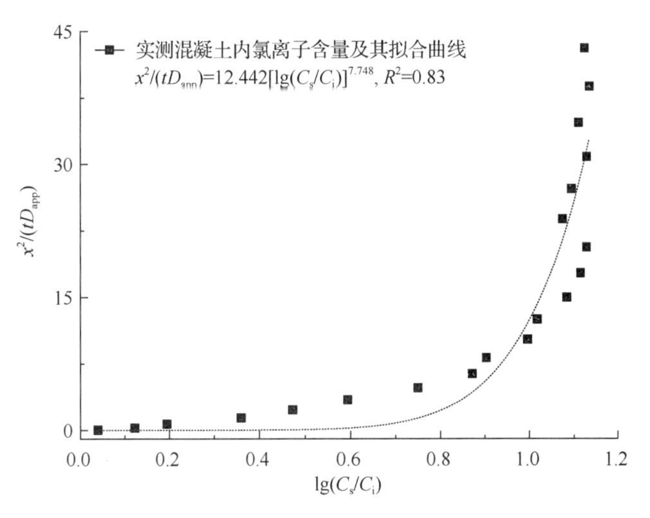

图5.20　混凝土氯盐侵蚀相似准则方程拟合曲线

3. 时间相似率推定

混凝土内部氯盐侵蚀相似准则方程的推导是基于特定假设条件对应的理论模型，具有理论性强和实测操作简单等优点。由于往往忽略混凝土中初始氯离子含量、环境干湿条件、影响深度等因素，适合单一环境条件下的混凝土氯盐侵蚀研究。事实上，若基于Fick第二定律显函数公式（5.20）、边界条件与初始条件，也可求解混凝土内部氯盐侵蚀时间。因此，采用式（5.20）和式（5.32）两种途径均可求解出混凝土内某深度处氯离子浓度达到临界浓度对应的时间，从而计算出自然环境和室内模拟环境下混凝土氯盐侵蚀时间相似率（或试验加速倍数）。此外，在条件充分或资料完备条件下，还可以采用以下方法推定自然环境和室内模拟环境下混凝土氯盐侵蚀时间相似率，具体推定步骤如下。

首先，采用式（5.34）确定室内模拟环境下距混凝土表面深度 x 处钢筋锈蚀的临界氯离子含量的时变关系，即

$$t_{\mathrm{iC}} = f(C_{\mathrm{cr}}) \tag{5.34}$$

式中：t_{iC} 为室内模拟环境下 n 次试验循环对应的时间。

其次，采用式（5.35）确定自然环境下距混凝土表面深度 x 处钢筋锈蚀的临界氯离子含量的时变关系。一般来讲，自然环境下混凝土内部氯离子含量时变关系可参照第4章4.4.3节有关时间相似率推定中式（4.95）的方法求解，即

$$t_{\mathrm{nC}} = g(C_{\mathrm{cr}}) \tag{5.35}$$

式中：t_{nC} 为自然环境下混凝土内部深度 x 处的氯离子含量达到 C_{cr} 对应的时间。

最后，自然环境与室内模拟环境下距混凝土表面深度 x 处钢筋锈蚀的临界氯离子含量的时间相似率为

$$\lambda_{\mathrm{CC}} = \frac{t_{\mathrm{nC}}}{t_{\mathrm{iC}}} \tag{5.36}$$

式中：λ_{CC} 为自然环境与室内模拟环境下距混凝土表面深度 x 处钢筋锈蚀的临界氯离子含量的时间相似率。

4. 数值模拟

在上述理论分析和试验测试基础上，基于Fick定律采用数值模拟方式开展自然环境和室内模拟环境中混凝土氯盐侵蚀时间相似关系研究。采用pH值为13的混凝土孔隙溶液的碱性环境，设定钢筋混凝土孔隙内的溶液氯离子浓度达到预定阈值[35] $[Cl^-]/[OH^-]=0.8$ 和混凝土密度约为2.4 g/cm^3（孔隙率约为10%），预估混凝土内的氯离子临界浓度阈值约为2.84 g/L（占混凝土质量比约为0.12%），该值基本符合表5.5中的混凝土内部氯离子临界浓度值范围。对于室内模拟环境试验计算混凝土表面氯离子含量应以氯盐溶液浓度（5%）为基准进行换算，相应的混凝土内部氯离子含量约为1.25%（与混凝土质量比）。现场环境中溶液盐度约为2.9%（将其视为氯盐含量，与混凝土质量比约为0.862%），参照文献[15]模拟大气区混凝土表面氯离子含量取值为0.167%，浪溅区/潮差区、大气区对应的混凝土内部微环境湿度分别为0.900与0.735（长沙地区年平均湿度）。针对水下

区（浸泡工况）、浪溅区/潮差区（干湿循环工况）、大气区（盐雾工况）三种工况，采用数值模拟研究自然环境和室内模拟环境试验条件下的混凝土内部氯离子含量分布及其时变曲线，具体内容如下。

（1）水下区

基于 Fick 第二定律，采用数值模拟分析了不同强度等级混凝土内部氯离子含量分布，图 5.21 为模拟水下区混凝土内部氯离子含量随深度变化模拟曲线。由图 5.21 可见，水下区混凝土内部氯离子含量随深度增加而变化，并且在一定深度范围内变化率较大。对比不同模拟时间可知，混凝土内部氯离子含量随模拟时间延长而增加。对于不同强度等级混凝土内部氯离子含量变化相似，但混凝土内部氯离子含量变化率随混凝土强度等级增加而降低。采用模拟试验可有效缩短氯盐侵蚀一定的混凝土深度所需时间。以 C50 混凝土保护层厚度 30 mm 为例，模拟试验条件下侵蚀 3 a 可使得混凝土保护层处氯离子浓度达到临界浓度 0.12%。自然环境侵蚀条件下，达到该值所需的时间约为 39.6 a。因此，可求得自然环境和室内模拟环境中水下区混凝土氯盐侵蚀时间相似率（即试验加速倍数）约为 13.2 倍。

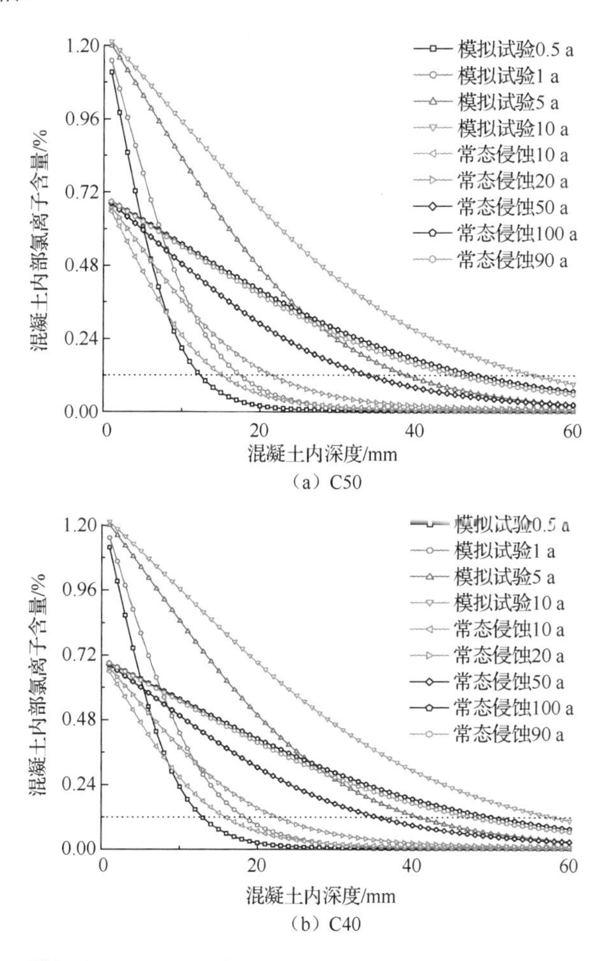

（a）C50

（b）C40

图 5.21　模拟水下区不同强度等级混凝土内部氯离子含量随深度变化曲线

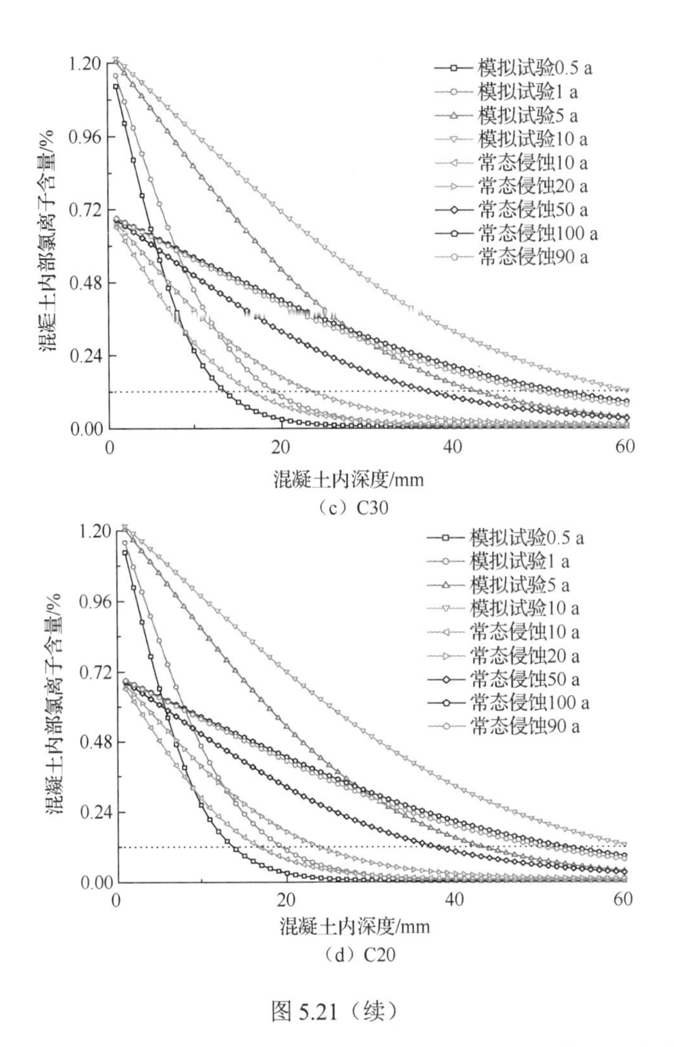

（c）C30

（d）C20

图 5.21（续）

采用数值模拟分析法模拟水下区混凝土内部氯离子含量时变，研究自然现场环境和室内模拟环境条件下混凝土内部氯离子含量分布变化规律，图 5.22 为模拟水下区混凝土内部氯离子含量时变模拟曲线。由图 5.22 可见，水下区混凝土内部氯离子含量随时间增加而变化，不同深度处氯离子含量变化规律相似，但其差异体现为变化速率和最终值。模拟结果与现场条件下混凝土内部氯离子含量不同，主要表现为氯离子含量变化率、最终值和达到临界氯离子浓度所需时间等方面。不同强度等级混凝土达到临界氯离子浓度所需时间不等，这是因不同强度等级的混凝土内部氯离子扩散系数存在差异造成的。

（2）浪溅区/潮差区

浪溅区/潮差区混凝土氯盐侵蚀是在干湿交替条件下周而复始进行的，混凝土氯盐侵蚀更为严重。开展了浪溅区/潮差区混凝土内部氯离子含量分布及其时变曲线数值模拟，图 5.23 为模拟浪溅区/潮差区混凝土内部氯离子含量随深度变化模拟曲线。由图 5.23 可知，模拟浪溅区/潮差区混凝土内部氯离子含量分布随深度和时间发生显著变化，其规律与模拟水下区混凝土内部氯离子含量变化类似。因为两种工况条件下氯离子扩散系数不同，两者间的差异主要为相同模拟时间对应的氯离子含量和变化率不同，以 C50 混凝土保护层厚度 30 mm 为例，模拟浪溅区/潮差区条件下侵蚀 2.7 a 可使混凝土保护层处氯离子含量到达临界值 0.12%。自然现场侵蚀条件下，达到该值所需的实际时间约为 41 a。因此，自然和模拟环境中混凝土氯盐侵蚀时间相似率（即试验加速倍数）约为 15.2 倍。

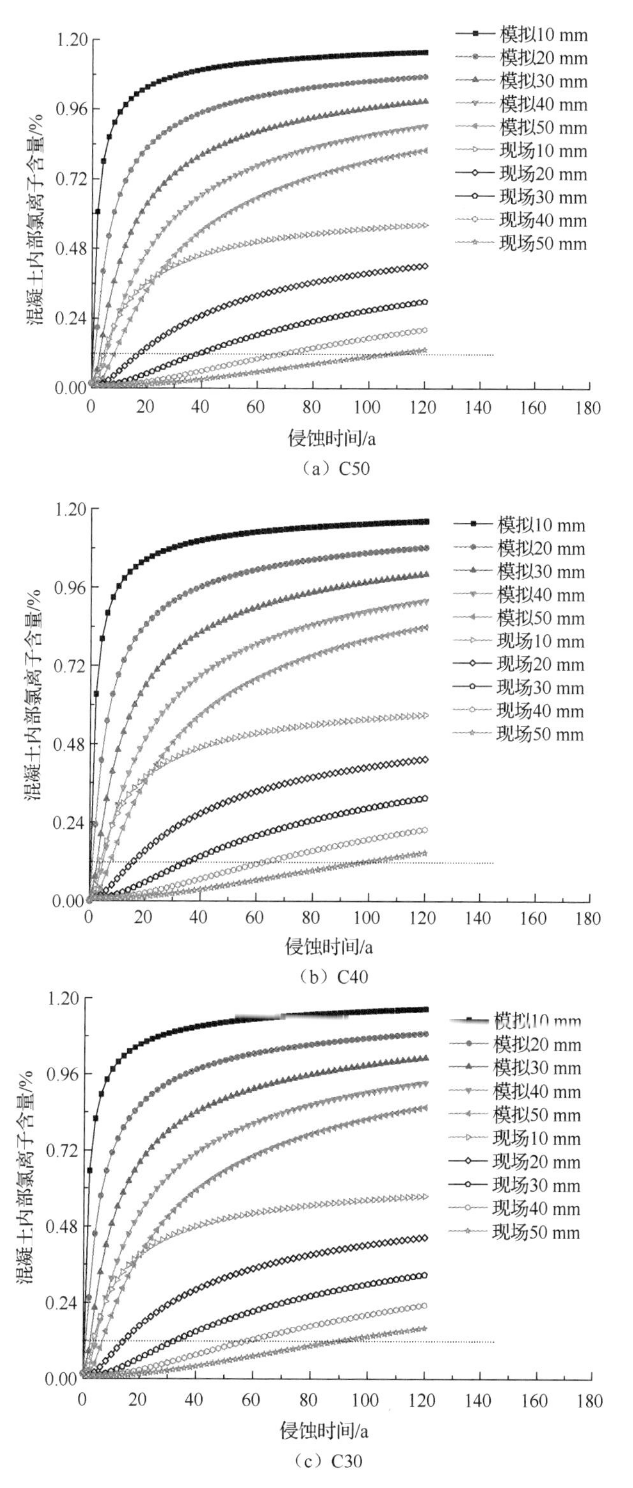

（a）C50

（b）C40

（c）C30

图 5.22 模拟水下区不同强度等级混凝土内部氯离子含量时变曲线

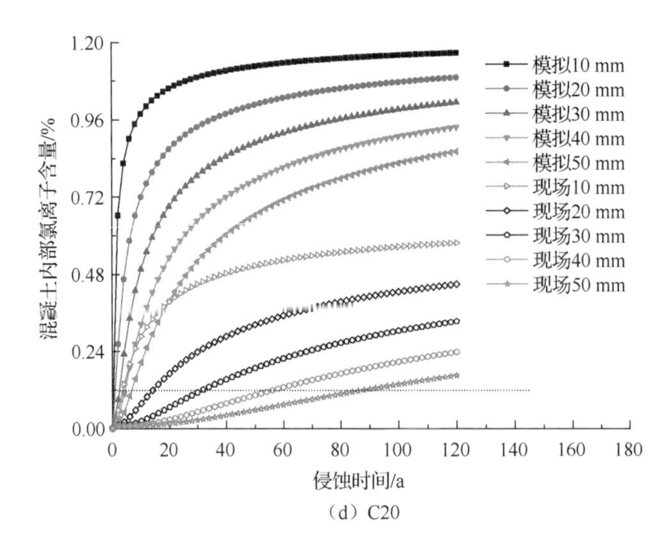

（d）C20

图 5.22（续）

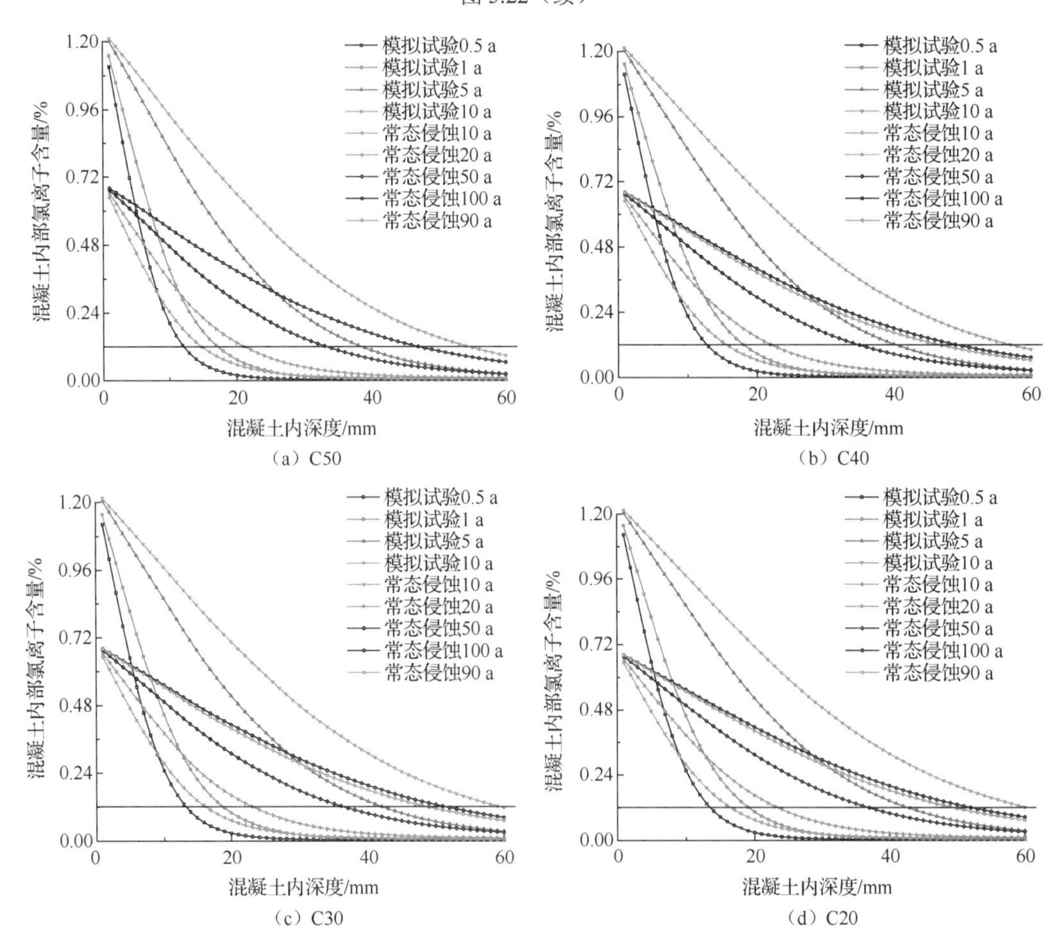

图 5.23　模拟浪溅区/潮差区不同强度等级混凝土内部氯离子含量随深度变化曲线

采用数值模拟分析法对浪溅区/潮差区混凝土内部氯离子含量进行时变模拟，图 5.24 为模拟浪溅区/潮差区混凝土内部氯离子含量时变模拟曲线。由图 5.24 可知，模拟浪溅区/潮差区混凝土内部氯离子含量时变模拟曲线随时间增加而增大，不同深度处氯离子含量变化规律相似，其差异体现为变化速率和最终值。不同强度等级混凝土达到临界氯离子浓度所需时间不同，这是由混凝土内部氯离子扩散系数差异造成的。

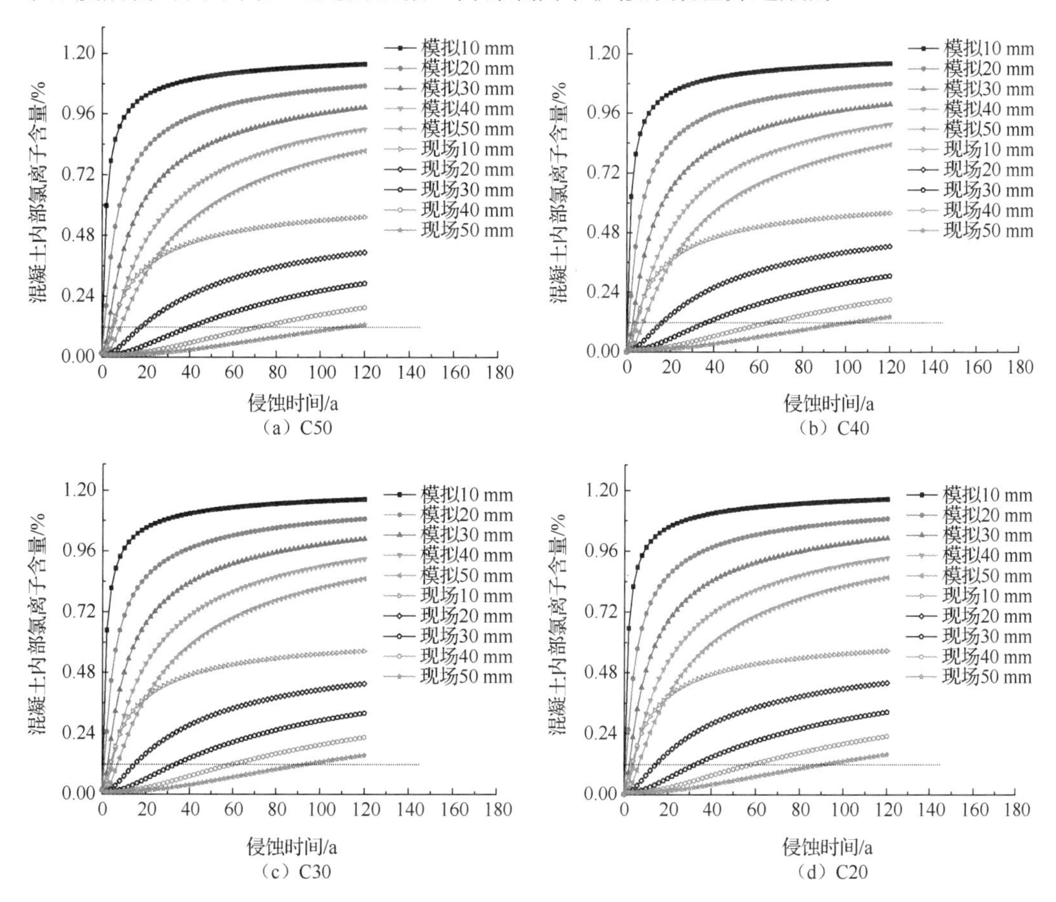

图 5.24　模拟浪溅区/潮差区不同强度等级混凝土内部氯离子含量时变模拟曲线

（3）大气区

大气区混凝土氯盐侵蚀的氯离子主要来源是海雾或降水等，该工况条件下的混凝土遭受氯盐侵蚀作用相对较弱。作者团队除了开展水下区、浪溅区/潮差区混凝土内部氯离子含量分布模拟外，还开展了大气区混凝土内部氯离子含量分布及其时变曲线数值模拟。图 5.25 为模拟大气区不同强度等级混凝土内部氯离子含量随深度变化模拟曲线，图 5.26 为模拟大气区不同强度等级混凝土内部氯离子含量时变模拟曲线。从图 5.25 和图 5.26 可以看出，模拟大气区混凝土内部氯离子含量分布及其时变曲线变化规律与水下区、浪溅区/潮差区相似，其差异主要表现为相同侵蚀模拟时间和深度的混凝土内部氯离子含量降低，并且混凝土内部氯离子含量最终值也较小。模拟大气区混凝土内部氯离子含量曲线变化对应的混凝土内不同深度处氯离子含量差别较小。以 C50 混凝土保护层厚度 30 mm 为例，模拟大气区条件下侵蚀 2.06 a 可使得混凝土保护层处氯离子含量达到临界浓度

0.06%。自然现场侵蚀条件下，混凝土保护层处氯离子含量达到该值所需时间约为 9.55 a。因此，可求得自然和模拟环境中混凝土氯盐侵蚀时间相似率（即试验加速倍数）约为 4.6 倍。

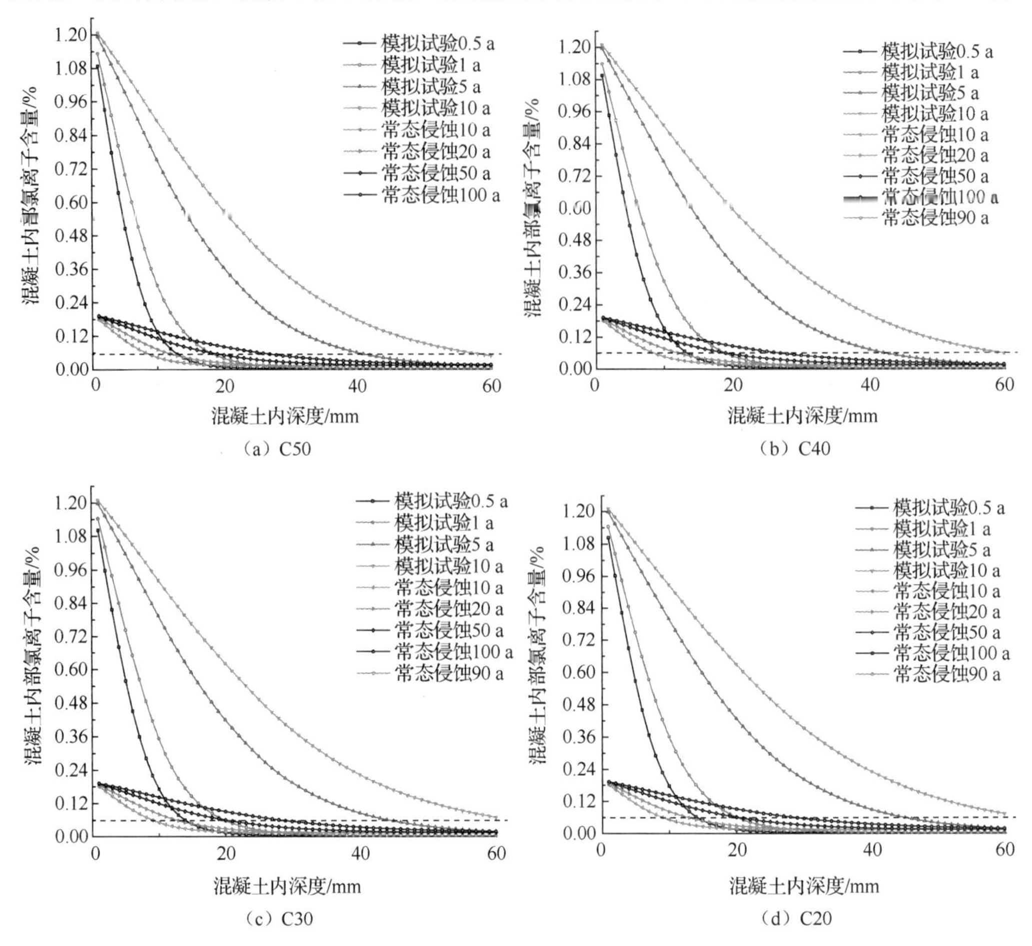

图 5.25　模拟大气区不同强度等级混凝土内部氯离子含量随深度变化模拟曲线

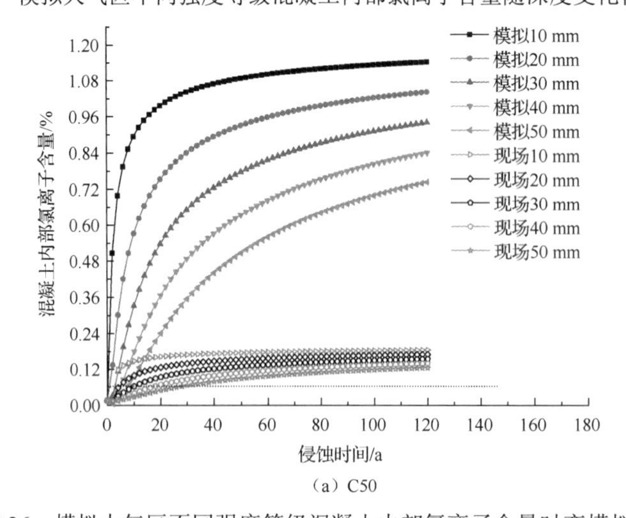

图 5.26　模拟大气区不同强度等级混凝土内部氯离子含量时变模拟曲线

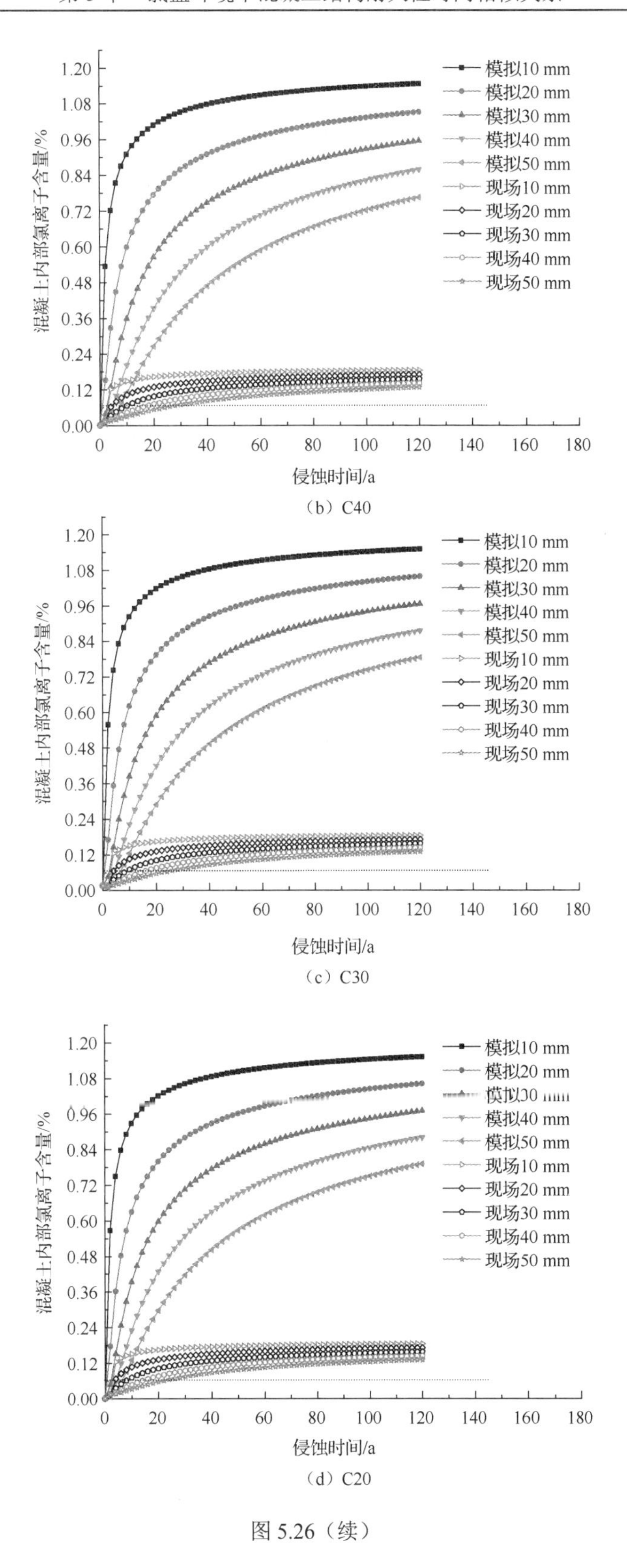

（b）C40

（c）C30

（d）C20

图 5.26（续）

5.4.4　氯盐环境中混凝土结构耐久性等级评定和使用寿命预测

1. 混凝土结构耐久性等级评定和使用寿命预测方法

氯离子侵入混凝土内部可诱发钢筋锈蚀、混凝土保护层锈胀开裂，故氯盐环境中混凝土结构耐久性问题更为突出。对于新建和已有的混凝土结构工程，人们非常关注该工程能否达到预定的设计寿命和满足预计的使用功能。氯盐环境中的混凝土结构耐久性问题主要为混凝土内钢筋开始锈蚀和混凝土保护层锈胀开裂，参照《既有混凝土结构耐久性评定标准》（GB/T 51355—2019），基于上述的混凝土结构耐久性时间相似理论研究，本节开展氯盐环境中的新建和已有混凝土结构工程耐久性评定与使用寿命预测。

氯盐环境中的混凝土结构耐久性极限状态主要包括钢筋开始锈蚀极限状态（钢筋表面氯离子浓度达到钢筋脱钝临界氯离子浓度的状态）、混凝土保护层锈胀开裂极限状态（钢筋锈蚀产物引起混凝土保护层开裂的状态）。氯盐环境中的混凝土结构耐久性等级可根据不同极限状态对应的耐久性裕度系数评定，见表 4.3。氯盐环境中混凝土结构耐久性裕度系数 ξ_d 可按式（4.97）计算。参照《既有混凝土结构耐久性评定标准》（GB/T 51355—2019），氯盐环境中的混凝土结构钢筋开始锈蚀耐久年限 t_i 为

$$t_i = \left(\frac{c_a}{K_v}\right)^2 \times 10^{-6} + 0.2t_1 \tag{5.37}$$

$$K_v = 2\sqrt{D_{app}}\,\mathrm{erf}^{-1}\left(1 - \frac{C_{cr}}{C_s}\right) \tag{5.38}$$

式中：c_a 为混凝土保护层厚度；K_v 为氯盐侵蚀系数；D_{app} 为混凝土内部氯离子表观扩散系数；$\mathrm{erf}^{-1}(\cdot)$为误差函数；C_{cr} 为钢筋锈蚀临界氯离子浓度；C_s 为混凝土表面氯离子含量，两者可根据建筑物所处实际环境条件和调查确定，也可参照《既有混凝土结构耐久性评定标准》（GB/T 51355—2019）中的有关规定执行。t_1 为混凝土表面氯离子含量达到稳定值的时间，可参照表 5.7 取值。

表 5.7　混凝土表面氯离子含量达到稳定值的时间 t_1

环境	环境作用等级	环境状况及距海岸距离 l	t_1 /a
近海大气环境	III-A	0.5 km≤l< 1.0 km	20～30
	III-B	0.25 km≤l< 0.5 km	15～20
	III-C	0.1 km≤l< 0.25 km	10～15
	III-D	l<0.1 km	10
海洋环境	III-E	大气盐雾区	0～10
	III-F	水位变动区、浪溅区	0

一般来讲，氯盐环境中混凝土保护层锈胀开裂耐久性年限预测，可确定为

$$t_{cr} = t_i + t_c \tag{5.39}$$

$$t_c = \beta_1 \beta_2 t_{c,0} \tag{5.40}$$

式中：t_{cr} 为混凝土保护层锈胀开裂耐久年限；t_c 为钢筋开始锈蚀至混凝土保护层锈胀开裂所需的时间；$t_{c,0}$ 为未考虑锈蚀产物渗透迁移及锈坑位置修正的钢筋开始锈蚀至混凝土保护层锈胀开裂的时间；β_1 为考虑锈蚀产物向蚀坑周围迁移及向混凝土孔隙、微裂缝扩散对混凝土保护层锈胀开裂时间的修正系数；β_2 为考虑多个锈坑及分布对混凝土保护层开裂时间的修正系数，三者均可参照《既有混凝土结构耐久性评定标准》（GB/T 51355—2019）中的有关规定取值。

2. 算例

以珠海地区海边水位变动区某新建混凝土结构工程为例，选取混凝土强度等级为 C30 的混凝土结构构件为研究对象，实测混凝土保护层厚度为 20 mm，结构设计使用寿命为 50 a。珠海地区的海洋环境中氯盐溶液浓度为 2.9%，年平均气温为 22.9 ℃，平均相对湿度为 78.9%。混凝土内部初始氯离子含量约为 0.016%，混凝土表面最大氯离子浓度约为 0.74%。拟开展的室内模拟环境试验采用的氯盐溶液浓度为 5%，试验周期宜为 72 h，喷淋时间宜为 1 h，干燥时间宜为 71 h，循环风速为（3～5）m/s。若试验温度采用三个阶段，各温度阶段的时间比为 5∶2∶5，推荐各温度阶段的温度值及时间分别为 46.8 ℃/30 h、54.3 ℃/12 h 和 58.5 ℃/30 h。干燥过程中的相对湿度为 50%，润湿过程中相对湿度为（90±5）%。基于上述的条件和数据，开展新建混凝土结构工程使用寿命预测和耐久性等级评定，具体工作如下。

（1）新建混凝土结构工程使用寿命预测

由表 5.1、式（5.2）、式（5.15）和式（5.16）可知，室内模拟环境试验和自然环境中的混凝土内部氯离子扩散系数的加速倍数约为 6 倍。室内模拟环境试验中的实测 28 d 混凝土内部氯离子扩散系数约为 4.82×10^{-7} mm^2/s，由式（5.15）可求得自然环境中的混凝土内部氯离子扩散系数约为 0.8×10^{-7} mm^2/s。基于式（5.2），得室内模拟环境试验和自然环境中的混凝土内部氯离子侵蚀时间相似率约为 8.9 倍。混凝土表面氯离子浓度 C_s 和钢筋锈蚀临界氯离子浓度 C_{cr} 参照《既有混凝土结构耐久性评定标准》（GB/T 51355—2019）分别取 19 kg/m^3 和 2.1 kg/m^3。结合式（5.37）和式（5.38），求得氯盐环境中混凝土结构钢筋开始锈蚀耐久年限 t_i 约为 30.9 a，该值小于结构设计使用寿命 50 a。若考虑混凝土表层氯离子对流区影响（Δx 取值 5 mm），可求得氯盐环境中混凝土结构钢筋开始锈蚀耐久年限 t_i 约为 17.35 a，该值小于结构设计使用寿命 50 a。因此，该新建混凝土结构不满足氯盐环境中混凝土结构钢筋开始锈蚀耐久年限要求。

（2）新建混凝土结构工程耐久性等级评定

基于上述分析，参照《既有混凝土结构耐久性评定标准》（GB/T 51355—2019）中的有关规定，耐久重要性系数 γ_0 取值为 1.0。将求得氯盐环境中混凝土结构钢筋开始锈蚀耐久年限 t_i（约为 30.5 a）代入式（4.97）中，可求得氯盐环境中混凝土结构耐久性裕度系数 ξ_d 约为 0.61。根据表 4.3，以钢筋开始锈蚀极限状态为基准的氯盐环境中的混凝土结构耐久性等级为 c 级。反之，若考虑混凝土表层氯离子对流区影响，将求得氯盐环境中混凝土结构钢筋开始锈蚀耐久年限 t_i（约为 17.35 a）代入式（4.97）中，可求得氯盐环境中混凝土结构耐久性裕度系数 ξ_d 约为 0.347。根据表 4.3 可知，以钢筋开始锈蚀极限状态为基准的氯盐环境中的混凝土结构耐久性等级为 c 级。

上述即为以钢筋开始锈蚀极限状态为基准的氯盐环境中的混凝土结构耐久性等级评定和使用寿命预测计算全过程。以混凝土保护层锈胀开裂极限状态为基准的氯盐环境中混凝土结构耐久性等级评定和使用寿命预测求解与上述过程类似，计算中所用的部分参数取值可参照《既有混凝土结构耐久性评定标准》（GB/T 51355—2019）中的有关规定。

5.5　小　　结

本章采用理论推导、试验测试和数值模拟结合，揭示混凝土表层氯离子侵蚀机理，提出氯盐环境中混凝土结构耐久性室内模拟环境试验方法；推导出自然环境和室内模拟环境下混凝土氯盐侵蚀耐久性时间相似准则及其时间相似关系。主要内容如下。

1）基于混凝土内水分影响深度理论和表层对流区氯离子线性变化假设，建立混凝土表层氯离子对流区影响深度模型；通过揭示混凝土表层氯离子含量变化规律，探讨混凝土表层氯离子浓度与高度、距海远近间的相关关系，研究表明混凝土表层的氯离子浓度与高程和距海岸距离之间的关系均符合 S 曲线。

2）探讨各种影响因素对混凝土氯盐侵蚀机理的影响，提出氯盐环境中混凝土结构耐久性室内模拟环境试验方法；分析温度、相对湿度、润湿时间、干燥时间、循环风速和氯盐溶液浓度等参数对混凝土内部氯离子含量及其分布的影响，从理论上解决了室内模拟环境试验制度参数取值依据难题，制订了氯盐环境中混凝土耐久性室内模拟环境试验制度。

3）基于相似理论和混凝土氯盐侵蚀扩散模型，构筑出双重环境条件下混凝土结构氯盐侵蚀相似准则和时间相似关系，提出自然环境和室内模拟环境下混凝土结构耐久性时间相似率推定方法。

参 考 文 献

[1] 龙广成，邢锋，余志武，等．自然扩散条件下 SO_4^{2-}、Cl^-在砂浆中的沉积特性[J]．材料科学与工程学报，2008，26（5）：679-683．

[2] 吴瑾，吴胜兴．氯离子环境下钢筋混凝土结构耐久性寿命评估[J]．土木工程学报，2005，38（2）：59-63．

[3] 余红发．盐湖地区高性能功能混凝土的耐久性机理与使用寿命预测方法[D]．南京：东南大学，2004．

[4] 孟宪强，王显利，王凯英．海洋环境混凝土中氯离子浓度预测的多系数扩散方程[J]．武汉大学学报，2007，40（3）：57-61．

[5] Nordtest．NT Bulid443[S]．Nordtest，1995．

[6] 金伟良，张奕，卢振勇．非饱和状态下氯离子在混凝土中的渗透机理及计算模型[J]．硅酸盐学报，2008，36（10）：1362-1369．

[7] 赵翔宇．基于氯离子渗透的混凝土结构耐久性研究[D]．重庆：重庆大学，2011．

[8] Lu X Y，Li C L，Zhang H X．Relationship between the free and total chloride diffusivity in concrete[J]．Cement and Concrete Research，2002，32（2）：323-326．

[9] DuraCrete. Rapid chloride migration method（RCM）, compliance testing for probabilistic design purposes: BE95-1347[S]. Romania：The European Union-Brite EuRam，1999.

[10] Vesikari E, Soderqvist M K. Life cycle management of concrete infrastructures for improved sustainability[C]. Transportation Research Board，9th International Bridge Management Conference，Orlando，2003：15-28.

[11] 李果，袁迎曙，张保渠. 干湿循环对混凝土内钢筋宏电流的影响[J]. 混凝土，2003（8）：34-36.

[12] 中华人民共和国交通部. 海港工程混凝土结构防腐蚀技术规范：JTJ 275—2000[S]. 北京：人民交通出版社，2000.

[13] NT Build 443. Nordtest method：accelerated chloride penetration into hardened concrete[S]. Espoo：Nordtest，1995.

[14] Jin W L，Jin L B. A multi-environmental time similarity theory of life prediction on coastal concrete structural durability[J]. International Journal of Structural Engineering，2009，1（1）：40-58.

[15] 刘鹏. 人工模拟和自然氯盐环境下混凝土氯盐侵蚀相似性研究[D]. 长沙：中南大学，2013.

[16] Castro P，Veleva L，Balancan M. Corrosion of reinforced concrete in a topical marine environment and in accelerated tests[J]. Construction and Building Materials，1997，11（2）：75-81.

[17] 范宏，赵铁军，徐红波. 码头混凝土中的氯离子侵入研究[J]. 水运工程，2006（4）：49-53.

[18] 金伟良，金立兵，延永东，等. 海水干湿交替区氯离子对混凝土侵入作用的现场检测和分析[J]. 水利学报，2009，40（3）：364-370.

[19] DuraCrete. BRPR-CT95-O132-E95-1347 General guidelines for durability design and redesign[S]. European Union-Brite Euram III，2000.

[20] Rincón O T，Castro P，Moreno E I，et al. Chloride profiles in two marine structures—Meaning and some predictions[J]. Building and Environment，2004，39（9）：1065-1070.

[21] 薛文. 基于全寿命理论的海工混凝土耐久性优化设计[D]. 杭州：浙江大学，2011.

[22] 王传坤，高祥杰，赵羽习，等. 混凝土表层氯离子含量峰值分布和对流区深度[J]. 硅酸盐通报，2010，29（2）：262-267.

[23] 高祥杰. 海港码头氯离子侵蚀混凝土实测分析研究[D]. 杭州：浙江大学，2008.

[24] 李春秋. 干湿交替下表层混凝土中水分与离子传输过程研究[D]. 北京：清华大学，2009.

[25] 胡狄，赵羽习，龚奇鹤，等. 海港码头混凝土表面氯离子随高度变化规律[J]. 工业建筑，2010，40（7）：75-80.

[26] 姚昌建. 沿海码头混凝土设施受氯离子侵蚀的规律研究[D]. 杭州：浙江大学，2007.

[27] 赵尚传. 基于混凝土结构耐久性的海潮影响区环境作用区划研究[J]. 公路交通科技，2010，27（7）：61-65.

[28] 高仁辉，秦鸿根，魏程寒. 粉煤灰对硬化浆体表面氯离子浓度的影响[J]. 建筑材料学报，2008，11（4）：420-424.

[29] Bamforth P B. The derivation of input data for modelling chloride ingress from eight year UK coastal exposure trials[J]. Magazine of Concrete Research，1999，51（2）：87-96.

[30] Song H W，Lee C H，Ann K Y. Factors influencing chloride transport in concrete structures exposed to marine environments[J]. Cement and Concrete Compostion，2008，30（2）：113-121.

[31] 赵羽习，王传坤，金伟良，等. 混凝土表面氯离子浓度时变规律试验研究[J]. 土木建筑与环境工程，2010，32（3）：8-13.

[32] 蒋文宇. 盐雾环境下混凝土结构耐久性的试验研究[D]. 长沙：长沙理工大学，2011.

[33] Mangat P S，Molloy B T. Prediction of long term chloride concentration in concrete[J]. Materials and Structures，1994，27（6）：338-346.

[34] 张瀚宇，简筠，李培，等. 氯离子在混凝土中扩散过程的相似理论研究[J]. 工程与试验，2009，49（1）：15-17.

[35] Frederiksen J M. Chloride threshold values for service life design[C]. Second International RILEM Workshop on Testing and Modelling the Chlorde Ingress into Concrete. Pairs：RILEM Publications SARL，2000：397-409.

第6章 硫酸盐环境中混凝土结构耐久性时间相似关系

6.1 概 述

混凝土硫酸盐侵蚀破坏可引起混凝土膨胀开裂、逐层剥落、胶凝性水化产物分解和力学性能降低等[1-5]，导致水泥混凝土耐久性劣化和使用寿命缩短，它是当前土木工程耐久性领域研究的难点之一[6]。水泥混凝土硫酸盐侵蚀影响因素众多，主要包括硫酸盐种类及溶液浓度、温度、pH 值、水泥组成、掺和料、侵蚀方式和荷载等[7-11]。国内外在混凝土硫酸盐侵蚀方面的研究主要包括硫酸盐侵蚀机理、影响因素、劣化模型、混凝土配比、pH 值、水泥品种、硫酸盐种类及浓度等[7,9,10,11-21]。例如，Erlin 和 Stark[22]在 20 世纪 60 年代首次报道了美国部分地区因碳硫硅钙石（thaumasite，$CaSiO_3 \cdot CaCO_3 \cdot CaSO_4 \cdot 15H_2O$）引起的工程劣化，部分研究人员[23-25]定义了“碳硫硅钙石型硫酸盐侵蚀”。Santhanam、Tixier、Gospodinov 和 Marehand 等[9,19,26,27]分别建立了水泥混凝土硫酸盐侵蚀扩散-反应模型、膨胀劣化模型、STADIUM 模型分层损伤模型。此外，Santhanam 和 Casanova 等[9,26]还利用热动力学理论开展水泥混凝土硫酸盐侵蚀机理研究。然而，上述研究成果多基于混凝土硫酸盐侵蚀试验测试获得，有关混凝土硫酸盐侵蚀的化学热力学与动力学、试验方法及其制度参数、耐久性时间相似理论等方面的研究较少。

国内外关于水泥混凝土硫酸盐侵蚀试验的研究中对各类试验方法和参数取值尚未达成共识。水泥抗硫酸盐侵蚀试验方法主要有现场试验法、GB 标准法、ASTM 标准法、压蒸法、氧扩散法、干湿循环法和现场试验方法等，上述各种试验方法、试件参数和试验制度等差别明显。例如，我国 1981 年规范《水泥抗硫酸盐侵蚀快速试验方法》(GB/T 2420—81)*测试方法采用水胶砂比为 0.5∶1∶2.5 制备 10 mm×10 mm×60 mm 棱柱形试体，压力成型经 1 d 标准养护箱养护后，置于 50 ℃水中养护 7 d；然后，采用 20250 mg/L 硫酸钠溶液开展 28 d 常温侵蚀试验。美国材料与测试协会标准（ASTM）常用评价标准包括暴露于硫酸盐中波特兰水泥砂浆的潜在膨胀测试方法（ASTM C452-95）、暴露于硫酸盐溶液中的水硬性水泥砂浆长度变化标准测定方法（ASTM C1012-95）。这两种方法均采用胶砂比为 1∶2.75、尺寸为 25 mm×25 mm×285 mm 的试件，经初期养护后测定试件初始长度；然后，将试体浸入硫酸盐溶液中，定期测定各侵蚀龄期的试件长度尺寸。上述各种试验方法及其参数取值不统一，导致研究成果之间难以对比。同时，部分试验参数取值不当，使得试验和现场中的混凝土硫酸盐侵蚀机理及劣化模式失真，导致研究成果难以真实评估混凝土结构耐久性和预测使用寿命。例如，

* 已作废，更新为《水泥抗硫酸盐侵蚀试验方法》(GB/T 749—2008)。

水泥混凝土硫酸盐侵蚀的干湿循环法采用的高温条件（一般超过 70 ℃或更高）可能导致侵蚀产物（钙矾石）会破坏和侵蚀机理改变。因此，作者提出适宜的混凝土硫酸盐侵蚀试验方法是开展混凝土硫酸盐侵蚀研究的关键。此外，如何构建自然现场环境和室内模拟环境试验条件下的混凝土硫酸盐侵蚀时间相似关系也是该研究领域面临的难题。

本章基于化学热力学和动力学理论，揭示混凝土硫酸盐侵蚀机理和性能劣化规律，提出混凝土硫酸盐侵蚀室内模拟环境试验方法及其参数取值理论依据。同时，基于相似理论开展硫酸盐环境中混凝土硫酸盐侵蚀耐久性评估和使用寿命预测。

6.2　混凝土硫酸盐侵蚀机理

水泥混凝土硫酸盐侵蚀是一个复杂的物理化学反应过程[9,10]，主要内容涉及硫酸盐侵蚀产物种类和侵蚀速率两个方面。其中，与混凝土硫酸盐侵蚀产物种类相关研究称为化学热力学问题，与混凝土硫酸盐侵蚀产物生成速率相关研究称为化学动力学问题。以下基于化学热力学和化学动力学理论展开混凝土硫酸盐侵蚀机理和劣化模式研究。

6.2.1　混凝土硫酸盐侵蚀化学热力学分析

若要从根本上揭示混凝土硫酸盐侵蚀机理和判定硫酸盐侵蚀产物种类，需要基于化学热力学理论分析各种混凝土硫酸盐侵蚀产物存在的条件。为简化理论分析，假设混凝土为均质体系、温度恒定且等同于外部温度、各类离子浓度均匀稳定。

1. *水泥混凝土硫酸盐侵蚀产物定性分析*

可利用化学热力学平衡常数和吉布斯自由能的关系判定标准状况下水泥混凝土硫酸盐侵蚀反应可否自发进行[28]，即

$$\Delta_r G_m^\ominus = -RT\ln K^\ominus \tag{6.1}$$

式中：$\Delta_r G_m^\ominus$ 为标准反应摩尔吉布斯自由能，J/mol；$K^\ominus$ 为标准平衡常数；T 为热力学温度；R 为理想气体常数，8.314 J/（mol·K）。

基于吉布斯-亥姆霍兹（Gibbs-Helmholtz）方程可应用标准反应热效应计算化学平衡状态[28]

$$\mathrm{d}\frac{\ln K^\ominus}{\mathrm{d}T} = \frac{\Delta_r H_m^\ominus}{RT^2} \tag{6.2}$$

式中：$\Delta_r H_m^\ominus$ 为标准摩尔反应焓，kJ/mol。

基尔霍夫（Kirchhoff）方程给出标准摩尔反应焓 $\Delta_r H_m^\ominus(T)$ 与热力学温度 T 关系式

$$\mathrm{d}[\Delta_r H_m^\ominus(T)] = \Delta C_p \mathrm{d}T \tag{6.3}$$

$$\Delta C_p = \sum \Delta C_{p,\mathrm{m},生成物} - \sum \Delta C_{p,\mathrm{m},反应物} = \Delta a + \Delta bT + \Delta cT^{-2} \tag{6.4}$$

式中：$\Delta C_{p,\mathrm{m},生成物}$ 和 $\Delta C_{p,\mathrm{m},反应物}$ 分别为生成物的定压摩尔热容差与反应物的定压摩尔热容

差，J/（mol · K）；ΔC_p为生成物定压摩尔热容之和与反应物定压摩尔热容之和的差，即反应摩尔热容差，J/（mol · K）；Δa、Δb和Δc为拟合常数。

通常情况下，物质的定压摩尔热容$C_{p,\mathrm{m}}$随温度的变化可近似地表示为

$$C_{p,\mathrm{m}} = A_1 + A_2 \times 10^{-3} T + A_3 \times 10^5 T^{-2} + A_4 \times 10^{-6} T^2 + A_5 \times 10^8 T^{-3} \tag{6.5}$$

因此，式（6.4）可表示为

$$\Delta C_p = \Delta A_1 + \Delta A_2 \times 10^{-3} T + \Delta A_3 \times 10^5 T^{-2} + \Delta A_4 \times 10^{-6} T^2 + \Delta A_5 \times 10^8 T^{-3} \tag{6.6}$$

式中：A_1、A_2、A_3、A_4和A_5分别为拟合常数；ΔA_1、ΔA_2、ΔA_3、ΔA_4和ΔA_5分别为拟合常数的差值。

结合式（6.3）和式（6.5）可得到反应的热函变化关系式[29]

$$\Delta_r H_m^{\ominus} = \Delta A_1 T + \frac{1}{2}\Delta A_2 \times 10^{-3} T^2 - \Delta A_3 \times 10^5 T^{-1} + \frac{1}{3}\Delta A_4 \times 10^{-6} T^3 - \frac{1}{2}\Delta A_5 \times 10^8 T^{-2} \tag{6.7}$$

若已知在常温下参与反应各物质 i 的标准摩尔生成焓$\Delta_f H_m^{\ominus}(i, 298.15\mathrm{K})$，则可计算出常温下（$T$=298.15 K）反应的标准摩尔反应焓为

$$\Delta_r H_m^{\ominus}(T) = \sum [n_i \Delta_f H_m^{\ominus}(i, 298.15\mathrm{K})]_{生成物} - \sum [n_i \Delta_f H_m^{\ominus}(i, 298.15\mathrm{K})]_{反应物} \tag{6.8}$$

将式（6.8）计算得到$\Delta_r H_m^{\ominus}(i, 298.15\mathrm{K})$和$T$=298.15 K代入式（6.7），可得到相应的积分常数A_6，即

$$A_6 = \Delta_r H_m^{\ominus}(i, 298.15\mathrm{K}) - \Delta A_1 T - \frac{1}{2}\Delta A_2 \times 10^{-3} T^2 + \Delta A_3 \times 10^5 T^{-1} - \frac{1}{3}\Delta A_4 \times 10^{-6} T^3 + \frac{1}{2}\Delta A_5 \times 10^8 T^{-2} \tag{6.9}$$

对式（6.2）积分求解，可得

$$\frac{\Delta_r G_m^{\ominus}(T)}{T} = -\int \frac{\Delta_r G_m^{\ominus}(T)}{T^2} \mathrm{d}T \tag{6.10}$$

结合式（6.7）和式（6.9），可求得温度T时体系的标准摩尔吉布斯自由能计算公式，即

$$\begin{aligned} \Delta_r G_m^{\ominus}(T) = & -\Delta A_1 T \ln T - \frac{1}{2}\Delta A_2 \times 10^{-3} T^2 - \frac{1}{2}\Delta A_3 \times 10^5 T^{-1} \\ & -\frac{1}{6}\Delta A_4 \times 10^{-6} T^3 - \frac{1}{6}\Delta A_5 \times 10^8 T^{-2} + A_6' T + A_6 \end{aligned} \tag{6.11}$$

式中：A_6'为吉布斯-亥姆霍兹方程的积分常数。

若已知常温下标准反应热效应$\Delta_r H_m^{\ominus}(298.15\mathrm{K})$和标准反应热熵差$\Delta_r S_m^{\ominus}(298.15\mathrm{K})$，则常温下该反应的标准摩尔吉布斯自由能$\Delta_r G_m^{\ominus}(298.15\mathrm{K})$为

$$\Delta_r G_m^{\ominus}(298.15\mathrm{K}) = \Delta_r H_m^{\ominus}(298.15\mathrm{K}) - 298\Delta_r S_m^{\ominus}(298.15\mathrm{K}) \tag{6.12}$$

将温度T（即 298.15 K）和式（6.12）求解的$\Delta_r G_m^{\ominus}(298.15\mathrm{K})$代入式（6.11），则可求得积分常数$A_6'$，即

$$A_6' = \frac{\Delta_r G_m^\ominus(298.15\text{K})}{T} + \Delta A_1 \ln T + \frac{1}{2}\Delta A_2 \times 10^{-3} T + \frac{1}{2}\Delta A_3 \times 10^5 T^{-2} + \frac{1}{6}\Delta A_4 \times 10^{-6} T^2 + \frac{1}{6}\Delta A_5 \times 10^8 T^{-3} - A_6 T^{-1} \tag{6.13}$$

基于化学反应平衡常数和标准摩尔吉布斯自由能关系式（6.1）可知，若 $\Delta_r G_m^\ominus$ 小于零则体系反应可自发进行，反之则反应不能自发进行。基于式（6.11）的取值，可判定物化反应的方向、侵蚀产物存在条件与稳定性、反应可否自发进行。

水泥混凝土硫酸盐侵蚀产物类型主要包括硫酸钙类、硫酸钠类和钙矾石类等。基于上述化学热力学分析，探讨侵蚀产物反应可否自发进行。因为侵蚀产物热力学参数受环境因素影响显著，本书重点探讨了不同条件下（干燥、潮湿或有水）的侵蚀产物反应热力学变化的理论计算。

一般情况下，无水硫酸钙与二水硫酸钙、无水硫酸钠与十水硫酸钠间的转变，可表示为

$$CaSO_4(s)+2H_2O(g) \rightleftharpoons CaSO_4 \cdot 2H_2O(s) \tag{6.14}$$

$$CaSO_4(s)+2H_2O(l) \rightleftharpoons CaSO_4 \cdot 2H_2O(s) \tag{6.15}$$

$$Na_2SO_4(s)+10H_2O(g) \rightleftharpoons Na_2SO_4 \cdot 10H_2O(s) \tag{6.16}$$

$$Na_2SO_4(s)+10H_2O(l) \rightleftharpoons Na_2SO_4 \cdot 10H_2O(s) \tag{6.17}$$

基于式（6.4）～式（6.13）和附表 B，计算出相应物质的热力学参数，见表 6.1。

基于表 6.1 中的数据，绘制不同条件下（干燥、潮湿或有水）的无水硫酸钙与二水硫酸钙、无水硫酸钠与十水硫酸钠间转变的标准生成吉布斯自由能随温度变化曲线如图 6.1 所示。由图 6.1（a）可知，有水或潮湿条件下无水硫酸钙与二水硫酸钙之间转变的理论温度约为 91 ℃，即低于该温度无水硫酸钙可自发转变为二水硫酸钙。然而，干燥条件下无水硫酸钙与二水硫酸钙之间转变的理论温度约为 56 ℃，即二水硫酸钙在高于该温度将自发转变为无水硫酸钙。由图 6.1（b）可知，干燥条件下无水硫酸钠与十水硫酸钠转变的理论温度约为 45 ℃，有水或潮湿条件下两者之间转变的理论温度约为 88 ℃。上述分析表明，环境条件可影响有无结晶水物质的转变。因此，水泥混凝土侵蚀试验和制样时，应考虑环境条件可能产生的影响。图 6.1 中曲线转变温度是含水物质脱水的理论温度，即不同环境条件下高于该温度后物质自发脱水生成无水物质。吉布斯自由能变化曲线是基于无结晶水物质生成含水物质的热力学理论转变温度，理论计算值未考虑物质活度影响，故理论计算值与实际结果之间存在一定差异。研究表明，常温常压下硫酸钙溶解度约为 0.2%[30]，无水硫酸钙和二水硫酸钙溶解度曲线交于 42 ℃左右[31]。这证明上述方法用于判定硫酸盐侵蚀产物是可行的。鉴于混凝土硫酸盐侵蚀均为溶液中离子生成侵蚀产物，故以下探讨主要针对溶液中的侵蚀反应。

表 6.1　各物质热力学参数

名称	$\Delta_r H_m^{\ominus}(298.15K)$ /（J/ mol）	$\Delta_r S_m^{\ominus}(298.15K)$ /［J/（mol/K）］	$\Delta_r G_m^{\ominus}(298.15K)$ /（kJ/mol）	ΔA_1	ΔA_2	ΔA_3	ΔA_4	ΔA_5	$\Delta_r C_m^{\ominus}(298.15K)$ /［J/（K/mol）］	ΔA_6	$\Delta A_6'$	$\Delta A_6''$
式（6.14）	−104893	288.538	−18908.676	−38.827	197.82	−0.67	0	0	19.369	−1[illegible]2330.99	87.8375	−126.665
式（6.15）	−16841	−50.97	−1651.94	−45.1888	77.401	−22.343	0	0	−47.283	−4309.1	−216.018	170.829
式（6.16）	−522446	−1444.96	−91847.9	192.171	−261.458	−3.35	0	0	110.484	−569227.9	2655.92	−2463.75
式（6.17）	−82168	−257.12	−5564.24	160.362	863.553	−111.715	0	0	−222.776	−29118.7	1136.64	−976.278

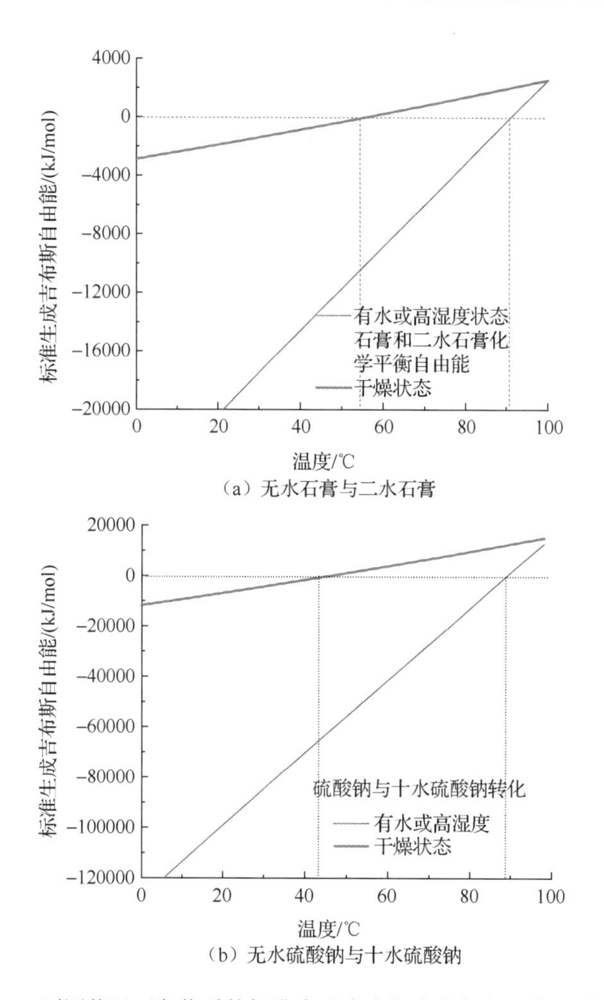

（a）无水石膏与二水石膏

（b）无水硫酸钠与十水硫酸钠

图 6.1　不同状况下各物质的标准生成吉布斯自由能与温度关系曲线

2. 水泥混凝土硫酸盐侵蚀产物生成所需的临界离子浓度

文献[28]给出了体系反应平衡常数的计算公式

$$\lg K_{\mathrm{eq}}^{\ominus} = A + BT + \frac{C}{T} + D\lg(T) + \frac{E}{T^2} \tag{6.18}$$

式中：$K^{\ominus}$ 为标准平衡常数；A、B、C、D 和 E 均为常数。

研究表明[32-34]，水泥混凝土硫酸盐侵蚀产物可能为硫酸钙类（石膏类）、钙矾石类（AFt 与 AFm）和硫酸钠盐类（Na_2SO_4 与 $Na_2SO_4 \cdot 10H_2O$），各物质的析晶和溶解反应可采用下式表示：

$$Ca^{2+}(aq)+SO_4^{2-}(aq) \underset{\text{溶解}}{\overset{\text{析晶}}{\rightleftharpoons}} CaSO_4(s) \tag{6.19}$$

$$Ca^{2+}(aq)+SO_4^{2-}(aq)+2H_2O(l) \underset{\text{溶解}}{\overset{\text{析晶}}{\rightleftharpoons}} CaSO_4 \cdot 2H_2O(s) \tag{6.20}$$

$$2Na^{+}(aq)+SO_4^{2-}(aq)\underset{溶解}{\overset{析晶}{\rightleftharpoons}}Na_2SO_4(s) \tag{6.21}$$

$$2Na^{+}(aq)+SO_4^{2-}(aq)+10H_2O(l)\underset{溶解}{\overset{析晶}{\rightleftharpoons}}Na_2SO_4\cdot 10H_2O(s) \tag{6.22}$$

$$6Ca^{2+}+2Al^{3+}+3SO_4^{2-}+32H_2O(l)\underset{溶解}{\overset{析晶}{\rightleftharpoons}}3CaO\cdot Al_2O_3\cdot 3CaSO_4\cdot 32H_2O(s) \tag{6.23}$$

$$CaSiO_3\cdot CaSO_4\cdot CaCO_3\cdot 15H_2O(s)+3H^{+}\underset{溶解}{\overset{析晶}{\rightleftharpoons}}3Ca^{2+}+SO_4^{2-}+HCO_3^{-}+H_4SiO_4+14H_2O(l) \tag{6.24}$$

与之相应，水泥混凝土中水化产物的析晶和溶解可表示为[35,36]

$$Ca(OH)_2(s)+2H^{+}\underset{析晶}{\overset{溶解}{\rightleftharpoons}}Ca^{2+}+2H_2O \tag{6.25}$$

$$C_3AH_6(s)+12H^{+}\underset{析晶}{\overset{溶解}{\rightleftharpoons}}2Al^{3+}+3Ca^{2+}+12H_2O \tag{6.26}$$

$$C_4AH_{13}(s)+14H^{+}\underset{析晶}{\overset{溶解}{\rightleftharpoons}}2Al^{3+}+4Ca^{2+}+20H_2O \tag{6.27}$$

$$CSH(0.8)(s)+1.6H^{+}\underset{析晶}{\overset{溶解}{\rightleftharpoons}}0.34H_2O+0.8Ca^{2+}+H_4SiO_4 \tag{6.28}$$

$$CSH(1.2)(s)+2.4H^{+}\underset{析晶}{\overset{溶解}{\rightleftharpoons}}1.26H_2O+1.2Ca^{2+}+H_4SiO_4 \tag{6.29}$$

$$Ca_2SiO_4(s)+4H^{+}\underset{析晶}{\overset{溶解}{\rightleftharpoons}}2Ca^{2+}+H_4SiO_4 \tag{6.30}$$

$$Al(OH)_3(s)+3H^{+}\underset{析晶}{\overset{溶解}{\rightleftharpoons}}Al^{3+}+3H_2O \tag{6.31}$$

$$Ca_6Al_2(SO_4)_3(OH)_{12}\cdot 26H_2O(s)+12H^{+}\underset{析晶}{\overset{溶解}{\rightleftharpoons}}2Al^{3+}+6Ca^{2+}+3SO_4^{2-}+38H_2O \tag{6.32}$$

文献[37]、[38]给出各种物质反应的有关平衡常数参数，见附表 C。对于上述各种反应，可采用通式表示，即

$$d\mathrm{D}+e\mathrm{E}\rightleftharpoons g\mathrm{G}+h\mathrm{H} \tag{6.33}$$

式中：[D]、[E]、[G]和[H]分别为各物质浓度；d、e、g、h 分别为化学计量系数。

各物质的浓度和标准平衡常数之间的关系可表示为

$$K^{\ominus}=\frac{[\mathrm{G}]^{g}[\mathrm{H}]^{h}}{[\mathrm{D}]^{d}[\mathrm{E}]^{e}} \tag{6.34}$$

基于式（6.18）、式（6.34）和附表 C 中各物质的热力学参数，可求解出水泥混凝土硫酸盐侵蚀产物的生成条件和硫酸根离子理论浓度。以下具体探讨各种不同侵蚀产物对应的热力学平衡浓度变化的影响。

（1）氢氧化钙

水泥混凝土中氢氧化钙转变对体系中各类反应的热力学平衡状态影响显著，故需先讨论氢氧化钙对应的临界离子浓度随温度变化。假定混凝土内$[OH^-]$含量由饱和 $Ca(OH)_2$ 溶液控制，根据赫斯定律（Hess law）可将其含量和反应化学平衡表示为

$$\left.\begin{aligned} Ca(OH)_2(s)+2H^+ &= Ca^{2+}+2H_2O \quad (1) \\ H_2O &= H^+ + OH^- \quad (2) \end{aligned}\right\} \Rightarrow (1)+2\times(2) \Rightarrow Ca(OH)_2(s) = Ca^{2+}+2OH^- \tag{6.35}$$

根据反应平衡时体系标准生成吉布斯自由能变化关系式（6.1）可知，式（6.35）热力学平衡常数可表示为

$$\ln K^{\ominus} = \ln K_1^{\ominus} + 2\ln K_2^{\ominus} \tag{6.36}$$

假设混凝土中 OH^- 均由 $Ca(OH)_2$ 生成，则体系中 $[OH^-]$ 浓度为 $[Ca^{2+}]$ 浓度的两倍。基于式（6.36）可计算出混凝土内 $[OH^-]$ 浓度随温度变化曲线，如图 6.2 所示。基于图 6.2 中 $[Ca^{2+}]$ 浓度和热力学平衡常数，假定 H_2O 和各类物质活度系数均为 1，可得式（6.25）和式（6.26）生成无水石膏与二水石膏对应的临界 $[SO_4^{2-}]$ 浓度随温度变化，即

$$[SO_4^{2-}] = \frac{K^{\ominus}_{CaSO_4\cdot 2H_2O}}{a_{[Ca^{2+}]}} \cdot c^{\ominus} \tag{6.37}$$

$$[SO_4^{2-}] = \frac{K^{\ominus}_{CaSO_4}}{a_{[Ca^{2+}]}} \cdot c^{\ominus} \tag{6.38}$$

基于式（6.37）和式（6.38），绘制生成无水石膏与二水石膏对应的临界 $[SO_4^{2-}]$ 浓度随温度变化曲线如图 6.2 所示。由图 6.2 可知，体系中化学热力学平衡状态对应的 $[Ca^{2+}]$ 和 $[OH^-]$ 理论浓度随温度升高而降低，这与实际氢氧化钙溶解度随温度变化趋势吻合。同时，图 6.2 中生成无水石膏和二水石膏的临界硫酸根离子浓度曲线在 42 ℃处存在交点，这表明低于该温度优先生成二水石膏，而高于该温度则优先生成无水石膏。体系中生成二水石膏的 $[SO_4^{2-}]$ 浓度应大于 0.0023 mol/L，该值与常温常压下硫酸钙溶解度约为 0.2%一致[30]。上述硫酸根离子浓度随温度变化曲线与实际石膏溶解度曲线变化规律吻合，验证了化学热力学理论方法可用于判定侵蚀产物生成条件和相应离子浓度。此外，反应平衡常数的对数均为负数表明该反应的标准生成吉布斯自由能均小于零(即反应可自发进行)。

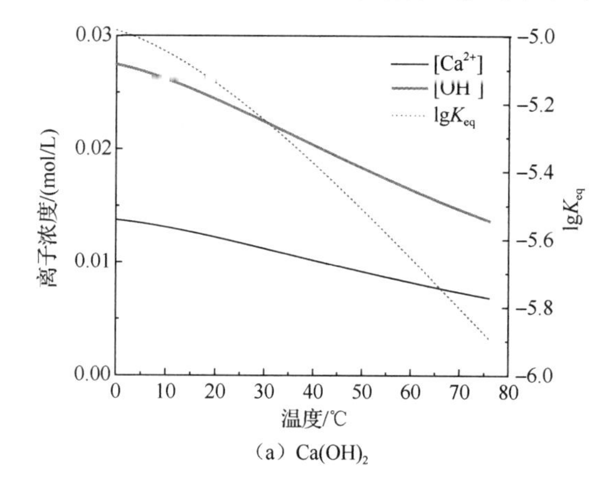

（a）$Ca(OH)_2$

图 6.2　反应平衡常数和临界离子浓度随温度变化曲线

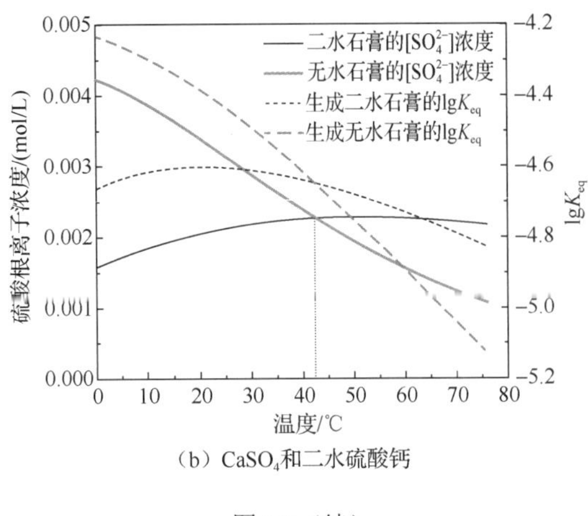

（b）$CaSO_4$和二水硫酸钙

图 6.2（续）

（2）钙矾石类或碳硫硅钙石类物质

钙矾石类物质主要包括单硫型钙矾石（AFm）和三硫型钙矾石（AFt），该类物质也是混凝土硫酸盐侵蚀主要产物。碳硫硅钙石类物质主要是碳硫硅钙石（$CS\bar{C}\bar{S}H$，thaumasite），它是水泥混凝土中的水化产物在碳化和硫酸盐侵蚀共同作用下的产物。以下探讨了体系中生成钙矾石类物质（AFt 与 AFm）或碳硫硅钙石（$CS\bar{C}\bar{S}H$，thaumasite）的[SO_4^{2-}]浓度随温度变化。假设水泥水化生成物 C_3AH_6（或 C_4AH_{13}）可水解生成铝离子和钙离子且均可与硫酸根离子反应，并认为[Ca^{2+}]和[OH^-]浓度仍由 $Ca(OH)_2$ 溶液主导，则碳硫硅钙石和钙矾石类物质（AFt/AFm）反应化学平衡方程可表示为

$$\left.\begin{array}{lr} CS\bar{C}\bar{S}H(s)+3H^+ \rightleftharpoons HCO_3^- +3Ca^{2+}+SO_4^{2-}+H_4SiO_4+14H_2O & (1) \\ CaCO_3(s)+H^+ \rightleftharpoons HCO_3^- +Ca^{2+} & (2) \\ CaSO_4\cdot 2H_2O(s)+H^+ \rightleftharpoons Ca^{2+}+SO_4^{2-} & (3) \\ CaSiO_3(s)+2H^+ +H_2O(l) \rightleftharpoons Ca^{2+}+H_4SiO_4(s) & (4) \end{array}\right\}\Rightarrow$$

$$(1)-(2)-(3)-(4)\Rightarrow CS\bar{C}\bar{S}H(s) \rightleftharpoons CaCO_3(s)+CaSO_4\cdot 2H_2O(s)+CaSiO_3(s)+13H_2O(l) \tag{6.39}$$

$$\left.\begin{array}{lr} C_3AH_6(s)+12H^+ \rightleftharpoons 2Al^{3+}+3Ca^{2+}+12H_2O & (1) \\ H_2O \rightleftharpoons H^+ +OH^- & (2) \end{array}\right\}\Rightarrow$$

$$(1)+12\times(2)\Rightarrow C_3AH_6(s) \rightleftharpoons 2Al^{3+}+3Ca^{2+}+12OH^- \tag{6.40}$$

$$\left.\begin{array}{lr} AFt+12H^+ \rightleftharpoons 2Al^{3+}(aq)+6Ca^{2+}(aq)+3SO_4^{2-}(aq)+38H_2O & (1) \\ H_2O \rightleftharpoons H^+ +OH^- & (2) \end{array}\right\}\Rightarrow$$

$$(1)+12\times(2)\Rightarrow AFt(s) \rightleftharpoons 2Al^{3+}+6Ca^{2+}+3SO_4^{2-}+12OH^- +26H_2O \tag{6.41}$$

根据反应平衡时体系标准吉布斯自由能变化关系式（6.1），可知式（6.39）、式（6.40）和式（6.41）的热力学平衡常数可分别表示为

$$K^{\ominus}_{CS\bar{C}\bar{S}H}=\frac{a_{[HCO_3^-]}\cdot a^3_{[Ca^{2+}]}\cdot a^{12}_{[SO_4^{2-}]}\cdot a_{[H_4SiO_4]}\cdot a^{14}_{[H_2O]}}{a_{[CS\bar{C}\bar{S}H]}\cdot a^3_{[H^+]}} \tag{6.42}$$

$$K^{\ominus}_{C_3AH_6}\cdot(K^{\ominus}_{H_2O})^{12}=\frac{a^2_{[Al^{3+}]}\cdot a^3_{[Ca^{2+}]}\cdot a^{12}_{[OH^-]}}{a_{[C_3AH_6]}} \tag{6.43}$$

$$K^{\ominus}_{AFt}\cdot(K^{\ominus}_{H_2O})^{12}=\frac{a^2_{[Al^{3+}]}\cdot a^6_{[Ca^{2+}]}\cdot a^{26}_{[H_2O]}\cdot a^3_{[SO_4^{2-}]}\cdot a^{12}_{[OH^-]}}{a_{[AFt]}} \tag{6.44}$$

若设定凝聚态物质的活度均为 1，则可计算生成上述产物相应的硫酸根离子活度为

$$a_{[SO_4^{2-}]}=\frac{K^{\ominus}_{CS\bar{C}\bar{S}H}}{a_{[Ca^{2+}]}} \tag{6.45}$$

$$a_{[SO_4^{2-}]}=\frac{1}{a_{[Ca^{2+}]}}\sqrt[3]{\frac{K^{\ominus}_{AFt}}{K^{\ominus}_{C_3AH_6}}} \tag{6.46}$$

同理，可求得由水泥水化产物 C_4AH_{13} 生成 AFt 对应的硫酸根离子活度为

$$a_{[SO_4^{2-}]}=\sqrt[3]{\frac{K^{\ominus}_{AFt}\cdot a^2_{[OH^-]}}{K^{\ominus}_{C_4AH_{13}}\cdot(K^{\ominus}_{H_2O})^2\cdot a^2_{[Ca^{2+}]}}} \tag{6.47}$$

若水泥混凝土中侵蚀产物为单硫型硫铝酸钙物质（AFm），并且是与 C_3AH_6 和 C_4AH_{13} 分解生成的铝离子反应生成，则可求解出相应的硫酸根离子活度为

$$a_{[SO_4^{2-}]}=\frac{K^{\ominus}_{AFm}}{K^{\ominus}_{C_3AH_6}\cdot a_{[Ca^{2+}]}} \tag{6.48}$$

$$a_{[SO_4^{2-}]}=\frac{K^{\ominus}_{AFm}\cdot a^2_{[OH^-]}}{K^{\ominus}_{C_4AH_{13}}\cdot(K^{\ominus}_{H_2O})^2} \tag{6.49}$$

基于式（6.45）～式（6.49），图 6.3 求得[SO_4^{2-}]浓度随温度变化曲线。由图 6.3 可以看出，体系中碳硫硅钙石（$CS\bar{C}\bar{S}H$）在温度低于 44 ℃条件下可稳定存在，若高于该温度则分解。同时，生成碳硫硅钙石（$CS\bar{C}\bar{S}H$）的临界硫酸根离子浓度约为 0.0023 mol/L。上述分析改变了传统认为碳硫硅钙石（$CS\bar{C}\bar{S}H$）仅在低温环境下存在的观点，从理论上证实部分研究认为常温下也可生成碳硫硅钙石（$CS\bar{C}\bar{S}H$）结论的正确性。由图 6.3 还可以看出，体系中生成 AFt 与 AFm 的理论硫酸根离子浓度随温度和水化铝酸钙类型存在差异。与 C_4AH_{13} 相比，常温（25 ℃）下 C_3AH_6 更易与硫酸盐反应生成 AFt 且理论[SO_4^{2-}]浓度较低。体系中生成钙矾石类物质所需临界[SO_4^{2-}]浓度远低于生成二水硫酸钙，这表明体系内将优先生成钙矾石类物质且其具有更佳的热力学稳定性[39]。这也是普通硅酸盐水泥添加石膏可提高早期强度和调整水泥初终凝时间的缘由。

结合式（6.46）和式（6.48），求得 C_3AH_6 水解生成 AFt 和 AFm 及其两者转变的[SO_4^{2-}]浓度关系式（6.50）。图 6.4 为计算出的两者转变反应对应的平衡常数 K_{eq} 和相应的[SO_4^{2-}]浓度随温度变化曲线。由图 6.4 可知，体系中生成 AFt 和 AFm 反应的平衡常数随温度

升高而增大，并且 AFm 对应反应的平衡常数较大。常温下两者转变对应的临界[SO_4^{2-}]浓度较低，温度超过 40 ℃对应临界[SO_4^{2-}]浓度将随温度变化更显著。一般来讲，AFt 的溶度积远小于 AFm，但其溶度积与[SO_4^{2-}]的三次方成正比，而 AFm 溶度积则同[SO_4^{2-}]一次方成正比。因此，在低[SO_4^{2-}]条件下优先生成 AFm。生成 AFm 将降低体系中[SO_4^{2-}]浓度，甚至破坏 AFt 存在所必需的[SO_4^{2-}]浓度平衡状态而导致 AFt 离解。因此，在特定[SO_4^{2-}]浓度下两者可相互转变以维持体系反应平衡状态。图 6.4 中曲线还表明 AFt 的热力学稳定性与温度密切相关，AFt 理论稳定存在最高温度约为 97 ℃。部分研究指出 AFt 分解温度约为 70 ℃，两者差异可能是因未考虑物质活度系数影响造成的，即

$$a_{[SO_4^{2-}]} = \frac{1}{a_{[Ca^{2+}]}}\sqrt{\frac{K_{AFt}^{\ominus}}{K_{AFm}^{\ominus}}} \tag{6.50}$$

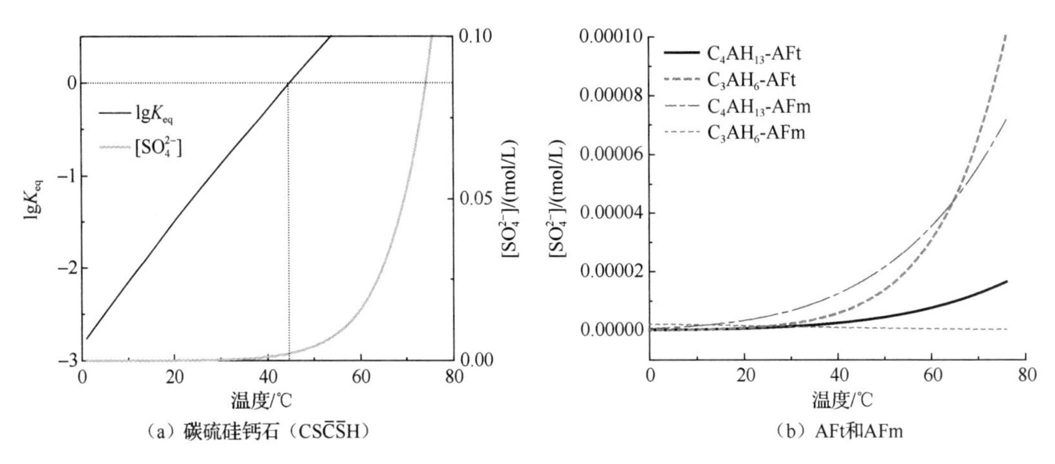

（a）碳硫硅钙石（CS$\bar{C}\bar{S}$H）　　（b）AFt和AFm

图 6.3　体系中侵蚀产物 SO_4^{2-} 离子浓度随温度变化曲线

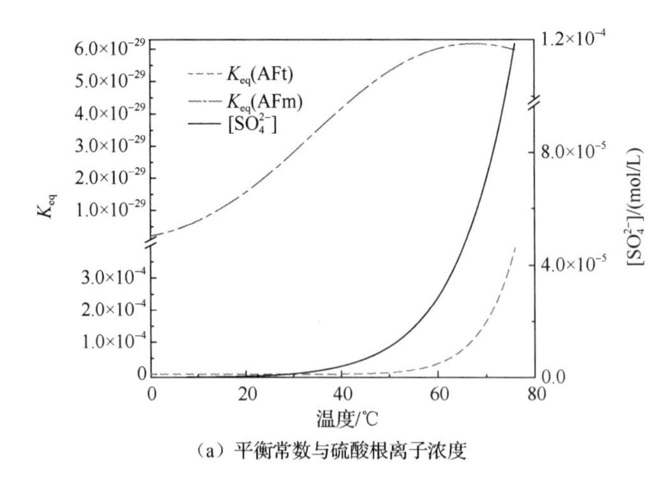

（a）平衡常数与硫酸根离子浓度

图 6.4　体系中 AFt 和 AFm 平衡常数与临界[SO_4^{2-}]浓度随温度变化曲线

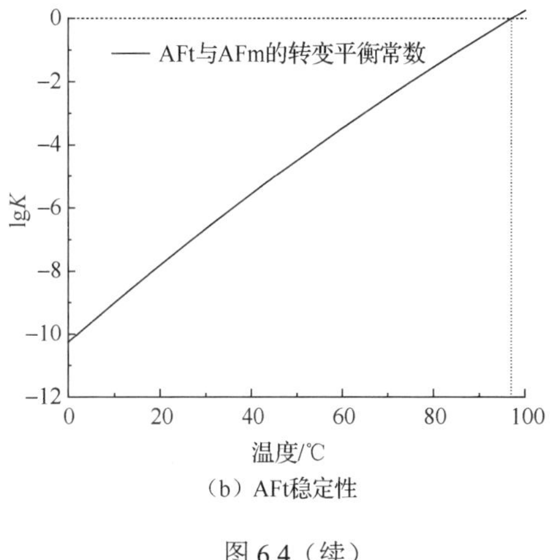

（b）AFt稳定性

图 6.4（续）

（3）硫酸钠与十水硫酸钠

已有研究成果[40,41]表明，硫酸钠、十水硫酸钠与溶液的关系可表示为

$$y_s = 1 - 2.304x_m - 14.618x_m^2 \tag{6.51}$$

$$x_{ms} = a_{tr} \cdot \exp(b_{tr} \cdot T_n) \tag{6.52}$$

式中：T_n 为摄氏温度；y_s 为水的活度；x_{ms} 为硫酸钠溶液摩尔分数；a_{tr} 和 b_{tr} 分别为拟合常数，取值见表 6.2。

表 6.2　拟合常数取值

物质	a_{tr}	b_{tr}
Na_2SO_4	0.11322	−0.0024978
$Na_2SO_4 \cdot 10H_2O$	4.3751×10^{-11}	0.068435

基于式（6.51）和式（6.52），可计算出 $Na_2SO_4{\cdot}10H_2O$ 晶体（芒硝）和 Na_2SO_4 晶体（无水芒硝）转换的过渡点及其相应的溶解分区。图 6.5 为求解出的硫酸钠晶体相谱图和溶解度曲线。由图 6.5 中曲线可知，溶液中 Na_2SO_4 晶体与 $Na_2SO_4{\cdot}10H_2O$ 晶体相变转换点是 32.4 ℃。当温度高于 32.4 ℃且溶液达到超饱和状态时，Na_2SO_4 晶体从溶液中析晶。当温度低于 32.4 ℃且高湿条件下，$Na_2SO_4{\cdot}10H_2O$ 为稳定相。反之，在低温低湿条件下，体系中会生成 Na_2SO_4 晶体。硫酸钠溶解度随温度升高而增大，当温度超过 32.4 ℃后硫酸钠溶解度逐渐降低。这表明体系中硫酸盐产物种类及溶解度与温度和相对湿度密切相关。水泥混凝土中生成的硫酸盐侵蚀产物与反应条件有关，这改变了传统认为水泥混凝土内硫酸盐仅为 Na_2SO_4 或 $Na_2SO_4{\cdot}10H_2O$ 单一物质的观念。两者会在特定环境条件下互相转化，并且两者存在共结晶的可能。此外，利用绘制出的侵蚀产物溶解度曲线还可确定生成侵蚀产物相应的临界硫酸根离子浓度，为判定水泥混凝土中硫酸盐侵蚀产物种类及存在条件提供理论依据。

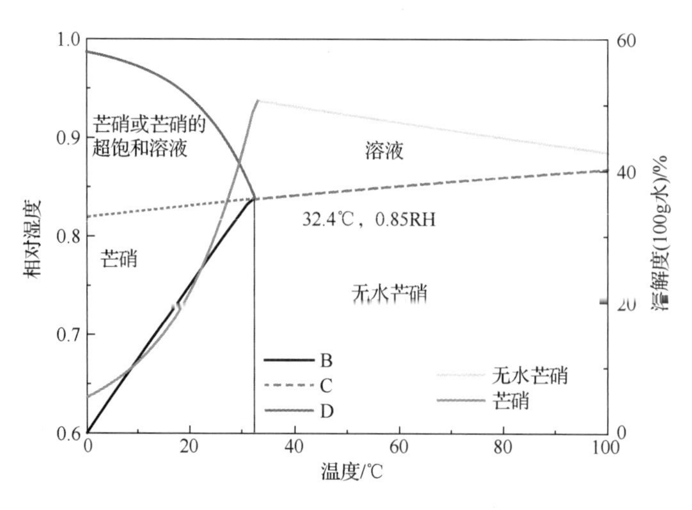

图 6.5　硫酸钠晶体相谱图和溶解度曲线

综上所述，温度、相对湿度和硫酸根离子浓度等均与水泥混凝土内硫酸盐侵蚀产物类型密切相关，且各类因素之间相互影响。常温下水泥混凝土内硫酸盐侵蚀生成物与对应的[SO_4^{2-}]浓度关系更为密切。[SO_4^{2-}]浓度大于 0.0023 mol/L 且温度低于 42 ℃条件下优先生成二水石膏，而生成无水硫酸钙相应的[SO_4^{2-}]浓度需高于 0.0042 mol/L 且温度高于 42 ℃。生成 AFt 对应的[SO_4^{2-}]浓度由温度（考虑到其分解特性，讨论的温度低于 60 ℃）主导，且生成 AFt 对应的[SO_4^{2-}]浓度不低于 0.0028 mol/L。当[SO_4^{2-}]浓度高于 0.0015 mol/L 时，可生成 $Na_2SO_4·10H_2O$ 或 Na_2SO_4 晶体。若温度低于 32.4 ℃，则体系中优先生成 $Na_2SO_4·10H_2O$ 晶体；反之，则优先生成 Na_2SO_4 晶体。此外，若温度低于 44 ℃且[SO_4^{2-}]浓度高于 0.0023 mol/L 时，体系中还可以生成碳硫硅钙石。上述理论计算值与有关标准[42,43]中采用硫酸根离子浓度划分侵蚀破坏等级的部分数据吻合[44]，这表明采用理论分析方法确定混凝土硫酸盐侵蚀产物类型是合理的。上述研究可为不同硫酸盐浓度和侵蚀条件下水泥混凝土硫酸盐侵蚀产物判定提供理论依据。

3. 混凝土硫酸盐侵蚀微观结构、形貌与物相分析

（1）ESEM-EDS 分析

侵蚀工况条件对混凝土硫酸盐侵蚀微观结构及其形貌等影响显著，图 6.6 为测试的研究 ESEM-EDS 图谱。由图 6.6 可见，硫酸盐侵蚀前后水泥混凝土微观结构、水化产物种类及形貌等发生显著变化。图 6.6（a）表明未被硫酸盐侵蚀水泥混凝土主要水化产物为大量的六角板状的 CH、少量的针棒状 AFt、絮状或凝胶状的 CSH 和 CAH，且存在部分孔隙和孔洞。随硫酸盐溶液浓度增加（1%和 5%），混凝土中存在大量长径比较大的针棒状 AFt 和少量的六角板状 CH，如图 6.6（b）和图 6.6（c）所示。随硫酸盐溶液浓度增加（10%），混凝土中生成了部分片状物质（可能为二水石膏或者未完全溶蚀的 CH）和棒状 AFt 如图 6.6（d）所示。此外，在特定区域内存在大量的树枝状或纤维状物质，如图 6.6（e）所示。图 6.6（f）的 EDS 分析测试主要组成元素为 Ca、Si、O 和 S 等，

结合物质形貌初步判定可能是硫酸盐侵蚀 CSH 残余骨架。随着硫酸盐溶液浓度升高，混凝土中出现颗粒状硫酸盐和结晶完整的板片状物质，如图 6.6（g）和 6.6（h）所示。图 6.6（i）的 EDS 分析表明，主要组成元素为 Ca、O 和 S 等，结合形貌初步判定该物质可能为二水石膏。上述水泥混凝土硫酸盐侵蚀产物对应的硫酸盐溶液浓度范围与 4.2 节中的理论分析结果吻合，这表明采用化学热力学理论揭示水泥混凝土硫酸盐侵蚀机理具有可行性。此外，混凝土中 CH、CSH 和 CAH 等含量降低，这是因硫酸盐侵蚀导致体系 pH 值降低，破坏了混凝土原有热力学平衡状态，引起相应的水化产物溶蚀和分解。

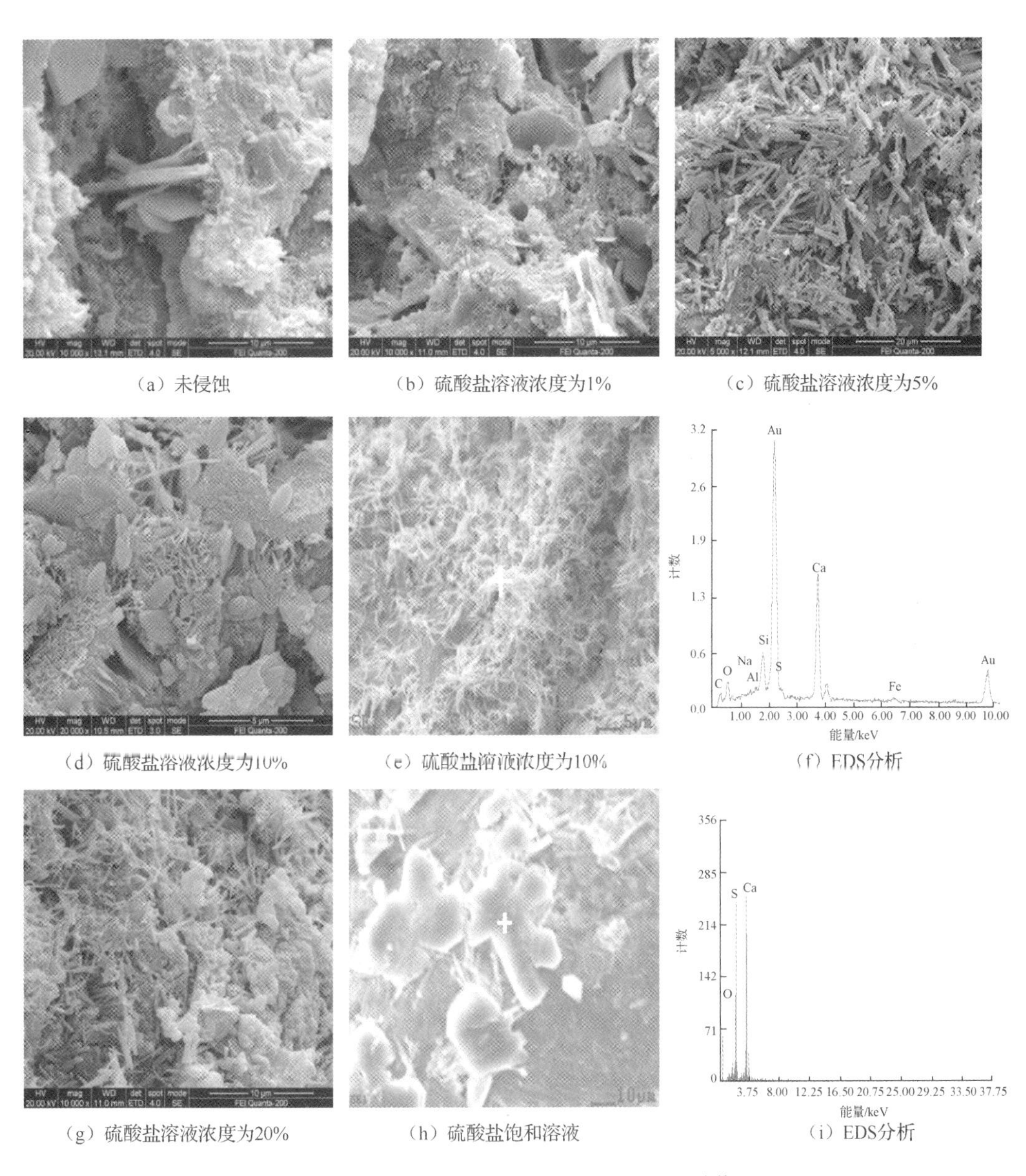

（a）未侵蚀　（b）硫酸盐溶液浓度为1%　（c）硫酸盐溶液浓度为5%

（d）硫酸盐溶液浓度为10%　（e）硫酸盐溶液浓度为10%　（f）EDS分析

（g）硫酸盐溶液浓度为20%　（h）硫酸盐饱和溶液　（i）EDS分析

图 6.6　混凝土硫酸盐侵蚀 ESEM-EDS 图谱

对比不同浓度硫酸盐侵蚀混凝土微观结构可知，低浓度硫酸盐溶液（1%）侵蚀后混凝土微观结构略微致密，这是由于生成的膨胀性物质（AFt 或 AFm 等）填充了部分孔隙。因此，低浓度硫酸盐溶液侵蚀可改善混凝土微观结构和各种性能，对混凝土性能起正效应。反之，若硫酸盐侵蚀生成物导致体系 pH 值减小，引起原有水化产物（CSH 和 CAH 等）分解，且生成侵蚀产物（AFt 或石膏类）导致体系微损伤和劣化，故硫酸盐侵蚀对混凝土性能起负效应。

（2）侵蚀产物形貌分析

混凝土强度等级与其微观结构、水化产物组成及其形貌等密切相关。不同硫酸盐溶液浓度侵蚀混凝土的力学性能、表观形貌和盐析晶等存在差异，导致混凝土表面盐析晶形态和晶型等不同。图 6.7 为部分浸泡侵蚀方式下混凝土试样表面盐析晶状况。硫酸盐溶液液面以上的混凝土表面区域析晶出大量不同形貌的盐结晶，并且低强度等级混凝土试样表面盐析晶现象更显著。与浓度 10%硫酸盐溶液相比，饱和硫酸盐溶液侵蚀混凝土试样表面盐析晶的量较多。在浓度 10%硫酸盐溶液侵蚀条件下，C20 混凝土盐析区长度从液面至试样长度一半范围，C30 混凝土盐析区从液面至中部 1/3～1/2 范围，C40 混凝土盐析区长度从液面至中部 1/3 范围。然而，在饱和硫酸盐溶液侵蚀条件下，C20 混凝土表面全部被盐析晶覆盖，C30 和 C40 混凝土盐析晶主要分布在中部以下。上述盐析晶差别可能是溶液浓度差异导致混凝土表层毛细管和蒸发作用不同。在混凝土表层毛细管作用下硫酸盐溶液沿混凝土表面传输，混凝土表层范围内的孔溶液随水分蒸发而发生浓缩和析晶效应，在宏观上体现为混凝土表层区域发生盐析晶现象。随混凝土强度等级增加，混凝土表层的孔隙率和联通孔数量降低。硫酸盐溶液浓度和混凝土自身特征差异导致混凝土表层毛细管、溶液浓缩与析晶等作用不同，最终体现为混凝土表层盐类析晶区域和盐析晶量有别。

（a）浓度 10%半浸泡 C20

（b）浓度 10%半浸泡 C30

（c）浓度 10%半浸泡 C40

图 6.7　部分浸泡侵蚀方式下混凝土试样表面盐析晶

（d）饱和溶液半浸泡 C20

（e）饱和溶液半浸泡 C30

（f）饱和溶液半浸泡 C40

图 6.7（续）

（3）XRD 分析

本节分析 C20 混凝土试样在不同侵蚀方式和硫酸盐溶液浓度下侵蚀 4 个月，侵蚀产物及其表面盐析晶的物相组成 XRD 图谱。显而易见，不同侵蚀方式下和硫酸盐溶液浓度对硫酸盐侵蚀产物的物相组成影响显著，主要表现为部分峰值的出现与消减、峰值强弱和波峰宽度等。硫酸盐侵蚀后试样中 AFt 衍射峰强度显著增加，而 CH 衍射峰强度明显降低，CSH 和 CAH 等水化产物衍射峰强度略为减小。图 6.8（b）表明硫酸盐侵蚀后混凝土表面盐析晶主要物质为硫酸钠、十水硫酸钠、钙芒硝、钠石膏、二水石膏和 SiO_2 等。试样孔隙溶液是多种离子平衡状态，硫酸盐侵蚀导致各种水泥水化产物溶蚀和分解，引起孔隙溶液中的离子种类及含量发生变化，导致各种侵蚀盐类活化系数略有差异，各种盐析晶的种类和晶型等不同，在宏观上体现为混凝土表面盐析晶形貌及结晶状态存在显著差异。此外，部分二氧化硅特征峰出现可能是由 CSH 被硫酸盐根离子侵蚀分解造成的。硫酸盐侵蚀产物中含有复盐（钙芒硝和钠石膏等）。这是因混凝土孔隙内的离子改变了溶液盐相平衡状态，从而生成了溶解度更低的复盐产物。这表明硫酸盐侵蚀混凝土内盐析晶可能生成许多不同种类和晶型的硫酸盐侵蚀产物，从而改变认为硫酸盐盐析晶仅为硫酸钠和十水硫酸钠的片面观点。

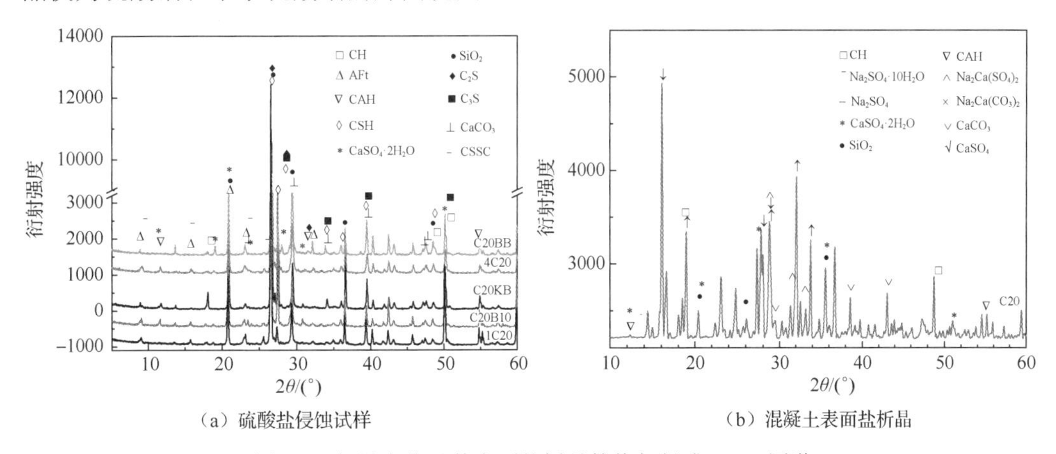

（a）硫酸盐侵蚀试样　　（b）混凝土表面盐析晶

图 6.8　侵蚀产物及其表面盐析晶的物相组成 XRD 图谱

（4）FTIR 分析

图 6.9 为不同浓度硫酸盐溶液和侵蚀方式下 C20 混凝土侵蚀产物物相组成的 FTIR 图。图 6.9 中 C20KB 为混凝土空白样，1C20 为浓度 1%硫酸盐钠溶液侵蚀 C20 混凝土，C20BB 为饱和溶液半浸泡 C20 混凝土，C20RG 为室内模拟环境试验中 C20 混凝土。由图 6.9 可知，硫酸盐侵蚀前后混凝土组成物质吸收峰对应的波数和强度存在显著变化，主要表现为部分官能团波数出现、波数偏移、吸收峰强度改变等[45]。与混凝土空白样相比（C20KB），硫酸盐侵蚀混凝土试样（1C20 和 C20BB）在波数 3400～3700 cm^{-1}、1680 cm^{-1}、1420 cm^{-1}、870 cm^{-1} 等处的吸收峰强度增加，在 3650 cm^{-1}、1100～1200 cm^{-1} 等附近产生新的吸收峰。基于官能团分析可知，波数 3640 cm^{-1} 附近应为 CH 的 O—H 官能团的吸收峰，波数 3450 cm^{-1} 处为水化产物的 O—H 官能团伸缩振动特征峰，波数 965～975 cm^{-1} 和 980～990 cm^{-1} 处为 CSH 凝胶所含 SiO_4 官能团的吸收峰，波数 1370～1490 cm^{-1} 为 CAH 产物吸收峰，波数 1120 cm^{-1} 附近为 SO_4 官能团的吸收峰。基于图 6.9 中官能团波数可知，波数 550 cm^{-1} 处为水化产物 AFt 所含原子团 AlO_6 的吸收峰，波数 1120 cm^{-1} 附近为水化产物 AFt、AFm 或石膏所含官能团[SO_4]吸收峰，波数 1170 cm^{-1} 和 3675cm^{-1} 附近为 AFm 吸收峰。此外，图谱中 C—O 吸收峰可能是碳硫硅钙石或碳酸钙的吸收峰。通过上述图谱分析可知，硫酸盐侵蚀后混凝土试样中生成了大量的 AFm 和 AFt 等侵蚀产物。此外，因 AFt 和碳硫硅钙石晶体结构相似[46-48]，两者的 XRD 图谱中特征峰接近重叠且差异不大，故难以采用 XRD 技术区分。基于图 6.9 可知，试样中 AFt 和碳硫硅钙石所含官能团吸收峰波数及强度差异显著，故采用 FTIR 分析可有效鉴定和区分出 AFt 与碳硫硅钙石[49]。

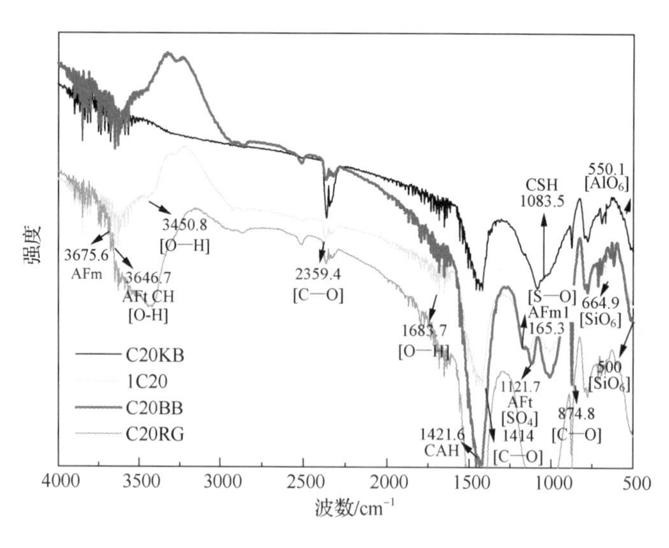

图 6.9　不同浓度硫酸盐溶液和侵蚀方式下 C20 混凝土侵蚀产物 FTIR 图谱

（5）MIP 分析

图 6.10 为不同硫酸盐侵蚀方式和溶液浓度下侵蚀 4 个月的 C20 混凝土微观孔结构测试结果。显而易见，混凝土试样的压汞曲线包括两肢不重合的压汞曲线和排汞曲线。

硫酸盐侵蚀混凝土孔结构变化主要表现为总孔隙率增大、微细孔含量增加、压汞曲线和排汞曲线之间对应的汞压入量差值减小。全浸泡方式下饱和硫酸盐溶液侵蚀混凝土孔隙率最大，半浸泡侵蚀方式下混凝土孔隙率次之，如图 6.10（a）所示。图 6.10（b）表明全浸泡侵蚀方式下饱和硫酸盐溶液侵蚀混凝土微孔隙含量增多（100 nm 以下），而半浸泡侵蚀方式下硫酸盐侵蚀混凝土有害孔含量增多（100 nm 以上）。这是因硫酸盐侵蚀混凝土内生成的膨胀性物质（AFt 或石膏等）填充了部分孔隙，生成的膨胀性物质会引起混凝土内产生巨大结晶压力，进而导致混凝土内部产生微裂缝和损伤[50]。

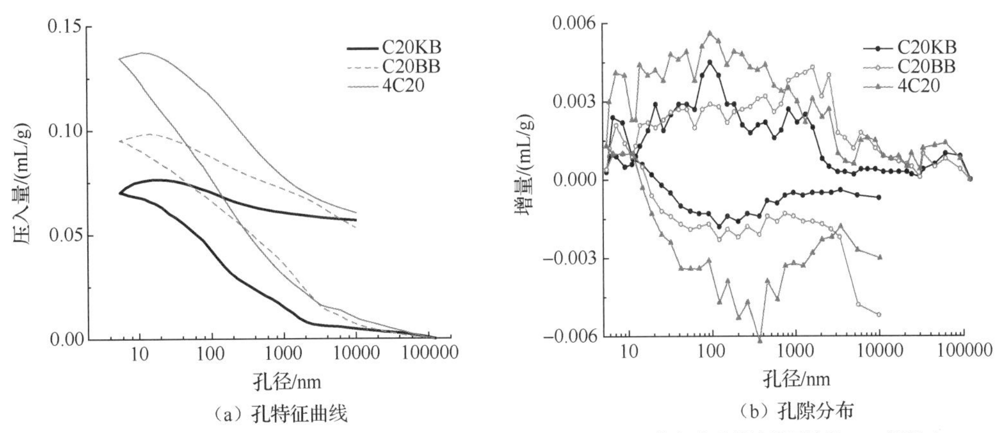

（a）孔特征曲线　　（b）孔隙分布

C20KB—混凝土空白样；C20BB—饱和溶液半浸泡 C20 混凝土；4C20—饱和硫酸钠溶液浸泡的 C20 混凝土。

图 6.10　硫酸盐侵蚀混凝土孔结构特征曲线

上述分析还可通过硫酸盐侵蚀混凝土孔特征参数变化得到验证，表 6.3 为硫酸盐侵蚀前后混凝土孔结构特征参数及其孔隙分布。由表 6.3 可见，硫酸盐侵蚀前后混凝土孔隙率、孔分布及其平均孔径等变化显著。混凝土空白样（C20KB）平均孔径为 147.5 nm、总孔隙率为 14.43%，并且 100 nm 以上孔隙约占 61.5%。在全浸泡侵蚀方式条件下，饱和硫酸盐溶液侵蚀混凝土（4C20）平均孔径为 149 nm、孔隙率为 24.22%，并且 100 nm 以上孔含量约为 53.7%。在半浸泡侵蚀方式条件下，饱和硫酸盐溶液侵蚀混凝土（C20BB）平均孔径为 430.6 nm、孔隙率为 18.83%，并且 100 nm 以上孔含量约为 70%。结合图 6.10 中的退汞曲线和表 6.3 可知，硫酸盐侵蚀混凝土中的微孔（100 nm 以内）有向墨水瓶孔转化的趋势。这是因为硫酸盐侵蚀生成物填充部分大孔和细化部分中小孔隙。

表 6.3　硫酸盐侵蚀前后混凝土孔结构特征参数及其孔隙分布

试样	孔隙率/%	平均孔径/nm	孔隙分布/%		
			5～100 nm	100 nm～10 μm	>10 μm
C20KB	14.43	147.5	38.50	55.10	6.40
C20BB	18.83	430.6	29.95	63.39	6.66
4C20	24.22	149.0	46.30	46.95	6.75

6.2.2　混凝土硫酸盐侵蚀化学动力学分析

混凝土硫酸盐侵蚀涉及化学反应速率、反应系数和反应历程等诸多化学动力学问题。当反应进行到一定程度以后，混凝土硫酸盐侵蚀总反应速率取决于正向与逆向反应速率的差值，直到反应达到新平衡状态。该过程将由混凝土硫酸盐侵蚀化学反应控制向水化产物分解和离子扩散控制的转变，最终平衡状态由水化产物分解和离子扩散控制主导。因此，采用化学热力学和化学动力学相结合，可有效地揭示混凝土硫酸盐侵蚀机理和反应历程。混凝土硫酸盐侵蚀的影响因素较多，以下主要从温度和硫酸盐溶液浓度等方面展开混凝土硫酸盐侵蚀化学动力学探讨。

1. 温度的影响

（1）基于化学反应速率常数的混凝土硫酸侵蚀反应速率加速倍数计算

对于化学反应

$$e\mathrm{E} + f\,\mathrm{F} \underset{k_-}{\overset{k_+}{\rightleftharpoons}} g\mathrm{G} + h\mathrm{H} \tag{6.53}$$

当达到化学平衡时，上述的化学反应速率微分形式可表示[28]为

$$r_{\mathrm{sum}} = -\frac{1}{e}\frac{\mathrm{d[E]}}{\mathrm{d}t} = -\frac{1}{f}\frac{\mathrm{d[F]}}{\mathrm{d}t} = \frac{1}{g}\frac{\mathrm{d[G]}}{\mathrm{d}t} = \frac{1}{h}\frac{\mathrm{d[H]}}{\mathrm{d}t} = \frac{1}{v_{\mathrm{B}}}\frac{\mathrm{d[B]}}{\mathrm{d}t} \tag{6.54}$$

$$r_+ = k_+[\mathrm{E}]^e[\mathrm{F}]^f,\quad r_- = k_-[\mathrm{G}]^g[\mathrm{H}]^h \tag{6.55}$$

式中：v_{B} 代表化学反应式中物质 B 的系数，对反应物和生成物分别取负值与正值；r_{sum}、r_+ 和 r_- 分别表示总反应、正向和逆向反应速率；k_+ 和 k_- 分别表示正向和逆向反应速率常数。

上述体系的总化学速率为正向与逆向反应速率常数之差，反应达到动态平衡态对应的平衡常数 K_{eq} 可表示为

$$K_{\mathrm{eq}} = \frac{k_+}{k_-} = \frac{[\mathrm{G}]^g[\mathrm{H}]^h}{[\mathrm{E}]^e[\mathrm{F}]^f} \tag{6.56}$$

通常情况下，可采用阿仑尼乌斯方程（Arrhenius）量化温度对各物质的化学反应速率常数的影响，如式（6.57）所示。

$$k = A_{\mathrm{zq}}\exp\left(-\frac{E'_{\mathrm{a}}}{RT}\right) \tag{6.57}$$

$$A_{\mathrm{zq}} = \pi d_{AB}^2 L\sqrt{\frac{8k_{\mathrm{B}}Te_0}{\pi\mu_{\mathrm{m}}}} \tag{6.58}$$

$$d_{\mathrm{AB}} = \frac{d_{\mathrm{A}} + d_{\mathrm{B}}}{2} \tag{6.59}$$

式中：k 为化学反应速率常数；A_{zq} 为指数前因子；E'_{a} 为化学反应的活化能；T 为热力学温度；R 为理想气体常数，取值 8.314 J/（mol·K）；e_0 为自然常数，取值 2.718；d_{AB} 为 A 分子和 B 分子中心的最小间距直径；d_{A} 和 d_{B} 分别为 A 分子与 B 分子直径；k_{B} 为

玻尔兹曼常量，$k_B = R/L_a$；$\mu_m = \dfrac{M_A \cdot M_B}{M_A + M_B}$ 为分子的摩尔折合质量，M_A 和 M_B 分别为 A 与 B 分子的摩尔质量；L_a 为阿伏伽德罗常数，取值 6.022×10^{23}/mol。

若定义活化能 E_a' 为反应物分子间发生反应所应达到的临界能量，可认为活化能与温度无关。然而，若定义活化能 E_a' 为某个反应发生所需的临界能量与反应物分子平均能量之差，则相应的反应活化能与温度有关。虽然温度对 A_{zq} 和 E_a' 均有影响，但在试验温度区内仍可采用阿仑尼乌斯方程，而不致产生太大的误差[51]。因此，温度 T 下反应速率增加倍数 n_T' 可表示为

$$n_T' = \frac{k_T}{k_{T_0}} = \left(\frac{T}{T_0}\right)^{0.5} \exp\left(q'\left(\frac{1}{T_0} - \frac{1}{T}\right)\right) \tag{6.60}$$

式中：q' 为被理想气体常数平分之后的活化能（K），$q' = E_a'/R$。

上述方法是基于微观反应与宏观反应之间关系建立的化学反应速率模型。在统计理想和量子力学发展的基础上，部分学者提出采用统计热力学方法处理的过渡态理论计算化学反应速率常数[28]，即

$$k \approx \frac{k_B T}{h_p} \cdot e \cdot (c^{\ominus})^{1-n} \exp\left(\frac{\Delta_r^{\neq} S_m^{\ominus}(c^{\ominus})}{R}\right) \cdot \exp\left(-\frac{E_a'}{RT}\right) \tag{6.61}$$

式中：k 为化学反应速率常数；k_B 为玻尔兹曼常量；h_p 为普朗克常量；T 为热力学温度；E_a' 为活化能；R 为理想气体常数，取值 8.314J/（mol·K）；e 为电子电量；$\Delta_r^{\neq} S_m^{\ominus}\left(c^{\ominus}\right)$ 为物质用浓度表示的标准摩尔活化熵；$c^{\ominus}$ 为物质的标准浓度。

对比 Arrhenius 方程式（6.57），可知相应的指前因子 A_{zq} 可表示为

$$A_{zq} = \frac{k_B T}{h_p} \cdot e_0 \cdot (c^{\ominus})^{1-n} \exp\left(\frac{\Delta_r^{\neq} S_m^{\ominus}(c^{\ominus})}{R}\right) \tag{6.62}$$

从式（6.62）可知，指前因子与形成过渡态的熵变有关。因此，温度 T 对反应速率的加速倍数可表示为

$$n_T' = \frac{k_T}{k_{T_0}} = \frac{T}{T_0} \cdot \exp\left(\frac{E_a'}{R}\left(\frac{1}{T_0} - \frac{1}{T}\right)\right) \tag{6.63}$$

对比式（6.60）和式（6.63）可知，两种加速倍数表达式略有差别，这是因计算模型假设条件不同造成的。

（2）基于非电解质溶液扩散理论的混凝土硫酸侵蚀扩散系数加速倍数计算

若假设混凝土内硫酸根离子为球形粒子，则可根据 Einstein-Stokes 方程计算混凝土内部硫酸根离子的扩散系数[28]，即

$$D_s = \frac{RT}{6L_a \pi \eta_{nd} r_{s0}} \tag{6.64}$$

式中：D_s 为混凝土内部硫酸根离子扩散系数；r_{s0} 为硫酸根离子半径；η_{nd} 为介质黏度。

溶液中离子扩散系数 D_s 正比于温度而反比于溶剂黏度，故可通过引入常数 A_x 来修

正 Einstein-Stokes 方程中参数之间的相互影响，即

$$D_s = A_x \frac{T}{\eta_{nd}} \tag{6.65}$$

Eyring[52]提出反应速率理论计算液体的黏度，认为分子越过能垒的速率类似于反应速率，即 Arrhenius 公式

$$k = A_{zq} \exp\left(-\frac{E_a}{RT}\right) \tag{6.66}$$

Eyring 推荐液体黏度 η_{nd} 的表达式为

$$\eta_{nd} = \frac{h_p L_a}{V_m} \exp\left(\frac{E_a}{RT}\right) \tag{6.67}$$

式中：E_a 为粒子扩散系数的活化能；h_p 为普朗克常量；V_m 为摩尔体积。

若引入 $A_{eff} = h_p L_a / V_m$ 来表征温度对粒子的扩散系数的影响，则液体黏度表达式（6.67）可表示为

$$\eta_{nd} = A_{eff} \exp\left(\frac{E_a}{RT}\right) \tag{6.68}$$

因此，可得稀溶液中硫酸根离子扩散系数随温度的变化表达式，即

$$D_s = M_1 T \exp\left(-\frac{E_a}{RT}\right) \tag{6.69}$$

式中：M_1 为根据试验测得的参数。

稀溶液中溶质的扩散系数 D_l 计算公式可表示[53]为

$$D_l = D_0(T_0) \cdot \left(\frac{T}{T_0}\right) \exp\left(q_R \left(\frac{1}{T_0} - \frac{1}{T}\right)\right) \tag{6.70}$$

相应的温度对离子扩散系数的加速倍数 n_T 为

$$n_T = \frac{D(T)}{D_0(T_0)} = \left(\frac{T}{T_0}\right) \exp\left(q_R \left(\frac{1}{T_0} - \frac{1}{T}\right)\right) \tag{6.71}$$

式中：$D_0(T_0)$ 和 $D(T)$ 分别为在温度 T_0、T 条件下测定的离子扩散系数；q_R 为被气体常数平分后的活化能，取值 E_a / R。

固体中硫酸根离子的扩散系数可按照面心立方体金属计算理论计算，即

$$D_s = R_1^2 n_k \omega_y \tag{6.72}$$

式中：R_1 是原子之间的间隔距离；n_k 是晶格位的空缺率；ω_y 是跃变频率。

采用 Arrhenius 方程也可以计算硫酸根离子的扩散系数，即

$$D_s = A_{zq} \exp\left(-\frac{q_R}{T}\right) \tag{6.73}$$

式中：A_{zq} 为指数前因子。

因此，固体中硫酸根离子的扩散系数 D_s 为

$$D_{\mathrm{s}} = D_0(T_0) \cdot \exp\left[q_{\mathrm{R}}\left(\frac{1}{T_0} - \frac{1}{T}\right)\right] \tag{6.74}$$

相应的温度对离子扩散系数的加速倍数 n_{T} 为

$$n_{\mathrm{T}} = \frac{D(T)}{D_0(T_0)} = \exp\left[q_{\mathrm{R}}\left(\frac{1}{T_0} - \frac{1}{T}\right)\right] \tag{6.75}$$

（3）基于 Arrhenius 方程的混凝土内硫酸根离子扩散系数活化能计算

一般来讲，温度变化也会影响混凝土内硫酸根离子扩散系数和反应系数。当混凝土硫酸盐侵蚀过程中温度变化范围较小时，可将混凝土内硫酸根离子扩散系数和反应系数视为常数。混凝土内硫酸根离子的扩散系数和化学反应常数均可采用 Arrhenius 公式表示，即

$$D_{\mathrm{sc}} = A_{\mathrm{c}} \exp\left(-\frac{E_{\mathrm{ac}}}{RT}\right) \tag{6.76}$$

$$k_{\mathrm{sc}} = A'_{\mathrm{c}} \exp\left(-\frac{E'_{\mathrm{ac}}}{RT}\right) \tag{6.77}$$

式中：D_{sc} 和 k_{sc} 分别为混凝土内硫酸根离子的扩散系数与化学反应常数；A_{c} 和 A'_{c} 分别为混凝土内硫酸根离子的扩散系数与化学反应相应的指前因子；E_{ac} 和 E'_{ac} 分别为混凝土内硫酸根离子的扩散活化能与化学反应常数活化能。

一般情况下，混凝土表层硫酸盐侵蚀速率主要由硫酸根离子扩散主导。通过测定混凝土内硫酸根离子含量分布，基于 Fick 定律可获得混凝土内硫酸根离子扩散系数，进而拟合求解混凝土内硫酸根离子扩散系数的活化能 E_{a}。图 6.11 为不同温度下侵蚀 2 个月的混凝土内硫酸根离子含量分布。混凝土表层硫酸根离子含量较高，随深度增加混凝土

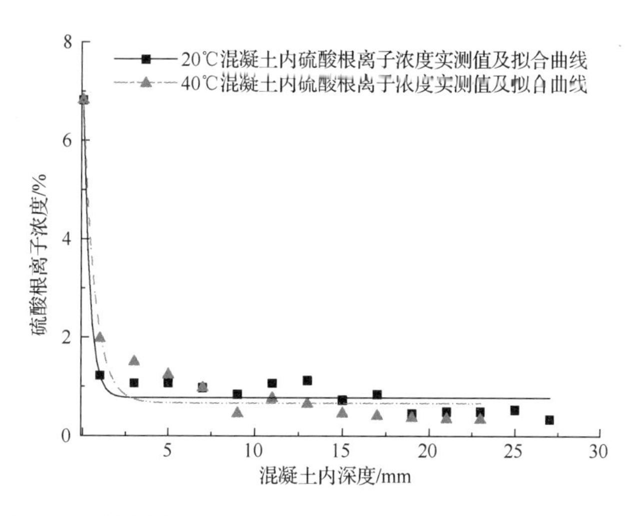

图 6.11　不同温度下侵蚀 2 个月的混凝土内硫酸根离子含量分布

内部硫酸根离子含量降低并趋于定值。同时，在混凝土表层 2 mm 范围的硫酸根离子变化显著。这是因为混凝土表层与溶液接触，硫酸根离子浓度驱动力大，随深度增加相应的浓度梯度降低。从图 6.11 可知，混凝土内表层硫酸根离子含量随温度升高而增大。这是因为温度升高加速了硫酸根离子扩散，使得更多的硫酸根离子可侵入混凝土内部。这表明提高温度可加速混凝土内硫酸根离子传输。通过拟合不同温度下混凝土内硫酸根离子含量测试结果，并将求解出的混凝土内硫酸根离子扩散系数代入式（6.75）和式（6.76），可拟合求解出混凝土内硫酸根离子扩散系数的活化能 E_a 约为 58.2 kJ/mol。

2. 溶液浓度的影响

对于常见的化学反应，提高反应物浓度可增加正向反应速率。恒定的温度条件下，混凝土内硫酸盐侵蚀生成物的溶解积为定值。因此，改变硫酸盐溶液浓度对饱和溶液生成物的逆向反应影响可以忽略，但会影响体系反应速率。因此，物质浓度对体系反应加速倍率可表示为

$$n_r = \left(\frac{[E_1]}{[E_0]}\right)^e \cdot \left(\frac{[F_1]}{[F_0]}\right)^f \tag{6.78}$$

式中：下标 1 为溶液浓度 C_1 对应的体系参与反应物浓度；下标 0 为溶液浓度 C_0 对应的体系参与反应物浓度。

若假设体系中其余参与反应物质的含量为定值，则溶液浓度对混凝土内硫酸根离子影响为

$$n_r = \left(\frac{[E_1]}{[E_0]}\right)^e \tag{6.79}$$

若体系中硫酸根离子含量较高，则体系的化学动力学方程由体系中最低含量物质的浓度主导，相应的硫酸根离子浓度变成次要因素。式（6.79）即为溶液浓度对混凝土硫酸盐侵蚀化学动力学影响加速倍数计算公式。通过测定不同溶液浓度下参与反应的硫酸根浓度，并通过拟合可求解指数 e，从而确定混凝土内硫酸盐侵蚀加速倍数。

图 6.12 为不同硫酸盐溶液浓度浸泡 4 个月的混凝土中硫酸根离子含量分布曲线。由图可知，不同溶液浓度侵蚀的混凝土内硫酸根离子含量分布存在差异，主要表现为混凝土表层硫酸根离子含量随溶液浓度增加而增大，随深度增加而增大，相同混凝土深度处的硫酸根离子含量随溶液浓度增加而增大。这是因为部分硫酸根离子参与反应而被固化，多余的硫酸根离子以游离态形式分布在混凝土内部。假设混凝土所含铝酸盐物质完全参与化学反应生成 AFt 或者石膏类物质而析晶，则可通过测定水溶性的硫酸根离子含量间接反应参与反应硫酸根离子的量，推导出参与反应的硫酸根离子含量随深度变化。

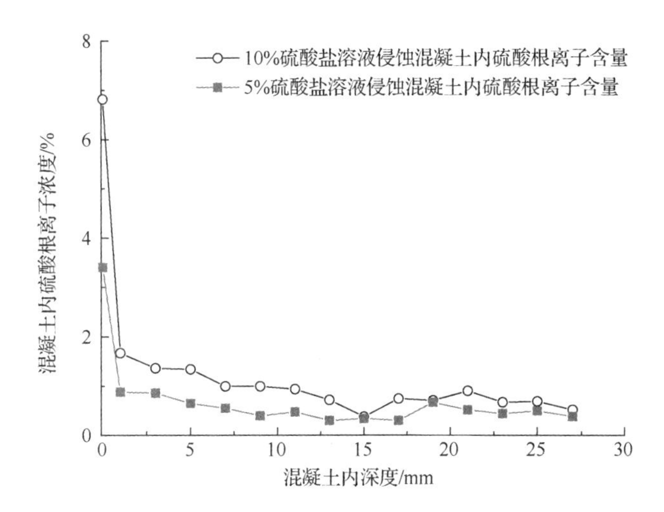

图 6.12　不同硫酸盐溶液浓度浸泡 4 个月的混凝土中硫酸根离子含量分布影响曲线

6.2.3　硫酸盐侵蚀混凝土静态力学性能研究

混凝土强度、弹性模量、泊松比和应力-应变等是评价其性能的重要指标[54]，硫酸盐侵蚀可引起混凝土组成、微观结构和力学性能改变[55,56]，导致混凝土结构工程可靠性降低[57,58]。因此，开展硫酸盐侵蚀混凝土力学性能研究具有重要工程意义。然而，有关混凝土硫酸盐侵蚀变形和应力-应变关系等方面的系统性研究较少[59,60]。此外，因混凝土材料强度具有较强的离散性和随机性，硫酸盐侵蚀前后混凝土力学性能难以准确表征。本节通过揭示硫酸盐侵蚀前后混凝土表层弹性模量和表层横纵向应变比变化规律，建立基于随机性的无量纲化混凝土应力-应变关系模型，研究成果可为硫酸盐环境中混凝土结构性能演化分析和耐久性评估等提供理论支撑。

1. *硫酸盐侵蚀混凝土应力-应变关系*

（1）无量纲化混凝土应力-应变关系模型

混凝土应力-应变曲线可描述混凝土应力与应变之间变化关系，并能反映荷载作用下混凝土弹塑性变形及破坏特征。混凝土应力-应变曲线一般分为上升段和下降段。正常服役状态下的混凝土持荷能力及特征主要体现在上升段，故主要探讨硫酸盐侵蚀对混凝土应力-应变上升段影响。目前，较经典的混凝土应力-应变曲线关系主要为多项式的过镇海模型（简称 GUO 模型）[61]，如式（6.80）所示。同时，欧洲混凝土规范 CEB-FIP 也给出了有理式的混凝土应力-应变模型（简称 CEB-FIP 模型）[62]，如式（6.81）所示。

$$y_w = \begin{cases} \alpha_g x_w + (3-2\alpha)x_w^2 + (\alpha_g - 2)x_w^3 & (0 \leqslant x_w < 1) \\ \dfrac{x_w}{\beta_g (x_w - 1)^2 + x_w} & (x_w \geqslant 1) \end{cases} \tag{6.80}$$

$$y_{\mathrm{w}}=\begin{cases}\dfrac{ax_{\mathrm{w}}-x_{\mathrm{w}}^{2}}{1+(a-2)x_{\mathrm{w}}} & (0\leqslant x_{\mathrm{w}}<1)\\ b\exp[-(x_{\mathrm{w}}-1)^{2}/2c^{2}]+(1-b)\exp[-(x_{\mathrm{w}}-1)^{2}/2d_{0}^{2}] & (x_{\mathrm{w}}\geqslant 1)\end{cases}\tag{6.81}$$

式中：x_{w} 为无量纲的混凝土应变，$\varepsilon/\varepsilon_{c}$；$y_{\mathrm{w}}$ 为无量纲的混凝土应力，σ/σ_{c}；α_{g} 和 β_{g} 为曲线方程参数，可参照文献[61]取值；a、b、c、d_0 为拟合参数。

混凝土试件受压会产生宏观变形和微观损伤，从而导致混凝土应力-应变曲线非线性规律增强。根据能量原理，混凝土受压过程中因损伤而消耗的能量为

$$\int_{0}^{\varepsilon}\sigma(z_{\mathrm{w}})\mathrm{d}z_{\mathrm{w}}=W_{\mathrm{e}}(\varepsilon)-W_{\mathrm{D}}(\varepsilon)\tag{6.82}$$

$$W_{\mathrm{e}}(\varepsilon)=\frac{E_{\mathrm{in}}\varepsilon^{2}}{2}\tag{6.83}$$

$$W_{D}(\varepsilon)=\int_{0}^{\varepsilon}E_{\mathrm{in}}z_{\mathrm{w}}D(z_{\mathrm{w}})\mathrm{d}z_{\mathrm{w}}\tag{6.84}$$

式中：$W_{\mathrm{e}}(\varepsilon)$ 为应变达 ε 时弹性体系的应变能密度；$W_{\mathrm{D}}(\varepsilon)$ 为应变达 ε 时由断裂所释放的能量密度；E_{in} 为混凝土初始弹性模量；$\sigma(z_{\mathrm{w}})$ 为外部应力；ε 为宏观应变；$D(z_{\mathrm{w}})$ 为由外部应变 z_{w} 所引起的损伤。

对式（6.82）中混凝土应变求导，可得混凝土单轴受压本构关系

$$\sigma(\varepsilon)=E_{\mathrm{in}}\varepsilon(1-D(\varepsilon))\tag{6.85}$$

式中：$D(\varepsilon)$ 为由外部应变 ε 所引起的混凝土损伤。

若考虑损伤和初始弹性模量的随机性，则式（6.85）为混凝土受压的随机损伤本构关系。假设损伤 $D(\varepsilon)$ 和初始弹性模量 E_{in} 为随机变量，两者的均值和方差分别为 μ_{D}、V_{D}、μ_{E} 和 V_{E}，则相应的应力 σ 也是随机变量。因此，混凝土应力-应变的均值和方差关系可表示为

$$\mu_{\sigma}(\varepsilon)=\mu_{\mathrm{E}}\varepsilon(1-\mu_{\mathrm{D}}(\varepsilon))\tag{6.86}$$

$$V_{\sigma}^{2}(\varepsilon)=\varepsilon^{2}\left[(\mu_{\mathrm{E}}^{2}+V_{\mathrm{E}}^{2})V_{D}^{2}(\varepsilon)+V_{\mathrm{E}}^{2}(1-\mu_{\mathrm{D}}(\varepsilon))^{2}\right]\tag{6.87}$$

假设混凝土发生断裂时的极限压应变为相互独立的服从某一分布的随机变量，故混凝土损伤变量 $D(\varepsilon)$ 也是服从某一分布的随机变量。研究表明，混凝土极限压应变服从对数正态分布，其概率密度可表示为

$$f(x_{\varepsilon})=\frac{1}{\sqrt{2\pi}\zeta_{\varepsilon}x_{\varepsilon}}\exp\left[-\frac{(\ln x_{\varepsilon}-\lambda_{\mathrm{dj}})^{2}}{2\zeta_{\varepsilon}^{2}}\right]\tag{6.88}$$

式中：x_{ε} 为混凝土极限压应变；λ_{dj} 为混凝土断裂压应变均值，$\lambda_{\mathrm{dj}}=E_{\mathrm{in}}(\ln x_{\varepsilon})$；$\zeta_{\varepsilon}$ 为混凝土断裂压应变标准差，$\zeta_{\varepsilon}=\sqrt{D(\ln x_{\varepsilon})}$。

在某应变下产生的损伤均值可表示为[63]

$$\mu_{\mathrm{D}}\left(x_{\varepsilon}\right)=\int_{0}^{\varepsilon}\frac{1}{\sqrt{2\pi}\zeta_{\varepsilon}x_{\varepsilon}}\exp\left[-\frac{(\ln x_{\varepsilon}-\lambda_{\mathrm{dj}})^{2}}{2\zeta_{\varepsilon}^{2}}\right]\mathrm{d}x_{\varepsilon}=\Phi\left(\frac{\ln x_{\varepsilon}-\lambda_{\mathrm{dj}}}{\zeta_{\varepsilon}}\right) \tag{6.89}$$

式中：$\Phi(\cdot)$ 为标准正态分布函数。

为简化计算，对式（6.85）中的损伤直接取均值。将式（6.89）代入式（6.85）并对应变求导，则可得

$$\frac{\mathrm{d}\sigma(\varepsilon)}{\mathrm{d}\varepsilon}=E(1-D(\varepsilon))-\frac{E_{\mathrm{in}}}{\sqrt{2\pi}\zeta_{\varepsilon}}\exp\left(-\frac{(\ln\varepsilon-\lambda_{\mathrm{dj}})^{2}}{2\zeta_{\varepsilon}^{2}}\right) \tag{6.90}$$

联立式（6.85）、式（6.89）和式（6.90），可得混凝土受压峰值应力表达方程

$$\sigma_{\mathrm{p}}=E_{\mathrm{in}}\varepsilon_{\mathrm{p}}(1-D(\varepsilon_{\mathrm{p}}))=E_{\mathrm{in}}\varepsilon_{\mathrm{p}}\left(1-\Phi\left(\frac{\ln\varepsilon_{\mathrm{p}}-\lambda_{\mathrm{dj}}}{\zeta_{\varepsilon}}\right)\right) \tag{6.91}$$

式中：σ_{p} 为混凝土受压峰值应力；ε_{p} 为混凝土受压峰值应变。

若令 $\mu_{\mathrm{p}}=\dfrac{\ln\varepsilon_{\mathrm{p}}-\lambda_{\mathrm{dj}}}{\zeta}$，则式（6.91）可表示为

$$D(\varepsilon_{\mathrm{p}})=1-\eta_{\mathrm{E}}=\Phi(\varepsilon_{\mathrm{p}}) \tag{6.92}$$

$$\mu_{\mathrm{p}}=\Phi^{-1}(1-\eta_{\mathrm{E}}) \tag{6.93}$$

$$\zeta_{\varepsilon}=\frac{\exp(-0.5\mu_{\mathrm{p}}^{2})}{\sqrt{2\pi}\eta_{\mathrm{E}}} \tag{6.94}$$

$$\lambda_{\mathrm{dj}}=\ln\varepsilon_{\mathrm{p}}-\zeta_{\varepsilon}\mu_{\mathrm{p}} \tag{6.95}$$

式中：η_{E} 为应力-应变曲线峰值点处割线模量与原点切线模量之比，$\eta_{\mathrm{E}}=\dfrac{E_{\mathrm{p}}}{E_{\mathrm{in}}}$；$E_{\mathrm{p}}$ 为应力-应变曲线峰值点处割线弹性模量，$E_{\mathrm{p}}=\dfrac{\sigma_{\mathrm{p}}}{\varepsilon_{\mathrm{p}}}$。

若引入无量纲系数 $x_{\mathrm{w}}=\dfrac{\varepsilon}{\varepsilon_{\mathrm{p}}}$ 和 $y_{\mathrm{w}}=\dfrac{\sigma(\varepsilon)}{\sigma_{\mathrm{p}}}$，则基于式（6.85）可得无量纲化的混凝土应力-应变关系

$$y_{\mathrm{w}}=\frac{1-D(x_{\mathrm{w}}\varepsilon_{\mathrm{p}})}{\eta_{\mathrm{E}}}x_{\mathrm{w}}=\frac{1-\Phi\left(\dfrac{\sqrt{2\pi}\eta_{\mathrm{E}}\ln x_{\mathrm{w}}}{\exp(-0.5(\Phi^{-1}(1-\eta_{\mathrm{E}}))^{2})}+\Phi^{-1}(1-\eta_{\mathrm{E}})\right)}{\eta_{\mathrm{E}}}x_{\mathrm{w}} \tag{6.96}$$

式（6.96）即无量纲化混凝土应力-应变关系模型（dimensionless stress-strain 模型，DSS 模型）。该模型仅与混凝土峰值割线模量和初始切线模量的比值有关。通过求解硫酸盐侵蚀前后混凝土应力-应变关系曲线，可获知硫酸盐侵蚀对混凝土力学性能影响。

（2）模型验证

不同硫酸盐溶液浓度（0%、5%、10%）下侵蚀 4 个月的 C20 混凝土应力-应变关系测

试如图 6.13 所示。基于测试结果作者开展了无量纲化混凝土应力-应变关系模型（简称 DSS 模型）的合理性验证。图 6.14 为实测结果与典型混凝土应力-应变模型进行对比。为消除加载初期接触不当和表面粗糙度等引起的混凝土应变曲线非线性问题，以混凝土棱柱体持荷 3 MPa 为起点开展混凝土峰值应力前的混凝土应力-应变曲线上升段研究。由图 6.14 可知，采用三种模型均可模拟无量纲化的混凝土应力-应变曲线变化规律，并且模拟曲线和实测结果吻合较好，尤以 GUO 模型的拟合精度最高。以应变比 0.6 为界，无量纲化的混凝土应力-应变曲线可划分为两个阶段：当应变比低于 0.6 时，无量纲化的混凝土应力-应变曲线接近线性；反之，曲线则表现为非线性。与空白样相比，低应变比阶段（0.2～0.6）的硫酸盐侵蚀后混凝土应力-应变曲线斜率增大，并且该段曲线线性较佳。这表明混凝土应变为弹性变形且弹性模量增加。这是因为混凝土硫酸盐侵蚀对混凝土性能起正效应。对比不同硫酸盐溶液浓度侵蚀后无量纲化的混凝土应力-应变曲线可知，被浓度 10%硫酸盐溶液侵蚀混凝土的应力-应变曲线平直段斜率更大。这是因为高硫酸盐溶液浓度下侵入混凝土内硫酸根离子多，生成膨胀性物质对混凝土微观结构影响更大。与 GUO 模型和 CEB-FIT 模型相比，DSS 模型优点是可考虑混凝土受压过程中损伤因子的随机性，通过计算可获得不同保证率下的混凝土应力-应变曲线。综上所述，CEB-FIT 模型和 DSS 模型计算的无量纲化混凝土应力-应变曲线变化规律基本相同。

图 6.13　硫酸盐侵蚀混凝土应力-应变关系测试

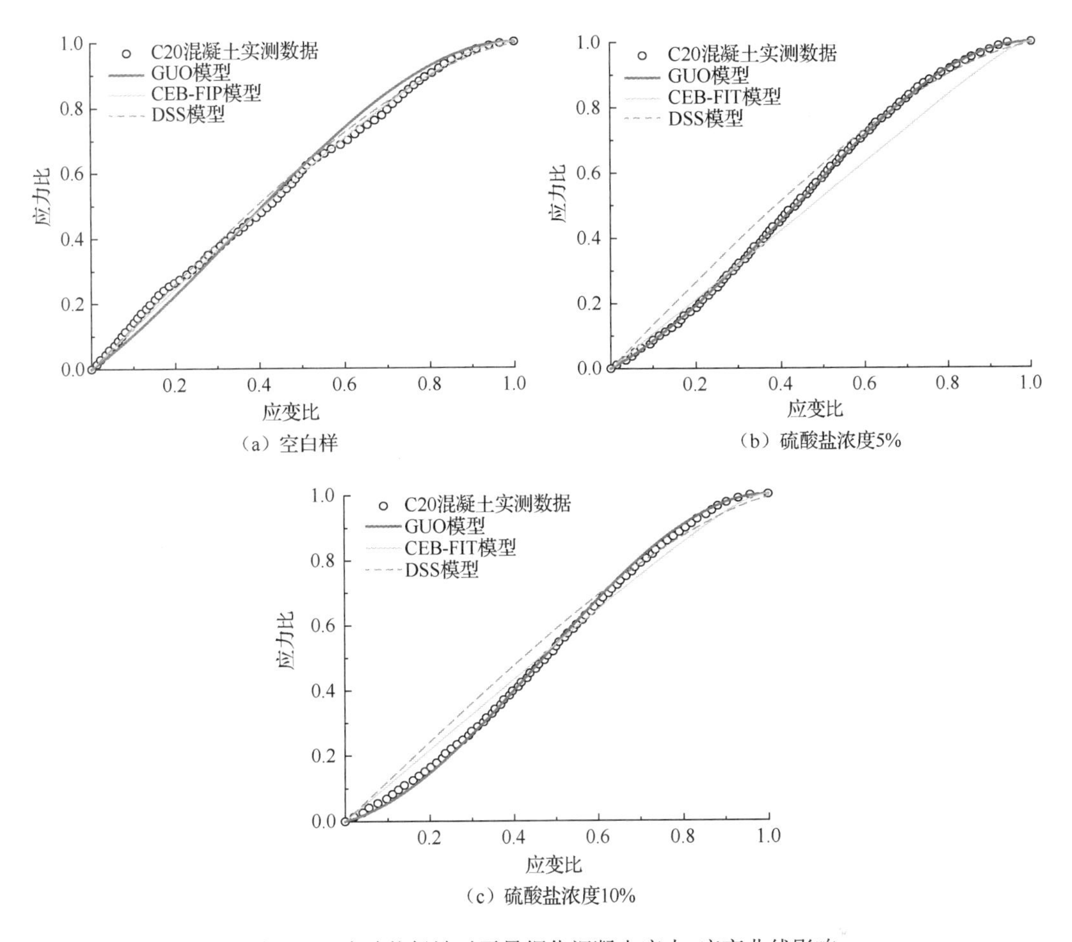

图 6.14　硫酸盐侵蚀对无量纲化混凝土应力-应变曲线影响

2. 硫酸盐侵蚀混凝土力学和变形性能

（1）性能指标

混凝土弹性模量和泊松比是混凝土重要的力学性能指标。混凝土弹性模量可反映混凝土抵抗弹性变形能力，而混凝土泊松比是表征混凝土横向变形的力学性能指标。《混凝土物理力学性能试验方法标准》（GB/T 50081—2019）推荐了混凝土静压受力弹性模量 E_c 计算式[64]

$$E_c = \frac{F_a - F_0}{A_{sj}} \times \frac{L}{\varepsilon_a - \varepsilon_0} \tag{6.97}$$

式中：E_c 为混凝土静压受力弹性模量，MPa；L 为测量标距，mm；A 为试件承压面积，mm^2；F_0 为应力为 0.5MPa 时的初始荷载，N；ε_0 为 F_0 时试件两侧变形的平均值，mm；F_a 为应力为 1/3 轴心抗压强度时的荷载，N；ε_a 为 F_a 时试件两侧变形的平均值，mm。

硫酸盐侵蚀会导致混凝土微观结构劣化，混凝土的弹性模量和泊松比均发生显著改变。传统混凝土弹性模量和泊松比是基于整个混凝土试样整体反映性能变化，即该数值为标准混凝土性能的体相参数。硫酸盐侵蚀导致混凝土劣化由表及里进行，混凝土劣化主要发生在混凝土表层。通过在混凝土表层粘贴应变片直接测定混凝土表层应变特征，混凝土表层弹性模量和横纵向应变比可分别表示为

$$E_s = \frac{\sigma_s}{\varepsilon_s} \tag{6.98}$$

$$v_s = \left| \frac{\varepsilon_{sc}}{\varepsilon_{sa}} \right| \tag{6.99}$$

式中：E_s 为混凝土弹性变形阶段的混凝土表层弹性模量；σ_s 和 ε_s 分别为混凝土表层应力与应变；v_s 为混凝土表层泊松比；ε_{sa} 和 ε_{sc} 分别为混凝土表层纵向与横向应变。

采用荷载-应变片法测试混凝土表层应力-应变，研究混凝土表层应力-应变演变规律。试验采用恒定加载速率（5 kN/s），故混凝土承受荷载与时间对应，即

$$F_{el} = v_{ld} t_{ld} \tag{6.100}$$

式中：F_{el} 为外部荷载；v_{ld} 为加载速率；t_{ld} 为加载时间。

若假设混凝土承受外部荷载为均布荷载，混凝土未发生大变形前的受压面为定值，则混凝土应力与荷载关系可表示为

$$F_{el} = \sigma_{sj} A_{sj} \tag{6.101}$$

式中：σ_{sj} 为试件承受外部荷载对应的应力。

结合式（6.98）、式（6.100）和式（6.101），混凝土表层应变可表示为

$$\varepsilon_s = \frac{v_{ld}}{E_s A_{sj}} t_{ld} \tag{6.102}$$

若能采用动态应变仪测定加载过程中混凝土表层应变与时间的关系，则可求解混凝土表层横纵向应变比和表层弹性模量。基于式（6.85）和式（6.102），可求解硫酸盐侵蚀后的混凝土表层弹性模量损伤因子 D_{sur}。

上述理论推导是基于混凝土为均质材料且硫酸盐侵蚀后混凝土表层各向变化相同的假设。混凝土硫酸盐侵蚀生成物既可填充混凝土内孔隙和提高结构致密性（起正效应），又可导致混凝土内产生微裂缝和损伤（起负效应）。因此，若硫酸盐侵蚀对混凝土性能起负效应，则式（6.85）中损伤因子取正值；反之，损伤因子取负值。《普通混凝土长期性能和耐久性能试验方法标准》（GB/T 50082—2009）中采用混凝土抗压强度耐蚀系数来表征硫酸盐侵蚀对混凝土性能影响[65]，即

$$K_f = \frac{f_{cn}}{f_{c0}} \times 100\% \tag{6.103}$$

式中：K_f 为混凝土抗压强度耐蚀系数；f_{cn} 为 N 次干湿循环后受硫酸盐腐蚀的一组混凝土试件的抗压强度测定值，MPa，精确至 0.1 MPa；f_0 为与受硫酸盐侵蚀试件同龄期的标准养护的一组对比混凝土试件的抗压强度测定值，MPa，精确至 0.1 MPa。

（2）荷载-位移曲线

针对上述混凝土各类性能指标，测试全浸泡条件下不同硫酸盐溶液浓度侵蚀混凝土棱柱体试件力学性能。图 6.15 为硫酸盐溶液浓度和侵蚀龄期对 C20 混凝土荷载-位移曲线影响。图中 1C20/2C20、3C20、4C20 分别代表被溶液浓度为 1%、5%、10%和饱和溶液侵蚀混凝土试件，C20KB 代表空白样。与空白样（C20KB）相比，不同浓度硫酸盐溶液侵蚀的 C20 混凝土荷载-位移曲线变化主要表现为曲线斜率增加和极限承载力发生变化。侵蚀龄期较短时（2 个月），混凝土极限承载力随硫酸盐溶液浓度增加先增大后减小。低浓度硫酸盐溶液（1%）侵蚀的混凝土试样（1C20）极限承载力增大约 30%，但饱和硫酸盐溶液侵蚀的混凝土试样承载力减小约 10%。随侵蚀龄期延长（4 个月），低浓度（1%和 5%）硫酸盐溶液侵蚀的混凝土（1C20 和 2C20）极限承载力增大，而高浓度硫酸盐（饱和溶液）溶液侵蚀的混凝土试样（4C20）极限承载力减小约 25%。这是因为硫酸根离子与混凝土内水化产物（CH、CSH、CAH）反应生成的膨胀性物质（AFt、二水石膏等）填充了混凝土内孔隙，提高了微观结构致密性，对体系性能起正效应。然而，在过高硫酸盐浓度下混凝土内生成膨胀性物质较多，若混凝土内无法容纳过多的膨胀性物质，则易产生极大的结晶压和拉应力，从而导致混凝土微观结构开裂和损伤，故硫酸盐侵蚀对体系性能起负效应。与短侵蚀龄期（2 个月）相比，硫酸盐侵蚀 4 个月的混凝土试样荷载-位移曲线的曲率不同。低浓度溶液中侵蚀混凝土试样荷载-位移曲线更圆滑，饱和硫酸盐溶液侵蚀混凝土试样（4C20）荷载-位移曲线波动较大。

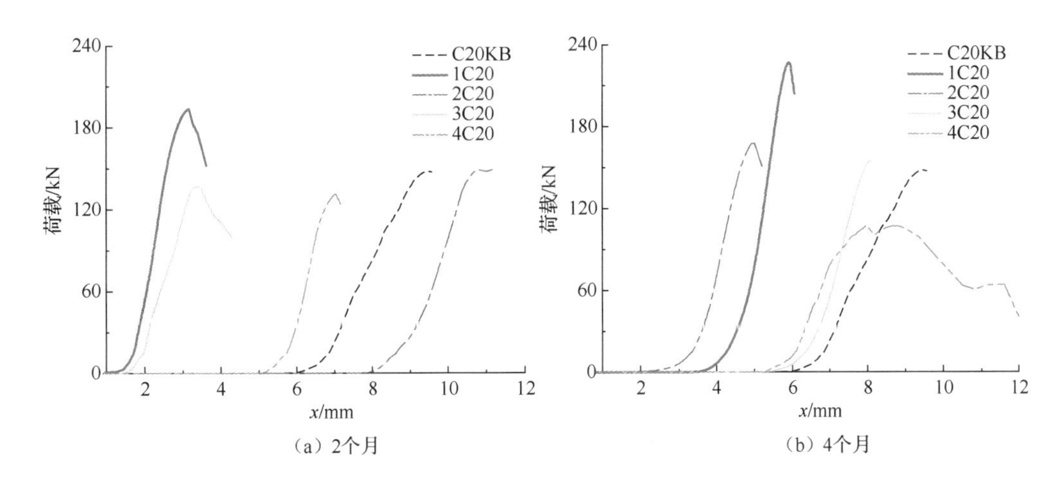

图 6.15　硫酸盐溶液浓度和侵蚀龄期对 C20 混凝土荷载-位移曲线影响

（3）混凝土表层横向应变和纵向应变

硫酸盐溶液直接接触混凝土表面，故混凝土表层性能对硫酸盐溶液侵蚀最敏感。采用 imc 动态应变测试仪测试硫酸盐侵蚀前后混凝土表层应变曲线。通过测定硫酸盐侵蚀下混凝土横向和纵向应变，并利用线弹性阶段的横向和纵向应变曲线斜率计算混凝土表层弹性模量与横纵向应变比。图 6.16 为恒定加载速率（5 kN/s）下饱和硫酸盐溶液侵蚀 4 个月的混凝土棱柱体试样表层横向和纵向应变曲线。图中试样标记末尾字母 S 代表纵向应变，H 代表横向应变。由图 6.16 可以看出，硫酸盐侵蚀前后混凝土表层横向和纵向应变曲线变化主要表现为曲线平直段斜率改变。因试验采用恒定加载速率（5 kN/s），荷载与测试时间一一对应［见式（6.100）］，故图中混凝土表层应变曲线斜率的倒数与混凝土表层弹性模量成正比，如式（6.102）所示。因此，基于图中混凝土表层应变曲线平直段可求解出混凝土表层弹性模量。此外，基于混凝土表层横向和纵向应变曲线斜率可求解出混凝土表层的横纵向应变比，如式（6.99）所示。混凝土弹性变形时的应力与应变之间存在良好线性关系，故选取应变曲线平直段的 0.1～0.5 线性范围求解应变曲线的斜率。通过分析硫酸盐侵蚀前后混凝土力学性能变化，可真实地揭示出混凝土表层损伤变化规律。图 6.16（a）表明计算出的 C20 混凝土空白样（C20KB）表层弹性模量为 6.5 GPa，表层横纵向应变比为 0.19。然而，被饱和硫酸盐溶液侵蚀 4 个月的混凝土表层弹性模量为 5.3 GPa，表层横纵向应变比为 0.184。这是由硫酸盐侵蚀对混凝土性能起负效应造

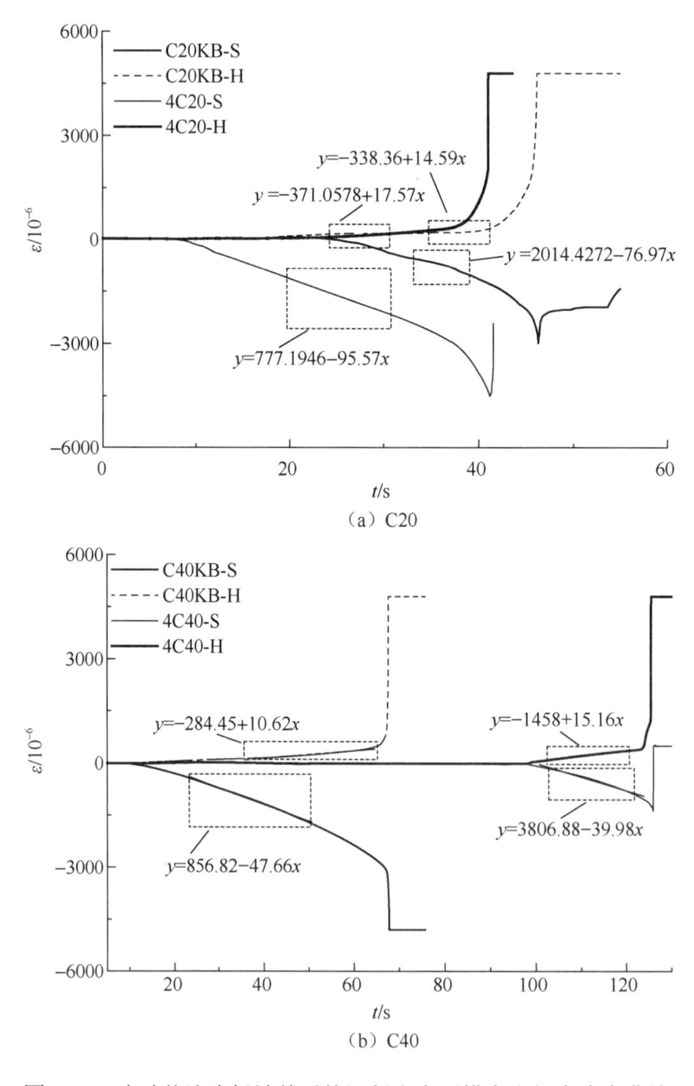

（a）C20

（b）C40

图 6.16　硫酸盐溶液侵蚀前后的混凝土表层横向和纵向应变曲线

成的。上述研究结果与图 6.15（b）中混凝土承载力测试结果一致。由图 6.15（b）可知，计算出的 C40 混凝土空白样（C40KB）表层弹性模量为 10.5 GPa，表层横纵向应变比为 0.22。然而，经过饱和硫酸盐溶液侵蚀 4 个月的混凝土表层弹性模量为 12.5 GPa，表层横纵向应变比为 0.38。这是由硫酸盐侵蚀对混凝土性能起正效应造成的。由图 6.15 还可知，硫酸盐侵蚀后 C20 混凝土表层弹性模量降低至初始值的 0.815 倍，故混凝土表层弹性模量损伤因子 D_{sur} 为 0.185。然而，硫酸盐侵蚀后 C40 混凝土表层弹性模量增加至初始值的 1.19 倍，故混凝土表层弹性模量损伤因子 D_{sur} 为−0.19。这表明硫酸盐侵蚀对不同强度等级混凝土作用效果不同。这是因高强度等级混凝土微观结构致密，侵入混凝土硫酸根离子较少，故生成的少量膨胀性物质可提高体系致密度。反之，低强度等级混凝土生成膨胀性物质导致了体系微观结构劣化，故导致低强度等级混凝土力学和变形性能降低。

（4）混凝土轴心抗压强度及其强度耐蚀系数

混凝土力学性能指标对硫酸盐侵蚀最为敏感，侵蚀条件差异对混凝土力学性能指标影响显著。图 6.17 为不同硫酸盐溶液浓度和侵蚀龄期对混凝土轴心抗压强度及其强度耐蚀系数影响研究。由图 6.17 可见，混凝土轴心抗压强度和强度耐蚀系数随硫酸盐溶液浓度增大先增大后减小。随侵蚀龄期延长，低强度等级混凝土轴心抗压强度和强度耐蚀系数降低量较大。不同强度等级混凝土轴心抗压强度变化规律相似，但强度变化量和百分比不同。此外，混凝土强度耐蚀系数变化随侵蚀龄期延长更为明显。在短侵蚀龄期（2 个月）和高溶液浓度（大于 5%）条件下，C20 和 C30 混凝土强度耐蚀系数均小于 1。然而，C40 混凝土强度耐蚀系数在长侵蚀龄期（4 个月）和高溶液浓度（大于 10%）条件下才小于 1。这是因溶液浓度较低时，硫酸盐侵蚀对体系性能起正效应。然而，随硫酸盐溶液浓度增大，硫酸盐侵蚀对体系性能起负效应。低强度等级混凝土孔隙率和连通孔隙量较多，大量硫酸根离子可侵入混凝土，故硫酸盐侵蚀对低强度等级混凝土影响更显著。侵入混凝土的硫酸根离子量随侵蚀龄期延长而增多，若硫酸盐侵蚀对体系性能起正效应，则混凝土轴心抗压强度增大；反之，混凝土轴心抗压强度减小。

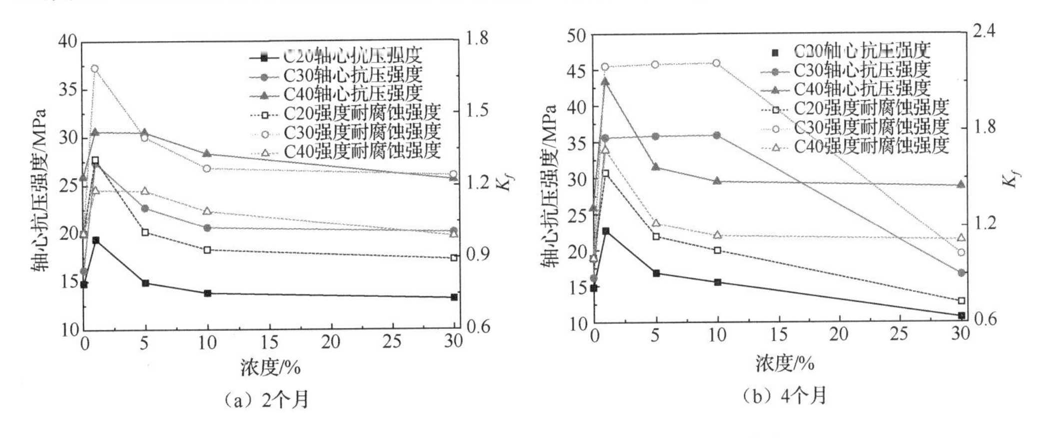

图 6.17　混凝土轴心抗压强度和强度耐蚀系数曲线

（5）混凝土弹性模量和损伤因子

基于实测的混凝土荷载-位移曲线结果，研究不同硫酸盐溶液浓度（1%、5%、10%、饱和）和侵蚀龄期（2 个月、4 个月）对混凝土弹性模量与损伤因子影响，如图 6.18 所示。为消除加载时混凝土界面接触不良和表面粗糙等引起偏差，以混凝土承受荷载 3 MPa 为初始点，通过拟合混凝土荷载-位移曲线平直段（0.4 倍峰值荷载以内）计算混凝土弹性模量。由图 6.18 可知，硫酸盐侵蚀 2 个月的混凝土弹性模量随硫酸盐溶液浓度增加先增大后减小，且高于未侵蚀混凝土弹性模量；混凝土强度越低则混凝土弹性模量变化越显著。硫酸盐侵蚀后混凝土损伤因子随硫酸盐溶液浓度增大先减小后增大。这是因为硫酸根离子侵入混凝土生成膨胀性物质填充了部分孔隙，提高了混凝土微观结构致密度，硫酸盐侵蚀对混凝土力学性能起正效应，硫酸盐侵蚀后混凝土损伤因子取负值。混凝土表层与溶液间硫酸根离子浓度梯度随溶液浓度增加而增大，更多的硫酸根离子侵入混凝土并生成大量膨胀性物质。若混凝土孔隙无法全部容纳膨胀性物质，则产生结晶压可导致混凝土微观结构损伤，引起混凝土性能劣化，硫酸盐侵蚀对混凝土力学性能起负效应，故硫酸盐侵蚀后混凝土损伤因子取正值。硫酸盐侵蚀 4 个月的混凝土弹性模量随硫酸盐溶液浓度增加先增大后减小，而混凝土损伤因子随硫酸盐溶液浓度增加先减小后增大。硫酸盐侵蚀 4 个月的混凝土弹性模量极大值和损伤因子对应的硫酸盐溶液浓度则由 1%变为 5%。对比图 6.15 和 6.18 可知，低强度等级混凝土（C20）弹性模量和损伤因子变化更为显著。被相同硫酸盐溶液浓度侵蚀后的混凝土弹性模量随侵蚀龄期延长而减小。

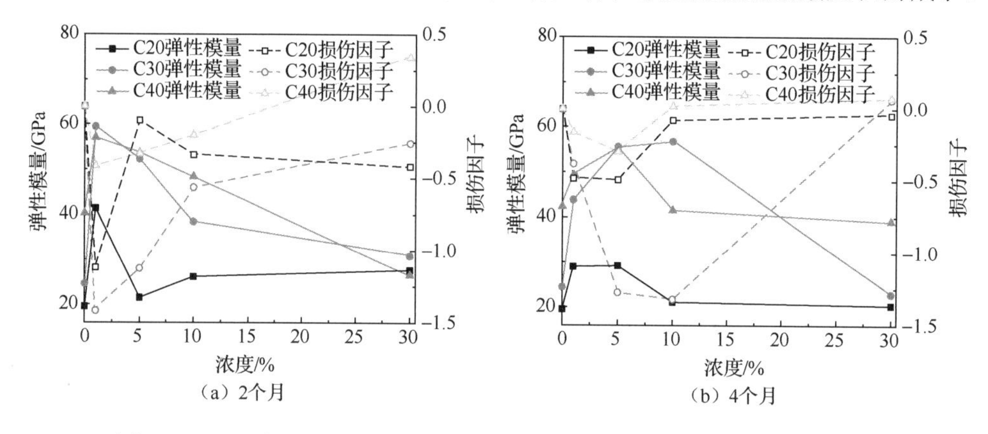

图 6.18　不同硫酸盐溶液浓度和侵蚀龄期对混凝土弹性模量和损伤因子影响

（6）混凝土表层弹性模量

基于混凝土表层应力-应变实测结果，作者研究了硫酸盐溶液浓度对混凝土表层弹性模量影响。同时，基于式（6.85）分析混凝土表层弹性模量的损伤因子变化规律。图 6.19 为硫酸盐溶液浓度对混凝土表层弹性模量和损伤因子影响曲线。可以看出，随硫酸盐溶液浓度增大，混凝土表层弹性模量先增大后减小，而混凝土表层损伤因子则先减小后增大。混凝土强度等级越低，则混凝土表层弹性模量和损伤因子变化越显著。与短侵蚀龄期（2 个月）相比，硫酸盐溶液侵蚀 4 个月的混凝土表层弹性模量和损伤因子变化存在差异：C20 混凝土表层弹性模量略低于未侵蚀混凝土试样，并且其表层损伤因子为正值。

然而，C30和C40混凝土表层弹性模量均大于未侵蚀混凝土试样，并且混凝土表层损伤因子为负值。这是因侵入混凝土硫酸根离子生成膨胀性物质（AFt和二水石膏等）填充在混凝土表层孔隙中，提高了混凝土表层微观结构致密度，导致混凝土表层抵抗外荷载变形能力增强，故混凝土表层弹性模量增加。随硫酸盐溶液浓度增大和侵蚀龄期延长，混凝土表层孔隙无法完全容纳生成的膨胀性物质，产生巨大结晶压和拉应力而导致混凝土表层微观结构损伤，故混凝土表层弹性模量降低。对比图6.18和图6.19可知，混凝土弹性模量和表层弹性模量变化规律相似，但数值及其变化量不同。这是因混凝土弹性模量是反映混凝土试样整体性能的体相参数，而混凝土表层弹性模量是表征混凝土表层性能的表象参数。混凝土硫酸盐侵蚀由表及里进行，导致混凝土表面发生劣化[21,66]。最重要的是，混凝土表层以砂浆体为主。因此，混凝土表层弹性模量低于混凝土弹性模量。这也表明采用体相参数只能间接得出硫酸盐侵蚀对混凝土力学性能影响。然而，若采用混凝土表层弹性模量则可直接反映硫酸盐侵蚀前后混凝土表层性能变化。因此，混凝土表层应变曲线可反映硫酸盐侵蚀前后混凝土表层变化。

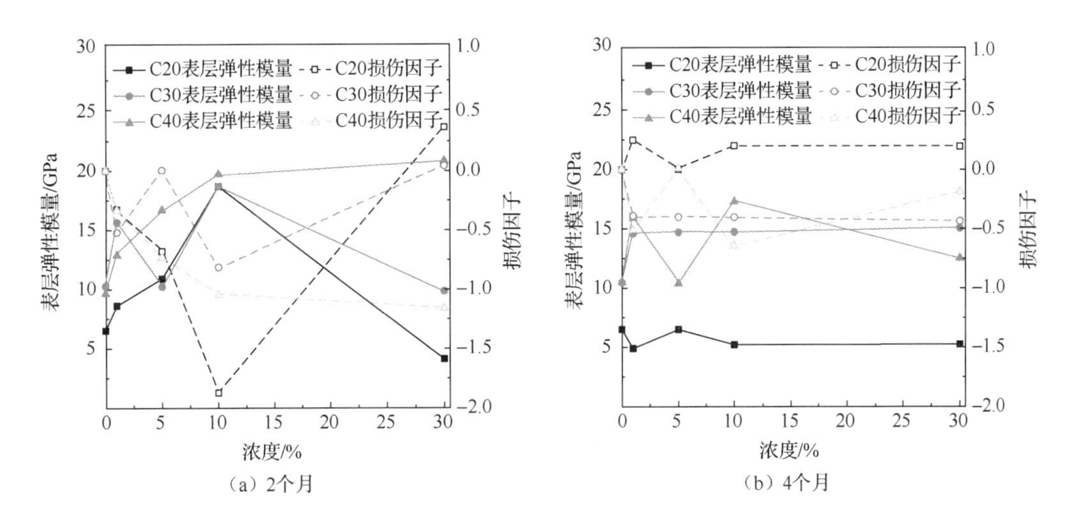

图6.19 硫酸盐溶液浓度对混凝土表层弹性模量和损伤因子影响

图6.20描述了硫酸盐溶液浓度对混凝土表层横纵向应变影响规律。由图6.20可知，混凝土表层横纵向应变比随硫酸盐溶液浓度增大先增大后减小，低强度等级混凝土（C20）表层横纵向应变比变化更显著。随侵蚀龄期延长（4个月），混凝土表层横纵向应变比逐渐减小。硫酸盐侵蚀2个月的C20混凝土表层横纵向应变比高于侵蚀4个月的实测值。然而，低硫酸盐溶液浓度（不大于5%）条件下侵蚀2个月的C30混凝土表层横纵向应变比高于侵蚀4个月的实测值。硫酸盐侵蚀2个月的C40混凝土表层横纵向应变比小于侵蚀4个月的实测值。混凝土表层横纵向应变比增大的现象表明：在受力之后且未发生塑性变形前，混凝土抵抗横向变形量的能力增大。通过上述分析可知，混凝土表层横纵向应变比可作为表征混凝土表层特征参数来描述硫酸盐侵蚀前后混凝土表层性能变化。

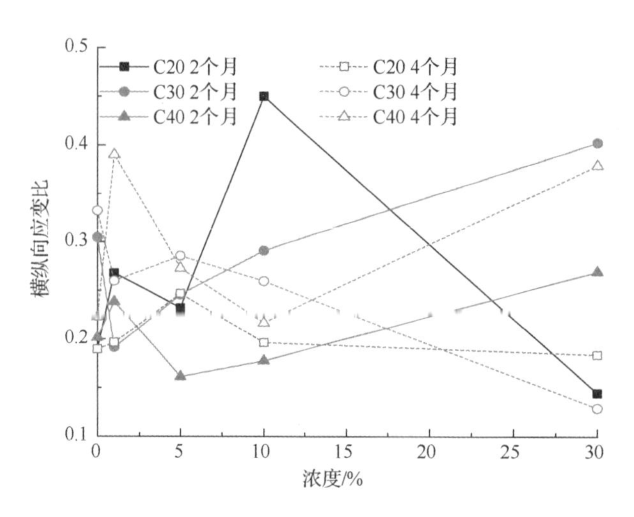

图 6.20　硫酸盐溶液浓度对混凝土表层横纵向应变比影响

6.2.4　硫酸盐侵蚀混凝土动态力学性能研究

混凝土动态性能是混凝土结构在地震、冲击、重复动荷载、振动等动态荷载作用下的强度与变形特性[67]。在动态荷载和静态荷载作用下的混凝土力学性能存在差别，在特定条件下会成为制约结构安全关键因素[68]。混凝土工程常面临种类繁多且复杂的动荷载作用，如风荷载、地震荷载和车荷载等。在动荷载作用下混凝土性能演化规律的不确定性和随机性增加，导致难以准确预测混凝土结构的可靠度。因此，开展混凝土动态力学性能研究对于混凝土结构工程安全性及其可靠性具有重要意义。

混凝土及其结构的主要动态力学性能参量包括动弹性模量、阻尼比、泊松比和自振频率等[69]。其中，动弹性模量和阻尼比最常用的动态力学性能参数。混凝土的动弹性模量越高，脆性越大，对混凝土的抗裂性能越不利。混凝土阻尼比是评价混凝土减振性能的重要指标，对结构动力响应、损伤及破坏有重要的影响，研究混凝土阻尼比变化在结构稳定性、安全性和可靠性等分析上具有重要意义。目前，国内外对混凝土动弹性模量、阻尼行为及其机理方面进行了大量研究[70-72]。本节采用振动法研究混凝土动态力学性能变化，分析了侵蚀溶液浓度、侵蚀方式和侵蚀龄期等对混凝土动态力学性能（动弹性模量、泊松比、阻尼比和衰减系数等）影响，提出采用指数函数形式的混凝土内振动波形振幅包络线求解混凝土阻尼比的新方法。

1. 硫酸盐侵蚀对混凝土动弹性模量的影响

混凝土动弹性模量与微观结构及性能密切相关[73]，硫酸盐侵蚀会导致混凝土性能劣化。因此，通过研究硫酸盐侵蚀前后混凝土动弹性模量可反映混凝土硫酸盐侵蚀变化规律。参考《水工混凝土试验规程》（SL 352—2006）[74]给出混凝土的横向和纵向动弹性模量理论计算公式：

$$E_{dt} = 9.65 \times 10^{-4} \times \frac{m_{cs} f_h^2 L_{sj}^2 R_x}{b_{sj} h_{sj}^2} \tag{6.104}$$

$$E_{dl} = 40.75 \times 10^{-4} \times \frac{m_{cs} f_l^2 L_{sj}}{b_{sj} h_{sj}} \tag{6.105}$$

式中：E_{dt} 和 E_{dl} 分别为混凝土横向与纵向动弹性模量理论计算值，MPa；m_{cs} 为混凝土试件质量，kg；f_h 和 f_l 分别为试件横向和纵向的自振频率，Hz；L_{sj}、b_{sj} 和 h_{sj} 分别为试件的长、宽、高，mm；R_x 为试件边长比和泊松比的修正系数，推荐取值为 1.5（对于 L_{sj}/h_{sj} 为 4，泊松比大约为 1/6 的混凝土试件），部分标准给出的推荐值约为 1.37[65]。

此外，E-modumeter 测试系统推荐了混凝土的横向动弹性模量和纵向动弹性模量计算公式[75]

$$E_{dt} = \frac{4L_{sj} R_x m_{cs} f_h^2}{b_{sj} h_{sj}} \times 10^{-3} \tag{6.106}$$

$$E_{dl} = \frac{4L_{sj} m_{cs} f_l^2}{b_{sj} h_{sj}} \times 10^{-3} \tag{6.107}$$

$$R_x = \frac{(b_{sj}/h_{sj} + h_{sj}/b_{sj})}{4b_{sj}/h_{sj} - 2.52 \times (b_{sj}/h_{sj})^2 + 0.21 \times (b_{sj}/h_{sj})^6} \tag{6.108}$$

因此，硫酸盐侵蚀后混凝土相对动弹性模量为

$$P_{dt} = \frac{E_{dt}}{E_{dt0}} \times 100\% \tag{6.109}$$

$$P_{dl} = \frac{E_{dl}}{E_{dl0}} \times 100\% \tag{6.110}$$

式中：P_{dt} 和 P_{dl} 分别为硫酸盐侵蚀后混凝土横向与纵向相对动弹性模量；E_{dt0} 和 E_{dl0} 分别为硫酸盐侵蚀前混凝土横向与纵向动弹性模量。

基于上述理论分析和探讨，测试不同硫酸盐溶液浓度和侵蚀龄期下的混凝土动弹性模量，图 6.21 为不同浓度硫酸盐溶液侵蚀前后 C20 混凝土动弹性模量变化曲线。由图 6.21 可知，硫酸盐侵蚀后的 C20 混凝土横向和纵向动弹性模量随硫酸盐溶液浓度增大先增大后减小并趋于稳定。在硫酸盐浓度为 5%情况下，硫酸盐侵蚀 2 个月的混凝土动弹性模量变化达到最大值，如图 6.21（a）所示。因为侵入混凝土的硫酸根离子与水化产物（CH、CAH 和 CSH 等）反应生成膨胀性物质（如 AFt、二水石膏等）[76]，这些物质填充在混凝土孔隙和孔洞中，提高了混凝土微观结构致密度，低浓度硫酸盐溶液侵蚀后的混凝土动弹性模量增大。随着硫酸盐溶液浓度增大，混凝土表面硫酸盐浓度梯度增大，侵入混凝土硫酸根离子的量增多，反应生成更多的膨胀性物质。若混凝土内孔隙不能全部容纳生成的膨胀性物质，则混凝土内部产生的结晶压力可导致混凝土发生损伤和产生裂缝[77,78]。因此，混凝土动弹性模量随着硫酸盐溶液浓度增大而减小。随侵蚀龄期的延长（4 个月），混凝土弹性模量随硫酸盐浓度增大先增大后减小再增大并趋于稳定，如图 6.21（b）所示。在硫酸盐溶液浓度为 1%条件下，硫酸盐侵蚀后的混凝土动弹性模量达到最大值；在硫酸盐溶液浓度为 5%条件下，硫酸盐侵蚀后的混凝土动弹性模量达到最小值。对比不同硫酸盐侵蚀龄期（2 个月和 4 个月）的混凝土动弹性模量曲线可知，硫酸盐侵

蚀龄期越长（4 个月），在低浓度硫酸盐溶液（1%）侵蚀的混凝土动弹性模量增大越多，但高浓度硫酸盐溶液（≥5%）侵蚀的混凝土动弹性模量降低。这是因随硫酸盐侵蚀龄期延长，混凝土中生成了更多的膨胀性物质，填充了部分孔隙和微裂缝，提高了微观结构致密性，故在较低浓度硫酸盐溶液（1%）侵蚀的混凝土动弹性模量增大。同时，随硫酸盐溶液浓度增加（≥5%），更多的膨胀性物质生成并引起体系产生微裂缝或损伤，导致混凝土动弹性模量减小。此外，对比图 6.21 中的实测值与计算值可知，混凝土试样边长比和泊松比的修正系数 R_x 取值 1.28 时，计算值与实测值吻合较好。这表明《水工混凝土试验规程》（SL 352—2006）、《普通混凝土长期性能和耐久性能试验方法标准》（GB/T 50082—2009）和式（6.108）给出的推荐值与实测值间存在一定差异，这可能是由混凝土试件边界条件和初始条件等因素（如含水率、混凝土试样表面粗糙度等）差异造成的。

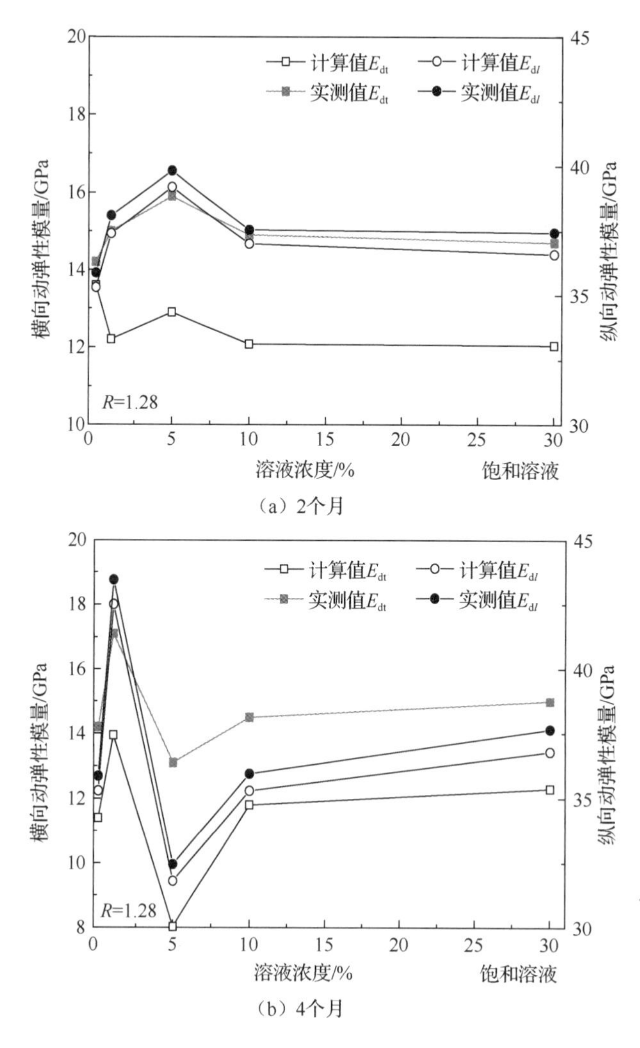

图 6.21　不同浓度硫酸盐溶液侵蚀前后 C20 混凝土动弹性模量变化曲线

混凝土纵向弹性模量测试是从混凝土试样纵向的两端部中心进行的，测试部位主要是混凝土内部未侵蚀部分和一部分表层侵蚀区域。然而，混凝土横向动弹性模量测试是基于表层振动波形曲线。与混凝土纵向动弹性模量相比，混凝土横向动弹性模量变化更佳敏感且变化百分比更高。因为混凝土硫酸盐侵蚀由表及里进行，混凝土内部未被硫酸盐侵蚀，混凝土表层生成的膨胀性物质较多，且混凝土表层微观结构和性能等变化更显著。上述分析可从硫酸盐侵蚀前后混凝土相对动弹性模量变化曲线得以验证，如图 6.22 所示。图 6.22 中混凝土相对动弹性模量是基于图 6.21 中的试验结果计算得出。硫酸盐侵蚀前后的混凝土相对动弹性模量发生变化主要表现为曲线变化趋势和相对变化量等方面。硫酸盐侵蚀 2 个月的混凝土相对动弹性模量随硫酸盐溶液浓度增大先增大后减小，并最终趋于稳定。不同硫酸盐溶液浓度侵蚀后的混凝土相对动弹性模量均高于未侵蚀的混凝土相对动弹性模量。然而，硫酸盐侵蚀 4 个月的混凝土相对动弹性模量随硫酸盐溶液浓度增大先增大后减小并再增大。这可能是由于硫酸盐侵蚀龄期延长，导致混凝土内生成的膨胀性物质引起体系产生微裂缝。当侵蚀龄期较短（2 个月）时，侵蚀产物随侵蚀溶液浓度增大而增多，但过多膨胀性物质可导致体系损伤或产生微裂缝。随侵蚀龄期延长（4 个月），在较低溶液浓度条件下混凝土内也可生成较多的膨胀性物质，提高微观结构致密性，但高硫酸盐溶液浓度生成较多的侵蚀产物可导致微观结构损伤，故混凝土相对动弹性模量减小。硫酸盐溶液在特定浓度范围（1%～10%）内对混凝土相对动弹性模量影响最显著，这与生成膨胀性物质的量和混凝土内孔隙所能容纳物质的量之间存在关联有关。此外，高硫酸盐溶液浓度条件下的混凝土相对动弹性模量变化趋于稳定。生成膨胀性物质填充混凝土表面孔隙，减少了硫酸根离子向混凝土内部传输。

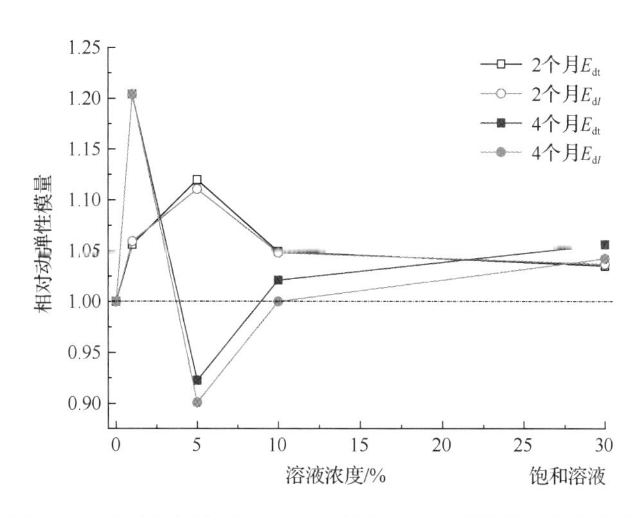

图 6.22　硫酸盐侵蚀前后 C20 混凝土相对动弹性模量变化曲线

2. 硫酸盐侵蚀对混凝土泊松比的影响

混凝土泊松比是混凝土横纵向应变比值，也是反映其横向变形的弹性常数。硫酸盐侵蚀后的混凝土劣化与其泊松比存在密切联系，研究表明混凝土泊松比 ν_c 表示为[79]

$$\nu_c = \frac{E_{dl}}{2E_{dt}} - 1 \tag{6.111}$$

为了揭示硫酸盐侵蚀混凝土泊松比变化规律，不同硫酸盐侵蚀龄期（2 个月、4 个月）和硫酸盐溶液浓度下的混凝土横纵向应变。基于式（6.111），计算出硫酸盐侵蚀前后混凝土泊松比。图 6.23 为硫酸盐溶液浓度对 C20 混凝土泊松比的影响。图 6.23 中数据表明，混凝土泊松比随硫酸盐溶液浓度增大先减小后增大，并趋于定值。在硫酸盐溶液浓度相同的条件下，混凝土泊松比随硫酸盐侵蚀龄期延长而减小。上述现象表明硫酸盐侵蚀降低了混凝土抵抗横向变形能力。混凝土硫酸盐侵蚀生成大量膨胀性物质，使混凝土内产生较大拉应力，导致混凝土表层微观结构损伤和产生微裂缝，在宏观上表现为混凝土泊松比变化。硫酸盐侵蚀龄期越长的混凝土，其泊松比降低程度越大，这表明硫酸盐侵蚀对混凝土表层劣化更严重。

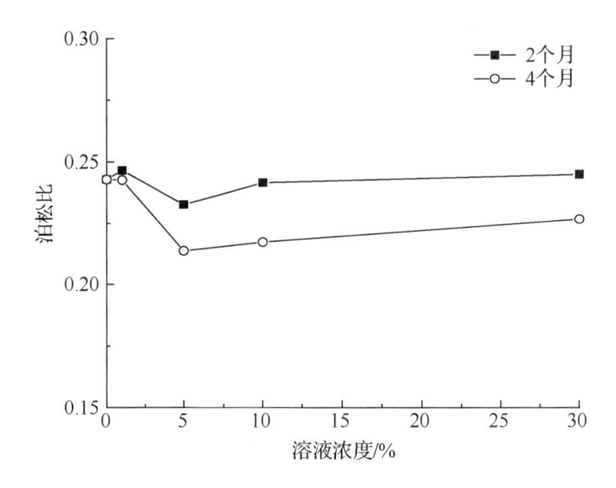

图 6.23　硫酸盐溶液浓度对 C20 混凝土泊松比的影响

3. 硫酸盐侵蚀对混凝土阻尼性能的影响

混凝土阻尼比是评价混凝土减振性能的重要指标，对于保障结构稳定性、安全性和耐久性以及防震减灾等具有重要意义。混凝土硫酸盐侵蚀从表层开始，混凝土硫酸盐侵蚀损伤可引起混凝土阻尼比变化。因此，开展硫酸盐侵蚀前后混凝土阻尼性能研究具有现实意义。

在存在阻尼力的情况下，阻尼振动方程可表示为[80]

$$\frac{d^2 x_t}{dt^2} + 2\eta_s \frac{dx_t}{dt} + \omega^2 x_t = 0 \tag{6.112}$$

式中：η_s、ω、x_t 分别为材料的振动衰减系数、固有角频率、振动波 t 时刻的振幅。

相应方程的解析解为

$$x_t = x_m e^{-\eta_s t} \cos(\omega t + \varphi) \tag{6.113}$$

$$\eta_s = \omega \zeta_{zn} \tag{6.114}$$

式中：x_m、φ、ζ_{zn} 分别为振动波的起始时刻振幅、相位角和阻尼比。

混凝土阻尼比可表示混凝土耗能快慢情况，是其动力学的重要参量之一。基于实测自由振动衰减曲线和式（6.113），可求得振动波形衰减曲线各时刻的振幅。同时，采用对数变换，可确定式（6.113）中的振动衰减系数，如式（6.115）所示。

$$\eta_{\mathrm{s}}=\ln\frac{x_i}{x_{i+n_{\mathrm{a}}}}=\zeta_{\mathrm{zn}}\omega n_{\mathrm{a}}T_d=\frac{2\pi n_{\mathrm{a}}\zeta_{\mathrm{zn}}}{\sqrt{1-\zeta_{\mathrm{zn}}^2}} \tag{6.115}$$

式中：x_i、$x_{i+n_{\mathrm{a}}}$ 分别为 i 和 $i+n_{\mathrm{a}}$ 处的振动波的振幅；n_{a} 为计算段相邻连续的波峰（或波谷）个数。

一般来讲，实际工程结构的阻尼比远小于 1，故 $\sqrt{1-\zeta_{\mathrm{zn}}^2}$ 取值约为 1。因此，式（6.115）可简化为

$$\eta_{\mathrm{s}}\approx 2\pi n_{\mathrm{a}}\zeta_{\mathrm{zn}} \tag{6.116}$$

综述可知，可采用时域衰减法测试混凝土阻尼特性，利用振动自由衰减曲线上间隔 n_{a} 次振动的两个波形振动幅值变化求解混凝土阻尼比和衰减系数。结合式（6.115）和式（6.116），可计算混凝土阻尼比，如式（6.117）所示。混凝土硫酸盐侵蚀后的相对阻尼比变化量，可采用式（6.118）表示。

$$\zeta_{\mathrm{zn}}=\frac{1}{2\pi n_{\mathrm{a}}}\ln\frac{x_i}{x_{i+n_{\mathrm{a}}}} \tag{6.117}$$

$$P_{\zeta}=\frac{\zeta_1}{\zeta_0}\times 100\% \tag{6.118}$$

式中：n_{a} 为计算段相邻连续的波峰（或波谷）个数，x_i、$x_{i+n_{\mathrm{a}}}$ 分别为第 i 和 $i+n_{\mathrm{a}}$ 个波峰（或波谷）值；ζ_1、ζ_0 分别为未被硫酸盐侵蚀和硫酸盐侵蚀后的混凝土阻尼比；P_{ζ} 为混凝土硫酸盐侵蚀后的相对阻尼比变化量。

基于上述理论推导，通过测试混凝土内振动波形衰变曲线，可求解混凝土动态力学性能参数（如动弹性模量、阻尼比、衰减系数和泊松比等），这对于深入开展硫酸盐侵蚀混凝土动态力学性能变化规律研究具有重要意义。通过试验测试不同硫酸盐溶液浓度侵蚀后的混凝土内部波形衰减曲线，分析相应的混凝土阻尼比和衰减系数。图 6.24 为未被硫酸盐侵蚀的 C30 混凝土（表示为 C30KB）横向动弹性模量测试过程中的波形衰减变化。由图 6.24 可见，混凝土横向动弹性模量测试过程中的波形曲线逐渐衰减并最终消失，波形变化可采用余弦函数形式描述，如式（6.113）所示。通过分析图 6.24 中波形变化可知，每 0.01 s 对应的波数 n_{w} 为 52。因此，选取不同测试时间（或波数 n_{w} 值）进行混凝土阻尼比计算，计算结果如图 6.25 所示。图 6.25 中分段时间形式的计算步长为 0.01 s，计算各段测试时间对应的混凝土阻尼比；起始时间累积形式是以测试起点为计算开始时间，累积不同测试时间（0.01 s、0.02 s、0.03 s、0.04 s 和 0.05 s）计算混凝土阻尼比。计算结果表明，采用不同分段时间（或波数）或起始时间累积形式计算出的混凝土阻尼比不同。采用同种计算方式计算出的混凝土阻尼比也存在差异，如采用分段时间形式计算混凝土阻尼比（如 0～0.01 s、0.01～0.02 s）先减小后趋于定值（如 0.02～0.03 s、

0.03～0.04 s）再减小（0.04～0.05 s）；采用起始时间累积形式计算出的混凝土阻尼比呈逐渐减小趋势。通过上述分析可知，基于波形衰减曲线对应的不同衰减段求解出的混凝土阻尼比存在差异是由于图中波形衰减速率不同。因此，采用混凝土动弹性模量测试波形曲线计算混凝土阻尼比时，不能简单地随意截取一段波形衰减曲线计算混凝土阻尼比，宜采用波形曲线振幅衰减变化计算混凝土阻尼比。

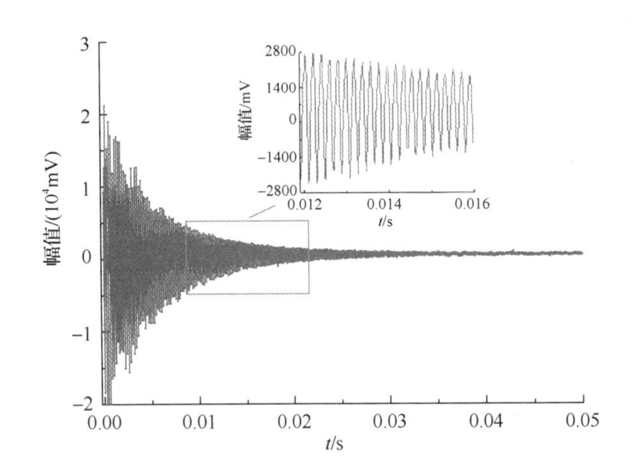

图 6.24　C30 混凝土横向动弹性模量测试过程中的波形变化

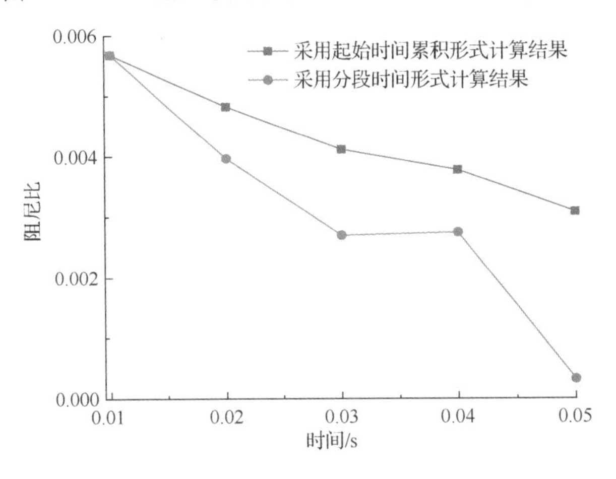

图 6.25　混凝土阻尼比变化

与此同时，图 6.26 分析了未被硫酸盐侵蚀的 C30 混凝土空白样（表示为 C30KB）纵向和横向动弹性模量测试过程中的波形振幅衰减变化。由图 6.26 可以看出，采用指数函数形式的包络线变化表征混凝土中的波形振幅衰减变化，即

$$A_{\mathrm{t}} = A_{\mathrm{w}} \mathrm{e}^{(-t/B_{\mathrm{w}})} + C_{\mathrm{w}} \tag{6.119}$$

式中：A_{t} 为波形在 t 时刻的振幅；t 为时间；A_{w} 为波形初始振幅；B_{w} 为混凝土内波形衰减参数；C_{w} 为波形中心线偏移量。

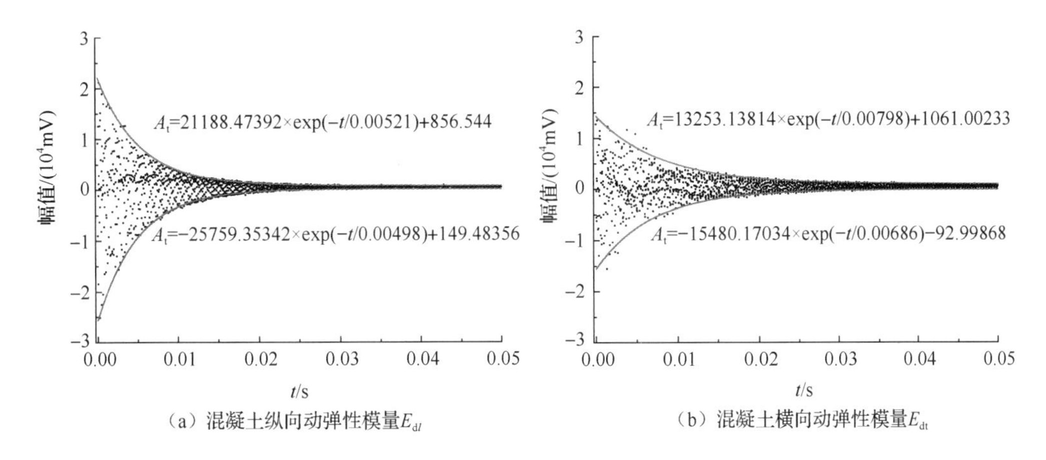

（a）混凝土纵向动弹性模量E_{dl}　　（b）混凝土横向动弹性模量E_{dt}

图 6.26　C30KB 混凝土动弹性模量测试过程中波形振幅衰减

通过上述分析可知混凝土内波形振幅衰减随时间呈指数形式变化，并随着振幅衰减曲线逐渐减小并最终消失。这表明采用波形振幅衰减包络线可间接反映混凝土阻尼性能变化规律。硫酸盐侵蚀可导致混凝土微观结构改变，而测试过程中振动波的波形振幅衰减受微观结构影响显著，可采用混凝土内波形衰减曲线来反映硫酸盐侵蚀对混凝土阻尼性能的影响。试验测试了不同硫酸盐溶液浓度侵蚀后 4 个月的 C30 混凝土纵向动弹性模量测试过程中波形曲线。图 6.27 为硫酸盐溶液浓度对 C30 混凝土波形衰减曲线影响。显而易见，不同浓度硫酸盐溶液侵蚀后的混凝土纵向动弹性模量测试过程中的波形振幅衰减曲线也可采用指数函数式（6.119）表示。随硫酸盐溶液浓度增大，混凝土内波形振幅衰减曲线变化率增大且衰减程度增大。与图 6.26 中的混凝土空白样相比（C30KB），硫酸盐侵蚀混凝土内波形振幅衰减曲线变化更显著。其中，以硫酸盐溶液浓度为 5%的混凝土波形振幅曲线衰减最显著。这表明混凝土对振动能量的吸收或消耗能力增强。这是因为硫酸盐侵蚀导致混凝土内产生大量微细裂缝、集料与水泥浆体界面劣化、水化产物间搭接形式等变化，使得混凝土内消耗能量能力增加。这间接表明硫酸盐侵蚀可导致混凝土微观结构劣化和孔隙数量增加等。

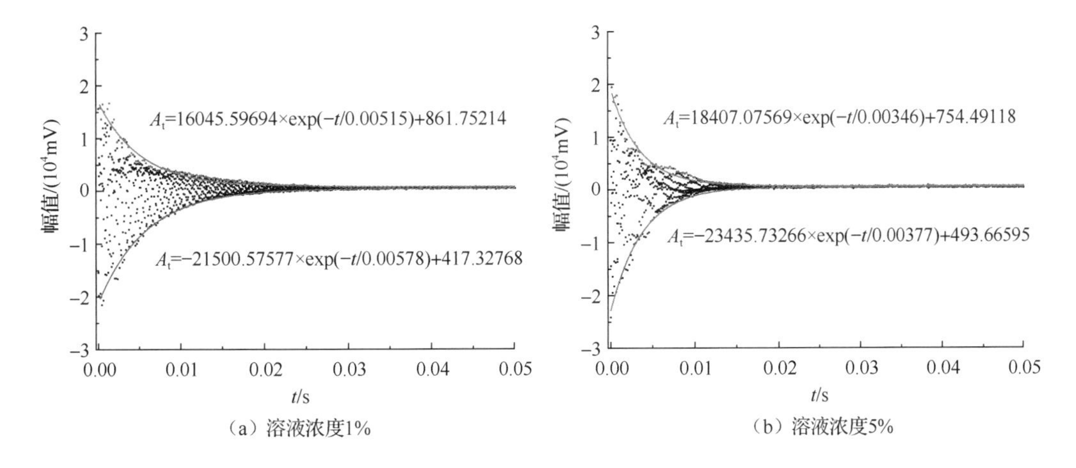

（a）溶液浓度1%　　（b）溶液浓度5%

图 6.27　硫酸盐溶液浓度对 C30 混凝土 E_{dl} 波形衰减曲线影响

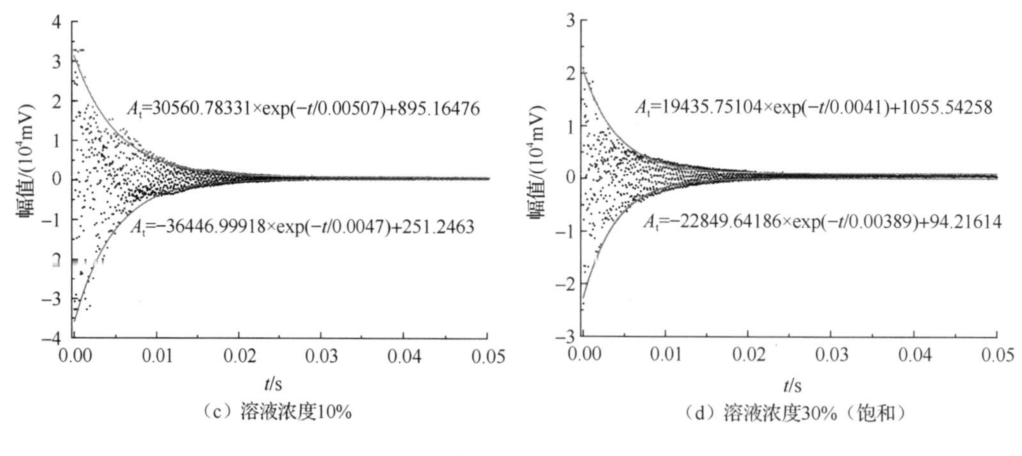

（c）溶液浓度10%　（d）溶液浓度30%（饱和）

图 6.27（续）

针对上述理论分析，试验测试了不同硫酸盐溶液浓度、侵蚀龄期和强度等级的混凝土内波形衰减，并基于波形振幅衰减曲线计算混凝土阻尼比，如图 6.28 所示。由图 6.28 可见，侵蚀龄期较短（2 个月）的混凝土阻尼比随硫酸盐溶液浓度增大先增大后减小，随混凝土强度减小而增大，如图 6.28（a）所示。随侵蚀龄期延长（4 个月），混凝土阻尼比也随硫酸盐溶液浓度增大先增大后减小，低强度等级混凝土的阻尼比变化更显著，如图 6.28（b）所示。混凝土强度等级越低（C20），混凝土阻尼比随溶液浓度增大而增大程度更大。短侵蚀龄期（2 个月）的高强度等级混凝土（C30 和 C40）阻尼比极大值对应的硫酸盐溶液浓度为 10%，而长侵蚀龄期（4 个月）对应的硫酸盐溶液浓度为 5%。硫酸根离子侵入混凝土表层生成了过多的膨胀性物质引起体系微观结构损伤和开裂，使得体系更疏松且增加了微观摩擦界面；同时，酸盐侵蚀后混凝土产生应力场和变形场，导致微观结构疏松并产生微裂缝，微裂缝的闭合、扩张、滑移以及两侧基体摩擦都会造成能量的损耗，故混凝土阻尼比增大。

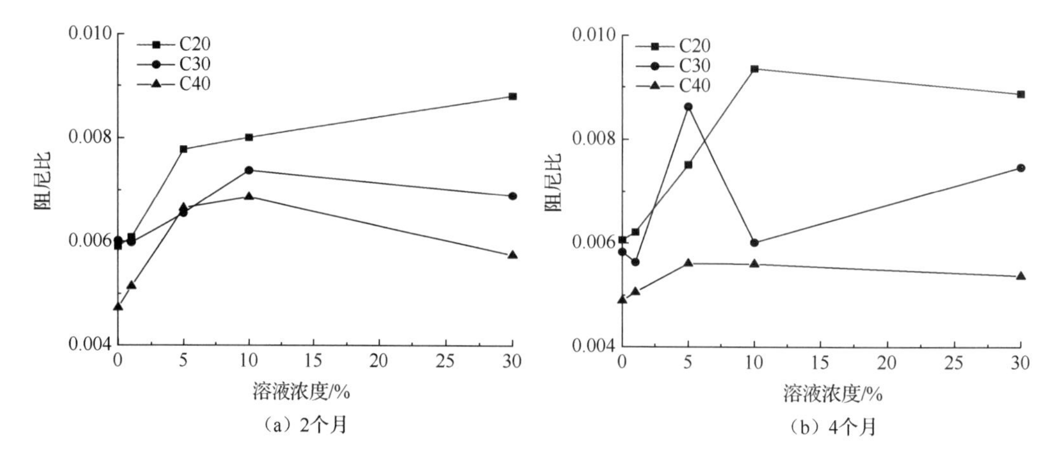

（a）2个月　（b）4个月

图 6.28　硫酸盐溶液浓度对混凝土阻尼比的影响

图 6.29 为硫酸盐溶液浓度对混凝土内波形衰减系数影响曲线。由图 6.29 可知，混凝土内振动波形衰减系数随硫酸盐溶液浓度增加而增大，随混凝土强度等级增加而减小，随侵蚀龄期延长而增大。短侵蚀龄期（2 个月）高强度等级混凝土（C30 和 C40）内波形衰减系数随着溶液浓度增加先增大后减小，混凝土内波形衰减系数极大值对应的硫酸盐溶液浓度为 10%，如图 6.29（a）所示。随侵蚀龄期延长（4 个月），混凝土内波形衰减系数极大值对应的硫酸盐溶液浓度降低，如图 6.29（b）所示。硫酸根离子侵入混凝土生成大量的膨胀性物质，劣化了混凝土微观结构，降低了混凝土致密度，导致混凝土内耗能能力增强。由图 6.29 还可以看出，高硫酸盐溶液浓度和较长侵蚀龄期对低强度等级混凝土内波形衰减系数影响更显著。低强度等级混凝土抵抗硫酸盐侵蚀能力差，硫酸盐侵蚀产生的负效应起主导作用，混凝土微观结构变得疏松且生成更多裂缝及界面增加了体系的耗能能力，故相应的波形衰减系数增大。

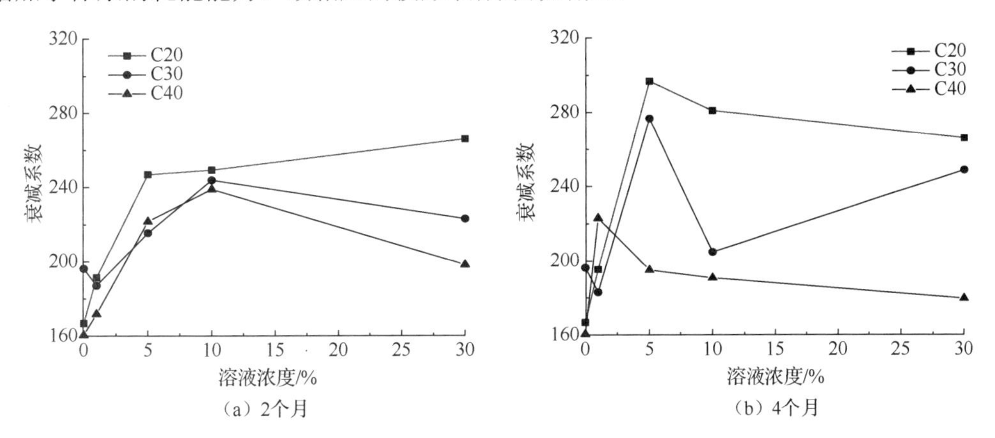

（a）2个月　　（b）4个月

图 6.29　硫酸盐溶液浓度对混凝土内波形衰减系数影响曲线

6.3　混凝土硫酸盐侵蚀室内模拟环境试验方法

6.3.1　室内模拟环境试验参数

混凝土硫酸盐侵蚀是复杂的物理化学反应过程，试验制度的合理性对揭示真实的混凝土硫酸侵蚀机理和历程至关重要。混凝土硫酸盐侵蚀室内模拟环境试验制度参数主要包括温度及其时间比、相对湿度、硫酸盐种类及溶液浓度、溶液 pH 值等。为了获得较适宜的混凝土硫酸盐侵蚀室内模拟环境试验制度，本节在理论分析和混凝土硫酸盐侵蚀试验基础上，对试验制度和各试验参数取值进行了深入探讨。

1. 温度

温度对混凝土硫酸盐侵蚀影响主要体现在化学反应速率和硫酸根离子扩散系数两个方面。尽管提高试验温度可加速混凝土耐久性劣化速率，但过高的温度易导致混凝土耐久性劣化机理失真和水化产物分解。因此，试验温度取值应遵循具有较好的加速效果和侵蚀机理符合实际的原则。若采用化学反应速率常数来衡量温度的加速效果，则需要确定相应的化学反应活化能。然而，部分反应活化能难以获得。因此，本节采用以下方式确定温度对混凝土硫酸盐侵蚀化学反应速率常数的影响。

假设混凝土为均质体系且混凝土内孔隙溶液所含离子浓度稳定，混凝土硫酸盐侵蚀过程中体系发生的各类物化反应可表示为

$$e\mathrm{E}+f\mathrm{F}\underset{k_-}{\overset{k_+}{\rightleftharpoons}}g\mathrm{G}+h\mathrm{H} \tag{6.120}$$

当体系达到化学平衡时，相应的化学反应速率微分形式表示为[28]

$$r_{\text{sum}}=-\frac{1}{e}\frac{\mathrm{d}[\mathrm{E}]}{\mathrm{d}t}=-\frac{1}{f}\frac{\mathrm{d}[\mathrm{F}]}{\mathrm{d}t}=\frac{1}{g}\frac{\mathrm{d}[\mathrm{G}]}{\mathrm{d}t}=\frac{1}{h}\frac{\mathrm{d}[\mathrm{H}]}{\mathrm{d}t}=\frac{1}{v_B}\frac{\mathrm{d}[\mathrm{B}]}{\mathrm{d}t} \tag{6.121}$$

$$r_+=k_+[\mathrm{E}]^e[\mathrm{F}]^f \qquad r_-=k_-[\mathrm{G}]^g[\mathrm{H}]^h \tag{6.122}$$

式中：v_B 为化学反应式中物质 B 的系数，对反应物和生成物分别取负值与正值；r_{sum}、r_+ 和 r_- 分别表示总反应、正向和逆向反应速率；k_+ 和 k_- 分别表示正向和逆向反应速率常数。

体系总化学速率为正向与逆向反应速率常数之差，反应达到动态平衡状态对应的平衡常数 K_{eq} 即

$$K_{\text{eq}}=\frac{k_+}{k_-}=\frac{[\mathrm{G}]^g[\mathrm{H}]^h}{[\mathrm{E}]^e[\mathrm{F}]^f} \tag{6.123}$$

若不考虑体系中物质浓度变化的影响，并且将正向和逆向反应均视为基元反应，则体系反应速率由体系中分解速率较低的物质的浓度控制。研究表明体系化学反应平衡常数为

$$\lg K_{\text{eq}}=A+BT+\frac{C}{T}+D\lg T+\frac{E}{T^2} \tag{6.124}$$

结合式（6.123）和式（6.124），可采用化学平衡常数之比确定温度对体系化学反应速率常数的加速倍数

$$n_T'=\frac{K_{\text{eq}}^T}{K_{\text{eq}}^{T_0}}=\exp\left[B(T-T_0)+C\left(\frac{1}{T}-\frac{1}{T_0}\right)+D\lg\left(\frac{T}{T_0}\right)+E\left(\frac{1}{T^2}-\frac{1}{T_0^2}\right)\right] \tag{6.125}$$

式（6.125）即为温度对体系化学反应速率常数的加速倍数计算公式。混凝土内硫酸盐侵蚀主要生成物为硫酸钙类（石膏类）、钙矾石类（AFt）或硫酸钠盐类等。通过确定混凝土硫酸盐侵蚀产物和相应的反应常数（B、C、D、E），可计算温度对混凝土硫酸盐侵蚀的加速倍数。

温度对混凝土内部硫酸根离子扩散系数的影响可参考式（5.13）分析，相应的加速倍数可根据式（6.71）计算。各温度阶段对应的时间比也可参考 5.3.1 节中的有关研究进行确定。一般情况下，混凝土硫酸盐侵蚀由混凝土内硫酸根离子扩散主导。在室内模拟环境试验中温度取值主要以温度对混凝土内硫酸根离子系数的加速倍数为依据。表 6.4 给出利用长沙地区各月平均温度确定室内模拟环境试验温度及其时间比。由表 6.4 可知，在确保混凝土硫酸盐侵蚀机理不变的前提下，温度对混凝土内硫酸根离子扩散系数加速倍数最高可达到 6 倍。

表 6.4　长沙地区 2000～2010 年气象参数与模拟温度

温度阶段		参数				
		温度/℃	相对湿度/%	平均温度/℃	加速 6 倍相应温度/℃	拟定模拟温度/℃
低温阶段	11 月	13.2	72.3	9.3	30.5	30
	12 月	7.4	72.5			
	1 月	5.2	74.9			
	2 月	7.9	75.5			
	3 月	12.9	72.6			
中温阶段	4 月	18.2	73.1	18.6	41.1	30
	10 月	19.1	73.4			
高温阶段	5 月	23	73.1	26.5	50.2	50
	6 月	26.7	75.7			
	7 月	29.8	72.1			
	8 月	28.3	74.5			
	9 月	24.6	72.8			

注：加速倍数不同，对应的室内模拟环境试验的温度取值不同。拟定模拟温度为计算出的混凝土硫酸盐侵蚀的最大加速倍数。

2. 相对湿度

混凝土内部湿度直接决定了混凝土内硫酸盐侵蚀机理和劣化速率。混凝土内硫酸盐传质机理不同于水分传输（可以气态形式），混凝土内毛细管中水分连通是确保混凝土内硫酸盐传质发生的前提。因此，混凝土内相对湿度（RH）应处于大于某特定相对湿度临界值 RH_{th}（该值可由混凝土内孔隙特征计算），即为 $RH_{th} \leqslant RH \leqslant 100\%$。同时，结合硫酸钠晶体的相谱图分析可知，高温阶段（大于 32.4 ℃）要析出 Na_2SO_4 晶体的最大相对湿度约为 85%，而低温阶段（小于 32.4 ℃）要析出 $Na_2SO_4 \cdot 10H_2O$ 晶体的最小相对湿度约为 60%。这也表明对于模拟试验过程中混凝土内湿度应满足此条件，否则不存在混凝土硫酸盐结晶侵蚀现象。高温阶段（大于 32.4 ℃）若要保证析出 Na_2SO_4 晶体前提下，$60\% \leqslant RH \leqslant 85\%$；而低温阶段（小于 32.4 ℃）若要保证析出 $Na_2SO_4 \cdot 10H_2O$ 晶体前提下，$50\% \leqslant RH \leqslant 100\%$。结合室内模拟环境试验系统的功能指标，确定喷淋阶段室内模拟环境相对湿度为 100%，高温干燥阶段 RH 为 70%，低温干燥阶段 RH 宜取 55%。

3. 硫酸盐种类及溶液浓度

硫酸盐种类对混凝土硫酸盐侵蚀影响显著且劣化特征不同，图 6.30 为不同类型硫酸盐溶液侵蚀试件的试验结果。各种盐类溶液的饱和水汽不同。由图 6.30 可以看出，不同种类盐对试样侵蚀主要表现为有无盐析晶析出和侵蚀溶液润湿区域范围大小等方面。若盐溶液饱和水汽压高于大气环境相对湿度，则盐溶液将向环境中蒸发水汽，导致试样表面发生盐析晶现象，如 Na_2SO_4 溶液。反之，盐溶液将会吸收环境中的水汽，导致试样表面不会产生晶体（如 $MgSO_4$ 饱和溶液）。至于溶液润湿区域范围不同可能是因各类盐溶液比表面张力和接触角不同。鉴于工程结构遭受硫酸盐侵蚀多为 Na_2SO_4 溶液，故选定硫酸钠开展混凝土硫酸盐侵蚀研究。

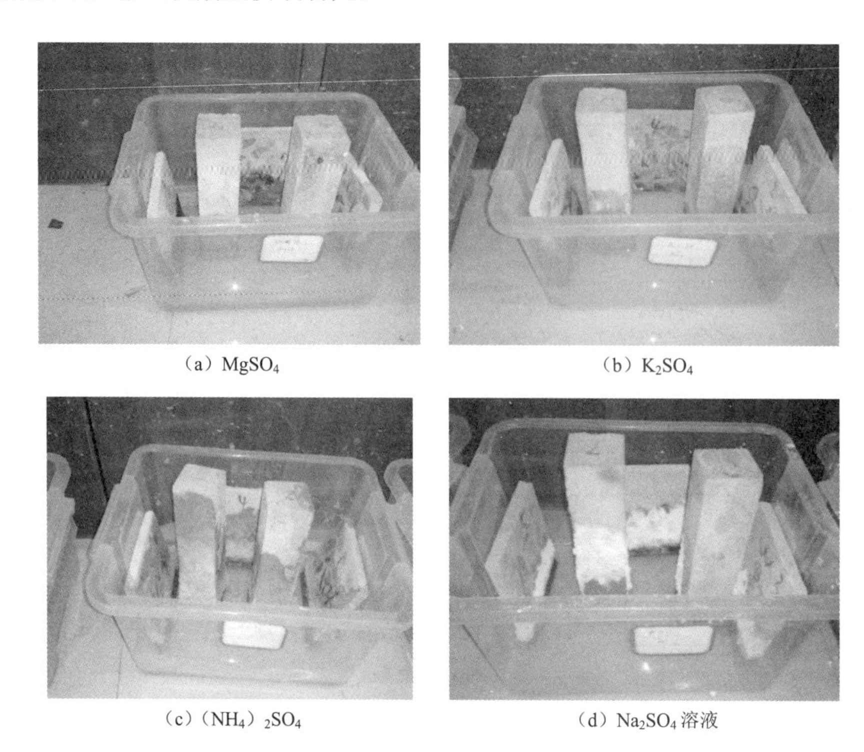

（a）$MgSO_4$　（b）K_2SO_4

（c）$(NH_4)_2SO_4$　（d）Na_2SO_4 溶液

（e）NaCl 溶液

图 6.30　不同种类硫酸盐侵蚀试件的试验结果

硫酸盐溶液浓度对混凝土侵蚀产物种类和机理等影响显著，国内外相关标准中推荐的硫酸钠溶液浓度存在差异。如 Park 等[81]根据环境因素确定试验 Na_2SO_4 溶液浓度为10%质量分数，ASTMC-1012 根据试验确定 Na_2SO_4 溶液浓度为 50 g/L（或质量分数 5%）[82]，《普通混凝土长期性能和耐久性能试验方法标准》（GB/T 50082—2009）推荐质量分数 5%的 Na_2SO_4 溶液干湿交替（80 ℃±5 ℃烘干，25～30 ℃浸泡，循环周期为 24 h）。混凝土硫酸盐侵蚀生成物差别对应的[SO_4^{2-}]浓度不同，以下分析了室内模拟环境试验中 Na_2SO_4 溶液浓度对混凝土硫酸盐侵蚀，具体内容如下。

1）硫酸盐侵蚀生成物为二水硫酸钙。当溶液中对应的[SO_4^{2-}]质量浓度低于 160 ppm（1ppm=10^{-6}）时，体系尚未达到反应平衡，故不生成二水硫酸钙晶体。当[SO_4^{2-}]质量浓度高于 250 ppm 时，体系逐步趋于反应平衡，故可生成二水硫酸钙晶体。此外，当[SO_4^{2-}]质量浓度高于 420 ppm 时，体系在常温范围内趋于反应平衡，故可生成无水硫酸钙晶体。

2）硫酸盐侵蚀生成物为 AFt。当溶液中对应的[SO_4^{2-}]质量浓度低于 270 ppm 时（考虑到其分解特性，讨论温度低于 60 ℃），体系达到反应平衡受温度影响较大，具体生成 AFt 的可能性由反应温度主导，总体上大于 1 ppm 均有可能生成。

3）硫酸盐侵蚀生成物为十水硫酸钠或硫酸钠。当溶液中对应的[SO_4^{2-}]浓度低于 152 ppm 时，体系尚未达到反应平衡，故不能生成十水硫酸钠或硫酸钠晶体。当[SO_4^{2-}]浓度高于 1568 ppm 时，体系逐步趋于反应平衡，可能生成十水硫酸钠或硫酸钠晶体。此外，考虑到温度范围影响（0～32.4 ℃），当[SO_4^{2-}]浓度范围为（152～1568 ppm）时，体系反应趋于平衡，可能生成十水硫酸钠晶体。

上述分析结论与美国混凝土协会（ACI）根据硫酸根离子浓度划分等级[30]和《建筑防腐蚀工程施工规范》（GB 50212—2014）[44]规定硫酸盐侵蚀的部分数据吻合。因此，根据硫酸盐侵蚀产物选择相应的[SO_4^{2-}]浓度，从而为设定开展室内模拟环境试验硫酸盐溶液浓度提供了理论依据。

此外，温度也影响混凝土硫酸盐侵蚀产物相应的硫酸根浓度。已知硫酸钠溶液、无水硫酸钠与十水硫酸钠晶体相变温湿度（约 32.4 ℃和 85%）和溶解度（50 g/100 g 水，折合质量分数约为 33.3%），该溶解度是过程中所需的最大浓度（不考虑过饱和状况）。该溶解度是保证相应状况下产生盐析晶的最低浓度和整个析晶过程的临界浓度，根据试验结果可求出相应的溶液浓度约为 14.9%。考虑到溶液过饱和度对盐析晶的影响，为保证试验过程中溶液浓度超过饱和状况且满足最低浓度要求，选取硫酸钠溶液的质量分数为 5%或 10%。若混凝土硫酸盐侵蚀产物为 AFt，则硫酸盐溶液浓度宜取 2%。

4. 溶液 pH 值

溶液 pH 值会影响混凝土硫酸盐侵蚀产物种类及其含量，并对体系中反应热力学平衡影响显著。本节从物理化学理论方面分析 pH 值对不同物质平衡常数的影响。

（1）$Ca(OH)_2$ 溶解度与 pH 值热力学关系

在 $Ca(OH)_2$ 溶液中 Ca^{2+} 离子会形成 $CaOH^+$、$Ca(OH)_2$，常温下（25 ℃）体系配位反应和平衡常数可表示为

$$Ca^{2+}+OH^- \rightleftharpoons CaOH^+ \qquad K_1=\frac{[CaOH^+]}{[Ca^{2+}][OH^-]}=10^{1.4} \tag{6.126}$$

$$Ca^{2+}+2OH^- \rightleftharpoons Ca(OH)_2(aq) \qquad K_2=\frac{[Ca(OH)_2]}{[Ca^{2+}][OH^-]^2}=10^{3.83} \tag{6.127}$$

已知

$$\mathrm{Ca(OH)_2(s)} \rightleftharpoons \mathrm{Ca^{2+}+2OH^-} \qquad K_s=[\mathrm{Ca^{2+}}][\mathrm{OH^-}]^2=5.5\times10^{-6} \tag{6.128}$$

因此

$$\mathrm{Ca(OH)_2(s)} \rightleftharpoons \mathrm{CaOH^+ + OH^-} \qquad K_{s1}=K_s\cdot K_1=[\mathrm{CaOH^+}][\mathrm{OH^-}]=10^{-3.86} \tag{6.129}$$

$$\mathrm{Ca(OH)_2(s)} \rightleftharpoons \mathrm{Ca(OH)_2(aq)} \qquad K_{s2}=K_s\cdot K_2=[\mathrm{Ca(OH)_2}]=10^{-1.43} \tag{6.130}$$

对上述方程取常用对数，并建立其与 pH 值的关系，可确定各物质浓度与 pH 值的函数关系为

$$\lg[C/(\mathrm{mol/L})]=\begin{cases}\lg[\mathrm{Ca^{2+}}]=22.74-2\mathrm{pH}\\ \lg[\mathrm{CaOH^+}]=10.14-\mathrm{pH}\\ \lg[\mathrm{Ca(OH)_2}]=-1.43\end{cases} \tag{6.131}$$

与此同时，基于式（6.131）绘制出相应的摩尔浓度与 pH 值关系曲线，如图 6.31 所示。由图 6.31 可知，各直线分别表示不同含钙物质与 $Ca(OH)_2$ 固相的平衡关系，并将体系分为 $Ca(OH)_2$ 的饱和区域与非饱和区域。过饱和区域的边界线近似表示该体系在不同 pH 值条件下的 $Ca(OH)_2$ 溶解度。当 pH 值在 12～14 范围时，$Ca(OH)_2$ 的溶解度最小（约为 0.03715 mol/L，约合 2.75 g/L）。当 pH 值低于 12 时，$Ca(OH)_2$ 的溶解度随 pH 值减小而增大，且 $Ca(OH)_2$ 以多种钙离子形式存在。

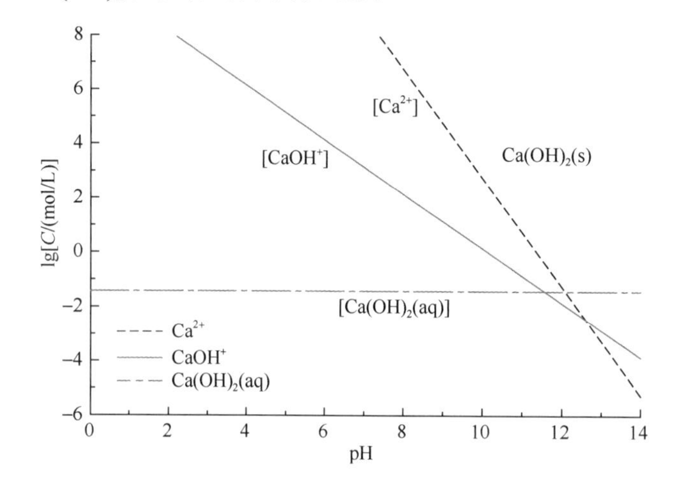

图 6.31　$Ca(OH)_2$-H_2O 体系在 25 ℃时的浓度与 pH 值曲线

（2）$CaSO_4$-$CaSO_4\cdot2H_2O$-H_2O 溶解度与 pH 值热力学关系

在 $CaSO_4$-$Ca(OH)_2$-H_2O 体系中，含钙离子的羟基配合物为 $CaOH^+$、$Ca(OH)_2$，在 25 ℃下体系的配位反应和平衡常数为

$$\mathrm{Ca^{2+}+H_2O} \rightleftharpoons \mathrm{CaOH^+ + H^+} \qquad K_{11}=\frac{[\mathrm{CaOH^+}][\mathrm{H^+}]}{[\mathrm{Ca^{2+}}]}=10^{-12.6} \tag{6.132}$$

$$\mathrm{Ca^{2+}+2H_2O} \rightleftharpoons \mathrm{Ca(OH)_2(aq)+2H^+} \qquad K_{22}=\frac{[\mathrm{Ca(OH)_2}][\mathrm{H^+}]^2}{[\mathrm{Ca^{2+}}]}=10^{-24.17} \tag{6.133}$$

因此，体系中所含钙的总浓度 $[Ca^{2+}]_{total}$ 为

$$[Ca^{2+}]_{total}=[Ca^{2+}]+[Ca(OH)^{+}]+[Ca(OH)_2] \tag{6.134}$$

通过整理式（6.134），可得到钙离子表达式

$$[Ca^{2+}]=[Ca^{2+}]_{total}\left(1+\frac{K_{11}}{[H^{+}]}+\frac{K_{22}}{[H^{+}]^2}\right)^{-1} \tag{6.135}$$

已知硫酸各级电离反应及平衡常数分别表示为

$$H_2SO_4 \rightleftharpoons HSO_4^- + H^+ \qquad K_{33}=\frac{[HSO_4^-][H^+]}{[H_2SO_4]}=10^3 \tag{6.136}$$

$$HSO_4^- \rightleftharpoons SO_4^{2-} + H^+ \qquad K_{44}=\frac{[SO_4^{2-}][H^+]}{[HSO_4^-]}=10^{-1.92} \tag{6.137}$$

溶液中含硫物质的总浓度$[SO_4^{2-}]_{total}$为

$$[SO_4^{2-}]_{total}=[SO_4^{2-}]+[HSO_4^-]+[H_2SO_4] \tag{6.138}$$

整理式（6.138），可得到硫酸根离子的表达式

$$[SO_4^{2-}]=[SO_4^{2-}]_{total}\left(1+\frac{[H^+]}{K_{44}}+\frac{[H^+]^2}{K_{33}K_{44}}\right)^{-1} \tag{6.139}$$

已知 25 ℃条件下，$CaSO_4$的溶解平衡反应式及其平衡常数分别为

$$CaSO_4(s) \rightleftharpoons Ca^{2+}+SO_4^{2-} \qquad K_{CaSO_4}=[SO_4^{2-}][Ca^{2+}]=10^{-4.44} \tag{6.140}$$

$$CaSO_4(aq) \rightleftharpoons SO_4^{2-}+Ca^{2+} \qquad K_{CaSO_4}(aq)=[SO_4^{2-}][Ca^{2+}]=10^{-2.31} \tag{6.141}$$

$$CaSO_4(s) \rightleftharpoons CaSO_4(aq) \qquad K_{CaSO_4}(s\text{-}aq)=[CaSO_4(aq)]=10^{-2.13} \tag{6.142}$$

整理式(6.140)～式(6.142)，并把相应的钙离子和硫酸根离子浓度表达式(6.135)～式（6.139）代入，可得到相应的平衡常数

$$\begin{aligned}K_{CaSO_4}&=[SO_4^{2-}][Ca^{2+}]=[Ca^{2+}]\\&=[Ca^{2+}]_{total}\left(1+\frac{K_{11}}{[H^+]}+\frac{K_{22}}{[H^+]^2}\right)^{-1}\cdot[SO_4^{2+}]_{total}\left(1+\frac{[H^+]}{K_{33}}+\frac{[H^+]^2}{K_{33}K_{44}}\right)^{-1}\end{aligned} \tag{6.143}$$

同理，$CaSO_4 \cdot 2H_2O$的平衡常数与 pH 值的关系为

$$CaSO_4\cdot 2H_2O(s) \rightleftharpoons SO_4^{2-}+Ca^{2+}+2H_2O \qquad K_{CaSO_4\cdot H_2O}=[SO_4^{2-}][Ca^{2+}][H_2O]^2=10^{-4.6} \tag{6.144}$$

$$\begin{aligned}K_{CaSO_4\cdot H_2O}&=[SO_4^{2-}][Ca^{2+}]=[Ca^{2+}]\\&=[Ca^{2+}]_{total}\left(1+\frac{K_{11}}{[H^+]}+\frac{K_{22}}{[H^+]^2}\right)^{-1}\cdot[SO_4^{2+}]_{total}\left(1+\frac{[H^+]}{K_{33}}+\frac{[H^+]^2}{K_{33}K_{44}}\right)^{-1}\end{aligned} \tag{6.145}$$

溶液体系钙物质和硫物质浓度相等（即$[Ca^{2+}]_{total}=[SO_4^{2+}]_{total}$），根据式（6.145）可得到含钙物质与固相的溶解平衡体系的浓度与 pH 值曲线，如图 6.32 所示。由图 6.32 可见，各直线分别表示不同含钙物质与固相的溶解平衡关系，并将体系分为物质饱和区域与非饱和区域。过饱和区域的边界线近似表示该体系在不同 pH 值条件下的固相溶解度。当 pH 值在 2～12 范围内时，$CaSO_4$和$CaSO_4\cdot 2H_2O$的溶解度最小（约为 0.006 mol/L

和 0.005 mol/L）。当 pH 值低于 2 或高于 12 时，$CaSO_4$ 和 $CaSO_4\cdot 2H_2O$ 的溶解度增大，这表明 $CaSO_4$ 和 $CaSO_4\cdot 2H_2O$ 的溶解度对 pH 值变化有较大影响。Ca^{2+} 与相应的固体 $CaSO_4(s)$ 或 $CaSO_4\cdot 2H_2O$ 的溶解之间存在一个缓冲区域，这表明 Ca^{2+} 具有优先生成固体 $CaSO_4\cdot 2H_2O$ 的趋势。

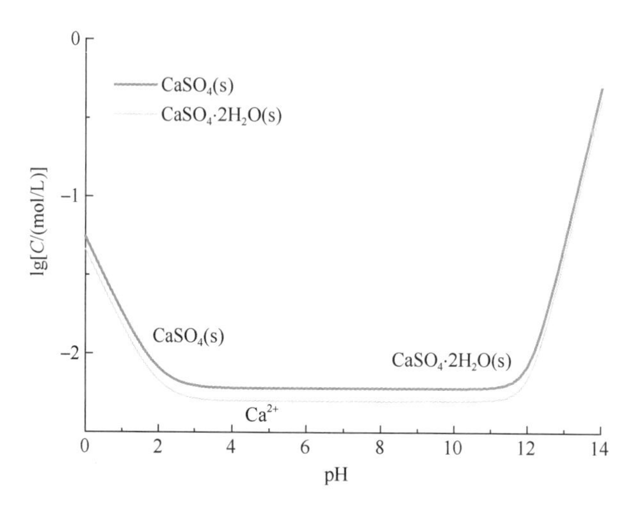

图 6.32　$CaSO_4$ 或 $CaSO_4\cdot 2H_2O$ -H_2O 体系在 25 ℃时的平衡体系浓度与 pH 值曲线

对比分析 $CaSO_4$、$CaSO_4\cdot 2H_2O$ 和 $Ca(OH)_2$ 在水溶液中的溶解变化及相互影响，图 6.33 给出了上述物质 25 ℃条件下的溶解浓度与 pH 值的关系曲线。由图 6.33 可以看出，$CaSO_4$、$CaSO_4\cdot 2H_2O$ 和 $Ca(OH)_2$ 存在相平衡点，该点是相应的物质平衡转化临界点和共存点。虚线左侧区域为 $CaSO_4$ 和 $CaSO_4\cdot 2H_2O$ 固相的稳定存在区域，该区域的 $CaSO_4$ 和 $CaSO_4\cdot 2H_2O$ 溶解度较小，固体 $Ca(OH)_2$ 可溶解生成 $CaSO_4$、$CaSO_4\cdot 2H_2O$ 沉淀。该区域溶液由 $CaSO_4$ 和 $CaSO_4\cdot 2H_2O$ 溶解度主导，相应曲线下部为各种物质溶液共存区域。当体系溶解度达到该曲线后，即有转化为 $CaSO_4$ 和 $CaSO_4\cdot 2H_2O$ 固相的可能。虚线右侧区域为 $CaSO_4$、$CaSO_4\cdot 2H_2O$ 和 $Ca(OH)_2$ 共存区域或固相 $Ca(OH)_2$ 区域，实线下部为非饱和区域，溶液趋于稳定。当体系浓度处于 $CaSO_4$ 和 $CaSO_4\cdot 2H_2O$ 饱和度曲线上部，则为 $CaSO_4$、$CaSO_4\cdot 2H_2O$ 和 $Ca(OH)_2$ 三相共存，溶液体系处于过饱和状态。当处于 $CaSO_4$ 和 $CaSO_4\cdot 2H_2O$ 饱和度曲线下部和 $Ca(OH)_2$ 饱和度曲线上部区域时，体系为 $Ca(OH)_2$ 固相，溶液体系浓度由 $Ca(OH)_2$ 溶度积控制，体系中的 $CaSO_4$ 和 $CaSO_4\cdot 2H_2O$ 可溶解，该区域相应的 pH 值大于 12.8。该值处于水泥水化体系的 pH 值范围，故水泥中添加 $CaSO_4$ 和 $CaSO_4\cdot 2H_2O$ 可溶解生成钙离子与硫酸根离子，为后续的钙矾石生成提供硫酸根离子。

（3）$Na_2SO_4\cdot 2H_2O / Na_2SO_4$-$H_2O$ 溶解度与 pH 值热力学关系

已知在 $Na_2SO_4\cdot 2H_2O / Na_2SO_4$-$H_2O$ 体系在 25 ℃以下体系反应平衡常数为

$$Na_2SO_4(s) \rightleftharpoons SO_4^{2-} + 2Na^+ \qquad K_{Na_2SO_4} = [SO_4^{2-}][Na^+]^2 = 10^{-0.34} \tag{6.146}$$

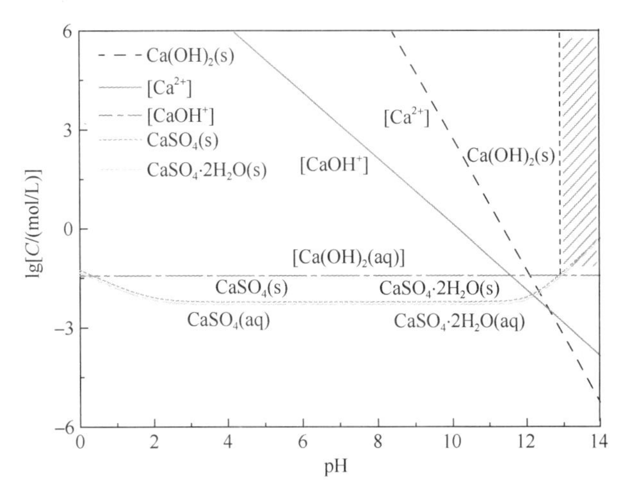

图 6.33　$CaSO_4$、$CaSO_4\cdot 2H_2O$ 和 $Ca(OH)_2$ 溶解浓度与 pH 值的关系曲线（25 ℃）

$$Na_2SO_4\cdot 10H_2O(s) \rightleftharpoons SO_4^{2-} + 2Na^+ + 10H_2O \qquad K_{Na_2SO_4\cdot 10H_2O} = [SO_4^{2-}][Na^+]^2 = 10^{-1.22} \tag{6.147}$$

已知 25 ℃条件下，NaOH 溶解平衡常数分别为

$$NaOH(s) \rightleftharpoons OH^- + Na^+ \qquad K_{NaOH} = [OH^-][Na^+] = 10^{2.84} \tag{6.148}$$

$$NaOH(aq) \rightleftharpoons Na^+ + OH^- \qquad K_{NaOH(aq)} = \frac{[Na^+][OH^-]}{[NaOH]} = 10^{0.75} \tag{6.149}$$

因此，溶液中含 Na^+ 的总浓度 $[Na^+]_{total}$ 为

$$[Na^+]_{total} = [Na^+] + [NaOH](aq) = [Na^+]\left(1 + \frac{[OH^-]}{K_{NaOH(aq)}}\right) \tag{6.150}$$

整理式(6.150)，并把相应的钠物质和硫物质浓度表达式代入式(6.146)和式(6.147)，可得到相应的反应平衡常数表达式：

$$\begin{aligned} K_{Na_2SO_4} &= K_{Na_2SO_4\cdot 10H_2O} = [SO_4^{2-}][Na^+]^2 \\ &= \left[[Na^+]_{total}\left(1 + \frac{[OH^-]}{10^{0.75}}\right)^{-1}\right]^2 \cdot [SO_4^{2-}]_{total}\left(1 + \frac{[H^+]}{K_{33}} + \frac{[H^+]^2}{K_{33}K_{44}}\right)^{-1} \end{aligned} \tag{6.151}$$

溶液体系中的钠物质和硫物质浓度存在一定联系（即 $[Na^+]_{total} = 2[SO_4^{2-}]_{total}$），图 6.34 为根据式（6.151）得到 SO_4^{2-} 与固相的溶解平衡体系的浓度与 pH 值曲线。由图 6.34 可知，硫酸钠溶解度高于二水石膏和石膏的溶解度。在 pH 值不高于 13 时，溶液浓度一般较小（约为 0.247 mol/L）。当 pH 值高于 13 时，溶液浓度增加（约为 0.275 mol/L）。对比硫酸钠和二水石膏或石膏溶解度平衡曲线可知，体系存在相平衡点 a，过该点做 pH 值坐标垂线（图中虚线），表示十水硫酸钠和硫酸钙或二水硫酸钙共存。虚线左侧为石膏或二水石膏稳定存在区，因其溶解度低于十水硫酸钠，故该区域的十水硫酸钠将溶解转化生成二水硫酸钙或硫酸钙沉淀。虚线右侧为十水硫酸钠稳定存在区域，该区域的二水硫酸钙和硫酸钙将转化为十水硫酸钠沉淀，相应区域上部面积为过饱和区，在不同的pH值下将会生成相应的固相沉淀。实线下部为非饱和区域，溶液可稳定存在。当体系的pH值不高于13.6时，体系中的二水硫酸钙和硫酸钙溶解度较小，$[SO_4^{2-}]$浓度将由该两种物质的溶度积控制；反之，当体系的pH值高于13.6时，体系硫酸根离子浓度将由十水硫酸钠溶度积控制。$Na_2SO_4 \cdot 2H_2O$ 平衡溶解度远低于 Na_2SO_4，这表明 $Na_2SO_4 \cdot 2H_2O$ 更优先从体系中沉淀析出，该温度条件下生成物为 $Na_2SO_4 \cdot 2H_2O$。

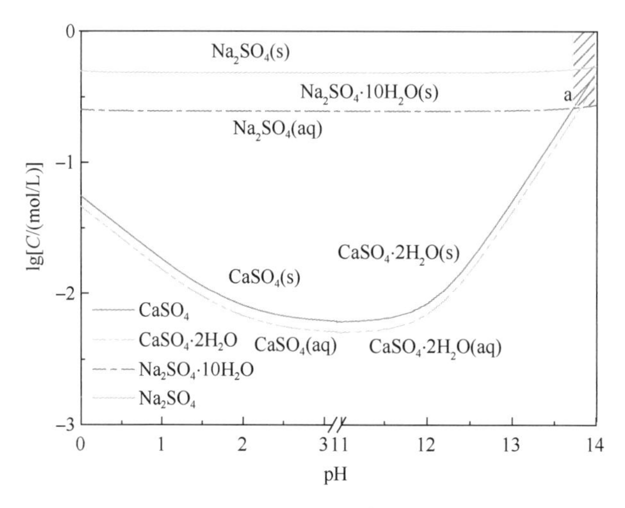

图 6.34　$Na_2SO_4 \cdot 2H_2O / Na_2SO_4$ -H_2O 体系在 25 ℃时的浓度与 pH 值曲线

（4）AFt-AFm-ACm-H_2O 溶解度与 pH 值热力学关系

已知碳酸各级电离反应及平衡常数分别表示为

$$H_2CO_3(aq) \rightleftharpoons HCO_3^- + H^+ \qquad K_{55} = \frac{[HCO_3^-][H^+]}{[H_2CO_3]} = 4.45 \times 10^{-7} = 10^{-6.35} \tag{6.152}$$

$$HCO_3^- \rightleftharpoons CO_3^{2-} + H^+ \qquad K_{66} = \frac{[CO_3^{2-}][H^+]}{[HCO_3^-]} = 4.7 \times 10^{-11} = 10^{-10.328} \tag{6.153}$$

$$CO_2(g) + H_2O \rightleftharpoons H_2CO_3(aq) \qquad K_{c-66} = [H_2CO_3(aq)] = 10^{-1.48} \tag{6.154}$$

基于上述分析，对相应的方程式取对数并转换为pH的函数，可得碳酸根物质平衡浓度随pH值变化关系，如式（6.155）所示。

$$\lg[C/(mol/L)] = \begin{cases} \lg[CO_3^{2-}] = 2pH - 18.158 \\ \lg[HCO_3^-] = pH - 7.83 \\ \lg[H_2CO_3] = -1.48 \end{cases} \tag{6.155}$$

基于式（6.155）绘制出的函数曲线，如图6.35所示。由图6.35可知，各直线分别表示不同含碳酸根物质与二氧化碳气体的平衡关系，并将体系分为碳酸根饱和区域和非饱和区域。过饱和区域的边界线近似表示该体系在不同 pH 值条件下的平衡浓度。当 pH 值在大于 8 时，物质主要以碳酸根形式存在；当 pH 值低于 8 时，碳酸根可以多种物质形式存在。

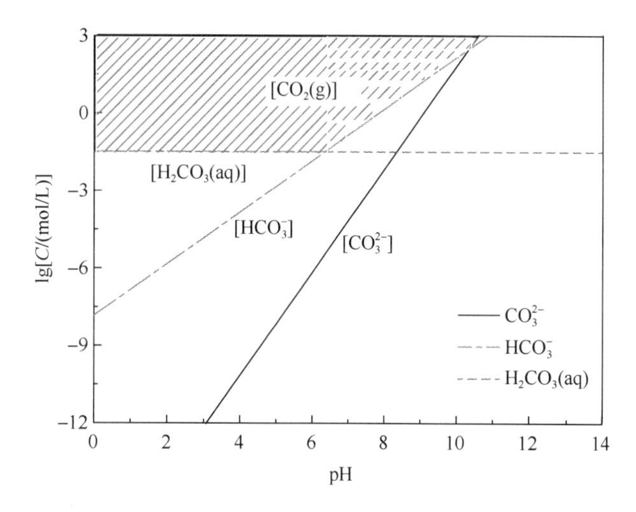

图 6.35　在 25 ℃时的碳酸根物质浓度与 pH 值曲线

溶液中含碳酸物质的总浓度 $[CO_3^{2-}]_{total}$ 为

$$[CO_3^{2-}]_{total}=[CO_3^{2-}]+[HCO_3^-]+[H_2CO_3(aq)] \tag{6.156}$$

整理式（6.152）、式（6.153）和式（6.156）可得到 CO_3^{2-} 和 HCO_3^- 的浓度表达式

$$[CO_3^{2-}]=[CO_3^{2-}]_{total}\left(1+\frac{[H^+]}{K_{66}}+\frac{[H^+]^2}{K_{55}K_{66}}\right)^{-1} \tag{6.157}$$

$$[HCO_3^-]=[CO_3^{2-}]_{total}\left(1+\frac{K_{66}}{[H^+]}+\frac{[H^+]}{K_{55}}\right)^{-1} \tag{6.158}$$

对于 $CaCO_3$-H_2O 溶液体系，含碳物质之间的相转变和相平衡方程如下：

$$CaCO_3(s) \rightleftharpoons CO_3^{2-}+Ca^{2+} \qquad K_{CaCO_3}=[CO_3^{2-}][Ca^{2+}]=10^{-8.35} \tag{6.159}$$

因此，相应的平衡常数可表示为

$$K_{CaCO_3}=[CO_3^{2-}][Ca^{2+}]=[CO_3^{2+}]_{total}\left(1+\frac{[H^+]}{K_{66}}+\frac{[H^+]^2}{K_{55}K_{66}}\right)^{-1}[Ca^{2+}]_{total}\left(1+\frac{K_{11}}{[H^+]}+\frac{K_{22}}{[H^+]^2}\right)^{-1} \tag{6.160}$$

因溶液中含钙与含碳量相等，对相应方程式取对数并转换为 pH 值的函数，可得含碳酸根物质平衡浓度随 pH 值变化曲线。图 6.36 分析 $CaCO_3$、$Ca(OH)_2$ 和 CO_2-H_2O 体系 25 ℃下的浓度与 pH 值变化曲线。由图 6.36 可知，各直线分别表示不同物质的溶解状态与固态物质间的平衡关系，各物质间所在体系分为饱和区和非饱和区。过饱和区的边界线近似表示该体系在不同 pH 值条件下的平衡浓度。对比碳酸钙和氢氧化钙溶解度平衡曲线可知，体系存在相平衡点（a 点），过该点作 pH 值坐标垂线（图中虚线），表示固相碳酸钙和氢氧化钙共存。虚线左侧为二氧化碳稳定存在区，因其所需碳酸根离子溶解度低于碳酸钙，故该区域的碳酸钙将溶解生成二氧化碳气体。虚线右侧为氢氧化钙和碳酸钙稳定存在区域，该区域的氢氧化钙转化为碳酸钙沉淀，相应区域上部面积为过饱和区，在不同的 pH 值下会生成相应的固相沉淀。实线下部为非饱和区，溶液稳定存在。当体系的 pH 值高于 5 时，体系中的碳酸钙溶解度较小，碳酸根离子浓度将由该碳酸钙的溶度积控制。反之，当体系的 pH 值低于 5 时，体系碳酸根离子浓度将由二氧化碳气体溶度积控制。上述分析表明，混凝土体系中氢氧化钙会溶解而反应生成碳酸钙，这就是混凝土碳化机理的热力学分析。

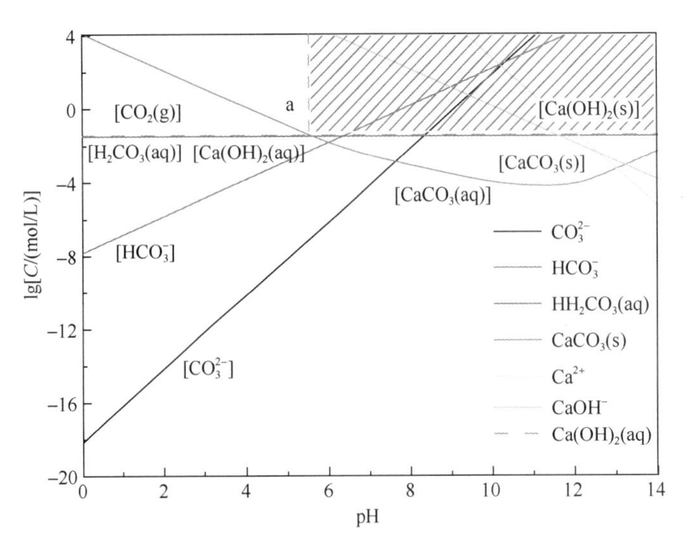

图 6.36　$CaCO_3$、$Ca(OH)_2$ 和 CO_2-H_2O 体系在 25 ℃时的浓度与 pH 值变化曲线

已知氢氧化铝各相反应平衡方程和平衡常数分别表示为

$$Al^{3+}+3OH^{-} \rightleftharpoons Al(OH)_3(aq) \qquad K_{88}=\frac{[Al(OH)_3(aq)]}{[Al^{3+}][OH^{-}]^3}=10^{8.86} \tag{6.161}$$

$$Al^{3+}+2H_2O \rightleftharpoons Al(OH)_2^{+}+2H^{+} \qquad K_{88}=\frac{[Al(OH)_2^{+}][H^{+}]^2}{[Al^{3+}]}=10^{-10.59} \tag{6.162}$$

$$Al^{3+}+H_2O \rightleftharpoons AlOH^{2+}+H^{+} \qquad K_{99}=\frac{[AlOH^{2+}][H^{+}]}{[Al^{3+}]}=10^{-4.95} \tag{6.163}$$

$$Al^{3+}+2H_2O \rightleftharpoons AlO_2^{-}+4H^{+} \qquad K_{00}=\frac{[AlO_2^{-}][H^{+}]^4}{[Al^{3+}]}=10^{-22.87} \tag{6.164}$$

$$Al(OH)_3(s) \rightleftharpoons Al(OH)_3(aq) \qquad K_{cc}=[Al(OH)_3(aq)]=10^{-24.04} \tag{6.165}$$

溶液中含铝物质的总浓度$[Al^{3+}]_{total}$为

$$[Al^{3+}]_{total}=[Al^{3+}]+[AlO_2^-]+[Al(OH)_2^+]+[Al(OH)^{2+}]+[Al(OH)_3(aq)] \tag{6.166}$$

整理式（6.166）可得到含铝离子的表达式：

$$[Al^{3+}]=[Al^{3+}]_{total}\left(1+\frac{K_{00}}{[H^+]^4}+\frac{K_{99}}{[H^+]}+\frac{K_{88}}{[H^+]^2}+K_{77}[OH^-]^3\right)^{-1} \tag{6.167}$$

基于上述分析，对相应方程式取对数并转换为 pH 值的函数，可得含碳酸根物质平衡浓度随 pH 值变化关系方程：

$$\lg[C/(mol/L)]=\begin{cases}\lg[AlO_2^-]=pH-13.77\\ \lg[Al(OH)_2^+]=1.49+pH\\ \lg[Al(OH)^{2+}]=2pH-4.15\\ \lg[Al(OH)_3(aq)]=-24.04\\ \lg[Al^{3+}]=8.74-3pH\end{cases} \tag{6.168}$$

已知 25 ℃条件下，氢氧化铝的溶解平衡反应式及其平衡常数分别为

$$Al(OH)_3(s) \rightleftharpoons Al^{3+}+3OH^- \qquad K_{Al(OH)_3(s)}=[Al^{3+}][OH^-]^3=10^{-32.9} \tag{6.169}$$

将铝离子和氢氧根离子浓度表达式代入式（6.169），整理后可得到相应的平衡常数表达式

$$K_{Al(OH)_3(s)}=[Al^{3+}][OH^-]^3=[Al^{3+}]_{total}\left(1+\frac{K_{00}}{[H^+]^4}+\frac{K_{99}}{[H^+]}+\frac{K_{88}}{[H^+]^2}+K_{77}[OH^-]^3\right)^{-1}[OH^-]^3 \tag{6.170}$$

因体系中含铝物质质量守恒，基于上述分析对式（6.170）取常用对数并转换为 pH 值的函数，可得含氢氧化铝平衡浓度随 pH 值变化曲线，如图 6.37 所示。由图可见，氢氧化铝在 pH 值为 7～14 的区间可稳定存在，当 Al^{3+} 含量较高时主要以 AlO_2^- 形式存在，且 $Al(OH)_3$ 与 AlO_2^- 间实现溶解与沉淀平衡。这表明在低 pH 值范围内体系以 Al^{3+} 形式存在为主，反之则以 AlO_2^- 形式为主。

在 AFt-H_2O、AFm-H_2O 或 ACm-H_2O 体系中，25 ℃条件下体系反应的平衡常数可表示为

$$3CaO\cdot Al_2O_3\cdot CaSO_4\cdot 12H_2O(s)+12H^+ \rightleftharpoons 4Ca^{2+}+2Al^{3+}+SO_4^{2-}+18H_2O$$

$$K_{AFm}=\frac{[Ca^{2+}]^4[Al^{3+}]^2[SO_4^{2-}]}{[H^+]^{12}}=10^{73.09} \tag{6.171}$$

$$3CaO\cdot Al_2O_3\cdot 3CaSO_4\cdot 32H_2O(s)+12H^+ \rightleftharpoons 6Ca^{2+}+2Al^{3+}+3SO_4^{2-}+38H_2O$$

$$K_{AFt}=\frac{[Ca^{2+}]^6[Al^{3+}]^2[SO_4^{2-}]^3}{[H]^{12}}=10^{57.01} \tag{6.172}$$

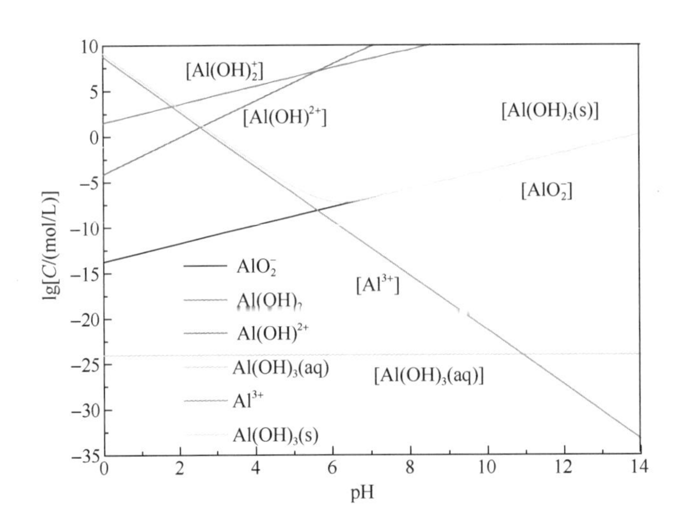

图 6.37　在 25 ℃时的含铝物质浓度随 pH 值变化曲线

$$3CaO\cdot Al_2O_3\cdot CaCO_3\cdot 10.68H_2O(s)+13H^+ \rightleftharpoons 4Ca^{2+}+2Al^{3+}+HCO_3^-+16.68H_2O$$

$$K_{ACm}=\frac{[Ca^{2+}]^4[Al^{3+}]^2[HCO_3^-]}{[H^+]^{13}}=10^{80.57} \tag{6.173}$$

基于上述分析，并把式（6.135）、式（6.139）和式（6.167）代入式（6.171）、式（6.172）和式（6.173），可得到相应的平衡常数与 pH 值间的表达式

$$\begin{aligned}K_{AFm}&=[Ca^{2+}]^4[Al^{3+}]^2[SO_4^{2-}][H^+]^{-12}\\&=\left[[Ca^{2+}]_{total}\left(1+\frac{K_{11}}{[H^+]}+\frac{K_{22}}{[H^+]^2}\right)^{-1}\right]^4\times[SO_4^{2-}]_{total}\left(1+\frac{[H^+]}{K_{33}}+\frac{[H^+]^2}{K_{33}K_{44}}\right)^{-1}\\&\quad\times\left[[Al]_{total}\left(1+\frac{K_{00}}{[H^+]^4}+\frac{K_{99}}{[H^+]}+\frac{K_{88}}{[H^+]^2}+K_{77}[OH^-]^3\right)^{-1}\right]^2\times[H^+]^{-12}\end{aligned} \tag{6.174}$$

$$\begin{aligned}K_{AFt}&=[Ca^{2+}]^6[Al^{3+}]^2[SO_4^{2-}]^3[H^+]^{-12}\\&=\left[[Ca^{2+}]_{total}\left(1+\frac{K_{11}}{[H^+]}+\frac{K_{22}}{[H^+]^2}\right)^{-1}\right]^6\times\left[[SO_4^{2-}]_{total}\left(1+\frac{[H^+]}{K_{33}}+\frac{[H^+]^2}{K_{33}K_{44}}\right)^{-1}\right]^3\\&\quad\times\left[[Al^{3+}]_{total}\left(1+\frac{K_{00}}{[H^+]^4}+\frac{K_{99}}{[H^+]}+\frac{K_{88}}{[H^+]^2}+K_{77}[OH^-]^3\right)^{-1}\right]^2\times[H^+]^{-12}\end{aligned} \tag{6.175}$$

$$\begin{aligned}K_{ACm}&=[Ca^{2+}]^4[Al^{3+}]^2[HCO_3^-][H^+]^{-13}\\&=\left[[Ca^{2+}]_{total}\left(1+\frac{K_{11}}{[H^+]}+\frac{K_{22}}{[H^+]^2}\right)^{-1}\right]^4\times[CO_3^{2-}]_{total}\left(1+\frac{[H^+]}{K_{66}}+\frac{[H^+]}{K_{55}}\right)^{-1}\\&\quad\times\left[[Al^{3+}]_{total}\left(1+\frac{K_{00}}{[H^+]^4}+\frac{K_{99}}{[H^+]}+\frac{K_{88}}{[H^+]^2}+K_{77}[OH^-]^3\right)^{-1}\right]^2\times[H^+]^{-13}\end{aligned} \tag{6.176}$$

溶液体系各物质浓度存在一定联系（即物质组成元素间比例与分子式相关），图 6.38 为根据式（6.174）、式（6.175）和式（6.176）得到含各物质与固相的溶解平衡体系的浓度与 pH 值变化曲线。图 6.38 中也给出相应的平衡浓度与生成 $CaSO_4$ 和 $CaSO_4 \cdot 2H_2O$ 对应的平衡浓度间的关系曲线。由图 6.38 可知，在 25 ℃下 AFt、AFm 和 ACm-H_2O 体系相应的平衡常数随 pH 值变化而变化。当 pH 值小于 6 时，体系中二水石膏（或石膏）的溶解度低，故其为体系主要控制因素。随 pH 值升高，出现三相平衡点，体系中将生成 AFt、AFm 或 ACm 等固相沉淀。当 pH 值处于 6～11 范围内时，AFt 溶解度低而成为体系控制因素。随 pH 值增大，ACm 溶解度较小，故其转变为主要控制因素。对比 AFt 和 AFm 可知，AFt 的溶解度相对较小；在体系中硫酸根和钙离子充足情况下，AFt 优先于 AFm 生成且 AFm 会溶解转化为 AFt 沉淀。因为 AFm 中所含的硫酸根离子物质的量与 AFm 的物质的量等同，故相应的平衡浓度也相同。AFt 中因硫酸根离子物质的量为 AFm 的物质的量的 3 倍，故相应的浓度曲线要高于 AFm 溶解度平衡曲线。对比生成 AFt 和 AFm 所需的硫酸根离子浓度平衡曲线可知，若体系中硫酸根离子浓度不足，则体系在 pH 值大于 12 时优先生成 AFm。这就是水泥体系中硫酸根离子含量不足时，AFt 会转化为 AFm 原因。

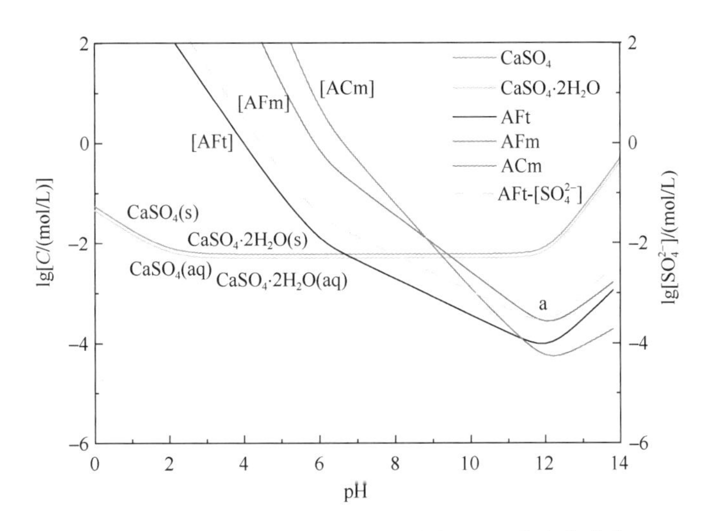

图 6.38　体系在 25 ℃下的平衡浓度随 pH 值变化曲线

（5）CAH/CSH/ $CS\bar{C}\bar{S}H$ -H_2O 溶解度与 pH 值热力学关系

体系中 pH 值会导致原有的水泥水化产物发生分解、析晶或溶蚀。因此，以下重点分析了水泥水化典型水化物［如 C_3AH_6 和 CSH(1.2)等］的溶解度随 pH 值变化规律。考虑到碳化与硫酸盐耦合效应下生成另一类典型侵蚀产物（$CaSiO_3 \cdot CaSO_4 \cdot CaCO_3 \cdot 15H_2O$，简写 $CS\bar{C}\bar{S}H$），故也对其溶解度随 pH 值变化进行了探讨。在 25 ℃条件下，各类物质的反应平衡方程及其平衡常数可表示为

$$C_3AH_6(s)+12H^+ \rightleftharpoons 3Ca^{2+}+2Al^{3+}+12H_2O \qquad K_{a1}=\frac{[Al^{3+}]^2[Ca^{2+}]^3}{[H^+]^{12}}=10^{80.33} \tag{6.177}$$

$$CaSiO_3(s)+2H^+ + H_2O \rightleftharpoons Ca^{2+} + H_4SiO_4(aq) \qquad K_{a2} = \frac{[Ca^{2+}][H_4SiO_4(aq)]}{[H^+]^2} = 10^{14.02} \tag{6.178}$$

$$CSH(1.2)(s)+2.4H^+ \rightleftharpoons 1.2Ca^{2+} + H_4SiO_4(aq) + 1.26H_2O$$

$$K_{a3} = \frac{[Ca^{2+}]^{1.2}[H_4SiO_4(aq)]}{[H^+]^{2.4}} = 10^{19.3} \tag{6.179}$$

$$CaSiO_3 \cdot CaSO_4 \cdot CaCO_3 \cdot 15H_2O(s)+3H^+ \rightleftharpoons 3Ca^{2+} + SO_4^{2-} + HCO_3^- + H_4SiO_4(aq) + 14H_2O$$

$$K_{a4} = \frac{[Ca^{2+}]^3[SO_4^{2-}][HCO_3^-][H_4SiO_4(aq)]}{[H^+]^3} = 10^{10.31} \tag{6.180}$$

已知，含硅物质的物相平衡方程和相应的平衡系数如下：

$$\alpha\text{-}SiO_4(s) + H_2O \rightleftharpoons H_4SiO_4(aq) \qquad K_{b0} = [H_4SiO_4(aq)] = 10^{-3.16} \tag{6.181}$$

$$H_4SiO_4(aq) \rightleftharpoons H_3SiO_4^- + H^+ \qquad K_{b1} = \frac{[H_3SiO_4^-][H^+]}{[H_4SiO_4(aq)]} = 10^{-9.82} \tag{6.182}$$

$$H_4SiO_4(aq) \rightleftharpoons H_2SiO_4^{2-} + 2H^+ \qquad K_{b2} = \frac{[H_2SiO_4^{2-}][H^+]^2}{[H_4SiO_4(aq)]} = 10^{-23.27} \tag{6.183}$$

溶液中含硅酸物质的总浓度$[Si^{4+}]_{total}$为

$$[Si^{4+}]_{total} = [H_4SiO_4] + [H_3SiO_4^-] + [H_2SiO_4^{2-}] \tag{6.184}$$

整理式（6.184）可得到含原硅酸物质浓度表达式：

$$[H_4SiO_4] = [Si^{4+}]_{total}\left(1 + \frac{K_{b1}}{[H^+]} + \frac{K_{b2}}{[H^+]^2}\right)^{-1} \tag{6.185}$$

基于上述分析可知，把相应物质浓度表达式代入相应方程式，可得到相应的平衡常数表达式：

$$K_{C_3AH_6} = \frac{[Al^{3+}]^2[Ca^{2+}]^3}{[H^+]^{12}} = \left([Al^{3+}]_{total}\left(1 + \frac{K_{00}}{[H^+]^4} + \frac{K_{99}}{[H^+]} + \frac{K_{88}}{[H^+]^2} + K_{77}[OH^-]^3\right)^{-1}\right)^2$$

$$\times\left([Ca^{2+}]_{total}\left(1 + \frac{K_{11}}{[H^+]} + \frac{K_{22}}{[H^+]^2}\right)^{-1}\right)^3 \times [H^+]^{-2} \tag{6.186}$$

$$K_{CaSiO_3} = \frac{[Ca^{2+}][H_4SiO_4(aq)]}{[H^+]^2}$$

$$= [Ca]_{total}\left(1 + \frac{K_{11}}{[H^+]} + \frac{K_{22}}{[H^+]^2}\right)^{-1} \times [Si^{4+}]_{total}\left(1 + \frac{K_{b1}}{[H^+]} + \frac{K_{b2}}{[H^+]^2}\right)^{-1} \times [H^+]^{-2} \tag{6.187}$$

$$K_{\mathrm{CSH(1.2)}}=\frac{[\mathrm{Ca}^{2+}]^{1.2}[\mathrm{H_4SiO_4(aq)}]}{[\mathrm{H}^+]^{2.4}}$$
$$=\left([\mathrm{Ca}]_{\mathrm{total}}\left(1+\frac{K_{11}}{[\mathrm{H}^+]}+\frac{K_{22}}{[\mathrm{H}^+]^2}\right)^{-1}\right)^{1.2}\times\left[\mathrm{Si}^{4+}\right]_{\mathrm{total}}\left(1+\frac{K_{b1}}{[\mathrm{H}^+]}+\frac{K_{b2}}{[\mathrm{H}^+]^2}\right)^{-1}\times[\mathrm{H}^+]^{-2.4} \quad (6.188)$$

$$K_{\mathrm{CS\bar{S}\bar{C}H}}=\frac{[\mathrm{Ca}^{2+}]^3[\mathrm{SO_4^{2-}}][\mathrm{HCO_3^-}][\mathrm{H_4SiO_4(aq)}]}{[\mathrm{H}^+]^3}$$
$$=\left([\mathrm{Ca}^{2+}]_{\mathrm{total}}\left(1+\frac{K_{11}}{[\mathrm{H}^+]}+\frac{K_{22}}{[\mathrm{H}^+]^2}\right)^{-1}\right)^{1.2}\times[\mathrm{Si}^{4+}]_{\mathrm{total}}\left(1+\frac{K_{b1}}{[\mathrm{H}^+]}+\frac{K_{b2}}{[\mathrm{H}^+]^2}\right)^{-1}$$
$$\times[\mathrm{H}^+]^{-3}\times[\mathrm{SO_4^{2-}}]_{\mathrm{total}}\left(1+\frac{[\mathrm{H}^+]}{K_{44}}+\frac{[\mathrm{H}^+]^2}{K_{33}K_{44}}\right)^{-1}\times\left[\mathrm{CO_3^{2-}}\right]_{\mathrm{total}}\left(1+\frac{[\mathrm{H}^+]}{K_{55}}+\frac{K_{66}}{[\mathrm{H}^+]}\right)^{-1} \quad (6.189)$$

溶液体系各物质浓度间存在联系（即物质组成元素间比例与分子式相关），故可根据式(6.189)得到含各物质与固相的溶解平衡体系浓度与 pH 变化关系。图 6.39 为 25 ℃时体系的平衡浓度与 pH 值的关系曲线。由图 6.39 可知，当 pH 值小于 7 时，$CaSO_4\cdot 2H_2O$（或 $CaSO_4$）的溶解度较小，体系主要优先生成这两类物质（$CaSO_4\cdot 2H_2O$ 更优先）。当体系 7≤pH≤12 时，体系中 $CaCO_3$ 溶解度较小，故体系优先生成 $CaCO_3$。当体系的 pH 值高于 12 后，$CaCO_3$ 与 ACm 间存在三相项平衡点，体系逐步转变为 ACm 主导溶解和析晶，$CaCO_3$ 有转变为 ACm 的趋势。当 7≤pH≤12 时，若不考虑体系的 SO_4^{2-} 存在造成的物相转变（即不考虑混凝土碳化），则体系中生成沉淀的优先顺序为 AFt>$CS\bar{C}\bar{S}H$>$CaSiO_3$>AFm>CSH（1.2）>C_3AH_6>$CaSO_4\cdot 2H_2O$>$CaSO_4$>$Ca(OH)_2$。当 pH 值高于 12 时，体系中生成沉淀的优先顺序为 AFt>$CaSiO_3$>$CS\bar{C}\bar{S}H$>AFm>CSH（1.2）>C_3AH_6>$Ca(OH)_2$>$CaSO_4\cdot 2H_2O$>$CaSO_4$。

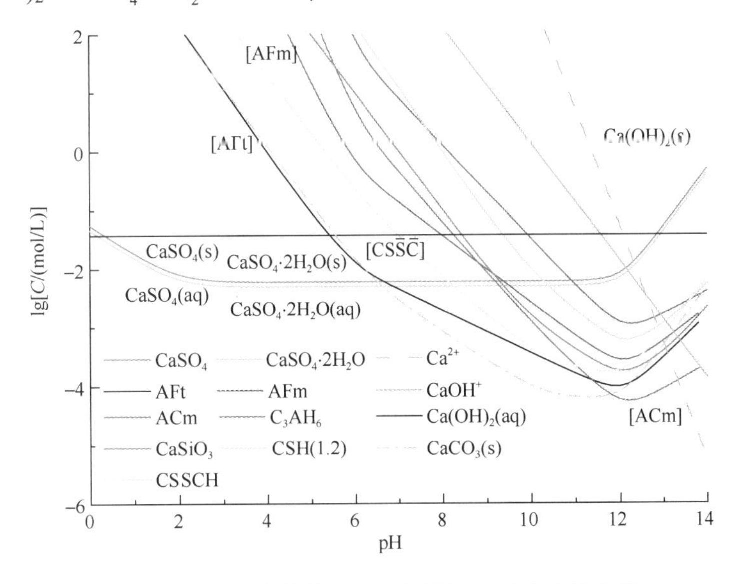

图 6.39　25 ℃时体系的平衡浓度随 pH 值变化的曲线

针对部分研究指出温度对物质平衡浓度存在显著影响的情况（如研究认为碳硫硅灰石在低温下易生成），图 6.40 为不同温度时生成物平衡浓度与 pH 值的关系。由图 6.40 可知，温度对物质平衡状态对应的物质浓度影响显著，各类物质对应浓度和变化规律不同。根据所处环境温度条件，可判定相应的物质理论浓度随温度变化趋势和可能存在的理论临界浓度值。

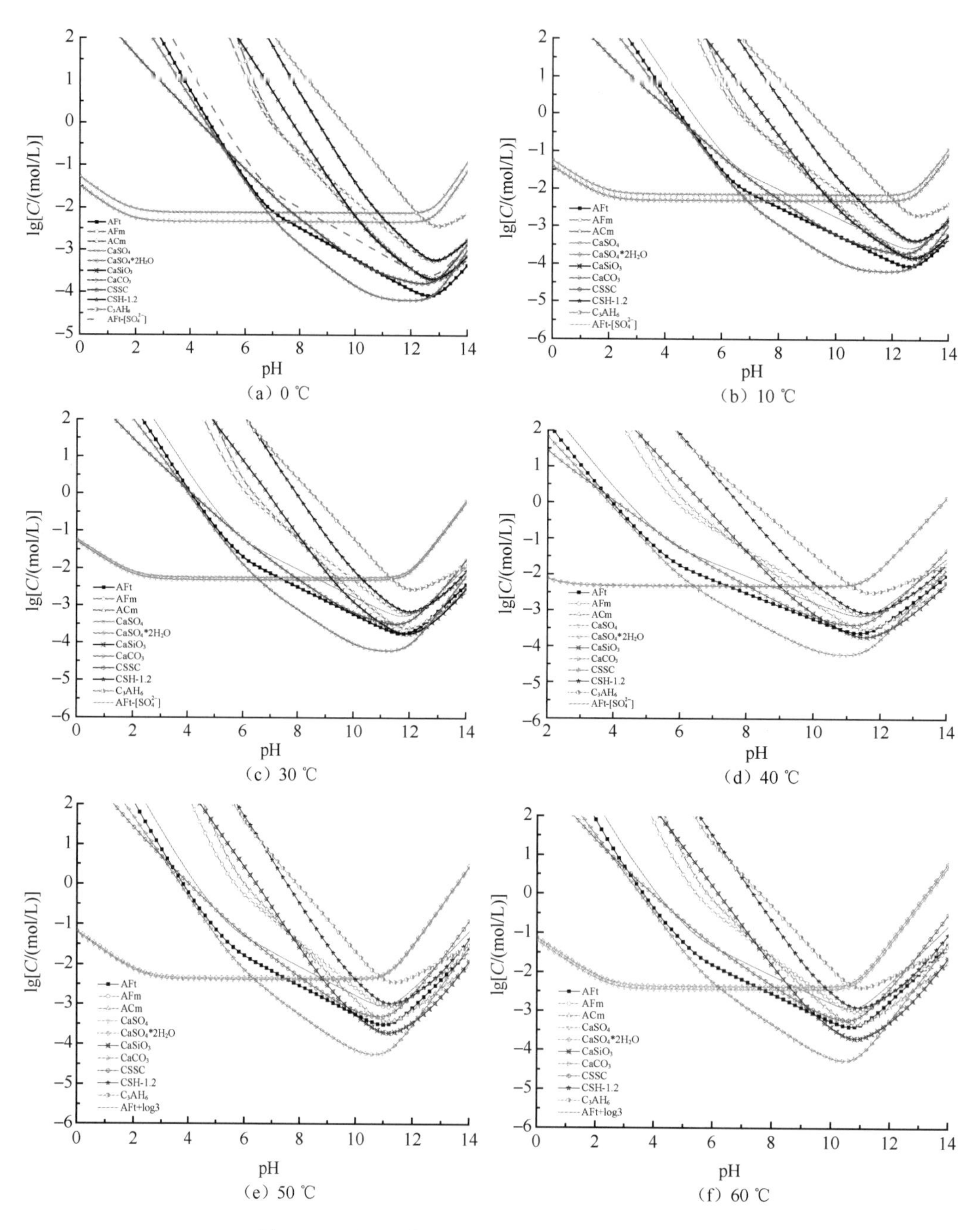

图 6.40　不同温度下生成物与 pH 值间的关系曲线

混凝土内部 pH 值会影响水泥水化产物析晶与分解及其晶型种类。通过研究混凝土内水泥水化产物平衡状态下的热力学参数，分析 pH 值对水泥水化产物和混凝土硫酸盐侵蚀生成物等影响。图 6.41 为计算出的相应产物稳定存在的 pH 值随温度变化曲线。图 6.41 的结果表明，体系中不同物质稳定存在的 pH 值随温度变化存在显著差异。当 pH 值低于 12.5 时，CH 开始分析。然而，随 pH 值减小 CSH 对应的钙硅比逐渐降低（由 1.6 变化为 1.2、0.8），C_3AH_6 和 AFt 的分解 pH 值约为 10.5。$CaSO_4 \cdot 2H_2O$ 因发生各类离子转化［$CaSO_4 \cdot 2H_2O(s) \rightleftharpoons Ca^{2+}(aq) + SO_4^{2-}(aq) + 2H_2O(l) \rightleftharpoons CaOH^+(aq) + SO_4^{2-}(aq) + H^+ + H_2O(l)$］，故其稳定存在 pH 值约为 13～5.2；这表明二水石膏可以在该区间内溶解或析晶。体系中的碳硫硅钙石（$CS\overline{C}\overline{S}H$）可发生溶蚀和析晶［可表示为 $CS\overline{C}\overline{S}H + 3H^+ \rightleftharpoons HCO_3^- + 3Ca^{2+} + SO_4^{2-} + H_4SiO_4 + 14H_2O \rightleftharpoons 3CaOH^+ + HCO_3^- + SO_4^{2-} + 3H^+ + H_4SiO_4 + 14H_2O$］，故其稳定存在的 pH 值约为 13.0～5.5。

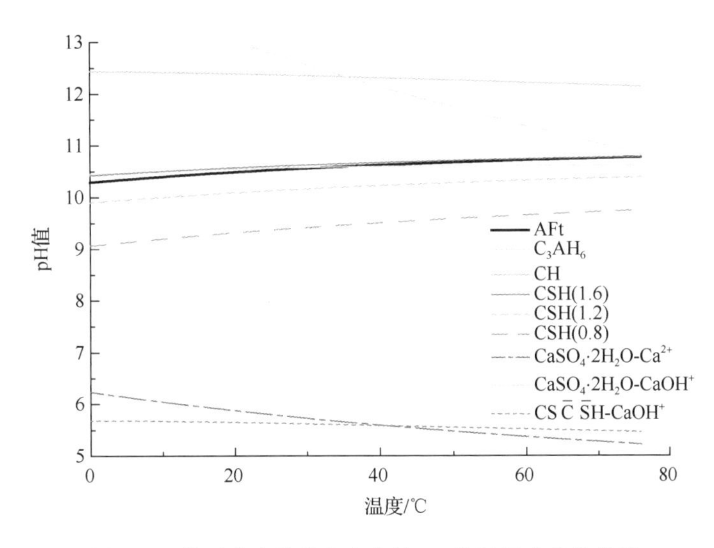

图 6.41　体系中产物稳定存在的 pH 值随温度变化曲线

通过上述分析可知，混凝土硫酸盐侵蚀生成的各类侵蚀产物和水泥水化产物稳定存在均特定的 pH 值范围。为了确保混凝土硫酸盐侵蚀机理及其过程相同，盐溶液 pH 值可控制在 6～9，且宜每两周更换一次溶液。

6.3.2　室内模拟环境试验制度

混凝土结构遭受硫酸盐侵蚀环境条件和模式不同，会导致混凝土结构硫酸盐侵蚀机理和劣化特征等差异显著。因此，混凝土硫酸盐侵蚀室内模拟环境试验制度应根据混凝土结构侵蚀环境条件制订。按照混凝土硫酸盐侵蚀条件和侵蚀机理差异，混凝土硫酸盐侵蚀室内模拟环境试验参数和模拟试验方式可分为两种类型，见表 6.5。

表 6.5　硫酸盐侵蚀室内模拟环境试验参数和模拟试验方式

环境条件	结构构件示例	模拟试验方式
土中和水中区： 土中及地表、地下水中	桥墩、桩基、基础等与土体、地下水、地表水接触的结构构件	全浸泡试验
干湿交替区： 直接接触水且有干湿交替	桥墩、承台、桩基、基础、电线杆、墙、柱等	干湿循环试验
半埋入和半浸泡区： 部分埋入土中或浸泡于水中而另一部分暴露于大气中，且有干湿交替	桥墩、桩基、基础、电线杆、墙、柱等	
大气区： 接触空气中盐分，不与盐溶液直接接触	梁、柱、桥及其上部结构构件	

为了规范混凝土硫酸盐侵蚀的室内模拟环境试验制度，并获得确定的自然环境和室内模拟环境中的混凝土硫酸根盐侵蚀加速倍数（或时间相似率），本节对上述两种情况分别推荐了相应的混凝土硫酸盐侵蚀室内模拟环境试验参数取值范围，并提出混凝土硫酸盐侵蚀的室内模拟环境试验参数、试验制度及操作步骤，具体内容如下。

1. 全浸泡试验

（1）试验参数

1）温度：可选取 60 ℃以内，推荐值宜取（30±1）℃或根据混凝土结构服役环境的年平均温度和加速倍数计算，即

$$\frac{T}{T_{0s}}\exp\left[q_S\left(\frac{1}{T_{0s}}-\frac{1}{T}\right)\right]-n_{ST}=0 \tag{6.190}$$

式中：T 为试验的温度，K；T_{0s} 为混凝土结构服役硫酸盐环境的年平均温度，K；n_{ST} 为温度对混凝土内硫酸根离子扩散系数加速倍数，取值范围宜为 1～6；q_S 为混凝土内部硫酸根离子扩散活化系数，宜为 7000 K。

2）相对湿度：试验箱内相对湿度不宜小于 90%。

3）硫酸盐种类及溶液浓度：硫酸盐宜为化学纯无水硫酸钠。模拟混凝土发生钙矾石类型侵蚀破坏，盐溶液浓度宜为 2%；模拟混凝土发生石膏和盐析晶类型侵蚀破坏，盐溶液浓度宜为 5%。

4）溶液 pH 值：6～9。

5）试验周期：宜以 24 h 为一个试验周期（即以天计）。

（2）试验制度及操作步骤

1）试验前，应先开展设备运行调试与标定、溶液配制、试件架或溶液箱放置、试件分类与编号。试件应在试验准备前 2 d 取出，并在 60 ℃下烘干 48 h。

2）选取试件一个侧面作为混凝土硫酸盐侵蚀面，其余表面进行密封处理。对于一维侵蚀试验的混凝土试件可保持一个侧面或两个相对侧面，其余混凝土试件表面宜采用环氧树脂密封；二维侵蚀试验的混凝土试件应保留两个相邻面，其余混凝土试件表面宜采用环氧树脂密封。

3）试件应水平放置于试验箱试件架上，测试面宜向上或沿水平方向放置。

4）注入硫酸盐溶液，且注入时间不应大于 30 min；溶液液面高于顶层试件上表面距离不应小于 20 mm。

5）按照试验参数取值设定室内模拟环境试验参数（温度和盐溶液浓度等），开展混凝土硫酸盐侵蚀的全浸泡预试验。

6）预试验结束后，开始混凝土硫酸盐侵蚀正式试验。同时，记录试验开始时间和试件状况等。试验过程中，溶液 pH 值可采用 pH 计或试纸测定，且宜每 3 d 测量一次。

7）达到试验测试周期后，及时取出混凝土试件、测试试件性能，并应记录试件外观形貌和损伤等情况；若试件表面密封破损应处理后继续试验。全浸泡试验的一个试验测试周期宜为 10 d 的整数倍。其中，混凝土内硫酸根离子含量可按下述方法测定：首先，采用丹麦生产的 PF1100 型剖面磨削机以 1 mm 为单位进行取粉制样，所取粉末磨细至通过 75 μm 方孔筛子，并对各个试样进行编号；然后，将混凝土试样在 105～115 ℃条件下烘干。最后，按照《水质 硫酸盐的测定 重量法》（GB/T 11899—1989）的相关规定测定混凝土内部硫酸根离子含量，混凝土内部硫酸根离子扩散系数可按式（5.2）拟合确定。

8）测试结束后，应将试件放回原处，并应按上述试验流程继续试验。全部试验结束后，应按试验方案测试试件其他性能。

2. 干湿循环试验

（1）试验参数

1）温度：可选取 60 ℃以内，推荐值宜取（30±1）℃或按式（6.19）计算。此外，干湿循环试验的一个试验循环还可采用三个温度阶段，各温度阶段温度宜为 30 ℃、40 ℃和 50 ℃，并且各温度阶段持续时间宜为 30 h、12 h 和 30 h。

2）相对湿度：干燥过程中相对湿度宜为 50%，喷淋过程中相对湿度不宜小于 95%。

3）硫酸盐种类及溶液浓度：硫酸盐宜为化学纯无水硫酸钠。模拟混凝土发生钙矾石类型侵蚀破坏，硫酸盐溶液浓度为 2%；模拟混凝土发生石膏和盐析晶类型侵蚀破坏，硫酸盐溶液浓度推荐值为 5%。

4）盐溶液 pH 值：6～9。

5）试验周期、干燥时间和喷淋时间：试验周期宜为 72 h；其中，喷淋时间宜为 1 h、干燥时间宜为 71 h。

6）循环风速：宜为 3～5 m/s。

（2）试验制度及操作步骤

1）～3）同全浸泡试验。

4）按照试验参数取值设定室内模拟环境试验参数（盐溶液浓度、温度、相对湿度、试验周期、干燥时间、喷淋时间、pH 值和风速等），开展混凝土硫酸盐侵蚀的干湿循环预试验。

5）预试验结束后，开始混凝土硫酸盐侵蚀干湿循环正式试验。同时，记录试验开始时间和试件状况等。试验过程中，溶液 pH 值可采用 pH 计或试纸测定，且宜每 3 d 测量一次。

6）达到试验测试周期后，及时取出混凝土试件、测试试件性能，并应记录试件外观形貌和损伤等情况；若试件表面密封破损应处理后继续试验。干湿循环试验的一个试验测试周期宜为 10 个试验周期的整数倍。其中，混凝土内硫酸根离子含量测定可按全浸泡试验中的相关规定执行。混凝土内部硫酸根离子扩散系数、对流区与扩散区界面处的硫酸根离子含量和表层硫酸根离子对流区深度可按式（5.2）拟合确定。

7）测试结束后，应将试件放回原处，并应按上述试验流程继续试验。全部试验结束后，应按试验方案测试试件性能。

一般来讲，室内环境模拟试验中的硫酸盐侵蚀混凝土试件衡量指标主要是混凝土抗压强度耐蚀系数、混凝土内部硫酸根离子含量增加率、试件质量损失率、试件膨胀率、试件截面剥蚀深度和试件承载力降低率等。相应的测试方法和测试结果处理如下。

混凝土抗压强度耐蚀系数应按《普通混凝土长期性能和耐久性能试验方法标准》（GB/T 50082—2009）中的相关规定测定，并按式（6.103）计算。试件的截面剥蚀深度测定是采用毛刷和水清除掉试件表面疏松物后，选定剥蚀深度测量处试件横截面并切开；然后，将试件横截面均分成 10 份，采用铅笔描绘出截面剥蚀深度轮廓线；最后，在横截面上测点距未侵蚀相对面的距离应采用游标卡尺测量，若测点位于骨料颗粒上，可取该骨料颗粒两侧处剥蚀深度的算术平均值作为该点深度值。试件截面剥蚀深度应为该组所有试件平均截面剥蚀深度的算术平均值，相应的单个试件各试验龄期的截面平均剥蚀深度

$$d_{\mathrm{S}}=\frac{1}{10}\sum_{k=1}^{10}d_k \tag{6.191}$$

式中：d_{S} 为单个试件 n 次试验循环后的截面平均剥蚀深度；d_k 为单个试件 n 次试验循环后的横截面上第 i 个点的剥蚀深度测定值。

试件质量损失率和膨胀率分别为

$$\Delta M_{\mathrm{S}}=\frac{M_{\mathrm{S0}}-M_{\mathrm{S}n}}{M_{\mathrm{S0}}}\times 100 \tag{6.192}$$

$$\Delta\varepsilon=\frac{L_{\mathrm{S}n}-L_{\mathrm{S0}}}{L_{\mathrm{S0}}}\times 100 \tag{6.193}$$

式中：ΔM_{S} 为试件质量损失率，%；M_{S0} 为侵蚀试验前的一组试件质量测定值，g；$M_{\mathrm{S}n}$ 为 n 次试验循环后的一组试件质量测定值，g；$\Delta\varepsilon$ 为试件膨胀率，%；L_{S0} 为一组试件的初始长度测定值，mm；$L_{\mathrm{S}n}$ 为 n 次试验循环后的一组试件长度测定值，mm。

混凝土内部硫酸根离子含量增加率为

$$\Delta C_{\mathrm{S}}=\frac{C_{\mathrm{S}nx}-C_{\mathrm{S0}x}}{C_{\mathrm{S0}x}}\times 100 \tag{6.194}$$

式中：ΔC_{S} 为混凝土内部深度 x 处的硫酸根离子含量增加率，%；$C_{\mathrm{S0}x}$ 为一组混凝土试件深度 x 处的初始硫酸根离子含量测定值，%；$C_{\mathrm{S}nx}$ 为 n 次试验循环后的一组混凝土试件深度 x 处的硫酸根离子含量测定值，%。

试件承载力测定应符合现行国家标准《混凝土结构试验方法标准》（GB/T 50152—2012）的有关规定，试件承载力降低率为

$$\Delta R_{S}=\frac{R_{S0}-R_{Sn}}{R_{S0}}\times 100 \tag{6.195}$$

式中：ΔR_S为试件承载力降低率，%；R_{S0}为对比用的一组试件承载力测定值，MPa；R_{Sn}为 n 次试验循环后的一组试件承载力测定值，MPa。

6.4　自然和室内模拟环境下混凝土结构硫酸盐侵蚀时间相似关系

室内模拟环境试验方法和参数取值等差异可导致混凝土硫酸盐侵蚀速率不同。如何推定室内模拟环境试验中混凝土硫酸盐侵蚀时间相似率（或试验加速倍数）是当前该研究领域面临的难题。本节基于相似原理推导自然环境和室内模拟环境试验中混凝土硫酸盐侵蚀的相似关系，并结合现场试验和数值模拟开展混凝土硫酸盐侵蚀耐久性评定与使用寿命预测。

6.4.1　混凝土内硫酸根离子扩散系数

混凝土硫酸盐侵蚀劣化程度可采用剥蚀深度或某深度处硫酸根离子浓度来衡量。一般情况下，混凝土内某深度处硫酸根离子浓度达到设定值所需时间滞后于混凝土表层剥落。混凝土硫酸盐侵蚀前期体系的化学反应速率由硫酸根离子浓度控制，后期则由特定水化产物（如 CAH 等）分解率主导。因此，本节主要考虑硫酸根离子扩散为主导的混凝土硫酸盐侵蚀。混凝土内硫酸根离子扩散传输可采用 Fick 第二定律描述，基于式(5.2)通过拟合实测混凝土内硫酸根离子含量分布即可确定混凝土内硫酸根离子扩散系数。一般来讲，提高温度可加速混凝土内硫酸根离子扩散，温度对混凝土内硫酸根离子扩散系数 D_s 影响可表示为

$$D_{s}=D_{s0}f_{T} \tag{6.196}$$

式中：D_{s0} 和 D_s 分别为 T_0 与 T 温度下对应的混凝土内硫酸根离子扩散系数，f_T 为温度对混凝土内硫酸根离子扩散系数的影响系数。

基于 Nernst-Einstein 方程可求得温度对扩散系数影响系数，即

$$f_{T}=(T/T_{0})\exp\left[\frac{E_{sa}}{R}\left(\frac{1}{T_{0}}-\frac{1}{T}\right)\right] \tag{6.197}$$

式中：R 为理想气体常数；E_{sa} 为混凝土内硫酸根离子扩散活化能，约为 58.2 kJ/mol。

6.4.2　混凝土内硫酸根离子含量分布

侵入混凝土内部的部分硫酸根离子与水泥水化产物反应，其余部分硫酸根离子以游

离态形式存在并向混凝土内部传输。揭示混凝土内硫酸根离子含量分布规律，对开展混凝土硫酸盐侵蚀研究具有重要意义。室内模拟环境试验中 10%的硫酸钠溶液侵蚀 1 个月 C20 混凝土（C20RG）和自然浸泡硫酸盐侵蚀 4 个月 C20 混凝土（C20-4）内硫酸根离子含量随深度分布如图 6.42 所示。混凝土表层硫酸根离子含量较高，混凝土内硫酸根离子含量随深度增加迅速降低并趋于定值。因为混凝土表层与硫酸盐溶液接触，混凝土内外的硫酸根离子浓度梯度较高，硫酸根离子扩散驱动力大，溶液中大量的硫酸根离子可进入混凝土表层。同时，混凝土表层的肤层效应导致其孔隙率较高，也为硫酸根离子传输提供大量传输通道。因为硫酸根离子与混凝土中水化产物（CH、CAH 和 CSH 等）反应而被固化（析晶），导致硫酸根离子浓度梯度减小和扩散驱动力降低，混凝土内硫酸根离子含量随混凝土深度增加而减小，当某处的反应到达化学热力学平衡状况后，游离态的硫酸根离子才向混凝土更深处传输。与自然环境状态相比，因为室内模拟环境试验加速了硫酸根离子传输，室内模拟环境中的混凝土硫酸盐侵蚀速率较快，并且相同深度处的硫酸根离子含量更多。

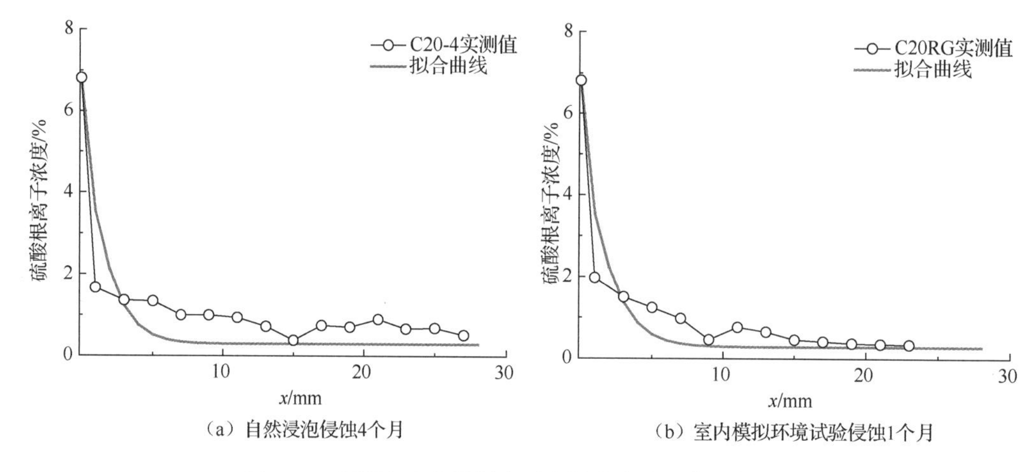

（a）自然浸泡侵蚀4个月　　（b）室内模拟环境试验侵蚀1个月

图 6.42　混凝土内硫酸根离子含量分布随深度分布曲线

6.4.3　混凝土内硫酸盐侵蚀时间相似关系模型

1. 混凝土烂根现象的模拟再现

室内模拟环境试验目标之一是再现自然环境中混凝土侵蚀劣化现象，并能模拟出真实现场混凝土结构耐久性劣化特征。一般环境条件下，混凝土硫酸盐侵蚀劣化特征主要表现为膨胀开裂、逐层剥落和烘根或烂根现象。其中，当服役混凝土结构接触地面、土壤或液面时，混凝土根部一定范围内会发生烂根和烘根等现象。混凝土的膨胀开裂和逐层剥落破坏现象可采用高浓度硫酸盐溶液模拟，而混凝土烂根或烘根现象较难以采用传统试验方法再现。为检验室内模拟环境试验的有效性和真实性，并充分揭示硫酸盐环境中混凝土烂根或烘根现象的本质，采用在室内模拟环境箱内混凝土试样底部布设海绵方式，模拟混凝土与底部间溶液干湿交替传输过程。图 6.43 为混凝土烂根现象的试验。室内模拟环境试验中的混凝土根部发生了烘根或烂根现象，混凝土底部大量砂浆和石子脱落，混凝土内胶凝材料发生粉化、分解。室内模拟环境试验箱内部相对湿度变化导致混凝土底部到顶部不同位置处的含水量存在差异，在毛细管作用下混凝土吸收溶液向顶部传输，在蒸发作用下混凝土表层内水分散失和蒸发，混凝土表层孔隙内的盐溶液发生浓缩和盐析晶等现象。在硫酸盐化学侵蚀和物理结晶侵蚀共同作用，混凝土内部微观结构劣化和损伤在宏观尺度上体现为烘根或烂根现象。上述现象与文献[83]中介绍的现场混凝土硫酸盐侵蚀烂根现象吻合，这表明所推荐的室内模拟环境试验方法具有较好的适用性。

（a）试件烂根剥落

（b）试件烂根现象

图 6.43　混凝土烂根现象的模拟

2. 相似准则和相似准则方程

混凝土硫酸盐侵蚀的失效判据不同，相应的混凝土硫酸盐侵蚀量化指标也将不同。若以混凝土硫酸盐剥蚀量为失效判据，则最适宜的混凝土硫酸盐侵蚀量化指标是混凝土剥蚀深度值。若选取混凝土内硫酸根离子含量为失效判据，则最合理的混凝土硫酸盐侵蚀量化指标是混凝土内某深度处（或混凝土保护层）硫酸根离子达到特定离子浓度（如临界浓度或阈值）。上述失效判据的选取导致混凝土硫酸盐侵蚀耐久性指标时间相似率推定，具有混凝土碳化和混凝土氯盐侵蚀耐久性指标时间相似率推定的双重特性。

若混凝土硫酸盐侵蚀量化指标是混凝土剥蚀深度值，则可参照第 4 章有关混凝土碳化深度的相似准则和时间相似率推定。混凝土硫酸盐侵蚀对应的谐时准则 F_{s0}、浓度准则 θ_s 和 R_s，可分别表示为

$$\pi_1 = \frac{tD_s}{x^2} = \frac{t'D_s'}{(x')^2} = F_{s0} \tag{6.198}$$

$$\pi_2 = \frac{C_{s\text{-}sul}}{m_{sul}} = \frac{C_{s\text{-}sul}'}{m_0'} = \theta_s \tag{6.199}$$

$$\pi_3 = \frac{x_{sul\text{-}d}}{x_z} = \frac{x_{sul\text{-}d}'}{x_z'} = R_s \tag{6.200}$$

式中：t 为混凝土硫酸盐侵蚀的时间；D_s 为混凝土内硫酸根离子扩散系数；$C_{s\text{-}sul}$ 为混凝土表层硫酸根离子浓度；x_z 和 $x_{sul\text{-}d}$ 分别为几何尺度与硫酸盐侵蚀深度。t'、D_s'、$C_{s\text{-}sul}'$、

$x'_{\text{sul-d}}$、x'_z 代表模型试验对应的参数。

基于相似第二定理，并结合混凝土硫酸盐侵蚀的相似准则和相似指标，可推导出混凝土硫酸盐侵蚀的相似准则方程表达式

$$F(F_{s0},\theta_s,R_s)=0 \tag{6.201}$$

若选取混凝土内某深度处（或混凝土保护层）硫酸根离子达到特定离子浓度（或阈值）为混凝土硫酸盐侵蚀量化指标，可参照第 5 章有关混凝土氯盐侵蚀耐久性指标相似准则和时间相似率推定。结合式（5.31）可求得混凝土内硫酸根离子扩散系数准则（以 B_s 表示）

$$\pi_4 = B_s = \frac{T_s\sigma}{D_s} = \frac{T_s^{m}\sigma^{m}}{D_s^{m}} \tag{6.202}$$

式中：T 为侵蚀温度，℃；D_s 为混凝土内硫酸根离子扩散系数；σ 为混凝土电阻率；T_s^{m}、D_s^{m}、σ^{m} 分别代表模型试验对应的侵蚀温度、混凝土内硫酸根离子扩散系数和混凝土电阻率。

基于相似第二定理可知，混凝土内硫酸根离子扩散相似准则方程式可表示为

$$F(F_{s0},\theta_s,R_s,B_s)=0 \tag{6.203}$$

若混凝土材料和环境条件确定，参照第 5 章可通过模拟试验预测实际环境条件下混凝土内部硫酸根离子浓度达到临界浓度的时间。在混凝土硫酸盐侵蚀深度和硫酸根离子浓度已知情况下，可参照第 4 章和第 5 章拟合求解混凝土内硫酸根离子扩散相似准则方程的显函数表达式。

3. 时间相似率推定

除采用相似准则方程方法求解双重环境下混凝土硫酸侵蚀时间相似率外，还可采用如下方法开展混凝土试件耐久性指标的时间相似率推定。以混凝土试件截面剥蚀深度和混凝土内部硫酸盐含量增加率为例，具体的时间相似率推定方法如下。

（1）混凝土试件截面剥蚀深度时间相似率推定

首先，确定室内模拟环境试验下混凝土试件截面剥蚀深度时变关系

$$t_{\text{Sid}} = f(\Delta\bar{d}_{\text{S-}n}) \tag{6.204}$$

式中：$\Delta\bar{d}_{\text{S-}n}$ 为室内模拟环境下 n 次试验循环后试件截面剥蚀深度，mm；t_{Sid} 为室内模拟环境下 n 次试验循环后试件截面剥蚀深度达到 $\Delta\bar{d}_{\text{S-}n}$ 对应的时间，a。

其次，根据第 1 章推荐的现场暴露试验法和第三方参照物试验法确定自然环境下混凝土试件截面剥蚀深度时变关系，即

$$t_{\text{Snd}} = g(\Delta\bar{d}_{\text{S-}n}) \tag{6.205}$$

式中：t_{Snd} 为自然环境下试件截面剥蚀深度达到 $\Delta\bar{d}_{\text{S-}n}$ 对应的时间，a。

最后，自然环境与室内模拟环境下混凝土试件截面剥蚀深度时间相似率可推定为

$$\lambda_{Sd} = \frac{t_{Snd}}{t_{Sid}} \tag{6.206}$$

式中：λ_{Sd} 为自然环境与室内模拟环境下混凝土试件截面剥蚀深度的时间相似率。

（2）混凝土内部硫酸盐含量增加率的相似率推定

首先，确定室内模拟环境试验下的混凝土内部硫酸盐含量增加率时变关系，即

$$t_{SiC} = f(\Delta C_S) \tag{6.207}$$

式中：ΔC_S 为混凝土内部深度 x 处的硫酸盐含量增加率；t_{SiC} 为室内模拟环境下 n 次试验循环后混凝土内部深度 x 处硫酸盐含量增加率达到 ΔC_S 对应的时间。

其次，根据第 1 章推荐的现场暴露试验法和第三方参照物试验法确定自然环境下混凝土内部硫酸盐含量增加率时变关系

$$t_{SnC} = g(\Delta C_S) \tag{6.208}$$

式中：t_{SnC} 为自然环境下混凝土内部硫酸盐含量增加率达到 ΔC_S 对应的时间。

最后，自然环境与室内模拟环境下混凝土内部硫酸盐含量增加率的时间相似率可推定为

$$\lambda_{SC} = \frac{t_{SnC}}{t_{SiC}} \tag{6.209}$$

式中：λ_{SC} 为自然环境与室内模拟环境下混凝土内部硫酸盐含量增加率的时间相似率。

4. 数值模拟

基于化学热力学理论分析可知，当混凝土内硫酸根离子浓度达到 0.40%时，体系中将逐渐产生二水石膏。假设混凝土中硫酸根离子浓度阈值为 0.40%，开展不同侵蚀时间下自然和室内模拟环境中的 C20 混凝土内硫酸根离子含量分布数值模拟。实测混凝土内硫酸根离子初始浓度约为 0.34%，采用 10%硫酸钠溶液，室内模拟环境中混凝土内硫酸根离子扩散系数约为 $2.1\times10^{-7}\ \mathrm{mm^2/s}$。实测某海滨混凝土表层内硫酸根离子浓度为 0.65%，相应混凝土内硫酸根离子扩散系数为 $0.42\times10^{-7}\ \mathrm{mm^2/s}$。图 6.44 为 C20 混凝土内硫酸根离子含量随深度变化模拟曲线，图 6.45 为 C20 混凝土内硫酸根离子含量时变模拟曲线。显而易见，混凝土内硫酸根离子含量随深度增加而逐渐减小，并且在混凝土表层一定深度范围内含量变化率较大。由图 6.44 可知，混凝土内硫酸根离子含量随侵蚀时间延长而增大。与自然环境条件相比，室内模拟环境试验条件下混凝土内硫酸根离子含量曲线变化率远大于自然条件。这是因为采用的混凝土内硫酸根离子扩散系数差异。上述分析也表明采用室内模拟环境试验可提高混凝土硫酸盐侵蚀速率。基于以上数值，计算出上述自然和室内模拟环境中混凝土硫酸盐侵蚀加速倍数（或时间相似率）约为 3.67 倍。由图 6.45 可知，混凝土内硫酸根离子含量分布随时间增加而增大。不同深度处混凝土内硫酸根离子含量变化规律相似，但混凝土内硫酸根离子含量变化速率和最终值存在差异。自然环境和室内模拟环境条件下混凝土内硫酸根离子含量差异主要表现为变化率、最终值和达到阈值对应的时间等方面。混凝土内硫酸根离子变化曲线的差异反映了环境条件对混凝土硫酸盐侵蚀劣化率影响。

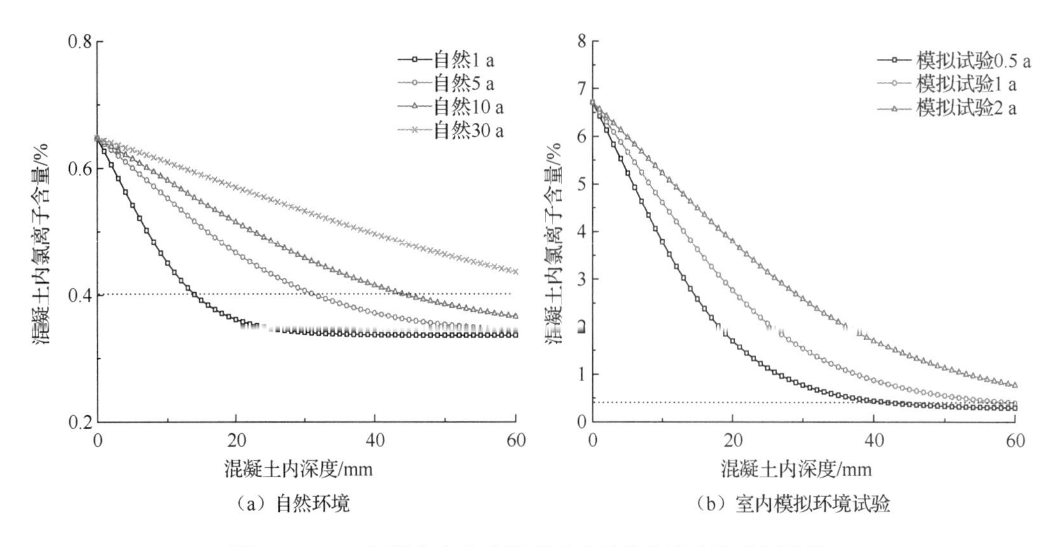

（a）自然环境　　（b）室内模拟环境试验

图 6.44　C20 混凝土内硫酸根离子含量随深度变化模拟曲线

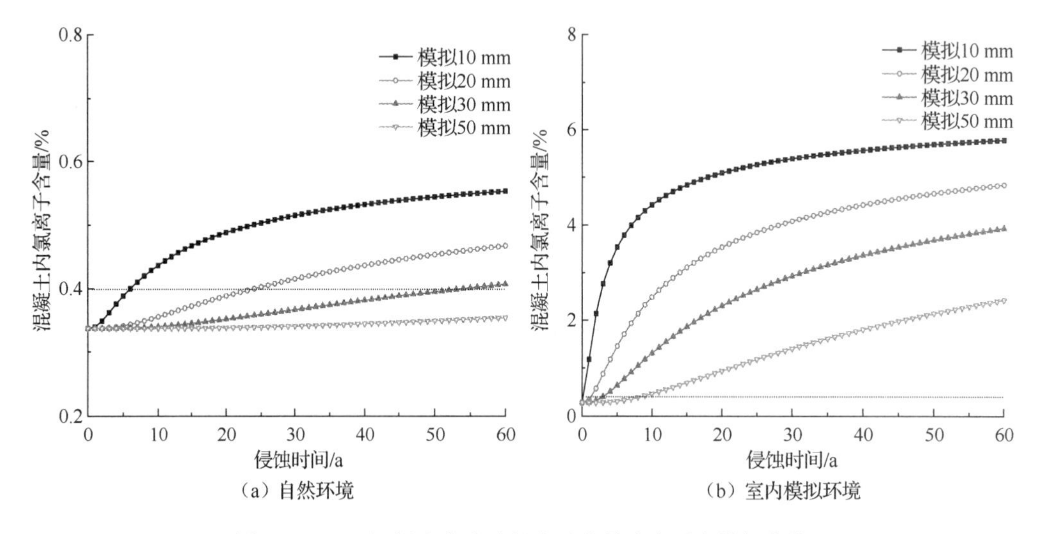

（a）自然环境　　（b）室内模拟环境

图 6.45　C20 混凝土内硫酸根离子含量分布时变模拟曲线

6.4.4　硫酸盐环境中混凝土结构耐久性评定和使用寿命预测

1. 混凝土结构耐久性等级评定和使用寿命预测方法

外部硫酸根离子侵入混凝土可发生复杂的物理化学反应，引起混凝土内水化产物分解和膨胀性物质生成，导致混凝土结构耐久性能劣化。本节参照《既有混凝土结构耐久性评定标准》(GB/T 51355—2019)，基于上述混凝土结构耐久性时间相似理论研究，开展了硫酸盐环境中的新建和已有混凝土结构耐久性评定和使用寿命预测，具体工作内容如下。

硫酸盐环境中的混凝土结构耐久性按混凝土构件腐蚀损伤极限状态评定。混凝土构件腐蚀损伤极限状态为混凝土腐蚀损伤深度达到极限值的状态。混凝土腐蚀损伤深度达到极限值对钢筋混凝土构件取混凝土保护层厚度，对素混凝土构件取截面最小尺寸的 5%或 70 mm 两者中的较小值。硫酸盐侵蚀环境中的混凝土结构耐久性等级可根据混凝土构件腐蚀损伤极限状态对应的耐久性裕度系数评定，见表 4.3。相应的耐久性裕度系数 ξ_d 可按式（4.97）计算。参照《既有混凝土结构耐久性评定标准》（GB/T 51355—2019），硫酸盐侵蚀环境中的混凝土结构遭受硫酸盐侵蚀损伤剩余使用年限 t_{re} 为

$$t_{re}=\frac{[X]-X}{R_r} \tag{6.210}$$

$$R_r=\frac{E_c\cdot\beta_v^2\cdot C_{SO_4^{2-}}\cdot D_i\cdot X_{Al_2O_3}\cdot\eta_r}{101.96\cdot\alpha_c\cdot\gamma_e\cdot(1-\nu_c)} \tag{6.211}$$

$$R_r=\frac{X_a}{t_{ee}} \tag{6.212}$$

式中：t_{re} 为结构剩余使用年限；R_r 为混凝土硫酸盐腐蚀速率，可按照《既有混凝土结构耐久性评定标准》（GB/T 51355—2019）中的有关规定确定［式（6.211）］；也可根据实测腐蚀深度和实际腐蚀时间计算［式（6.212）］；t_{ee} 为混凝土硫酸盐侵蚀时间；$[X]$为混凝土腐蚀损伤深度限值；X_a 为混凝土构件腐蚀损伤深度，为混凝土构件剥落深度 X_s 与硫酸根离子浓度达到 4%对应的深度 X_d 之和；X_d 应根据硫酸根离子沿深度的分布曲线确定；硫酸盐离子浓度以 SO_3 相对应混凝土胶凝材料的质量百分数计，可参照《既有混凝土结构耐久性评定标准》（GB/T 51355—2019）中的有关规定确定；E_c 为混凝土弹性模量，普通混凝土取 20 GPa；β_v 为单位体积的砂浆中每摩尔硫酸盐产生的体积变形量，普通混凝土取 1.8×10^{-6} m^3/mol；$C_{SO_4^{2-}}$ 为外部环境中硫酸根离子浓度；D_i 检测时刻混凝土内硫酸根离子扩散系数，参照《既有混凝土结构耐久性评定标准》（GB/T 51355—2019）中的有关规定确定；$X_{Al_2O_3}$ 为每立方米混凝土胶凝材料中的氧化铝含量；数值 101.96 为氧化铝的相对分子量；η_r 为混凝土硫酸盐侵蚀速率修正系数，取 0.47；α_c 为混凝土断裂表面的粗糙度，普通混凝土取 1；γ_e 为硬化水泥石的断裂表面能，普通混凝土取 10 J/m^2；ν_c 为混凝土泊松比，取 0.3。

式（6.211）中用于计算混凝土硫酸盐腐蚀速率 R_r 是基于混凝土内硫酸盐侵蚀产物为钙矾石的假设。一般情况下，混凝土中钙矾石类溶解度更低，可先于石膏类物质生成。尽管生成石膏类物质也会产生相似效果，但钙矾石类物质生成可导致混凝土内部发生严重劣化。换言之，胶凝材料中的氧化铝含量是混凝土硫酸盐腐蚀速率的主导因素。在混凝土硫酸盐侵蚀发生快速石膏类破坏时，可采用每立方米混凝土胶凝材料中的氧化钙含量作为混凝土硫酸盐腐蚀速率的主导因素，即替换胶凝材料中氧化铝的含量。对于生成石膏类或硫酸盐析晶破坏，若采用式（6.211）计算的混凝土硫酸盐腐蚀速率略偏于保守。以下若无特殊说明，仍以式（6.211）计算混凝土硫酸盐腐蚀速率。

2. 算例

以珠海地区海滨处某新建混凝土结构工程为例，选取浪溅区域强度等级为 C30 的混凝土柱构件为研究对象，实测混凝土保护层厚度为 35 mm，结构设计使用寿命为 50 a。

珠海地区的海洋环境中盐溶液浓度为 2.9%、年平均气温为 22.9 ℃和平均相对湿度为 78.9%。混凝土内初始硫酸根离子含量约为 0.34%（占混凝土质量比），混凝土表层最大硫酸根离子含量约为 0.65%，混凝土胶凝材料中的氧化铝含量约为 16.5 kg/m^3。拟开展的室内模拟环境试验采用全浸泡模拟方式，硫酸盐溶液浓度为 5%，模拟试验温度为 30 ℃。基于上述的条件和数据，开展新建混凝土结构工程使用寿命预测和耐久性等级评定，具体工作如下。

（1）新建混凝土结构工程使用寿命预测

由式（6.197）可知，与自然环境相比，温度对室内模拟环境试验中的混凝土内硫酸根离子扩散系数的加速倍数约为 1.78 倍。自然环境下实测混凝土内硫酸根离子扩散系数约为 3.3×10^{-7} mm^2/s。若以混凝土剥蚀深度为失效判据，由式（6.210）和式（6.211）可求得混凝土结构遭受硫酸盐侵蚀损伤剩余使用年限 t_{re} 约为 29.4 a。若以混凝土内硫酸根离子浓度达到阈值（0.40%）为失效判据，则基于 Fick 第二定律解析解式（5.2）求得相应的使用年限 t_{re} 约为 35.2 a。上述计算结果均小于结构设计使用寿命 50 a。因此，该新建混凝土结构不满足以混凝土构件腐蚀损伤极限状态为基准的硫酸盐环境中混凝土结构耐久性年限要求。两种方法计算出的使用年限 t_{re} 差异是因失效判据假设条件不同。

（2）新建混凝土结构工程耐久性等级评定

基于上述分析，参照《既有混凝土结构耐久性评定标准》（GB/T 51355—2019）中的有关规定，耐久重要性系数 γ_0 取值为 1.1。将求得硫酸盐侵蚀环境中的混凝土结构遭受硫酸盐侵蚀损伤剩余使用年限 t_{re}（约为 29.4 a 或 35.2 a）代入式（4.97）中，可求得硫酸盐环境中混凝土构件腐蚀损伤极限状态对应的耐久性裕度系数 ξ_d 约为 0.534 或 0.64。根据表 4.3 可知，以混凝土构件腐蚀损伤极限状态为基准的硫酸盐环境中的混凝土结构耐久性等级为 c 级。

6.5　小　　结

本章采用化学热力学和动力学理论，深入研究了混凝土硫酸盐侵蚀机理和规律。通过分析侵蚀因素对混凝土硫酸盐侵蚀性能的影响，提出了混凝土硫酸盐侵蚀室内模拟环境试验方法，并开展了双重环境下混凝土硫酸盐侵蚀耐久性指标时间相似率推定。主要内容如下。

1）基于化学热力学和动力学理论，探讨了水泥混凝土硫酸盐侵蚀产物生成反应的吉布斯自由能变化与侵蚀产物生成条件、硫酸根离子浓度和反应方向等之间的内在关联。采用 XRD、ESEM-EDS、MIP 等技术分析了不同侵蚀模式与硫酸盐溶液浓度侵蚀下的混凝土物相组成、微观结构及形貌等特征。结合理论分析和试验测试，基于 Arrhenius 公式求解出混凝土内硫酸根离子扩散系数活化能约为 58.2 kJ/mol。研究表明混凝土硫酸盐侵蚀的主要产物可能为 AFt、二水石膏和硫酸钠盐等，并且混凝土表层盐析晶中可能存在部分复盐（钙芒硝和钠石膏等）。

2）研究了侵蚀模式、硫酸盐溶液浓度、侵蚀龄期等对混凝土静态力学性能、变形性能和动态力学性能等的影响，建立基于随机性的无量纲化混凝土应力-应变关系模型（DSS 模型）。同时，本章还提出采用指数函数形式的混凝土内振动波形振幅包络线变化表征混凝土中的波形振幅衰减变化的分析方法。

3）提出混凝土硫酸盐侵蚀室内模拟环境试验方法和试验参数取值理论依据，开展了自然环境和室内模拟环境试验中混凝土硫酸盐侵蚀耐久性指标时间相似准则推导与时间相似率推定。结合现场测试、室内试验和数值模拟，开展了典型混凝土结构耐久性等级评定和使用寿命预测。

参 考 文 献

[1] Neville A. The confused world of sulfate attack on concrete[J]. Cement and Concrete Research，2004，34（8）：1275-1296.

[2] Brown P W，Doerr A. Chemical changes in concrete due to the ingress of aggressive species[J]. Cement and Concrete Research，2000，30（3）：411-418.

[3] Bellmann F，Stark J. Prevention of thaumasite formation in concrete exposed to sulphate attack[J]. Cement and Concrete Research，2007，37（8）：1215-1222.

[4] Collepardi M. Thaumasite formation and deterioration in historic buildings[J]. Cement and Concrete Composites，1999，21（2）：147-154.

[5] Crammond N. The occurrence of thaumasite in modern construction—a review[J]. Cement and Concrete Composites，2002，24（3）：393-402.

[6] Hime W G，Mather B. "Sulfate attack," or is it?[J]. Cement and Concrete Research，1999，29（5）：789-791.

[7] Mehta P K，Gjorv O E. A new test for sulfate resistance of cements[J]. Journal of Testing and Evaluation，1974，2（6）：510-515.

[8] Dhole R，Thomas M D A，Folliard K J，et al. Chemical and physical sulfate attack on fly ash concrete mixtures[J]. ACI Materials Journal，2019，116（4）：31-42.

[9] Santhanam M，Cohen M D，Olek J. Mechanism of sulfate attack：a fresh look：Part 2. Proposed mechanisms[J]. Cement and Concrete Research，2003，33（3）：341-346.

[10] Al-Amoudi O S B. Attack on plain and blended cements exposed to aggressive sulfate environments[J]. Cement and Concrete Composites，2002，24（3-4）：305-316.

[11] Pel L，Huinink H，Kopinga K，et al. Efflorescence pathway diagram：Understanding salt weathering[J]. Construction and Building Materials，2004，18（5）：309-313.

[12] Collepardi M. A State-of-the-art review on delayed ettringite attack on concrete[J]. Cement and Concrete Composites，2003，25（4-5）：401-407.

[13] 西德尼·明德斯，J. 弗朗西斯·杨，戴维·达尔文. 混凝土[M]. 吴科如，张雄，姚武，等译. 北京：化学工业出版社，2005.

[14] Ikumi T，Cavalaro S H P，Segura I，et al. Alternative methodology to consider damage and expansions in external sulfate attack modeling[J]. Cement and Concrete Research，2014，63：105-116.

[15] Hossack A M，Thomas M D A. Evaluation of the effect of tricalcium aluminate content on the severity of sulfate attack in Portland cement and Portland limestone cement mortars[J]. Cement and Concrete Composites，2015，56：115-120.

[16] Álvarez-Ayuso E，Nugteren H W. Synthesis of ettringite：A way to deal with the acid wastewaters of aluminium anodising industry[J]. Water Research，2005，39（1）：65-72.

[17] Brown P，Hooton R D，Clark B．Microstructural changes in concretes with sulfate exposure[J]．Cement and Concrete Composites，2004，26（8）：993-999．

[18] Santhanam M．Studies on sulfate attack：Mechanisms，test method，and modeling[D]．West Lafayette：Purdue University，2001．

[19] Tixier R，Mobasher B．Modeling of damage in cement-based materials subjected to external sulfate attack．II：Comparison with experiments[J]．Journal of Materials in Civil Engineering，2003，15（4）：314-322．

[20] Böehm M．Global weak solutions and uniqueness for a moving boundary problem for a coupled system of quasilinear diffusion-reaction equations arising as a model of chemical corrosion of concrete surface[D]．Berlin：Humboldt-Universität，1997．

[21] Taylor H F W．Cement chemistry[M]．2nd ed．London：Thomas Telford，1997．

[22] Erlin B，Stark D C．Identification and occurrence of thaumasite concrete[J]．Highway Research Record，1965，113（1）：108-113．

[23] Thaumasite Expert Group．The thaumasite form of sulfate attack：risks，diagnosis，remedial works and guidance on new construction[R]．London：DETR，1999．

[24] Hobbs D W，Taylor M U．Nature of the thaumasite sulfate attack mechanism in field concrete[J]．Cement and Concrete Research，2000，30（4）：529-533．

[25] Freyburg E，Berninger A M．Field experiences in concrete deterioration by thaumasite formation：Possibilities and problems in thaumasite analysis[J]．Cement and Concrete Composites，2003，25（8）：1105-1110．

[26] Gospodinov P，Kazandjiev R，Mironova M．The effect of sulfate ion diffusion on the structure of cement stone[J]．Cement and Concrete Composites，1996，18（6）：401-407．

[27] Marchand J，Samson E，Maltais Y，et al．Theoretical analysis of the effect of weak sodium sulfate solutions on the durability of concrete[J]．Cement and Concrete Composites，2002，24（3-4）：317-329．

[28] 傅献彩，沈文霞，姚天扬，等．物理化学[M]．5版．北京：高等教育出版社，2006．

[29] 叶大伦．实用无机物热力学数据手册[M]．2版．北京：冶金工业出版社，2002．

[30] 王善拔，季尚行，刘银江，等．碱对硫铝酸盐水泥膨胀性能的影响[J]．硅酸盐学报，1986，14（3）：31-38．

[31] 李亚红，高世扬，宋彭生，等．Pitzer混合参数对HCl-NaCl-H_2O体系溶解度预测的影响[J]．物理化学学报，2001，17（1）：91-94．

[32] Freyer D，Fischer S，Köhnke K，et al．Formation of double salt hydrates I．Hydration of quenched $Na_2SO_4 \cdot CaSO_4$ phases[J]．Solid State Ionics，1997，96（1-2）：29-33．

[33] Scherer G W．Crystallization in pores[J]．Cement and Concrete Research，1999，29（8）：1347-1358．

[34] Scherer G W．Stress from crystallization of salt[J]．Cement and Concrete Research，2004，34（9）：1613-1624．

[35] Skalny J，Marchand J，Odler I．Sulfate attack on concrete[M]．London：Spon Press，2002．

[36] Clifton J R，Pommersheim J M．Sulfate attack of cementitious materials：volumetric relations and expansions（NISTIR 5390）[R]．Gaithersburg：NIST，1994．

[37] 牛自得，程芳琴．水盐体系相图及其应用[M]．天津：天津大学出版社，2002．

[38] Thermoddem．http://thermoddem.brgm.fr/2019．

[39] 薛君玕．论形成钙矾石相的膨胀[J]．硅酸盐学报，1984，12（4）：251-257．

[40] Flatt R J．Salt damage in porous materials：How high supersaturations are generated[J]．Journal of Crystal Growth，2002，242（3-4）：435-454．

[41] Tsui N，Flatt R J，Scherer G W．Crystallization damage by sodium sulfate[J]．Journal of Cultural Heritage，2003，4（2）：109-115．

[42] 中国工程院土木水利与建筑学部．混凝土结构耐久性设计与施工指南：CCES 01—2004[S]．北京：中国建筑工业出版

社，2004.

[43] Mehta P K. 混凝土的结构、性能与材料[M]. 祝永年，沈威，陈志源，译. 上海：同济大学出版社，1991.

[44] 中国工程建设标准化协会化工分会. 建筑防腐蚀工程施工规范：GB 50212—2014[S]. 北京：中国计划出版社，2014.

[45] Barnett S J，Macphee D E，Lachowski E E，et al. XRD，EDX and IR analysis of solid solutions between thaumasite and ettringite[J]. Cement and Concrete Research，2002，32（5）：719-730.

[46] Edge R A，Taylor H F W. Crystal structure of thaumasite，$[Ca_3Si(OH)_6 \cdot 12H_2O](SO_4)(CO_3)$[J]. Acta Crystallographica，1971，27（3）：594-601.

[47] Mulenga D M，Stark J，Nobst P. Thaumasite formation in concrete and mortars containing fly ash[J]. Cement and Concrete Composites，2003，25（8）：907-912.

[48] Moore A E，Taylor H F W. Crystal structure of ettringite[J]. Acta Crystallographica Section B：Structural Science，Crystal Engineering and Materials，1970，26（4）：386-393.

[49] 李长成，姚燕，王玲. 氯离子对碳硫硅钙石形成的影响[J]. 硅酸盐学报，2011，39（1）：25-29.

[50] Shehata M H，Adhikari G，Radomski S. Long-term durability of blended cement against sulfate attack[J]. ACI Materials Journal，2008，105（6）：594-602.

[51] 刘云. 对 Arrheinus 公式中一些问题的讨论[J]. 内江师专学报，1997，12（4）：14-21.

[52] Eyring H. Viscosity plasticity and diffusion as examples of absolute reaction rates[J]. Journal of Chemical Physics，1936，4（4）：283-291.

[53] 刘毅. 混凝土中温度对氯离子扩散系数的影响分析[J]. 佳木斯大学报，2013，31（3）：325-328.

[54] Fall M，Belem T，Samb S，et al. Experimental characterization of the stress-strain behaviour of cemented paste backfill in compression[J]. Journal of Materials Science，2007，42（11）：3914-3922.

[55] Zhao S B，He R C，Chen J H. Test method of sulfate attack on stressed concrete[C]//Advances in Concrete Structural Durability. International Conference on Durability of Concrete Structures，Guangzhou，2008.

[56] Werner K C，Chen Y X，Odler I. Investigations on stress corrosion of hardened cement pastes[J]. Cement and Concrete Research，2000，30（9）：1443-1451.

[57] Tan Y S，Yu H F，Ma H Y，et al. Study on the micro-crack evolution of concrete subjected to stress corrosion and magnesium sulfate[J]. Construction and Building Materials，2017，141：453-460.

[58] Yu H F，Tan Y S，Yang L M. Microstructural evolution of concrete under the attack of chemical，salt crystallization，and bending stress[J]. Journal of Materials in Civil Engineering，2017，29（7）：04017041.

[59] Liu Q S，Liu D F，Tian Y C，et al. Numerical simulation of stress-strain behaviour of cemented paste backfill in triaxial compression[J]. Engineering Geology，2017（231）：165-175.

[60] Zhang Y C，Dai S B，Weng W L，et al. Stress-strain relationship and seismic performance of cast-in-situ phosphogypsum[J]. Journal of Applied Biomaterials and Fundamental Materials，2017，15（1）：62-68.

[61] 过镇海. 混凝土的强度和变形-试验基础和本构关系[M]. 北京：清华大学出版社，1997.

[62] Comite Euro-International Du Beton. CEB-FIP model code 1990（design code）[S]. London：Thomas Telford Publishing，1993.

[63] 卢朝辉. 混凝土随机损伤本构关系建模理论与试验研究[D]. 上海：同济大学，2002

[64] 中华人民共和国建设部. 普通混凝土力学性能试验方法标准：GB/T 50081—2002[S]. 北京：中国建筑工业出版社，2002.

[65] 中华人民共和国住房和城乡建设部. 普通混凝土长期性能和耐久性能试验方法标准：GB/T 50082—2009[S]. 北京：中国建筑工业出版社，2009.

[66] Huang W H. Properties of cement-fly ash grout admixed with bentonite，silica fume，or organic fiber[J]. Cement and Concrete Research，1997，27（3）：395-406.

[67] Jin X Y，Li Z J. Dynamic property determination for early-age concrete[J]. ACI Materials Journal，2001，98（5）：365-370.

[68] Yan D M，Lin G. Dynamic properties of concrete in direct tension[J]. Cement and Concrete Research，2006，36（7）：1371-1378.

[69] Fan X Q，Hu S W，Lu J，et al. Acoustic emission properties of concrete on dynamic tensile test[J]. Construction and Building Materials，2016，114（1）：66-75.

[70] Fu X L，Chung D D L. Vibration damping admixtures for cement[J]. Cement and Concrete Research，1996，26（1）：69-75.

[71] Curadelli R O，Riera J D，Ambrosini D，et al. Damage detection by means of structural damping identification[J]. Engineering Structures，2008，30（12）：3497-3504.

[72] Chung D D L. Structural composite materials tailored for damping[J]. Journal of Alloys and Compounds，2003，355（1-2）：216-223.

[73] Giner V T，Ivorra S，Baeza F J，et al. Silica fume admixture effect on the dynamic properties of concrete[J]. Construction and Building Materials，2011，25（8）：3272-3277.

[74] 中华人民共和国水利部. 水工混凝土试验规程：SL 352—2006[S]. 北京：中国水利出版社，2006.

[75] 贺炯煌，马昆林，龙广成，等. 蒸汽养护过程中混凝土力学性能的演变[J]. 硅酸盐学报，2018，46（11）：1584-1593.

[76] Nie L X，Xu J Y，Bai E. The research on static and dynamic mechanical properties of concrete under the environment of sulfate ion and chlorine ion[J]. Computers and Concrete，2017，20（2）：205-214.

[77] Liu T J，Zou D J，Teng J，et al. The influence of sulfate attack on the dynamic properties of concrete column[J]. Construction and Building Materials，2012，28（1）：201-207.

[78] Kuehn M S T，Steinke C，Sile Z，et al. Dynamische properties of concrete in experiment and simulation[J]. Beton-und Stahlbetonbau，2016，111（1）：41-50.

[79] 谭文勇. 受载损伤对混凝土动态性能的影响研究[D]. 长沙：中南大学，2014.

[80] 徐丰辰，李洪林，刘福. 阻尼材料动态阻尼系数的测定[J]. 粘接，2013（9）：53-56.

[81] Park Y S，Suh J K，Lee J H，et al. Strength deterioration of high strength concrete in sulfate environment[J]. Cement and Concrete Research，1999，29（9）：1397-1402.

[82] Hime W G. Chemists should be studying chemical attack on concrete[J]. Concrete International，2003，25（4）：82-84.

[83] 万旭荣. 硫酸盐侵蚀环境下的混凝土扩散反应规律研究及数值模拟[D]. 南京：南京理工大学，2010.

第7章　工程应用

7.1　概　　述

为了精准评估混凝土结构耐久性评估和预测使用寿命，本章以一般大气环境、氯盐环境和硫酸盐环境中服役的混凝土结构为例，开展混凝土结构耐久性室内模拟环境试验方法的工程应用。通过选取典选环境参数，制订相应的混凝土耐久性室内模拟环境试验制度，进而计算出自然和室内模拟环境下混凝土耐久性时间相似率，并进行混凝土结构耐久性等级评定和使用寿命预测。具体实施过程的方案步骤如下。

1）针对工程结构服役地域和环境特征，提取自然环境作用因素，遴选混凝土结构耐久性的主次环境影响因素。

2）基于主次环境影响因素和室内模拟环境试验性能指标，预判室内模拟环境试验中混凝土结构耐久性最佳加速率，并计算适宜的混凝土结构耐久性室内模拟环境试验参数。

3）开展混凝土耐久性室内模拟环境预试验，根据试验状况调整试验参数和制度。

4）依据确定的室内模拟环境试验制度和参数，开展混凝土耐久性室内模拟环境试验，全程记录试验参数和试验现象。

5）混凝土耐久性室内模拟环境试验达到预计试验龄期后，开展取样和性能测试等工作。

6）选取现场第三方参照物，测试混凝土耐久性性能指标，构建自然环境和室内模拟环境中混凝土结构耐久性相似关系，开展混凝土结构耐久性评估和使用寿命预测。

混凝土结构耐久性评估流程，如图 7.1 所示。

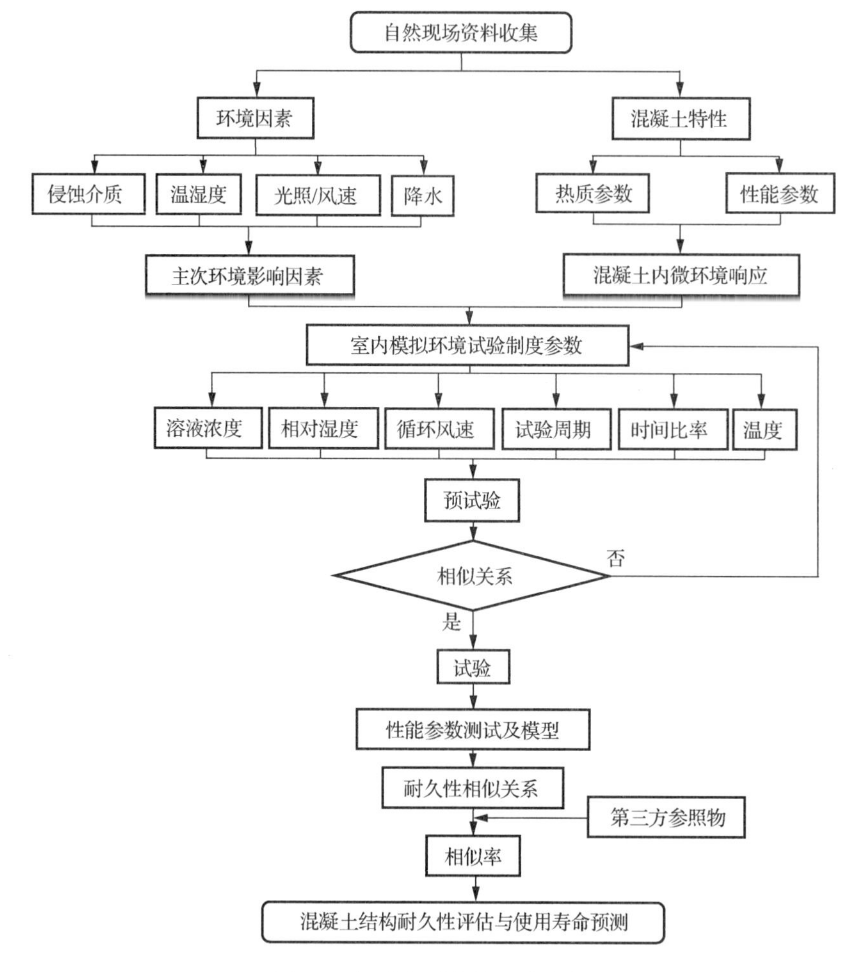

图 7.1　混凝土耐久性评估流程

7.2　混凝土结构耐久性时间相似率推定

7.2.1　一般大气环境

以长沙地区为例，计算自然和室内模拟环境下 C20 混凝土结构碳化深度达到特定值（如混凝土保护层厚度）所需时间，进而求解自然和室内模拟环境中混凝土碳化试验的加速倍数（或相似率）。室内模拟环境试验采用的试验参数为温度 20 ℃、相对湿度 70%、二氧化碳浓度 20%。图 7.2 为室内模拟环境下混凝土碳化深度曲线。选取不同碳化时间的第三方参照物混凝土试件，图 7.3 为自然环境下混凝土碳化深度曲线。研究结果表明，自然和室内模拟环境下混凝土碳化深度随时间延长而增加，混凝土碳化深度和时间平方根成正比。双重环境下混凝土碳化规律相似但变化率不同。这表明室内模拟环境可加速混凝土碳化进程且不改变变化规律，自然和室内模拟环境下混凝土碳化具有较好的相关性。

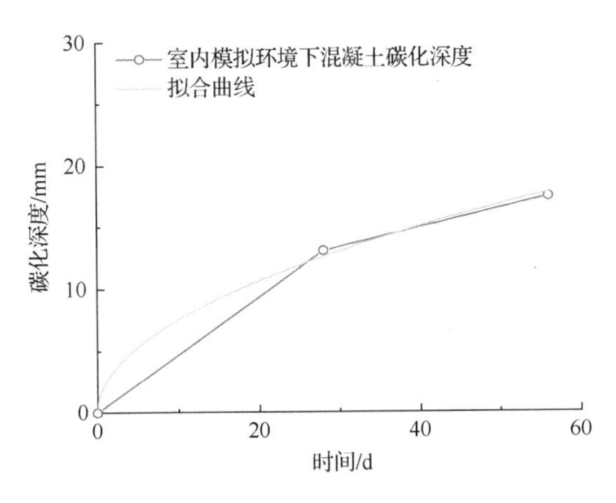

图 7.2 室内模拟环境下混凝土碳化深度曲线

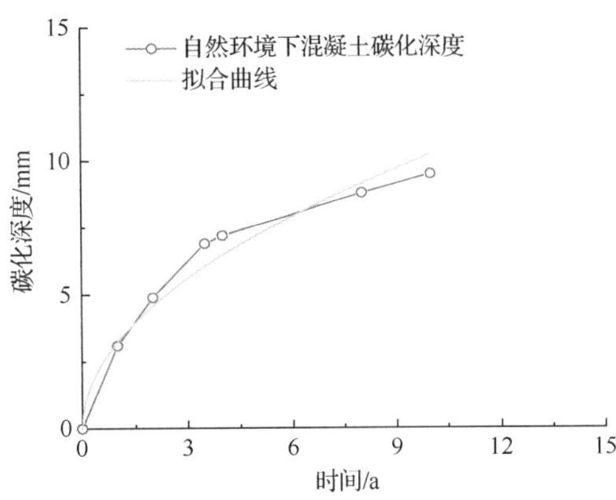

图 7.3 自然环境下混凝土碳化深度曲线

工程实例 7.1

为了精准地确定自然和室内模拟环境下混凝土碳化加速率，选取的长沙地区年均温度为 18 ℃和相对湿度为 73.5%、CO_2 浓度 0.03%～0.04%为计算基准参数[1,2]，开展混凝土碳化深度数值模拟，图 7.4 为混凝土碳化深度的数值模拟曲线。由图 7.4 可知，达到混凝土碳化深度所需的碳化模拟时间和自然服役时间不同。若设定混凝土碳化深度为 20 mm，则相应的模拟时间约为 74.0 d，而自然环境中达到该碳化深度所需的服役时间约为 42.7 a（CO_2 为 0.04%）或 58.2 a（CO_2 为 0.03%）。基于上述数值模拟结果，计算模拟环境和自然环境中混凝土碳化加速倍数（相似率）为 212 倍或 289 倍。

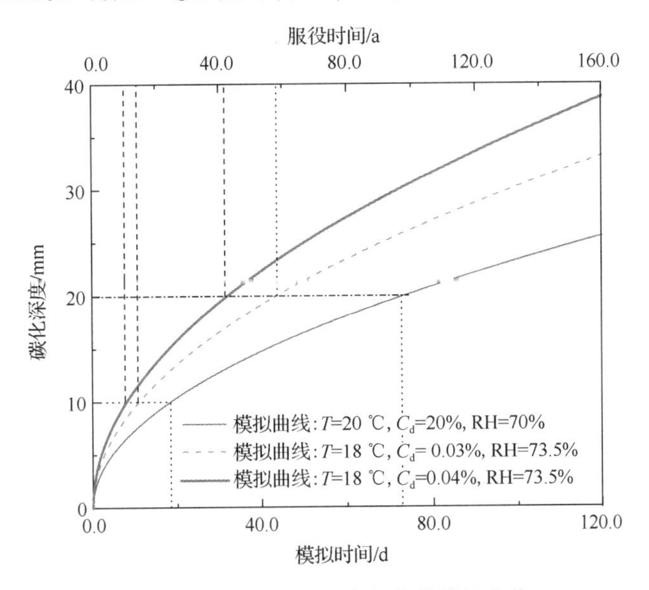

图 7.4 混凝土碳化深度的数值模拟曲线

开展一般大气环境下混凝土耐久性评估和使用寿命预测，图 7.5 为不同地区混凝土碳化深度时变曲线。不同地区混凝土碳化深度时变变化规律相似，但时变曲线变化速率存在差异。图 7.5 中五个典型地区凝土碳化深度时变曲线变化尤以珠海地区混凝土碳化最显著。这是因为珠海地区年平均气温为 22.9 ℃，平均相对湿度为 78.9%，混凝土碳化反应速率和程度较大。数值模拟珠海地区混凝土碳化深度达到 20 mm 和 30 mm 所需时间分别约为 28 a、63 a，而其他地区相应混凝土碳化时间略长，这表明混凝土结构耐久性设计过程中应根据不同地区服役环境特征来设定混凝土保护层厚度。此外，模拟环境试验和不同地区混凝土碳化加速倍数（相似率）存在差别：基于模拟数值可确定模拟环境试验与珠海、北京、上海和西安地区服役混凝土碳化加速倍数分别为 140、679、247 和 526。混凝土结构服役环境不同导致混凝土碳化速率不同。

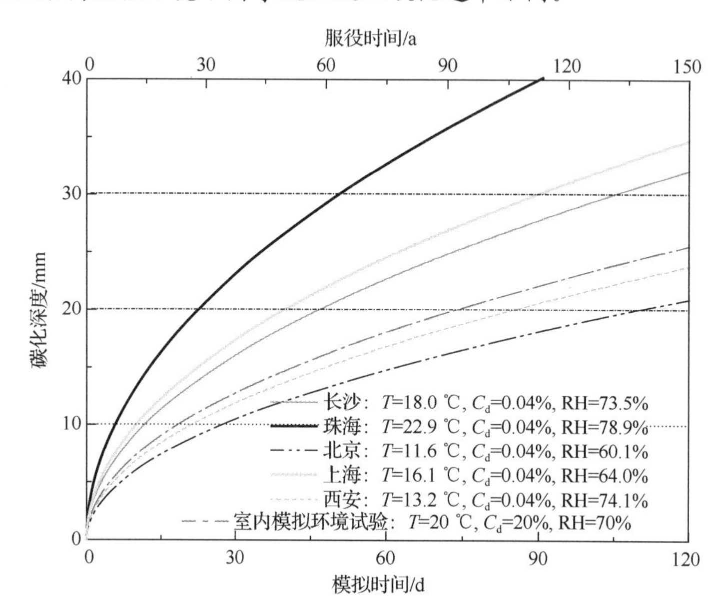

图 7.5　不同地区混凝土碳化深度时变曲线

7.2.2　氯盐侵蚀环境

氯盐环境中混凝土结构中钢筋锈蚀严重，更容易导致混凝土结构耐久性劣化。为更好地开展氯盐环境中混凝土耐久性评估，以不同地区的多种典型混凝土结构工程为例，开展自然和室内模拟环境中混凝土耐久性时间相似率研究。具体工作如下。

工程实例 7.2

京沪高速铁路桥梁

已知京沪高速铁路桥梁混凝土设计强度为 C50，混凝土保护层厚度约为 50 mm，桥梁结构设计使用年限不低于 100 a。实测 28 d 混凝土内氯离子扩散系数约为 $2.1\times10^{-12}\,\mathrm{m^2/s}$，混凝土内初始氯离子浓度较低（可视为 0）。以上海地区为例，该地区濒临东海的海水年平均盐度约为 3.376%。

基于上述资料，若假设混凝土内氯离子扩散系数在 10 a 左右达到稳定值，并且假设 m_{s} 为 0.4，可计算混凝土氯离子扩散系数约为 $3\times10^{-13}\,\mathrm{m^2/s}$。保守起见，将海水盐度直接视为氯盐浓度，则相应的氯离子含量为 2.05%。对于桥梁采用干湿交替模拟方式进行模拟试验计算其耐久性，混凝土表面氯离子含量应以模拟试验氯盐溶液浓度（5%）为基准进行换算，即约为 1.25%（占混凝土质量比）。混凝土氯离子对流区深度取值 5 mm，且确定混凝土表面氯离子浓度（大气区取值为 0.2%）和临界氯离子浓度（大气区取值为 0.06%）进行模拟计算现场混凝土工程耐久性。图 7.6 为上海地区全年气象参数。上海地区全年各月均温度变化规律显著，温度基本介于 5～30 ℃；相应的相对湿度基本在 80%左右波动。因此，温度基本相等的月份大致划分为三段：低温阶段（温度为 8 ℃左右，11 月、12 月、1 月、2 月和 3 月）、中温阶段（温度为 15 ℃左右，4 月和 10 月）和常/高温阶段（温度为 25 ℃左右，5 月、6 月、7 月、8 月和 9 月），从而确定了相应的全年温度分布比例为 5∶2∶5。

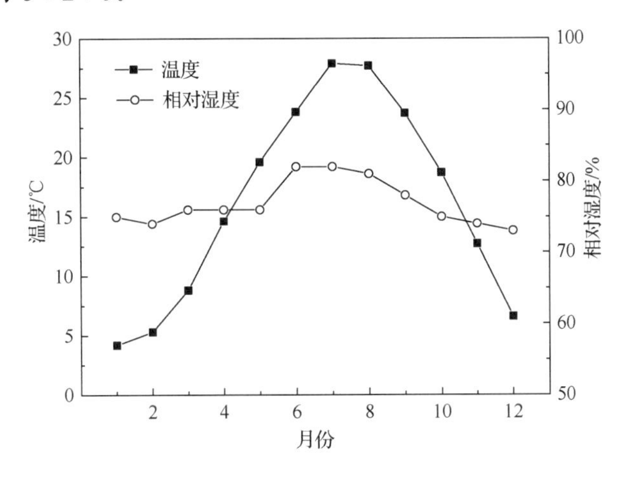

图 7.6　上海地区全年气象参数

基于混凝土内氯离子扩散系数受温度影响模型，在分析历年气象参数所处阶段的气温特征基础上，开展室内模拟环境试验加速率和温度参数计算，见表 7.1。

表 7.1　上海地区年气象参数与模拟温度

温度阶段		温度/℃	相对湿度/%	平均温度/℃	加速 9 倍相应温度/℃
低温阶段	11 月	12.7	74	7.52	38
	12 月	6.6	73		
	1 月	4.2	75		
	2 月	5.3	74		
	3 月	8.8	76		
中温阶段	4 月	14.6	76	16.65	49.2
	10 月	18.7	75		
高温阶段	5 月	19.6	76	24.54	58.9
	6 月	23.8	82		
	7 月	27.9	82		
	8 月	27.7	81		
	9 月	23.7	78		

资料来源：数据来源于中国气象科学数据共享服务网（http://cdc.cma.gov.cn/shuju）。

若基于上海地区全年气象资料计算相应的模拟温度，则由混凝土内氯离子扩散系数随温度变化关系可知，混凝土内氯盐侵蚀加速倍数（相似率）最高可达 9 倍。假设模拟试验采用浓度 5%的氯盐溶液，分别以饱水（浸泡）工况方式进行模拟试验。现场典型工程内氯离子含量时变模拟曲线，如图 7.7 所示。假设混凝土内饱和度约为 0.85，按照上述已知参数进行模拟计算相应的时变模拟曲线，如图 7.8 所示。由图 7.8 可知，采用 Fick 扩散定律描述混凝土结构内氯离子含量时变曲线形式基本一致。从图 7.8 中混凝土内氯离子累积到临界氯离子阈值所需时间随深度增加而延长；当混凝土结构保护层设计厚度为 50 mm 时，理论计算表明其可保证结构工程具备大于 100 a 的使用年限。若采用本书提出的室内模拟环境试验对混凝土结构进行模拟计算可知，混凝土结构可在较短时间内达到氯离子临界阈值，如混凝土内距表面深度 50 mm 处氯离子累积至临界值仅需 3 a。这说明该模拟制度可加速混凝土内氯离子侵蚀。

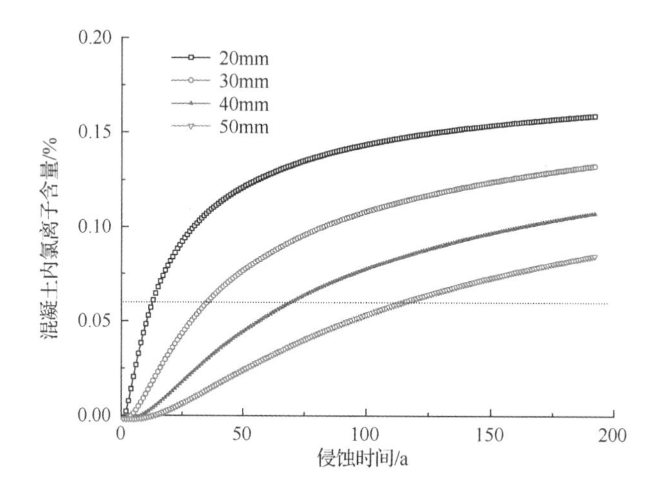

图 7.7　现场典型工程内氯离子含量时变模拟曲线

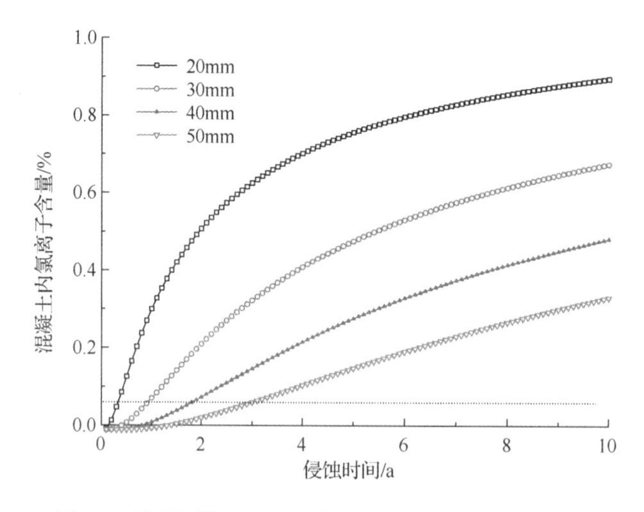

图 7.8　模拟浸泡工况下混凝土内氯离子含量时变曲线

表 7.2 给出了混凝土结构寿命预测及其双重环境中氯盐侵蚀相似率。由表 7.2 可知，混凝土结构使用寿命随保护层增加而延长。若考虑钢筋锈蚀率为 0.1 mm 的前提条件，则混凝土保护层厚度达到 40 mm 时，相应的高铁桥梁结构工程寿命约为 91 a。高铁桥梁的混凝土保护层设计厚度为 50 mm，其相应的使用寿命约为 136 a。这表明设计保护层厚度已满足高铁桥梁结构工程设计寿命要求。对比模拟试验与基于工程现场参数的模拟结果可知，对于不同厚度的保护层模拟试验可在较短时间内使得氯离子侵蚀浓度达到阈值，两者间的侵蚀加速倍数（相似率）约为 38 倍。

表 7.2 上海地区高铁混凝土桥梁工程寿命预测参数

保护层厚/mm	锈蚀年限/a	氯离子累积年限/a	寿命/a	模拟试验时间/a	相似率/倍
20	21	13	34	0.34	38.2
30	21	35	56	0.92	38.0
40	21	70	91	1.82	38.5
50	21	115	136	3	38.3

工程实例 7.3

天津站交通枢纽工程

文献[3]提供的天津站交通枢纽工程资料为结构设计使用寿命年限不低于 100 a。该工程所处场地地下水较浅，氯离子含量最大值为 5.96 g/L（2#线）和 7.15 g/L（3#线），构件保护层厚度分别为 50 mm、40 mm 和 30 mm。工程采用混凝土 28 d 氯离子扩散系数约为 3×10^{-12} m^2/s，混凝土内初始氯离子浓度较低（可视为 0）。

基于上述资料，假设混凝土内氯离子扩散系数在 10 a 左右时间达到稳定值，并且假设 m_s 为 0.4，则可计算混凝土氯离子扩散系数约为 4.27×10^{-13} m^2/s。已知混凝土内氯离子临界浓度为 0.12%（占混凝土质量比）；模拟试验计算浸泡混凝土表面氯离子含量应以模拟试验氯盐溶液浓度（5%）为基准进行换算——约为 1.25%（与混凝土质量比）天津地区全年气象参数，如图 7.9 所示。天津地区全年各月均温度变化规律显著，温度基本介于−5～25 ℃，相对湿度基本在 50%～80%。因此，将温度基本相等的月份大致划分为三段：低温阶段（温度为 1 ℃左右，11 月、12 月、1 月、2 月和 3 月）、中温阶段（温度为 15 ℃左右，4 月和 10 月）和高温阶段（温度为 25 ℃左右，5 月、6 月、7 月、8 月和 9 月）；从而确定了全年温度分布比例为 5∶2∶5。

基于混凝土内氯离子扩散系数受温度影响模型，在分析了历年气象参数所处阶段的气温特征基础上，开展模拟加速试验加速率和温度参数计算，见表 7.3。由表 7.3 可知，基于天津地区全年气象资料通过提高温度开展室内模拟环境试验，混凝土内氯盐侵蚀加速倍数（相似率）约为 9 倍。

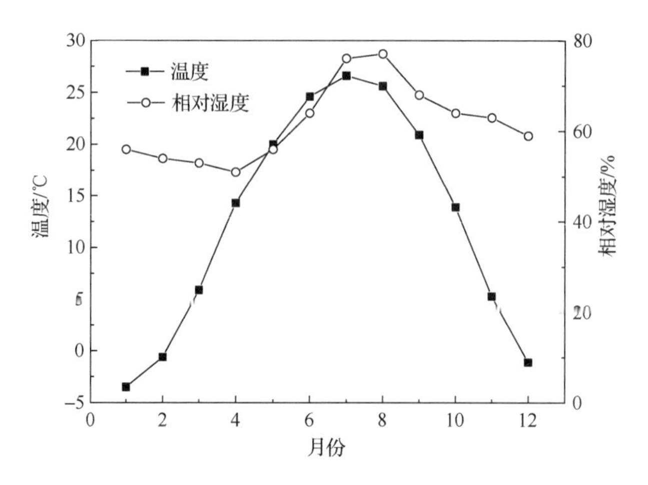

图 7.9　天津地区全年气象参数

表 7.3　天津地区年气象参数与模拟温度

温度阶段		温度/℃	相对湿度/%	平均温度/℃	加速 9 倍相应温度/℃
低温阶段	11 月	5.3	63	1.2	30.3
	12 月	−1.1	59		
	1 月	−3.5	56		
	2 月	−0.6	54		
	3 月	5.9	53		
中温阶段	4 月	14.3	54	14.1	46
	10 月	13.9	64		
高温阶段	5 月	20	56	23.5	57.7
	6 月	24.6	64		
	7 月	26.6	76		
	8 月	25.6	77		
	9 月	20.9	68		

资料来源：数据来源于中国气象科学数据共享服务网（http://cdc.cma.gov.cn/shuju）。

若假设模拟试验采用浓度为 5%的氯盐溶液，分别采用饱水（浸泡）工况方式对其进行模拟试验，则现场典型工程（2#和 3#）混凝土内氯离子含量时变模拟曲线，如图 7.10 所示。室内模拟环境中的混凝土氯离子侵蚀时变曲线，如图 7.11 所示。模拟结果表明，混凝土内氯离子含量随侵蚀时间延长而增大，随侵蚀深度增加而降低。对于 2#线混凝土工程的保护层设计厚度为 40 mm 时，理论计算表明其可保证结构工程具备大于 100 a 的使用寿命；而相应的 3#线混凝土工程的保护层设计厚度大于 40 mm 时（即 50 mm）才能满足设计使用年限要求。这是由混凝土结构所处环境中氯离子浓度不同造成的，3#线工程所处氯离子浓度较高，故相应的氯离子浓度梯度较大——扩散驱动力较强。若采用本书提出的室内模拟环境试验对混凝土结构进行模拟计算可知，混凝土结构可在较短时间内达到氯离子临界阈值，如混凝土内部 50 mm 处的氯离子累积至临界值仅需约为 3 a。这说明该模拟制度可加速氯离子对混凝土结构侵蚀。

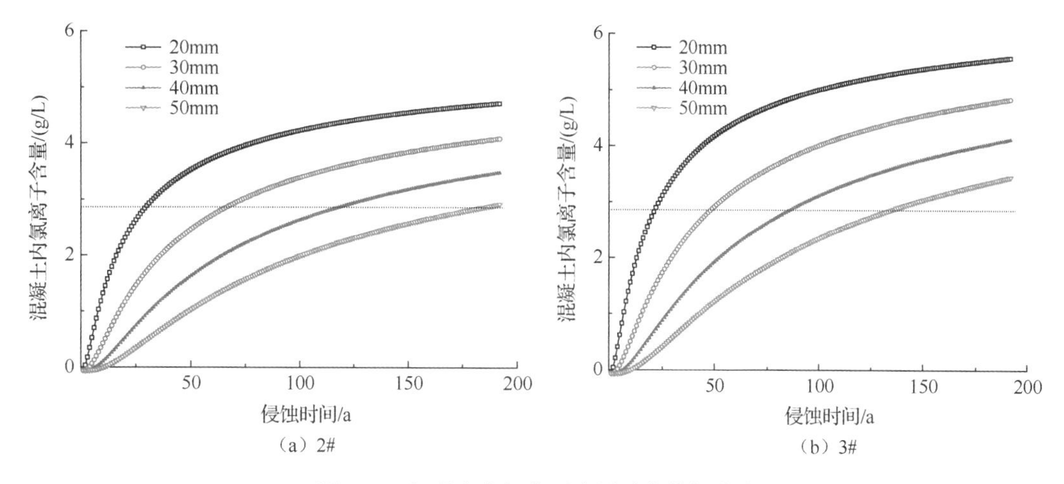

图 7.10 混凝土内氯离子含量时变模拟曲线

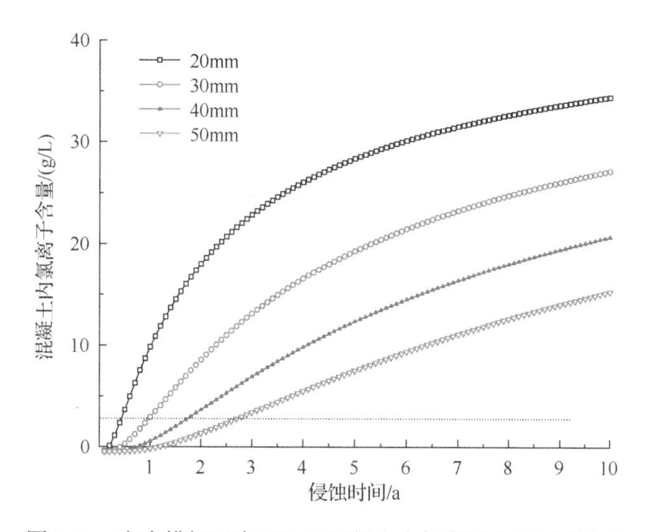

图 7.11 室内模拟浸泡工况下混凝土内氯离子含量时变曲线

表 7.4 和表 7.5 分别给出了 2#与 3#混凝土工程寿命预测及两种环境间混凝土内氯盐侵蚀相似率。由表 7.4 和表 7.5 可知，混凝土结构使用寿命随着混凝土保护层增加而延长。若考虑钢筋锈蚀率为 0.1 mm 的前提条件，则 2#混凝土保护层厚度达到 40 mm 时，相应的高铁桥梁结构工程寿命约为 137 a。若混凝土保护层设计厚度为 50 mm，其相应的使用寿命约为 203 a。对于 3#混凝土结构则混凝土保护层厚度达到 40 mm 时，相应的高铁桥梁结构工程寿命约为 106 a。若混凝土保护层设计厚度为 50 mm，其相应的使用寿命约为 154 a。这表明设计保护层厚度已满足混凝土结构的设计寿命要求。对比模拟试验与基于工程现场参数的模拟结果可知，对于不同厚度的保护层模拟试验可在较短时间内使得氯离子侵蚀浓度达到阈值，两者间的相似率分别约为 66 倍和 48 倍。对比表 7.4 和表 7.5 可知，采用相同的室内模拟试验，由于环境氯离子浓度不同得到不同相似率。

表 7.4　天津地区 2#混凝土工程寿命预测参数

保护层厚/mm	锈蚀年限/a	氯离子累积年限/a	寿命/a	模拟试验时间/a	相似率/倍
20	21	29	50	0.45	65
30	21	66	87	1.00	66
40	21	116	137	1.75	66
50	21	182	203	2.75	66

表 7.5　天津地区 3#混凝土工程寿命预测参数

保护层厚/mm	锈蚀年限/a	氯离子累积年限/a	寿命/a	模拟试验时间/a	相似率/倍
20	21	21	42	0.45	47
30	21	48	69	1.00	48
40	21	85	106	1.75	48
50	21	133	154	2.75	48

工程实例 7.4

福建厦漳跨海大桥

文献[3]提供的福建厦漳跨海大桥工程资料为结构设计使用年限不低于 100 a，结构不同部位混凝土性能极其氯离子参数，见表 7.6。

表 7.6　混凝土性能及其氯离子参数

构件	作用区域	保护层厚度/mm	对流区深度/mm	56 d 扩散系数/（10^{-12} m^2/s）	表面氯离子浓度/%（占混凝土质量比）	临界氯离子浓度/%（占混凝土质量比）
箱梁	大气区	40	0	1.6	0.4	0.15
主塔	盐雾区	60	0	1.6	0.6	0.15
桥墩	浪溅区	65	8	2.2	1.2	0.15
承台	浪溅区	90	8	2.2	1.2	0.35
桩基	水下区	75	8	3.5	1	0.35

基于上述资料，若假设混凝土内氯离子扩散系数在 10 a 左右时间达到稳定值，并且假设 m_s 值为 0.4，则可计算混凝土氯离子扩散系数。室内模拟试验采用的氯盐参数同工程实例 7.3，图 7.12 为厦门地区气象资料。由图 7.12 可知，厦门地区全年各月均温度变化规律显著，温度基本为 12～30 ℃，相对湿度约为 70%～80%。有鉴于此，将温度基本相等的月份大致划分为三段：低温阶段（温度为 15 ℃左右，11 月、12 月、1 月、2 月和 3 月）、中温阶段（温度为 20 ℃左右，4 月和 10 月）和高温阶段（温度为 25 ℃左右，5 月、6 月、7 月、8 月和 9 月）；从而确定了全年温度分布比例为 5∶2∶5。

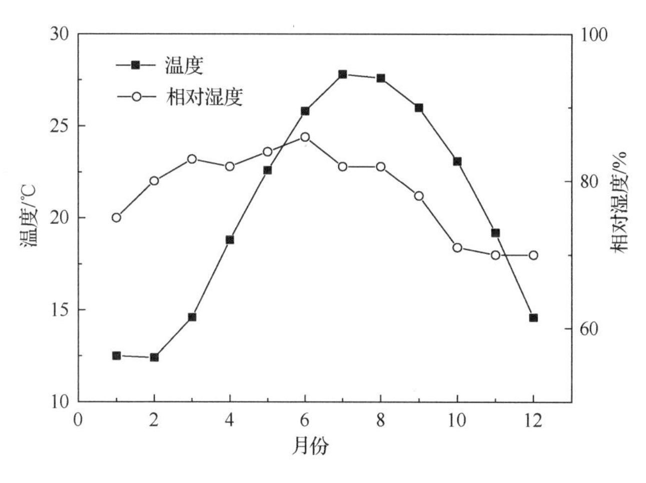

图 7.12 厦门地区全年气象参数

基于混凝土内氯离子扩散系数受温度影响模型，在分析了历年气象参数所处阶段的气温特征基础上，开展了模拟加速试验加速率和温度参数计算，见表 7.7。由表 7.7 可知，若基于厦门地区全年气象资料提高温度，则由氯离子扩散系数随温度变化模型可知，混凝土内氯盐侵蚀加速率可到达约 8 倍。

表 7.7 厦门地区年气象参数与模拟温度

温度阶段		温度/℃	相对湿度/%	平均温度/℃	加速 8 倍相应温度/℃
低温阶段	11 月	19.2	70	14.66	44.8
	12 月	14.6	70		
	1 月	12.5	75		
	2 月	12.4	80		
	3 月	14.6	83		
中温阶段	4 月	18.8	82	20.95	52.5
	10 月	23.1	71		
高温阶段	5 月	22.6	84	25.96	58.6
	6 月	25.8	86		
	7 月	27.8	82		
	8 月	27.6	82		
	9 月	26	78		

资料来源：数据来源于中国气象科学数据共享服务网（http://cdc.cma.gov.cn/shuju）。

若假设模拟试验采用浓度为 5%的氯盐溶液，分别采用饱水（浸泡）或干湿交替工况方式对其进行模拟试验，则现场典型工程相应的氯盐侵蚀时变模拟曲线，如图 7.13 所示。

图 7.14 为室内模拟环境中的混凝土氯离子侵蚀时变曲线。由图 7.14 可知，混凝土内氯离子累积到临界氯离子阈值所需时间随深度增加而延长，不同部位构件达到临界氯离子浓度所需时间存在差异。这是因混凝土所处环境条件和自身特性造成的。理论计算表明除了桥墩外均可保证结构工程具备大于 100 a 的使用寿命。

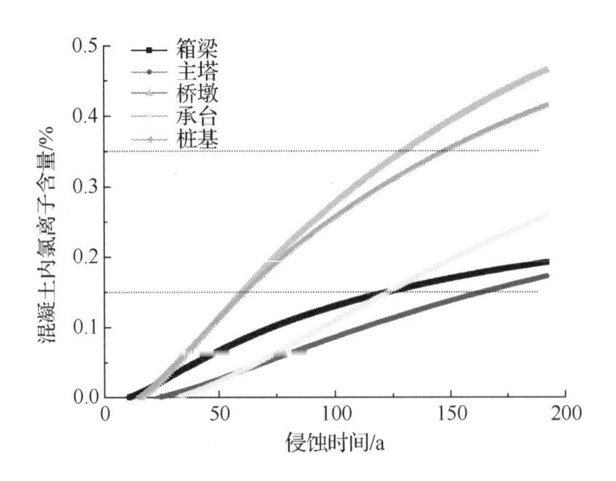

图 7.13　混凝土工程内氯离子含量时变模拟曲线

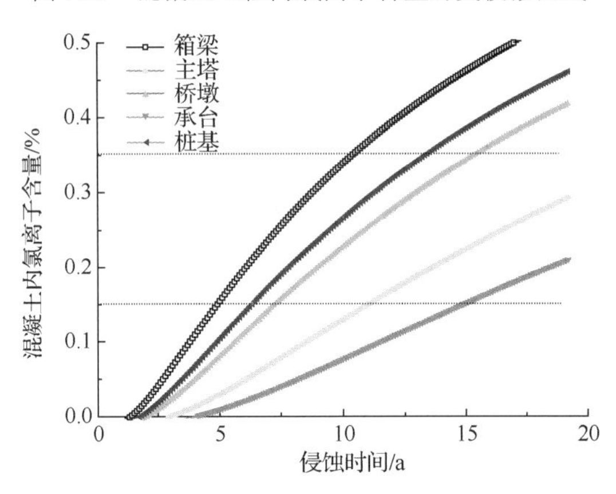

图 7.14　室内模拟浸泡工况下混凝土内氯离子含量时变曲线

若采用本书提出的室内模拟环境试验对混凝土结构进行模拟计算，则可知混凝土结构可在较短时间内达到氯离子临界阈值，表 7.8 给出了相应的混凝土结构寿命预测及两环境间混凝土内氯盐侵蚀相似率。由表 7.8 可知，混凝土结构使用寿命随保护层增加而延长；若考虑钢筋锈蚀率为 0.1 mm 前提条件下，相应的桥墩使用寿命约为 81 a，而其他桥梁结构工程寿命均大于 100 a。这表明设计桥墩的保护层厚度不足以满足混凝土结构的设计寿命要求。对比模拟试验与基于工程现场参数的模拟结果可知，对于不同构件模拟试验可在较短时间内使得氯离子侵蚀浓度达到阈值，两者间的相似率根据构件不同而存在差异。

表 7.8　厦门地区混凝土桥梁工程寿命预测参数

构件	锈蚀年限/a	氯离子累积年限/a	寿命/a	模拟试验时间/a	相似率/倍
箱梁	21	122	143	4.9	24.9
主塔	21	164	185	11	14.9
桥墩	21	60	81	7.2	8.3
承台	21	123	144	15	8.2
桩基	21	146	167	13.3	11.0

工程实例 7.5

杭州湾跨海大桥

文献[4]提供的杭州湾跨海大桥工程资料为结构设计使用年限不低于 100 a（不含钢筋锈蚀寿命）；杭州湾地处亚热带季风气候区，海水盐度明显受长江冲淡影响，氯离子含量仍在 5.54～15.91 g/L，平均含量为 10.79 g/L。大桥结构不同部位混凝土性能极其氯离子参数，见表 7.9。

表 7.9 混凝土工程性能及其氯离子参数

构件	作用区域	保护层厚度/mm	对流区深度/mm	84 d 扩散系数/（10^{-12} m^2/s）
箱梁	大气区	40	5	0.34
现浇桥墩	浪溅区	60	7.5	0.68
海上承台	水位变动区	90	7.5	0.73
海上桩基	水下区	75	0	1.57

基于上述资料，若假设混凝土内氯离子扩散系数在 10 a 左右时间达到稳定值，并且假设 m_s 为 0.4，则可计算混凝土氯离子扩散系数。保守起见，将海水盐度视为氯盐浓度，相应的氯离子浓度约为 0.66%。室内模拟试验采用的氯盐参数同工程实例 7.3，不同部位混凝土表面氯离子浓度和临界氯离子浓度（水下区分别为 0.66%和 0.12%，浪溅区分别为 0.66%和 0.12%，大气区分别为 0.20%和 0.06%）分别取值。图 7.15 为杭州地区气象资料。由图 7.15 可知，杭州地区全年各月均温度变化规律显著，温度基本为 5～30 ℃，相对湿度约为 80%。有鉴于此，将温度基本相等的月份大致划分为三段：低温阶段（温度为 8 ℃左右，11 月、12 月、1 月、2 月和 3 月）、中温阶段（温度为 17 ℃左右，4 月和 10 月）和高温阶段（温度为 25 ℃左右，5 月、6 月、7 月、8 月和 9 月）；从而确定了全年温度分布比例为 5∶2∶5。

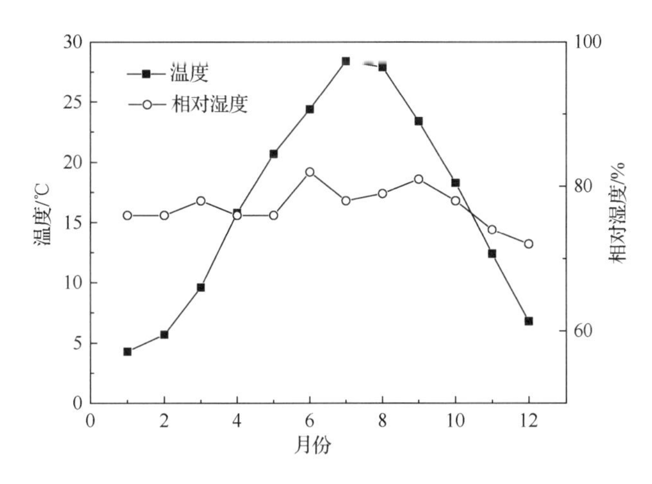

图 7.15 杭州地区全年气象参数

基于混凝土内氯离子扩散系数受温度影响模型，分析了历年气象参数所处阶段的气温特征，并开展了室内模拟环境试验加速倍数和温度参数计算，见表 7.10。由表 7.10 可知，若基于杭州地区全年气象资料，通过提高试验温度开展室内模拟环境试验，混凝土内氯盐侵蚀加速倍数（相似率）可达 9 倍。

表 7.10　杭州地区年气象参数与模拟温度

温度阶段		温度/℃	相对湿度/%	平均温度/℃	加速 9 倍相应温度/℃
低温阶段	11 月	12.4	74	7.76	38.3
	12 月	6.8	72		
	1 月	4.3	76		
	2 月	5.7	76		
	3 月	9.6	78		
中温阶段	4 月	15.8	76	17.05	49.7
	10 月	18.3	78		
高温阶段	5 月	20.7	76	24.96	59.5
	6 月	24.4	82		
	7 月	28.4	78		
	8 月	27.9	79		
	9 月	23.4	81		

资料来源：数据来源于中国气象科学数据共享服务网（http://cdc.cma.gov.cn/shuju）。

假设模拟试验采用浓度为 5%的氯盐溶液，分别采用饱水（浸泡）或干湿交替工况方式对其进行模拟试验，则现场典型工程相应的氯盐侵蚀时变模拟曲线，如图 7.16 所示。图 7.17 为室内模拟环境中的混凝土氯离子侵蚀时变曲线。由图 7.17 可知，不同部位构件达到临界氯离子浓度所需时间存在差异，这是由混凝土所处环境条件和自身特性造成的。由图 7.16 中模拟曲线可知，理论计算表明均可保证结构工程具备大于 100 a 的使用寿命。

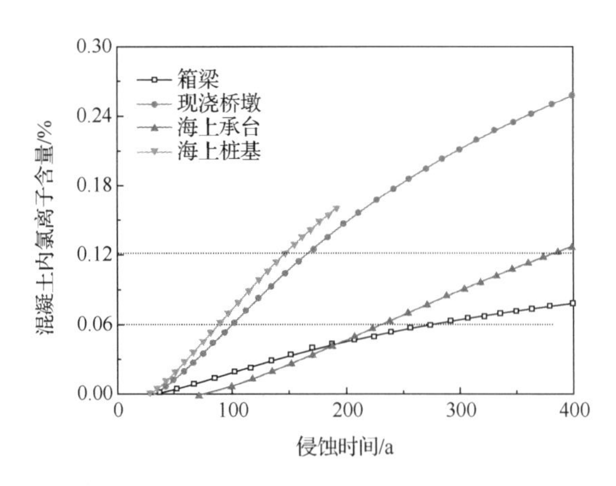

图 7.16　混凝土工程内氯离子含量时变模拟曲线

若采用本书提出的室内模拟环境试验对混凝土结构进行模拟计算，混凝土结构可在较短时间内达到氯离子临界阈值，表 7.11 给出了相应的混凝土结构寿命预测及两种环境中混凝土氯盐侵蚀相似率。数值分析表明混凝土结构使用寿命随保护层增加而延长，理论模拟计算表明桥梁结构工程各构件均可达到使用寿命大于 100 a；这说明设计的保护层厚度已满足混凝土结构的设计寿命要求。对比模拟试验与基于工程现场参数的模拟结果可知，对于不同构件模拟试验可在较短时间内使得氯离子侵蚀浓度达到阈值，两者间的相似率因构件不同而存在差异。对于处于大气区的箱梁两环境间混凝土氯盐侵蚀加速倍数（相似率）约为 34.5 倍，而其他部件相应的侵蚀加速倍数（相似率）约为 14.3 倍。

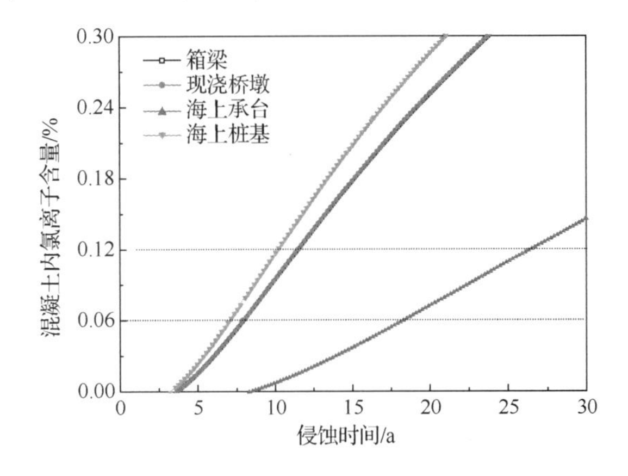

图 7.17 室内模拟浸泡工况下混凝土内氯离子含量时变曲线

表 7.11 杭州地区混凝土桥梁工程寿命预测参数

构件	锈蚀年限/a	氯离子累积年限/a	寿命/a	模拟试验时间/a	相似率/倍
箱梁	21	275	296	7.96	34.5
现浇桥墩	21	165	186	11.5	14.3
海上承台	21	379	400	26.4	14.3
海上桩基	21	145	166	10.1	14.3

工程实例 7.6

珠海地区多种混凝土结构工程

选取珠海地区 6 种混凝土工程（上桥公路、小桥面、南门大桥、鸡啼门大桥、公路 2 和公路 3）为例，开展自然和室内模拟环境下混凝土耐久性试验模拟。珠海地区全年气象资料，如图 7.18 所示。珠海地区全年各月均温度变化规律显著，温度波动范围为 15～30 ℃，相对湿度约为 80%。有鉴于此，将温度基本相等的月份大致划分为三段：低温阶段（温度为 18 ℃左右，11 月、12 月、1 月、2 月和 3 月），中温阶段（温度为 25 ℃左右，4 月和 10 月），高温阶段（温度为 30 ℃左右，5 月、6 月、7 月、8 月和9 月）；从而确定了全年温度分布比例为 5∶2∶5。

基于混凝土内氯离子扩散系数受温度影响模型，在分析历年气象参数所处阶段的气温特征基础上，以混凝土水灰比为 0.5 为例，开展室内模拟环境试验加速率和温度参数计算，见表 7.12。由表 7.12 可知，若基于珠海地区全年气象资料，通过提高室内模拟环境试验温度，混凝土内氯盐侵蚀加速倍数可达 6 倍。

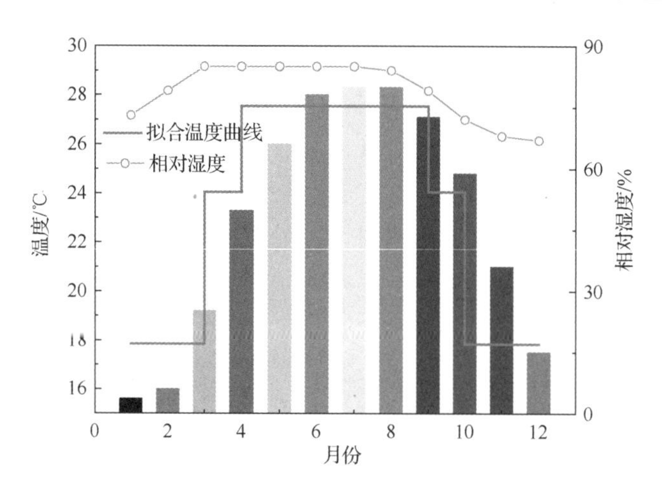

图 7.18　珠海地区全年气象参数

表 7.12　珠海地区年气象参数与模拟温度

温度阶段		温度/℃	相对湿度/%	平均温度/℃	加速 6 倍相应温度/℃
低温阶段	11 月	21	68	17.86	46.8
	12 月	17.5	67		
	1 月	15.6	73		
	2 月	16	79		
	3 月	19.2	85		
中温阶段	4 月	23.3	85	24.05	54.3
	10 月	24.8	72		
高温阶段	5 月	26	85	27.54	58.5
	6 月	28	85		
	7 月	28.3	85		
	8 月	28.3	84		
	9 月	27.1	79		

资料来源：数据来源于中国气象科学数据共享服务网（http://cdc.cma.gov.cn/shuju）。

若假设模拟试验采用浓度为 5%的氯盐溶液，分别采用饱水（浸泡）或干湿循环两种工况方式对其进行模拟试验。干湿循环模拟试验对应的混凝土对流区以内部的湿度约为 0.9（浸泡模拟的湿度为 1），干湿循环时间比保证其与现场具有相同的对流区深度，采用其实测模拟饱水混凝土内氯离子扩散系数进行模拟。图 7.19 和图 7.20 为现场典型工程模拟饱水混凝土内氯盐侵蚀曲线和时变曲线。由图 7.19 和图 7.20 可知，采用本书提出的模拟方法对典型工程混凝土内氯离子含量随深度和侵蚀时间进行模拟可获得变化规律。混凝土内氯离子含量随深度增加而减少，随模拟侵蚀时间延长而增大。对于典型混凝土结构（如上桥公路和小桥面）内氯离子含量分布存在差异；上述推论均基于混凝土处于饱水条件，混凝土内氯离子扩散系数不同导致的。在不考虑外因和载荷作用条件下，采用高浓度氯盐溶液和提高侵蚀温度混凝土内氯离子含量达到临界值所需模拟时间仅为现场环境下的十分之一。另一个方面也表明，对于现场典型工程若其部分混凝土结构处于水下区，可采用实测大气区氯离子含量数据，通过模拟试验规律予以加速后，间接获取饱水工况下混凝土内氯盐含量变化，并用于评估混凝土耐久性和使用寿命预测。

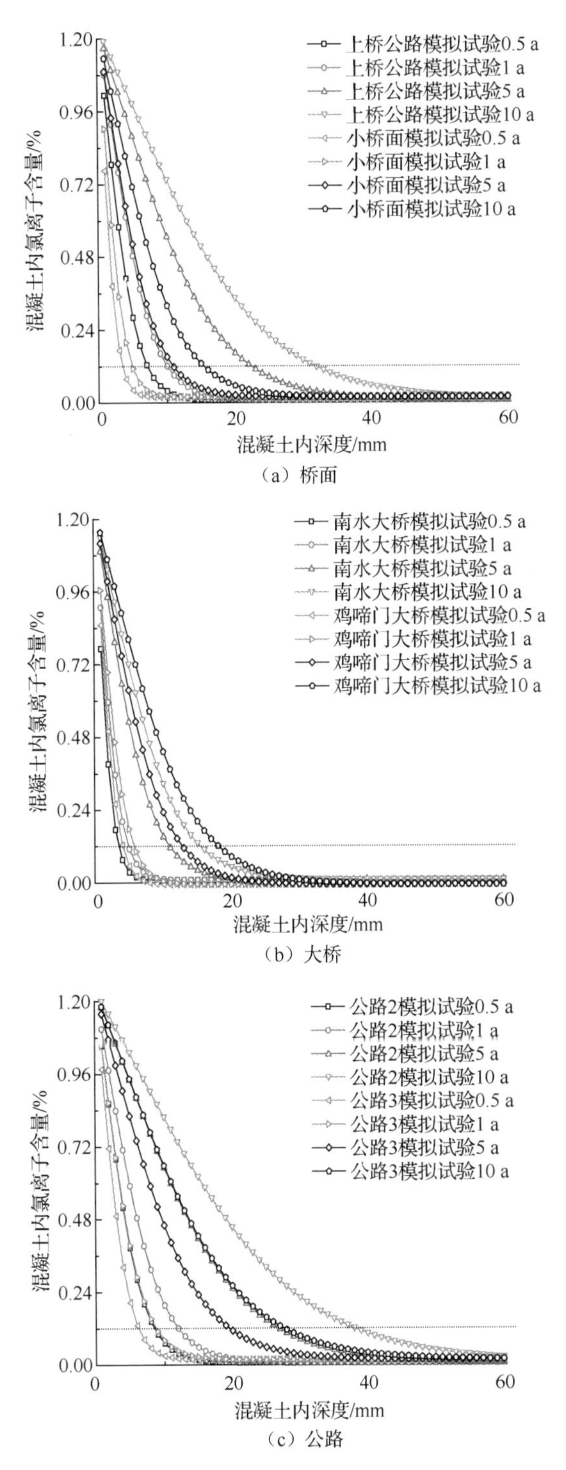

图 7.19　模拟饱水混凝土内氯盐侵蚀曲线

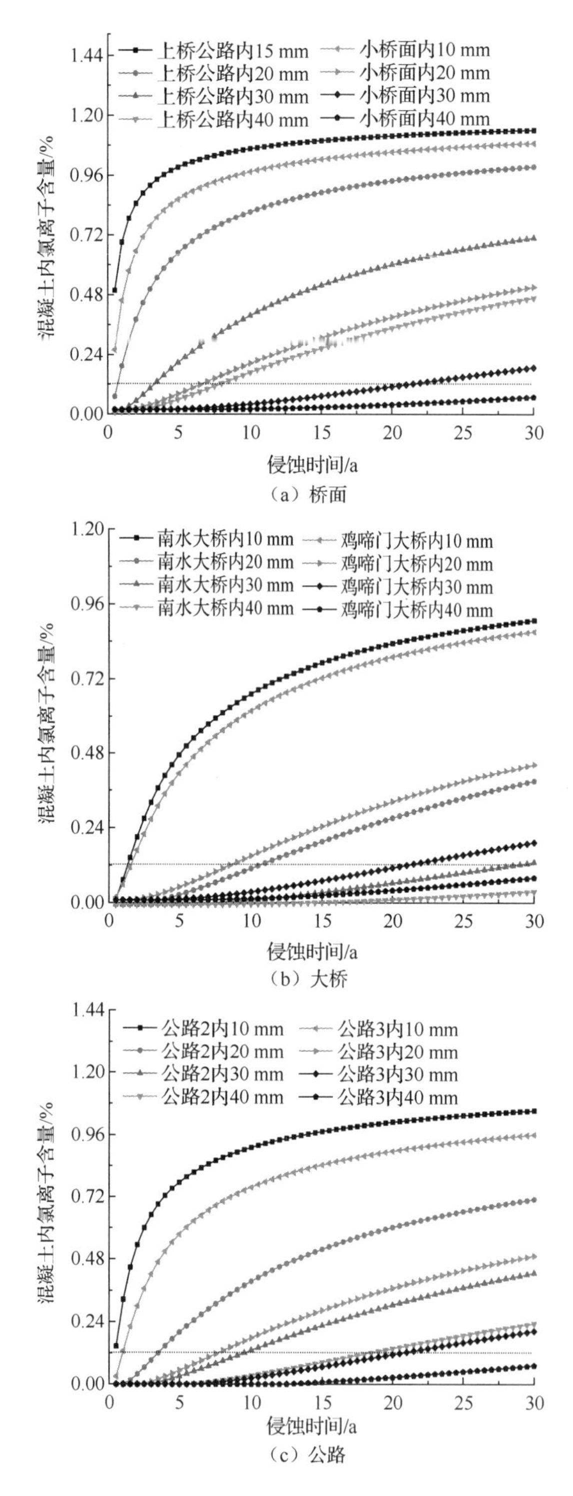

（a）桥面

（b）大桥

（c）公路

图 7.20　模拟饱水混凝土内氯盐侵蚀时变曲线

若采用模拟加速试验制度模拟饱水混凝土内氯离子含量随侵蚀时间延长而增大，随深度增加而减小。混凝土表层氯离子含量变化速率大于内部，并且其最终值不同。不同典型工程混凝土自身抵抗氯离子侵蚀能力（以氯离子扩散系数形式表征）不同导致其内氯离子含量也不同。采用模拟试验可在缩短混凝土氯盐侵蚀过程和达到氯离子临界值所需时间，可完成上述典型工程处于水下部位抵抗氯离子侵蚀过程的模拟和再现。

模拟浪溅区和大气区的典型混凝土内氯离子含量变化曲线所需参数均基于上述研究结果。图 7.21 和图 7.22 分别为模拟干湿循环条件下典型混凝土内氯离子含量随深度变化模拟曲线与时变曲线。由图 7.21 和图 7.22 可知，干湿循环与饱水混凝土内氯离子含量随深度变化模拟曲线间存在异同，主要体现为混凝土内氯离子含量随侵蚀时间延长而增大，随深度增加而降低，氯离子含量变化率不同。这是由于混凝土表面氯离子浓度、混凝土内部微环境湿度和扩散系数不同。模拟干湿循环条件可获得典型工程部分处于浪溅区、潮差区和大气区工况下混凝土内氯离子含量变化规律。由图 7.21 和图 7.22 还可以看出，模拟干湿循环与饱水混凝土内氯离子含量时变模拟曲线规律相似；不同典型工程混凝土内氯离子含量变化差异是因混凝土内氯离子扩散系数、相对湿度和表面氯离子含量有别。对于现场典型工程，若可获取实测氯离子含量数据，通过予以模拟加速试验可获取相应的氯盐浓度变化，可用于浪溅区、潮差区和大气区混凝土结构使用寿命预测。

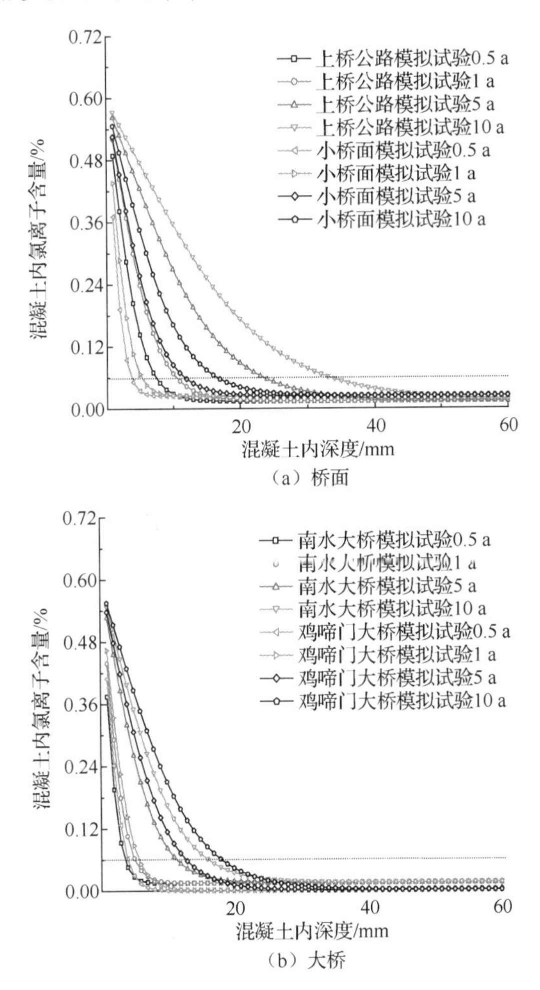

（a）桥面

（b）大桥

图 7.21 模拟干湿循环条件下典型混凝土内氯离子含量随深度变化模拟曲线

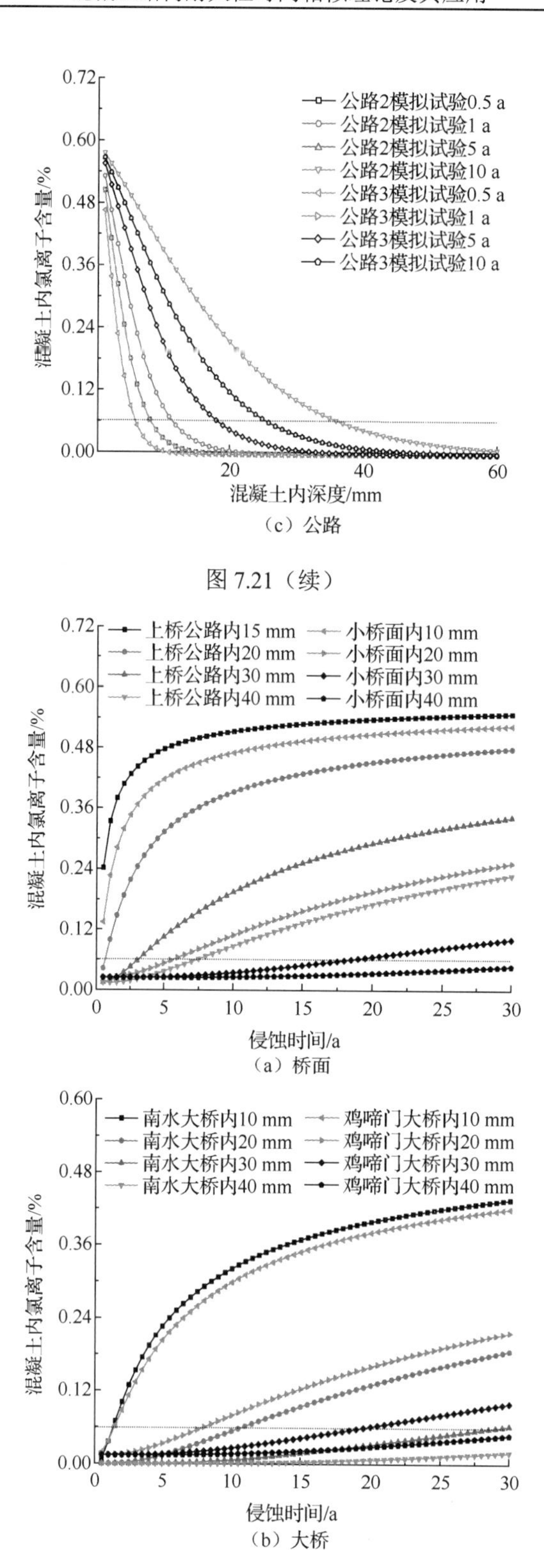

（c）公路

图 7.21（续）

（a）桥面

（b）大桥

图 7.22　模拟干湿循环混凝土内氯离子含量时变模拟曲线

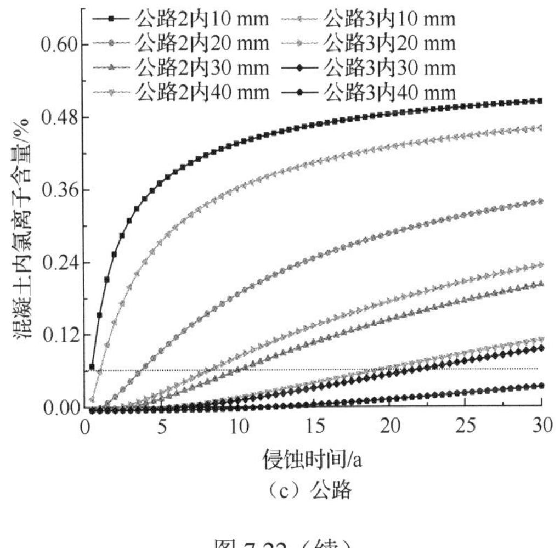

（c）公路

图 7.22（续）

工程实例 7.7

珠海地区鸡啼门大桥路面

由图 7.18 和表 7.12 可知，室内模拟环境试验对珠海地区混凝土结构通过提高温度，混凝土氯盐侵蚀加速倍数可到达 6 倍。对于大气区的混凝土路面，混凝土表面氯离子浓度和临界氯离子浓度（分别为 0.20%和 0.06%）分别取值。已知混凝土氯离子扩散系数分别约为 0.2×10^{-12} m^2/s（对应结构建造时间大于 10 a），混凝土内初始氯离子浓度约为 0.006%（占混凝土质量比）。现场典型工程混凝土内氯盐侵蚀曲线和时变模拟曲线，如图 7.23 和图 7.24 所示。混凝土内临界氯离子浓度随保护层厚度增加而增大。混凝土保护层厚度大于 50 mm 可保证结构工程具备大于 100 a 的使用寿命。若采用本书提出的室内模拟环境试验对混凝土结构进行模拟计算可知，混凝土结构可在较短时间内达到氯离子浓度临界阈值。

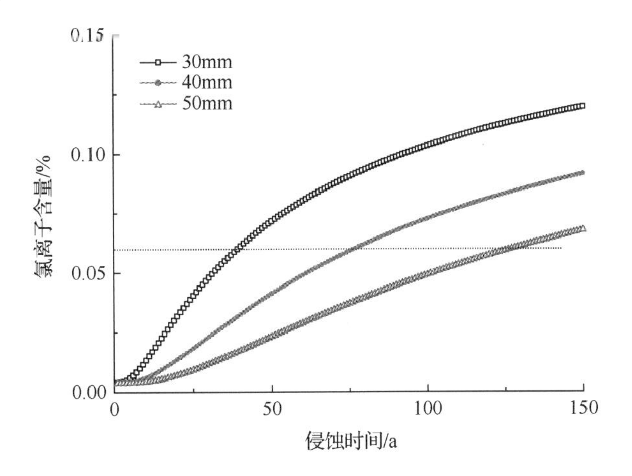

图 7.23　混凝土工程内氯离子含量时变模拟曲线

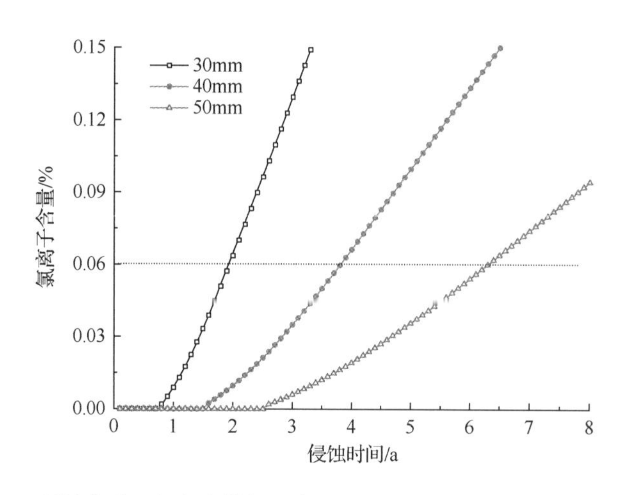

图 7.24　现场典型工程室内模拟浸泡工况下混凝土内氯离子含量时变曲线

表 7.13 给出了珠海地区混凝土桥梁工程寿命预测参数。表 7.13 中的计算结果表明，混凝土结构使用寿命随保护层增加而延长，理论模拟表明不同厚度保护层对应不同的使用寿命。这说明设计的保护层厚度达到 50 mm 可满足混凝土结构的设计寿命要求。对比模拟试验与基于工程现场参数的模拟结果可知，两种环境间混凝土氯离子侵蚀加速倍数（相似率）约为 22 倍。

表 7.13　珠海地区混凝土桥梁工程寿命预测参数

保护层厚/mm	锈蚀年限/a	氯离子累积年限/a	寿命/a	模拟试验时间/a	相似率/倍
30	21	43	64	1.95	22.05
40	21	84	105	3.8	22.11
50	21	139	160	6.3	22.06

7.2.3　硫酸盐侵蚀环境

本节以混凝土保护层处硫酸根离子浓度达到临界阈值为判定依据，开展典型硫酸盐环境中混凝土结构耐久性评估。图 7.25 为珠海地区服役 10 a 的海边栈桥干湿交替区域混凝土内硫酸根离子浓度随深度变化曲线。实测混凝土表面硫酸根离子浓度为 0.65%，混凝土内初始硫酸根离子浓度约为 0.20%（占混凝土质量比）。由图 7.25 可见，硫酸根离子浓度在混凝土表层较高，随深度增加显著降低并趋于定值。混凝土测点处于浪溅区域，干湿交替作用导致盐溶液浓缩，引起混凝土表层范围产生高浓度。因此，混凝土表层硫酸根离子浓度高于海水盐溶液浓度。随着混凝土深度增加，混凝土内硫酸根离子浓度梯度和驱动力逐渐降低，并且与混凝土中水化产物反应而被消耗。因此，混凝土内部一定深度处的硫酸根离子浓度迅速降低。

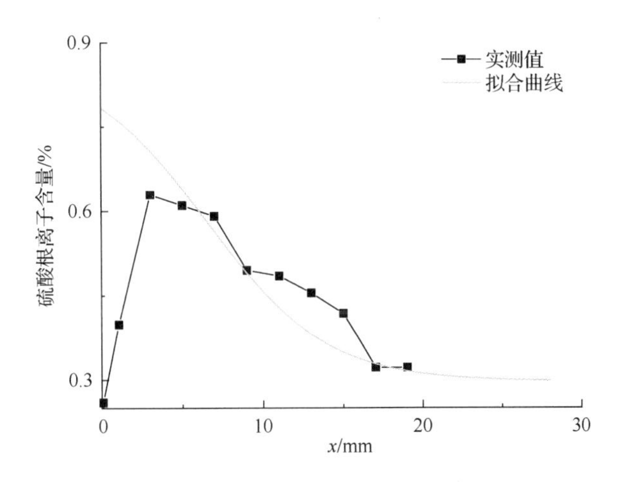

图 7.25 珠海地区服役 10a 的海边栈桥干湿交替区域混凝土内硫酸根离子浓度随深度变化曲线

珠海地区全年各月均温度波动范围为 15～30 ℃，相对湿度约为 80%。鉴于此，试验将温度基本相等的月份大致划分为低温、中温和高温三个温度阶段。基于混凝土内离子扩散系数受温度影响模型，利用测得的硫酸根离子活化能并结合混凝土中硫酸根离子分布，开展室内模拟环境试验加速率和温度参数计算，见表 7.14。上述计算结果表明，基于珠海地区全年气象资料，通过提高室内模拟环境试验温度，可获得混凝土内硫酸盐侵蚀加速率约为 6 倍。

表 7.14 珠海地区年气象参数与模拟温度

温度阶段		温度/℃	相对湿度/%	平均温度/℃	加速 6 倍相应温度/℃
低温阶段	11 月	21	68	17.86	40.2
	12 月	17.5	67		
	1 月	15.6	73		
	2 月	16	79		
	3 月	19.2	85		
中温阶段	4 月	23.3	85	24.05	47.3
	10 月	24.8	72		
高温阶段	5 月	26	85	27.54	51.45
	6 月	28	85		
	7 月	28.3	85		
	8 月	28.3	84		
	9 月	27.1	79		

资料来源：数据来源于中国气象科学数据共享服务网（http://cdc.cma.gov.cn/shuju）。

假设模拟试验采用浓度为 10%的硫酸盐溶液，分别用饱水（浸泡）或干湿循环两种工况方式对其进行模拟试验。干湿循环时间比保证其与现场具有相同的对流区深度，采用实测硫酸根离子扩散系数进行模拟。模拟硫酸盐浓度与海水中硫酸根离子浓度（0.25%）相同，参照实测混凝土表面对流区硫酸根离子浓度（约为 0.65%），混凝土内初始硫酸根离子浓度约为 0.20%（占混凝土质量比）。当混凝土保护层厚度处（30 mm）的硫酸根离子浓度与外界相同时，可视混凝土硫酸盐侵蚀充分反应。图 7.26 为混凝土内硫酸根离子含量分布曲线。由图 7.26 可见，混凝土内临界硫酸根离子浓度值随保护层厚度增加而增大。若假设混凝土保护层厚度为 30 mm，通过室内模拟环境试验（10%硫酸钠溶液）对混凝土结构模拟计算。结果表明，在约为 1 a 时间实现混凝土内硫酸根离子浓度达到与海水相同的硫酸根离子浓度，求解出的自然和室内模拟环境中混凝土内硫酸根离子侵蚀加速倍数（相似率）约为 50 倍。

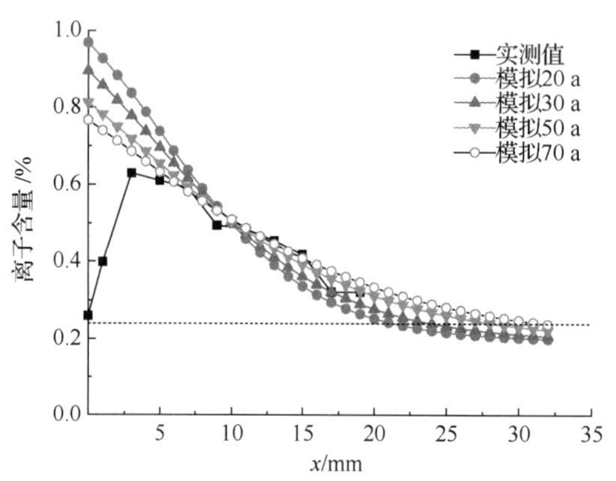

（a）混凝土内硫酸根离子含量分布模拟曲线（现场典型工程）

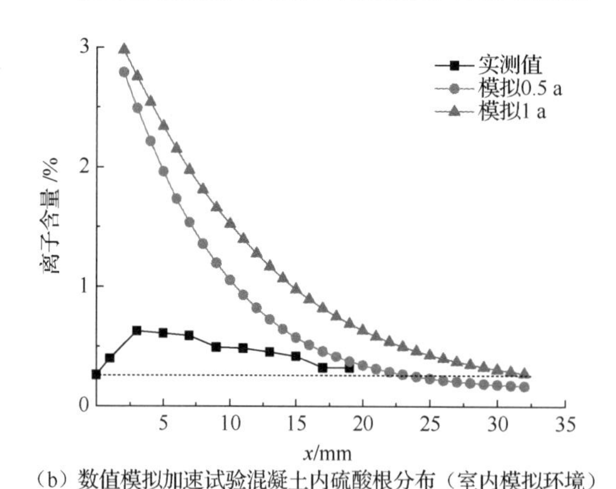

（b）数值模拟加速试验混凝土内硫酸根分布（室内模拟环境）

图 7.26　混凝土内硫酸根离子含量分布曲线

7.3　混凝土结构耐久性等级评定和使用寿命预测

通常情况下，建造者希望对新建和服役一定年限的混凝土结构工程开展预判以确定其是否可以达到预设的结构设计使用年限。然而，现有研究方法需要基于长期实测数据或现场试验才能推定出相应的结果，部分研究还存在分析方法和机理模型不当等问题，导致现有研究成果难以准确地进行混凝土结构耐久性评估和使用寿命预测。因此，如何精准开展新建和既有混凝土结构工程耐久性评定和使用寿命预测是耐久性研究领域面临的技术难题。基于前述各章节混凝土结构耐久性时间相似理论研究，作者开展新建和既有混凝土结构工程耐久性等级评定和使用寿命预测，具体工作内容如下。

7.3.1 一般大气环境

一般大气环境中的混凝土结构耐久性问题主要是混凝土碳化，本节参照《既有混凝土结构耐久性评定标准》(GB/T 51355—2019)，基于第4章混凝土结构耐久性时间相似理论研究，开展一般大气环境中的新建和既有混凝土结构工程耐久性等级评定和使用寿命预测，具体工作内容如下。

工程实例 7.8

以北京地区某新建混凝土结构工程为例，选取混凝土强度等级为C30的混凝土柱构件为研究对象，实测混凝土保护层厚度为25 mm，结构设计使用年限为50 a。北京地区自然环境中CO_2浓度为0.04%[5]，温度为11.6 ℃，相对湿度为60.1%，拟开展的室内模拟环境试验采用的CO_2浓度为20%，温度为20 ℃，相对湿度为70%。基于上述的条件和数据，开展新建混凝土结构工程使用寿命预测和耐久性等级评定。

(1) 新建混凝土结构工程使用寿命预测

室内模拟环境试验中实测28 d混凝土碳化深度为7.9 mm，由式(4.102)可求得室内模拟环境中的混凝土碳化系数约为$28.523\,\text{mm}/\sqrt{\text{a}}$。基于7.2.1节的模拟结果可知，室内模拟环境试验和自然环境中的混凝土碳化时间相似率(或加速倍数)为679，进而求得自然环境中的混凝土碳化系数约为$0.042\,\text{mm}/\sqrt{\text{a}}$。由表4.4～表4.6可知，$K_k$、$K_c$和$K_m$取值分别为3.33、1.62和0.94。基于式(4.98)，可求得一般大气环境中混凝土结构钢筋开始锈蚀耐久年限t_i约为77.08 a，该值大于结构设计使用年限50 a。因此，该新建混凝土结构满足一般大气环境中混凝土结构钢筋开始锈蚀耐久年限要求。

(2) 新建混凝土结构工程耐久性等级评定

基于上述分析，参照《既有混凝土结构耐久性评定标准》(GB/T 51355—2019)中的有关规定，耐久重要性系数γ_0取值1.1。将求得一般大气环境中混凝土结构钢筋开始锈蚀耐久年限t_i(约为61.3 a)代入式(4.97)中，可求得一般大气环境中混凝土结构耐久性裕度系数ξ_d约为1.40。根据表4.3可知，以钢筋开始锈蚀极限状态为基准的一般大气环境中的混凝土结构耐久性等级为b级。

以上即为以钢筋开始锈蚀极限状态为基准的一般大气环境中的混凝土结构耐久性等级评定和使用寿命预测计算全过程。以混凝土保护层锈胀开裂极限状态或混凝土保护层锈胀裂缝宽度极限状态为基准的一般大气环境中的混凝土结构耐久性等级评定和使用寿命预测求解与上述过程相似，计算中所用的部分参数取值可参照《既有混凝土结构耐久性评定标准》(GB/T 51355—2019)中的有关规定。

工程实例 7.9

以西安地区某新建混凝土结构工程为例，选取混凝土强度等级为 C30 的混凝土结构构件为研究对象，混凝土保护层厚度为 35 mm，结构设计使用年限为 50 a。该地区的自然环境中 CO_2 浓度为 0.04%[6]，温度为 13.2 ℃，相对湿度为 74.1%，拟开展的室内模拟环境试验采用的 CO_2 浓度为 20%，温度为 20 ℃，相对湿度为 70%。基于上述的条件和数据，开展新建混凝土结构工程使用寿命预测和耐久性等级评定。

（1）新建混凝土结构工程使用寿命预测

室内模拟环境试验中实测 28 d 混凝土碳化深度为 7.9 mm，由式（4.102）可求得室内模拟环境中的混凝土碳化系数约为 28.523 mm / $\sqrt{a}$。基于 7.21 节的模拟结果可知，室内模拟环境试验和自然环境中的混凝土碳化时间相似率（或加速倍数）为 526，故自然环境中的混凝土碳化系数约为 0.0542 mm / $\sqrt{a}$。由表 4.4～表 4.6 可知，K_k、K_c 和 K_m 取值分别为 3.31、2.28 和 0.68。基于式（4.98），可求得一般大气环境中混凝土结构钢筋开始锈蚀耐久年限 t_i 约为 78 a，该值大于结构设计使用年限 50 a。因此，该新建混凝土结构满足一般大气环境中混凝土结构钢筋开始锈蚀耐久年限要求。

（2）新建混凝土结构工程耐久性等级评定

基于上述分析，参照《既有混凝土结构耐久性评定标准》（GB/T 51355—2019）中的有关规定，耐久重要性系数 γ_0 取值为 1.1。将求得一般大气环境中混凝土结构钢筋开始锈蚀耐久年限 t_i（约为 78 a）代入式（4.97）中，可求得一般大气环境中混凝土结构耐久性裕度系数 ξ_d 约为 1.42。根据表 4.3 可知，以钢筋开始锈蚀极限状态为基准的一般大气环境中的混凝土结构耐久性等级为 b 级。

工程实例 7.10

以长沙地区某新建混凝土结构工程为例，选取混凝土强度等级为 C30 的混凝土楼板构件为研究对象，混凝土保护层厚度为 30 mm，结构设计使用年限为 50 a。长沙地区的自然环境中 CO_2 浓度为 0.03%，温度为 18 ℃，相对湿度为 73.5%，拟开展的室内模拟环境试验采用的 CO_2 浓度为 20%，温度为 20 ℃，相对湿度为 70%。基于上述的条件和数据，开展新建混凝土结构工程使用寿命预测和耐久性等级评定。

（1）新建混凝土结构工程使用寿命预测

室内模拟环境试验中实测 28 d 混凝土碳化深度为 7.9 mm，由式（4.102）可求得室内模拟环境中的混凝土碳化系数约为 28.523 mm / $\sqrt{a}$。模拟结果表明室内模拟环境试验和自然环境中的混凝土碳化时间相似率（或加速倍数）为 289，故自然环境中的混凝土碳化系数约为 0.0987 mm / $\sqrt{a}$。由表 4.4～表 4.6 可知，K_k、K_c 和 K_m 取值分别为 3.25、1.96 和 0.94。基于式（4.98），可求得一般大气环境中混凝土结构钢筋开始锈蚀耐久年限 t_i 约为 91 a，该值大于结构设计使用年限 50 a。因此，该新建混凝土结构满足一般大气环境中混凝土结构钢筋开始锈蚀耐久年限要求。

（2）新建混凝土结构工程耐久性等级评定

基于上述分析，参照《既有混凝土结构耐久性评定标准》（GB/T 51355—2019）中的有关规定，耐久重要性系数γ_0取值为 1.0。将求得一般大气环境中混凝土结构钢筋开始锈蚀耐久年限 t_i（约为 91 a）代入式（4.97）中，可求得一般大气环境中混凝土结构耐久性裕度系数ξ_d约为 1.81。根据表 4.3 可知，以钢筋开始锈蚀极限状态为基准的一般大气环境中的混凝土结构耐久性等级为 a 级。

7.3.2 氯盐侵蚀环境

氯盐环境中的氯离子侵入混凝土内部可导致钢筋锈蚀和混凝土保护层胀裂，引发混凝土结构耐久性降低和缩短使用寿命。参照《既有混凝土结构耐久性评定标准》(GB/T 51355—2019)，在第 5 章混凝土结构耐久性时间相似理论研究基础上，开展了氯盐环境中的新建和既有混凝土结构工程耐久性评定与使用寿命预测。

工程实例 7.11

以珠海地区某建设 21 a 鸡啼门大桥路面混凝土为例，实测混凝土保护层厚度为 20 mm，路面设计使用年限为 50 a。珠海地区的海洋环境中氯盐溶液浓度为 2.9%，年平均气温为 22.9 ℃，平均相对湿度为 78.9%。混凝土内初始氯离子含量约为 0.006%，混凝土表层最大氯离子浓度约为 0.137%，拟合求解出混凝土氯离子扩散系数约为 2.17×10^{-8} m^2/s。拟开展的室内模拟环境试验采用的氯盐溶液浓度为 5%，试验周期宜为 72 h，喷淋时间宜为 1 h，干燥时间宜为 71 h，循环风速为 3～5 m/s。参照表 7.14 试验温度采用三个阶段，则各温度阶段的时间比为 5∶2∶5，推荐各温度阶段的温度值及时间分别为 46.8 ℃/30 h、54.3 ℃/12 h、58.5 ℃/30 h。干燥过程中的相对湿度为 50%，润湿过程中相对湿度 90%±5%。基于上述的条件和数据，开展新建混凝土结构工程使用寿命预测和耐久性等级评定。

（1）既有混凝土结构工程使用寿命预测

由表 5.1、式（5.2）、式（5.15）和式（5.16）可知，室内模拟环境试验和自然环境中的混凝土内氯离子扩散系数的加速倍数约为 6 倍。基于式（5.2）可求得室内模拟环境试验和自然环境中的混凝土内氯离子侵蚀时间相似率约为 64.1 倍。混凝土表面氯离子浓度 C_s和钢筋锈蚀临界氯离子浓度 C_{cr}参照《既有混凝土结构耐久性评定标准》(GB/T 51355—2019）分别取值为 11.5 kg/m^3和 2.1 kg/m^3。若考虑混凝土表层氯离子对流区深度影响（Δx取值 5 mm)，结合式（5.37）和式（5.38），可求得氯盐环境中混凝土结构钢筋开始锈蚀耐久年限 t_i 约为 93.4 a，该值大于结构设计使用年限 50 a。因此，该既有混凝土结构满足氯盐环境中混凝土结构钢筋开始锈蚀耐久年限要求。

（2）既有混凝土结构工程耐久性等级评定

基于上述分析，参照《既有混凝土结构耐久性评定标准》(GB/T 51355—2019）中的有关规定，耐久重要性系数γ_0取值为 1.0。将求得氯盐环境中混凝土结构钢筋开始锈蚀耐久年限 t_i（约为 93.4 a）和服役时间（约为 21 a）代入式（4.97）中，可求得氯盐环境中混凝土结构耐久性裕度系数ξ_d约为 1.448。根据表 4.3 可知，以钢筋开始锈蚀极限状态为基准的氯盐环境中的混凝土结构耐久性等级为 b 级。

上述即为以钢筋开始锈蚀极限状态为基准的氯盐环境中的混凝土结构耐久性等级评定和使用寿命预测计算全过程。以混凝土保护层锈胀开裂极限状态为基准的氯盐环境中的混凝土结构耐久性等级评定和使用寿命预测求解与上述过程类似，计算中所用的部分参数取值可参照《既有混凝土结构耐久性评定标准》（GB/T 51355—2019）中的有关规定。

除采用上述方法开展既有混凝土结构耐久性等级评定和使用寿命预测外，作者还基于现场实测数据尝试了数值模拟分析方法在上述方面的应用。

工程实例 7.12

以珠海地区多个典型工程为例，进行既有混凝土结构工程耐久性等级评定和使用寿命预测。上桥公路和小桥面的设计使用寿命为 50 a，南水大桥和鸡啼门大桥的设计使用年限为 100 a。图 7.27 为典型工程混凝土内氯离子含量实测值及其随深度变化模拟曲线。由图 7.27 可知，处于大气区的典型工程混凝土内部氯离子含量随深度增加而减小，并且随侵蚀时间延长而增大。典型工程混凝土内部均存在一定深度范围氯离子对流区，且相同地区的混凝土内表层氯离子含量基本相同，这表明对于建造超过 10 a 的混凝土结构其表面氯离子浓度基本趋于稳定。这是因为侵入混凝土内部的氯离子主要源于大气中的盐雾、降水和海雾等，一定时间后混凝土表层氯离子累积量和向内迁的氯离子量趋于平衡。

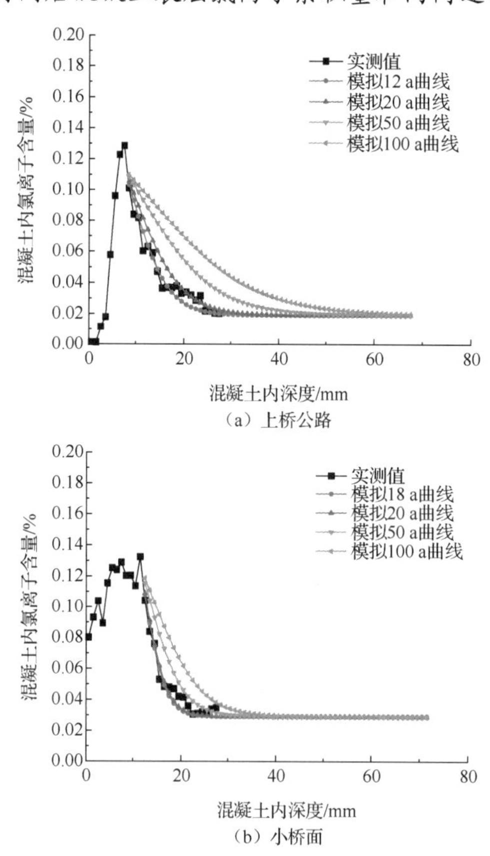

（a）上桥公路

（b）小桥面

图 7.27　典型工程混凝土内氯离子含量实测值及其随深度变化模拟曲线

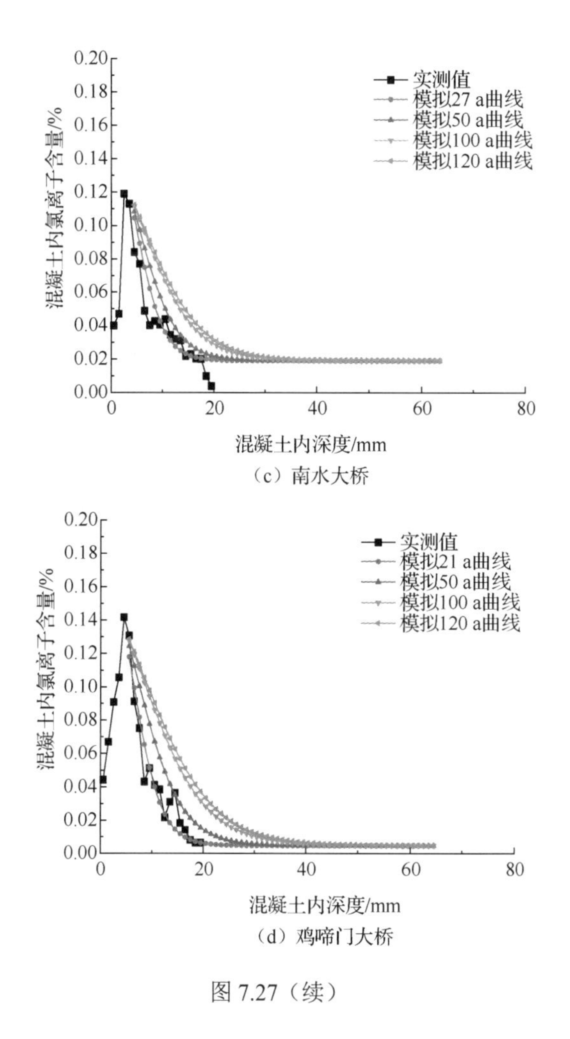

（c）南水大桥

（d）鸡啼门大桥

图 7.27（续）

图 7.28 为典型工程混凝土内氯离子含量时变模拟曲线。由图 7.28 可见，典型工程混凝土内氯离子含量随侵蚀时间延长而变化，并且随深度增加而减小。这是因为外界环境中大量氯离子随时间延长不断侵入混凝土内部，混凝土内累积氯离子的量增加。混凝土内氯盐浓度梯度随深度增加而降低，故混凝土内氯离子向内部传输能力降低。不同工程混凝土内相同深度处氯离子达到临界值所需时间不同，是由于混凝土内氯离子扩散系数和表层氯离子含量等因素存在差异。结合图 7.27 和图 7.28 可知，对于实测混凝土保护层厚度为 20 mm 的上桥公路、桥面的使用寿命分别约为 64 a、83 a；对于实测混凝土保护层为 30 mm 的南水大桥和鸡啼门大桥的使用寿命均大于 100 a。参照《既有混凝土结构耐久性评定标准》（GB/T 51355—2019）中的有关规定可知，以钢筋开始锈蚀极限状态为基准的氯盐环境中的上述典型工程结构耐久性等级均为 b 级以上。

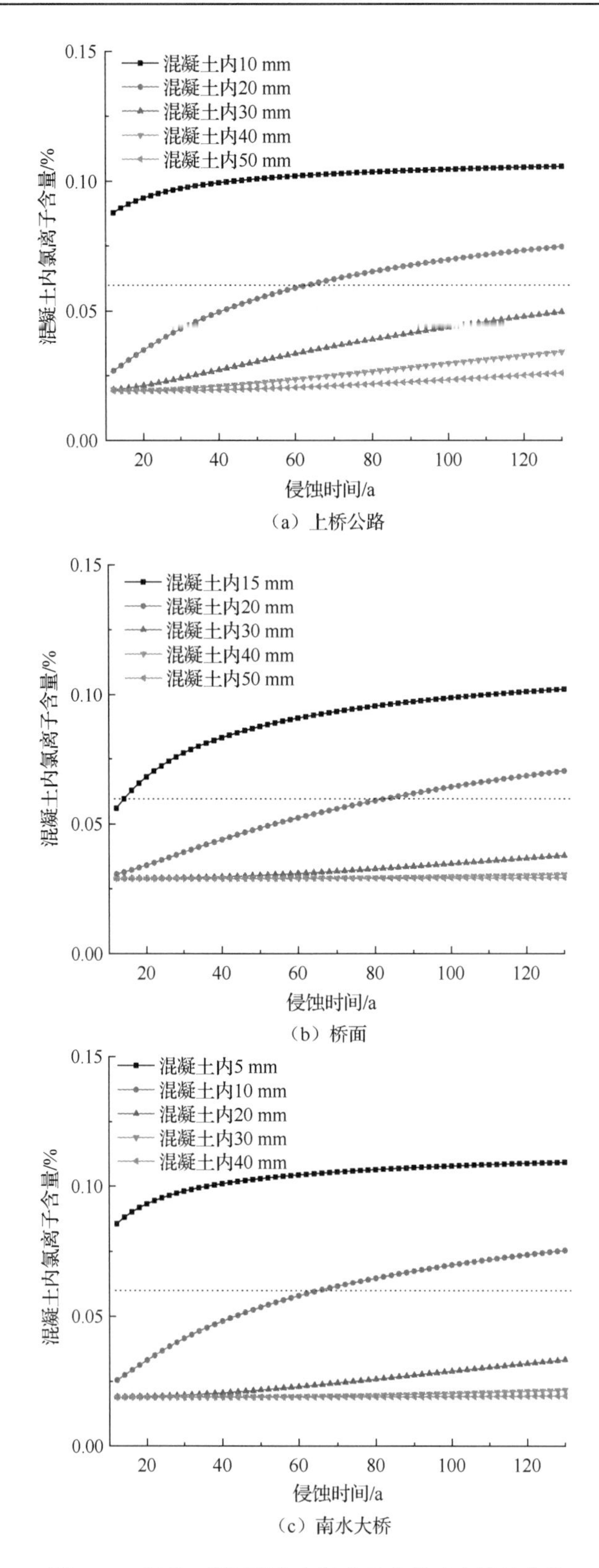

（a）上桥公路

（b）桥面

（c）南水大桥

图 7.28　典型工程混凝土内氯离子含量时变模拟曲线

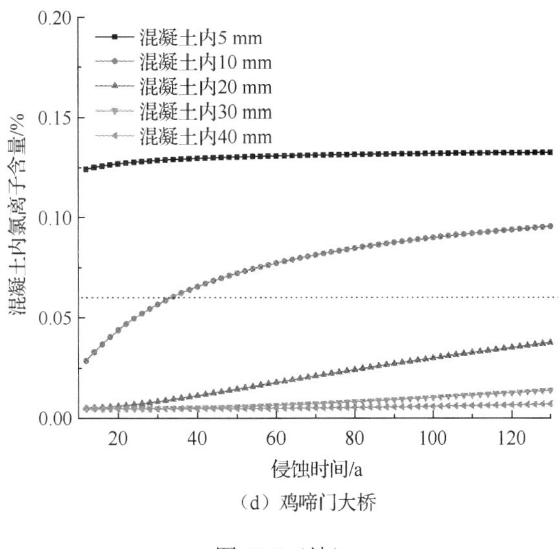

（d）鸡啼门大桥

图 7.28（续）

7.3.3　硫酸盐侵蚀环境

硫酸根离子侵入混凝土内部可导致混凝土胀裂、剥落，进而引起混凝土结构耐久性降低和使用寿命缩短。参照《既有混凝土结构耐久性评定标准》(GB/T 51355—2019)，在第 6 章混凝土结构耐久性时间相似理论研究基础上，本节开展了硫酸盐环境中的新建和既有混凝土结构工程耐久性评定与使用寿命预测。

工程实例 7.13

以珠海地区海滨处新建公路桥墩为例，实测混凝土保护层厚度为 38 mm，结构设计使用年限为 50 a。珠海地区年平均气温为 22.9 ℃，平均相对湿度为 78.9%。混凝土内初始硫酸根离子含量约为 0.07%（占混凝土质量比），混凝土表层最大硫酸根离子浓度约为 0.5%，混凝土胶凝材料中的氧化铝含量约为 16 kg/m^3。拟开展的室内模拟环境试验采用的硫酸盐溶液浓度为 5%，模拟试验温度为 30 ℃，采用全浸泡模拟方式。基于上述的条件和数据，开展新建混凝土结构工程使用寿命预测和耐久性等级评定。

（1）新建混凝土结构工程使用寿命预测

由式（6.197）可知，与自然环境相比，温度对室内模拟环境试验中的混凝土内硫酸根离子扩散系数的加速倍数约为 1.78 倍。实测混凝土内硫酸根离子扩散系数约为 2.1×10^{-7} mm^2/s。若以混凝土剥蚀深度值为失效判据，由式（6.210）和式（6.211）可求得混凝土桥墩遭受硫酸盐侵蚀损伤剩余使用年限 t_{re} 约为 67.2 a。上述计算结果大于结构设计使用年限 50 a。因此，满足硫酸盐环境中混凝土结构遭受硫酸盐侵蚀损伤剩余使用年限要求。

（2）新建混凝土结构工程耐久性等级评定

基于上述分析，参照《既有混凝土结构耐久性评定标准》（GB/T 51355—2019）中的有关规定，耐久重要性系数 γ_0 取值为 1.1。将求得硫酸盐侵蚀环境中的混凝土结构遭受硫酸盐侵蚀损伤剩余使用年限 t_{re}（约为 67.2 a）代入式（4.97）中，可求得硫酸盐环境中混凝土构件腐蚀损伤极限状态对应的耐久性裕度系数 ξ_d 约为 1.22。根据表 4.3 可知，以混凝土构件腐蚀损伤极限状态为基准的硫酸盐环境中混凝土结构耐久性等级为 b 级。

工程实例 7.14

以珠海地区海滨处建造 10 a 的既有混凝土栈桥为例，实测潮差区域混凝土保护层厚度为 35 mm，结构设计使用年限为 50 a。珠海地区的海洋环境中盐溶液浓度为 2.9%，年平均气温为 22.9 ℃，平均相对湿度为 78.9%。混凝土内初始硫酸根离子含量约为 0.2%（占混凝土质量比），混凝土表层最大硫酸根离子浓度约为 0.65%，混凝土胶凝材料中的氧化铝含量约为 17 kg/m^3。拟开展的室内模拟环境试验采用的硫酸盐溶液浓度为 5%，模拟试验温度为 30 ℃，采用全浸泡模拟方式。基于上述的条件和数据，开展新建混凝土结构工程使用寿命预测和耐久性等级评定。

（1）既有混凝土结构工程使用寿命预测

由式（6.197）可知，与自然环境相比，温度对室内模拟环境试验中的混凝土内硫酸根离子扩散系数的加速倍数约为 1.78 倍。自然环境下实测混凝土内硫酸根离子扩散系数约为 4.2×10^{-7} mm^2/s。若以混凝土剥蚀深度值为失效判据，由式（6.210）和式（6.211）可求得混凝土结构遭受硫酸盐侵蚀损伤剩余使用年限 t_{re} 约为 22.4 a。上述计算结果小于混凝土结构设计使用年限 50 a。因此，该既有混凝土结构不满足硫酸盐环境中混凝土结构遭受硫酸盐侵蚀损伤剩余使用年限要求。若以混凝土内硫酸根离子浓度达到阈值（0.4%）为失效判据，则基于 Fick 第二定律解析解式（5.2）求得相应的使用年限 t_{re} 约为 79.8 a。上述计算结果均大于结构设计使用年限 50 a。由于失效判据假设条件不同，两种方法计算出的使用年限 t_{re} 存在差异，并且第一种算法的结果偏于保守。

（2）既有混凝土结构工程耐久性等级评定

基于上述分析，参照《既有混凝土结构耐久性评定标准》（GB/T 51355—2019）中的有关规定，耐久重要性系数 γ_0 取值 1.1。将求得硫酸盐侵蚀环境中的混凝土结构遭受硫酸盐侵蚀损伤剩余使用年限 t_{re}（约为 22.4 a 或 79.8 a）代入式（4.97）中，可求得硫酸盐环境中混凝土构件腐蚀损伤极限状态对应的耐久性裕度系数 ξ_d 约为 0.407 或 1.45。根据表 4.3 可知，以混凝土构件腐蚀损伤极限状态为基准的硫酸盐环境中混凝土结构耐久性等级为 c 级或 b 级。

7.4 小　　结

本章通过选取典型侵蚀环境中服役混凝土结构工程为例，开展室内模拟环境试验制度设计。通过数值模拟分析，计算自然和室内模拟环境中混凝土结构耐久性指标时间相似率；基于混凝土耐久性时变模拟和数值分析，开展典型侵蚀环境中混凝土结构耐久性等级评定和使用寿命预测。

参 考 文 献

[1] Yoon I S，Copuroğlu O，Park K B．Effect of global climatic change on carbonation progress of concrete[J]．Atmospheric Environment，2007，41（34）：7274-7285．

[2] Ekolu S O．Model for practical prediction of natural carbonation in reinforced concrete：Part 1-formulation[J]．Cement and Concrete Composites，2018，86：40-56．

[3] 李春秋．干湿交替下表层混凝土中水分与离子传输过程研究[D]．北京：清华大学，2009．

[4] 金立兵．多重环境时间相似理论及其在沿海混凝土结构耐久性中的应用[D]．杭州：浙江大学，2008．

[5] 程雪玲，刘晓曼，刘郁珏，等．北京城区 CO_2 浓度和通量时空分布特征[C]//第六届城市气象论坛论文集．郑州：第 34 届中国气象学会年会，2017：27-33．

[6] 王帆，王照，李文韬．西安城区大气 CO_2 浓度的变化特征及趋势研究[J]．四川环境，2015，34（4）：79-95．

附　　表

附表A　全国200个区站1955～2015年的年平均气温、年平均相对湿度和冻融循环次数统计表

区站号	区站	年平均气温/℃	年平均相对湿度/%	冻融循环次数	区站号	区站	年平均气温/℃	年平均相对湿度/%	冻融循环次数
50353	呼玛	−1.13	66	68	51716	巴楚	12.06	48	102
50434	图里河	−4.48	71	101	51747	塔中	12.31	34	114
50527	海拉尔	−1.21	67	70	51765	铁干里克	11.06	45	122
50557	嫩江	0.21	67	72	51777	若羌	11.88	39	105
50564	孙吴	−0.62	70	82	51811	莎车	11.75	53	99
50632	博克图	−0.42	64	79	51828	和田	12.66	42	85
50658	克山	1.68	65	63	52203	哈密	10.03	43	95
50727	阿尔山	−2.67	70	92	52418	敦煌	9.68	42	121
50745	齐齐哈尔	3.78	61	66	52436	玉门镇	7.24	41	110
50756	海伦	1.97	67	59	52495	巴彦毛道	7.41	38	105
50788	富锦	2.98	68	55	52533	酒泉	7.53	46	113
50854	安达	3.77	62	65	52602	冷湖	2.92	29	159
50915	东乌珠穆沁旗	1.36	58	82	52681	民勤	8.35	44	123
50949	前郭尔罗斯	5.17	62	67	52713	大柴旦	1.86	34	151
50953	哈尔滨	4.22	65	64	52754	刚察	−0.22	54	145
50963	通河	2.65	72	71	52787	乌鞘岭	0.06	58	115
50968	尚志	2.87	72	78	52818	格尔木	5.07	32	143
50978	鸡西	4.05	64	68	52836	都兰	3.16	39	136
51076	阿勒泰	4.53	57	59	52866	西宁	5.95	56	138
51087	富蕴	3.18	59	68	52884	皋兰	8.15	55	127
51156	和布克赛尔	3.70	53	86	52889	兰州	9.64	56	110
51243	克拉玛依	8.58	48	38	52955	贵南	2.99	52	173
51334	精河	7.82	61	55	53068	二连浩特	4.01	47	88
51379	奇台	5.20	60	68	53192	阿巴嘎旗	1.25	57	83
51431	伊宁	8.96	65	88	53276	朱日和	5.02	47	89
51463	乌鲁木齐	6.92	58	50	53336	乌拉特中旗	5.14	48	95
51573	吐鲁番	14.51	40	71	53352	达尔罕联合旗	4.08	49	101
51644	库车	11.37	45	81	53391	化德	2.64	56	88
51709	喀什	11.96	50	91	53463	呼和浩特	6.57	54	93

续表

区站号	区站	年平均气温/℃	年平均相对湿度/%	冻融循环次数	区站号	区站	年平均气温/℃	年平均相对湿度/%	冻融循环次数
53487	大同	6.97	52	103	54471	营口	9.37	66	74
53502	吉兰泰	9.05	39	109	54497	丹东	8.86	70	79
53529	鄂托克旗	7.05	47	108	54511	北京	12.17	57	96
53614	银川	9.00	57	108	54527	天津	12.62	62	87
53646	榆林	8.45	55	109	54539	乐亭	10.67	66	99
53673	原平	9.02	54	114	54618	泊头	13.63	62	87
53698	石家庄	13.42	61	88	54662	大连	10.77	65	64
53723	盐池	8.19	50	120	54725	惠民县	12.59	65	98
53772	太原	9.88	59	117	54776	成山头	11.38	73	49
53845	延安	9.85	61	113	54823	济南	14.54	57	69
53863	介休	10.71	60	111	54843	潍坊	12.50	66	96
53898	安阳	13.94	66	85	54909	定陶	14.31	72	71
53915	平凉	8.92	64	110	54916	兖州	13.67	68	91
53959	运城	13.98	62	89	55591	拉萨	7.90	43	154
54012	西乌珠穆沁旗	1.52	59	83	56004	托托河	−3.93	52	168
54026	扎鲁特旗	6.47	49	81	56021	曲麻莱	−2.03	54	168
54027	巴林左旗	5.34	51	99	56029	玉树	3.24	54	184
54094	牡丹江	4.11	66	74	56033	玛多	−3.66	57	157
54096	绥芬河	2.79	66	77	56046	达日	−0.88	61	171
54102	锡林浩特	2.47	57	85	56080	合作	2.49	64	174
54115	林西	4.76	50	85	56096	武都	14.82	59	38
54135	通辽	6.53	55	79	56146	甘孜	5.74	57	168
54157	四平	6.53	64	75	56172	马尔康	8.68	61	137
54161	长春	5.54	63	67	56182	松潘	5.93	64	159
54200	多伦	2.37	61	96	56187	温江	16.60	77	6
54218	赤峰	7.30	49	97	56257	理塘	3.34	57	178
54236	彰武	7.54	60	82	56294	成都	16.28	81	9
54292	延吉	5.39	65	92	56444	德钦	5.39	70	147
54324	朝阳	9.03	51	99	56462	九龙	8.99	62	135
54337	锦州	9.42	58	84	56492	宜宾	18.00	81	0
54342	沈阳	8.22	64	77	56571	西昌	17.02	61	3
54346	本溪	8.06	64	75	56651	丽江	12.74	63	42
54374	临江	5.26	70	81	56671	会理	15.22	69	31
54405	怀来	9.54	50	97	56739	腾冲	15.04	78	18
54423	承德	8.98	55	95	56768	楚雄	15.93	69	19

续表

区站号	区站	年平均气温/℃	年平均相对湿度/%	冻融循环次数	区站号	区站	年平均气温/℃	年平均相对湿度/%	冻融循环次数
56778	昆明	15.00	72	10	58040	赣榆	13.65	73	76
56951	临沧	17.52	72	0	58102	亳州	14.74	70	68
56954	澜沧	19.33	77	0	58221	蚌埠	15.46	72	53
56964	思茅	18.19	79	0	58238	南京	15.62	76	48
56985	蒙自	18.70	71	0	58251	东台	14.76	79	54
57014	天水北道区	11.82	67	91	58314	霍山	15.38	80	51
57036	西安	13.75	69	78	58321	合肥	15.95	75	38
57067	卢氏	12.67	70	94	58362	宝山	17.11	74	17
57083	郑州	14.45	66	77	58367	龙华	16.08	77	31
57127	汉中	14.45	79	44	58424	安庆	16.84	76	21
57131	泾河	15.12	66	50	58457	杭州	16.56	78	26
57237	万源	14.81	72	30	58477	定海	16.60	78	12
57265	老河口	15.60	75	51	58527	景德镇	17.47	77	26
57290	驻马店	15.04	72	60	58606	南昌	17.78	76	13
57297	信阳	15.33	75	48	58633	衢州	17.45	78	19
57411	南充	17.50	79	2	58715	南城	17.96	80	14
57447	恩施	16.35	81	12	58752	瑞安	19.26	74	1
57461	宜昌	16.99	75	14	58834	南平	19.56	77	5
57494	武汉	16.75	77	31	58847	福州	19.94	75	0
57515	重庆	17.69	79	0	58921	永安	19.48	78	7
57516	沙坪坝	18.36	79	0	59023	河池	20.58	76	0
57633	酉阳	14.95	79	20	59082	韶关	20.46	76	1
57662	常德	17.03	79	15	59134	厦门	20.77	77	0
57679	长沙	17.26	80	17	59211	百色	22.12	76	0
57707	毕节	12.88	81	24	59254	桂平	21.67	79	0
57713	遵义	15.41	79	11	59265	梧州	21.18	78	0
57745	芷江	16.62	79	15	59287	广州	22.13	77	0
57799	吉安	18.54	78	9	59293	东源	21.52	75	0
57816	贵阳	15.23	77	15	59316	汕头	21.50	81	0
57866	零陵	17.90	77	7	59417	龙州	22.25	80	0
57902	兴仁	15.32	80	9	59431	南宁	21.73	79	0
57957	桂林	18.96	75	2	59493	深圳	22.98	75	0
57993	赣州	19.47	75	5	59501	汕尾	22.31	78	0
58027	徐州	14.65	68	70	59632	钦州	22.24	80	0

续表

区站号	区站	年平均气温/℃	年平均相对湿度/%	冻融循环次数	区站号	区站	年平均气温/℃	年平均相对湿度/%	冻融循环次数
59663	阳江	22.49	80	0	59838	东方	24.90	79	0
59758	海口	24.10	83	0	59855	琼海	24.29	85	0

附表 B　物质的热力学数据

物质	$\Delta_f H_m^{\ominus}$ /（J/mol）	$S_m^{\ominus}$ /［J/（mol/K）］	$C_{p,m}$ /［J/（K/mol）］				
			A_1	A_2	A_3	A_4	A_5
$CaSO_4(s)$	−1434108	105.228	70.208	98.742	0	0	0
$CaSO_4 \cdot 2H_2O(s)$	−2022629	194.138	91.379	317.984	0	0	0
$H_2O(g)$	−241814	188.724	29.999	10.711	0.335	0	0
$H_2O(l)$	−285840	69.94	33.1799	70.9205	11.1715	0	0
$Na_2SO_4(s)$	−1387205	149.62	82.299	154.348	0	0	0
$Na_2SO_4 \cdot 10H_2O(s)$	−4327791	591.9	574.46	0	0	0	0
$Ca(OH)_4(s)$	−982611	83.387	105.269	11.294	−18.954	0	0
$NaOH(s)$	−428023	64.434	71.756	−110.876	0	235.768	0

附表 C　物质反应的有关平衡常数参数

物质	A	B	C	D	E
$CaSO_4 \cdot 2H_2O(s)$	1.62021439e+3	2.57234846e−1	−8.91506186e+4	−5.87385148e+2	5.34735206e+6
$CaSO_4(s)$	1.61807826e+3	2.62044313e−1	−8.95853477e+4	−5.86632877e+2	5.35893242e+6
$CaSO_4(aq)$	1.72034184e+3	2.65734992e−1	−9.42553556e+4	−6.23563883e+2	5.49729959e+6
$Na_2SO_4 \cdot 10H_2O(s)$	1.58837182e+3	2.31777424e−1	−8.43055786e+4	−5.78226172e+2	5.09260164e+6
$Na_2SO_4(s)$	1.61633032e+3	2.53239679e−1	−8.98032147e+4	−5.86414685e+2	5.40049408e+6
AFt(s) $Ca_6Al_2(SO_4)_3(OH)_{12} \cdot 26H_2O$	−6.67460197e+3	−1.04743390	3.78708023e+5	2.42662966e+3	−2.05189885e+7
$Ca(OH)_2(s)$	−2.84930557e+2	−4.47108160e−2	2.13801821e+4	1.04205027e+2	−7.54252617e+5
$Al(OH)_3(s)$	−4.93752625e+2	−8.09001544e−2	2.97138788e+4	1.77903516e+2	−1.26765911e+6
$NaAlO_2(aq)$	7.04197406e+2	1.11341739e−1	−4.74872291e+4	−2.53129969e+2	2.18693139e+6
AlO_2^- (aq)	−1.78049448e+2	−2.68902416e−2	1.86721225e+3	6.68330936e+1	−7.50442968e+5
$H_2O(aq)$	−701.957319	−0.112739992	36168.254	253.60128	−2423273.06
CSH(0.8)(s) $Ca_{0.8}SiO_{2.8} \cdot 1.54H_2O$	−2.51027448e+2	−3.65449659e−2	1.55601183e+4	9.21931312e+1	−6.52576525e+5
CSH(1.2)(s) $Ca_{1.2}SiO_{3.2} \cdot 2.06H_2O$	−3.72034132e+2	−5.41579845e−2	2.39845213e+4	1.36559314e+2	−9.66181083e+5

续表

物质	*A*	*B*	*C*	*D*	*E*
CSH(1.6)(s) $Ca_{1.6}SiO_{3.6} \cdot 2.58H_2O$	−4.91723254e+2	−7.17628896e−2	3.25370146e+4	1.80399649e+2	−1.27964571e+6
C_2AH_8(s) $Ca_2Al_2O_5 \cdot 8H_2O$	−1.73467190e+3	−2.38046203e−1	1.10411145e+5	6.23227246e+2	−4.18576035e+6
C_3AH_6(s) $Ca_3Al_2(OH)_{12}$	−1.78581145e+3	−2.88036362e−1	1.19706499e+5	6.47583573e+2	−4.61172146e+6
$CaSiO_3CaSO_4CaCO_3 \cdot 15H_2O$(s)	−2.76283310e+3	−4.32736383e−1	1.49848596e+5	1.00850740e+3	−8.52601737e+6
α-Ca_2SiO_4(s)	−5.26934036e+2	−8.67703839e−2	3.89768377e+4	1.92577860e+2	−1.36961546e+6
$CaSiO_3$(s)	−2.65453934e+2	−4.41966587e−2	1.77395216e+4	9.72523635e+1	−6.65653039e+5

名词索引

后　记

在本书研究成果的基础上，作者工作单位中南大学联合浙江大学、西安建筑科技大学、哈尔滨工业大学、深圳大学、江苏苏博特新材料股份有限公司、兰州交通大学等单位共同编制了中国工程建设标准化协会《混凝土结构耐久性室内模拟环境试验方法标准》（T/CECS 762—2020），从而实现了混凝土结构耐久性试验方法和耐久性等级评定等内容之间的衔接。

本书是作者在混凝土结构耐久性长期研究工作中的些许心得和成果总结，受限于当前认识水平和技术理论，未涉及荷载与环境、多环境因素耦合作用等条件下的混凝土结构耐久性时间相似理论研究，并且在典型侵蚀环境中混凝土构件力学性能和时变性能等方面也没有进行探讨。在研究过程中，仅考虑主要环境影响因素对混凝土结构耐久性的影响，次要环境影响因素的作用效应有待后续探讨。